市西津渡文化旅游有限责任公司资助出版

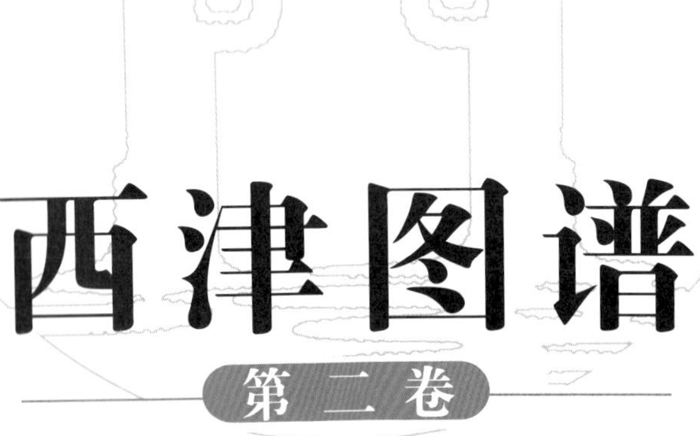

西津图谱

第二卷

中式文物建筑

祝瑞洪　王敏松　张峥嵘　编著

同濟大學出版社
TONGJI UNIVERSITY PRESS

图书在版编目（CIP）数据

西津图谱：一～四卷 / 祝瑞洪等编著. -- 上海：同济大学出版社, 2022.1

ISBN 978-7-5608-9671-7

Ⅰ. ①西… Ⅱ. ①祝… Ⅲ. ①古建筑—文物保护—镇江—文集 Ⅳ. ①TU-87

中国版本图书馆CIP数据核字（2021）第006071号

西 津 图 谱（第二卷）· 中式文物建筑

编　　著　祝瑞洪　王敏松　张峥嵘
责任编辑　姚烨铭
责任校对　徐春莲
封面设计　六　如

出版发行　同济大学出版社　　www.tongjipress.com.cn
（上海市四平路1239号　邮编 200092　电话 021-65985622）
经　　销　全国各地新华书店
印　　刷　深圳市国际彩印有限公司
开　　本　889mm × 1194mm　1/16
印　　张　110.5
字　　数　3536000
版　　次　2022年1月第1版　2022年1月第1次印刷
书　　号　ISBN 978-7-5608-9671-7
定　　价　1960.00元（一～四卷）

本书若有印装质量问题，请向本社发行部调换　版权所有　侵权必究

中國古渡博物館

西津渡

羅哲文

《西津图谱》编撰委员会

总 顾 问　　鄂金书
　　　　　　董　卫
总 编 著　　祝瑞洪
副总编著　　庞　迅
　　　　　　张峥嵘
　　　　　　王敏松

本卷序

西津渡历史文化街区的中式文保建筑，是西津渡建筑文化特别是传统中式建筑中的精粹。在街区自唐以来一千多年历史中，这些建筑各有出典且传承有序，用自己的历史故事和独特的艺术语言，谱写出许多璀璨瑰丽的建筑乐章。

构成西津渡传统建筑艺术语言的中心词有：石塔、坛庙、道观、券门、楼阁、亭台、会馆、祠堂、钱庄、园林、民居、牌坊及戏台等，其表现形式丰富多样、千姿百态。这其中的每一个词，又包含了相当多的内涵，由多重意思所构成，更是体现了与西津渡街区的渡口文化、救生文化和特定的宗教文化于一体的建筑特色。

西津渡依山傍水，独特的地理环境和空间结构，决定了街区建筑依山而建，滨水而行，逐步向北伸向淤涨的江滩，向东南走向原英租界被西洋建筑短暂割裂，再向伯先路、京畿路，形成与西洋建筑相融合的趋势而成就镇江独特的民国建筑风格，从而构成街区建筑文化的主要脉络。本卷所述20栋（组）中式建筑，其中文保建筑17栋（组），历史建筑3栋，分布在西津渡、伯先路和中华路区域。这些建筑品类繁多、各具特色。

位于街区制高点的核心区域，集中了街区最优秀的建筑经典：昭关石塔、救生会馆、观音洞、铁柱宫、小山楼、待渡亭、以及贯穿这些建筑的小码头街上的五十三坡和六道神奇的券门，这些建筑遗存不仅囊括了唐、宋、元、明、清五个历史朝代的建筑技术精华，还寄托了渡口之思、商贾之执、慈善之德和平安之求等优秀津渡文化理念。这些建筑的屡毁（坏）屡建（修）的历史，反复向我们证明了文化的不朽力量是建筑物生命力（毁而复生）的源泉，这就使我们的修缮保护工作从一个建筑复原的技术工程，上升到了文化传承的新的高度。

清末民国初的建筑，是西津渡、伯先路两大街区的主体，其中的中式文保建筑还包括广肇公所、镇江商会、包氏钱庄、红卍字会、火星庙戏台、节孝祠牌坊及石刻、朝阳楼、春顺和茶馆和都天行宫，还有位于中华路的清沈道台府、位于长江路的镇江自来水厂旧址，以及位于玉山码头的超岸寺等。这些建筑反映了镇江近代以来民族工商业发展的历史，反映了有关市民生活的点点滴滴。虽为中式传统建筑，但其建筑语言随着时间的推进，受到西洋建筑的影响，无论外部造型还是内部结构和功能，都或多或少地发生嬗变。比较典型的如镇江商会的两爿门楼、红卍字会的部分内部结构，等等。

西津渡传统建筑的审美实体存在于空间，也存在于时间之中，错落有致的空间结构，绵延醇厚的时间序列，使西津渡传统建筑可观看、可品味，神韵天成，气势磅礴，永远都充满了鲜活的生命力，历久而弥新：如观音洞、救生会馆、广肇公所如翅如飞的弧形屋面、朴素典雅的清水砖墙；昭关石塔端庄柔和的宝瓶状线条和宗教纹饰；镇江商会门墙的跌宕起伏的群组方式等，多层次、多角度地再现了传统经典建筑的艺术语言。

这些建筑的保护修缮，始于20世纪末，一直延续到2014年，差不多15个年头。在此过程中，我们认真研究和吸收西津渡的传统建筑文化精髓，努力全面把握传统建筑的艺术特色，始终坚持“修旧如旧、以存其真”的保护理念，坚持将传统的建筑艺术和津渡文化紧密结合，促其相互转化、互为影响，使西津渡传统建筑艺术语言的虚与实、功能与寓意、结构与装饰和简约与华丽的丰富的语汇，在我们修复实践中重组、重现、重写津渡建筑文化的新篇章。实践证明，自本世纪初年开始的西津渡历史文化街区文物建筑和历史建筑的保护，极大地提升了街区建筑的文物文化价值，是西津渡历史文化街区可持续发展的成功范例之一。今天西津渡街区已经有昭关石塔、原英国领事馆建筑群、西津渡古街（建筑群）等三处共十座建筑成为国家级文保单位，这些文物建筑已经成为提升和延续古街活力因子的重要保障。保护与利用这些建筑遗产，不仅能够优化街区的空间和环境，提升街区的整体形象，在改善地区生态环境等方面也具有积极的意义。

本书的编著，介绍了这些文保建筑的基本情况和历史沿革，记录了主要修缮技术方案和责任单位责任人，汇集了这些建筑修缮过程中留下的大量珍贵的实景图片、施工图纸和文史资料及其研究成果，总结了街区规划、结构加固、屋面防水、降层改造、墙面修缮和功能重布等许多宝贵的技术方案和施工经验。如果能为今后历史文化街区及其文化建筑遗产的保护与修缮提供借鉴，这就是编者的初衷与收获。

祝瑞洪 张峥嵘

写于2017年6月，2020年7月定稿

修缮方案，确定修缮性质，并按以下五种情况进行分类：

（1）小修。即小修小补。主要包括墙壁挖补、补漏、一般门窗修理及排瓦等。

（2）中修。即较大部分屋面、墙壁或柱梁撤换重新砌筑、制作。

（3）大修。即屋架落地、全面整修。主要包括危险建筑或建筑结构主要部分损坏，以及失去使用功能的建筑。

（4）复建。即只有遗址但原有建筑状态明确或完全失去使用功能且存在严重安全隐患的建筑，采取按原样、尽可能采用原有材料或相似相近材料复修建筑。

（5）重建或新建。根据史志记载或诗文传唱的有关遗迹、逸事建造的纪念性建筑或仿建建筑。

3. 修缮责任表（载明修缮工程的主要责任人和责任单位及修缮时间）。

4. 施工图。主要包括建筑物或构筑物的主要图纸，按总平面图、平面图、立面图、屋面图和剖面图或细节图排列。

三、摄影图片和建筑图纸的编号。本图谱的图片与图纸分别编辑序号，两类五码四级：图A–B–C–D–E。图A为分类码，包括“图P”和“图D”，“图P”表示摄影图片（照片），“图D”表示建筑工程图纸；B为卷序码；C为章序码；D为节序码；E为图序码。例如“图P–2–1–3–5”，表示为照片–第2卷–第1章–第3节–第5幅照片；又如“图D–3–2–1–2”，表示为图纸–第3卷–第2章–第1节–第2张图纸。摄影图片和建筑图纸的编号和文字，标注于图片或图纸的下方中央。个别章节以建筑群作为编辑单位的，设六码五级：例如“图P–2–1–3–5–1”则第四位数字“5”表示建筑物编号为5号楼，第五位数字“1”为第一张图片序列标号，余类推；图D亦是如此。

四、建筑设计或施工图的标注。总平面图以轴线为定位点。图集中，建筑标高以米（m）为单位，总平面尺寸以米（m）为单位，其他尺寸除注明外均以毫米（mm）为单位。

五、本图谱未详尽部分，包括文史研究的深化、规划设计和建筑设计施工的全部技术资料，可以访问我们的官方网站查询。

本卷17处建筑在西津渡历史文化街区的位置

17
16
15
14
路
1. 昭关石塔
2. 六道券门
3. 五十三坡
4. 救生会
5. 观音洞
6. 铁柱宫
7. 小山楼
8. 待渡亭
9. 镇江商会旧址
10. 广肇公所
11. 世界红卍字会镇江分会
12. 包氏钱庄
13. 超岸寺
14. 火星庙戏台
15. 节孝祠堂牌坊及碑刻
16. 清代海关道台沈公馆
17. 镇江自来水厂旧址

凡例

一、编著范围。本图谱编撰、汇集了自1986年以来30多年，主要是2000年以来的20年，西津渡历史文化街区保护修缮和更新利用的主要规划和建设资料。包括西津渡文化历史街区、环云台山景区保护和修缮的规划修编方案，建筑物、构筑物的历史资料和图片，修缮更新的设计方案和重要图纸。

二、本图谱共分7卷，分别为：

第一卷 镇江市历史文化街区保护规划；

第二卷 中式文物建筑；

第三卷 西式文物建筑和民国文物建筑；

第四卷 工业与文教卫生建筑遗产；

第五卷 传统民居；

第六卷 园林景观；

第七卷 基础设施。

上述第二卷至第七卷，按建筑物和构筑物的建筑形式或功能分类。其中每栋建筑物或构筑物的编撰，分为四个部分。

1. 主要是该建筑物或构筑物的文字说明，通常包括：

（1）建筑形态，即建筑物或构筑物的地理方位数据（街巷、方位、长、宽、高和面积）。

（2）历史沿革概要。

（3）建筑遗存状况。

（4）考古发现（如有）增加考古成果的说明。

2. 修缮技术措施或方案。历史建筑，包括文物建筑，应根据该建筑损坏的程度或遗存状态及

目录

第一章
小码头街文保建筑

2006年5月，西津渡古街（六朝—清）被国家文物局公布为全国重点文物保护单位。西津渡街区核心区，是古街上的古街，东起小码头街东券门，西至待渡亭。这里是西津渡历史文化街区文物建筑最密集、文化传承最丰厚的区段。本章9节所述文物建筑皆包含在此范围之内（位置图中第1～9项）。

第一节 昭关石塔

一．概况

1．建筑形态。昭关石塔位于小码头街最高处，为藏传佛教佛塔。该塔总高8.48m，占地16.07m^2。石塔以云台将塔分为上下两部分，上部为塔身，下部为塔基。塔身高4.59m，塔基3.89m。

云台是承载塔身的平台，是由条形青石板拼装而成，应为正方形,实际略显为长方形，其南北侧长4.1米，东西侧宽3.9m，厚0.5m，面积为15.99m^2（图P-2-1-1-1）。在云台东、西两侧立面上，镌刻“昭关”“万历十年壬午十月吉重修”及重

图P-2-1-1-1 昭关石塔（修缮后）

图P-2-1-1-2 石塔上雕刻的文字

修官员的名字（图P-2-1-1-2），为明代所刻。在北立面上，镌刻梵文六字真言“ॐ म णि प द ह ”(读作“唵嘛呢叭咪吽”)吉祥语（图P-2-1-1-3），为元代所刻。梵文真言书体与敦煌莫高窟的至正八年（1346年）梵文书体相似。

云台由下部四个方形石柱托举，凌空高架于街道上空，形成过街之势。沿街方向是东西两门,供行人通行。东侧门净高3.35m，底座净宽2.6m；西侧门净高3.46m，底座净宽2.55m；南、北两个门底座净宽2.59m，门高2.3m，门上部柱间云台下侧加砌青石。但由于石材的尺寸略有参差，故各门的尺寸亦略有参差。

图P-2-1-1-3 石塔上六字真言拓片

图P-2-1-1-4 石塔浮雕云纹与文字

图P-2-1-1-5 石塔托头浮雕云

每个石柱均由七层青石条垒成。在石柱与青石盖板之间加以青石制成的雀替，上面浮雕云纹。雀替下缘为多弧曲线，相当于柱头托木（图P-2-1-1-4）。四支柱内侧，皆刻榜题："南无大方广佛华严经"，有边框，下部托以双莲朵纹，高1.1m，宽0.25m，为元代所刻（图P-2-1-1-5）。

云台上部的石塔，由两重亚字形须弥座（即清式所谓"四出轩"者）及塔身构成。其亚字形须弥座的形制，大体上与北京白塔寺白塔的须弥座相似。

塔身由宝瓶、伞盖、相轮（俗称"十三天""塔脖子"）及四出轩座基、覆钵（瓶状，俗称"塔肚子"）、基座（雕饰莲瓣纹）构成。其中覆钵较圆鼓，弧线曲度较大，并在其中间部位凸雕一圈弦纹（图P-2-1-1-6），较之北京白塔寺白塔的直肩覆钵更具曲线美，或能反映此类塔形在那时的40年（1271—1311年）间的演变状况；而敦煌莫高窟第465窟前室西壁彩绘元塔之轮廓线恰居二者之间，亦可为第465窟的断年提供参考(参见本卷附录一：祝瑞洪、张峥嵘撰的《西津渡过街白塔的设计艺术与中国传统建筑设计文化》，原载镇江市历史文化名城研究会2017年会论文集）。

2. 历史沿革。据元《至顺镇江志》记载，该塔是由元武宗皇帝下令重修的金山寺般若院的一部分，仿京师梵刹所造，主持者京师工匠刘高是曾参与修建元大都白塔寺的工匠。昭关石塔大约完工于元至大四年(1311年)。在装饰艺术上同时融合了印度、尼泊尔、汉式、藏式的装饰题材、新颖独特，堪称一绝。

藏传佛教佛塔在形制上分为白塔、金刚宝座塔、过街塔三类。而西津渡昭关

图P-2-1-1-6 石塔覆钵造型

石塔是我国现存的唯一一座集白塔和过街塔于一身的佛塔。白塔的原型为尼泊尔“覆钵”佛塔，具有深刻的宗教内涵和独特而富有魅力的神奇造型。自元代从尼泊尔传入我国后，就深受佛教徒喜爱而被广为修建，并成为中国古塔重要类型之一。藏传佛教在礼佛念经上有很多创造，如转动一次嘛呢轮即代表念诵此经一遍，同样的，人们从过街塔下通行一次就相当于向佛进行了一次膜拜。

通过过街石塔门楣题刻得知，白塔曾于明万历十年（1582年）十月吉日重修。查阅有关资料得知，1963年，对过街平台采取加固措施，即在塔的过街门洞下用钢筋混凝土做一门框式支架，并加两道混凝土梁支撑过街石板（P-2-1-1-7）；1976年对石塔本身加固，并将明代装歪的塔上部壶字形须弥座扶正；1993年10月为探查塔内有无石函，再次吊起了塔肚以上部分，没有发现遗物。同时用环氧树脂封护了塔身裂缝。塔名有三说，第一说，战国时期伍子胥过昭关即是现在的镇江西津渡。明万历十年，镇江官府在修缮西津渡过街石塔时，特意在过街塔上镌刻了“昭关”两个大字。第二说，吴国文人韦昭曾作《伐乌林曲》记载：“伐乌林者，言魏武既破荆州，顺流东下，欲来争锋，孙权命周瑜逆击之，于乌林破走也。”周瑜班师回朝时，吴国在昭关迎接大军。第三说，考古专家温玉成撰文：“昭者，又有光明之义，或取此义亦未可知。据朱雷先生考证，此关应是明初始设的‘钞关’，即镇江府征税之关口。”

3. 遗存状况。自20世纪60年代以来，石塔经过几次修缮，虽然保持了原有的形态，但是依然不能从根本上解决永续保护问题：石塔塔身塔基风化开裂严重，

图P-2-1-1-7 修缮前的白塔

云台部分条石断裂，石塔随时可能倾斜甚至倒塌；过街通道因混凝土构架占位造成狭窄，不利于通行，更有碍石塔风貌存续。1982年，石塔被确定为江苏省重点文物保护单位；2006年公布为国家级文保单位。

4．考古发现。此次石塔修缮在塔心室中发现一批文物，简述于下：

刹竿。高170cm，直径13cm，系由柏树原木稍加修理而成，已朽。刹竿上顶伞盖，下抵覆钵底座。

铜瓦鏁2件。上瓦呈漏斗状，口径12.7cm，高5.3cm，漏斗口直径3cm，厚0.6cm。下瓦呈钵状，口径12.7cm，高5.7cm，厚0.6cm。圆平底足，锈蚀严重，壁侧有一破洞（图P-2-1-1-8）。

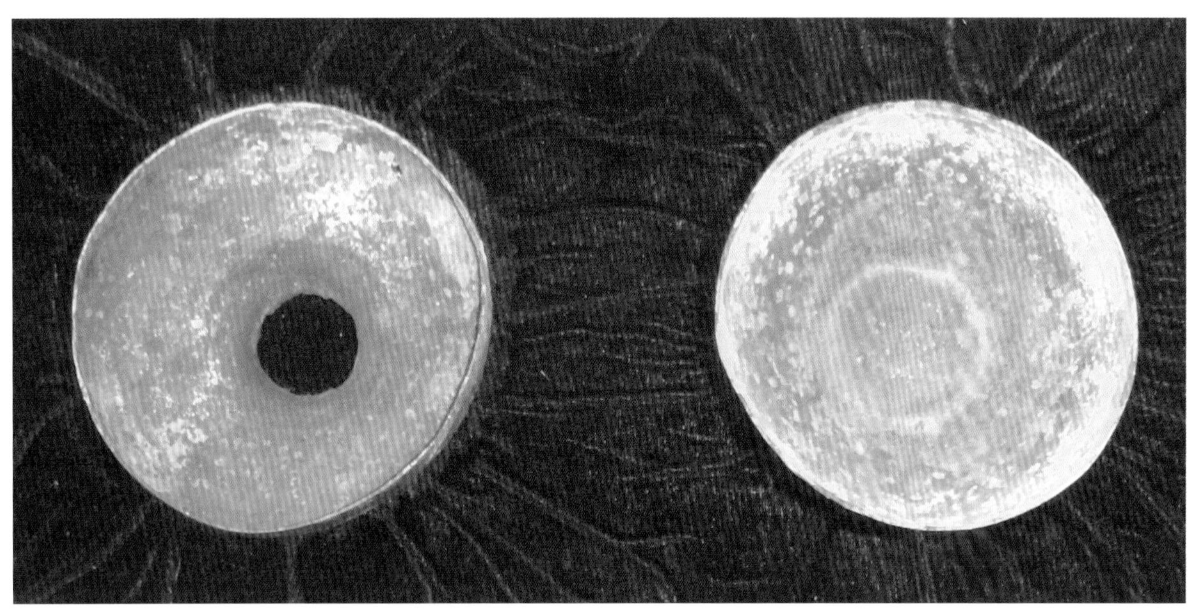

图P-2-1-1-8 石塔塔心室中的铜瓦鏁2件，圆形。

其一，直径50.4cm，厚0.5cm，中心圆形直径22cm，内刻观世音菩萨像一尊，其外环绕相同式样的观世音菩萨8尊（图P-2-1-1-9）。菩萨面相长圆，头戴五花宝冠卷草状。双耳系环，垂肩头。头发亦散披于肩头。颈系宝珠项链，双足皆饰宝钏，宝珠瓔珞自双肩、双乳垂于腹部。腰部亦饰宝珠。菩萨的莲花座上，有头光及身光。菩萨像前下部陈设3件供品。依据菩萨像的宝冠及手持宝瓶,可推断为观世音菩萨。杭州飞来峰北崖西段由董氏所造的“观音圣像”上，亦以宝瓶为特征，但受汉地观世音像影响较大。而此件曼陀罗所刻之观世音像则更俱“梵式”（尼泊尔）艺术风格。

其二，直径50.5cm，厚0.5cm，中心圆形直径22cm，内刻黄财神像一尊，其

图P-2-1-1-9 石塔塔心室中的观音曼陀罗

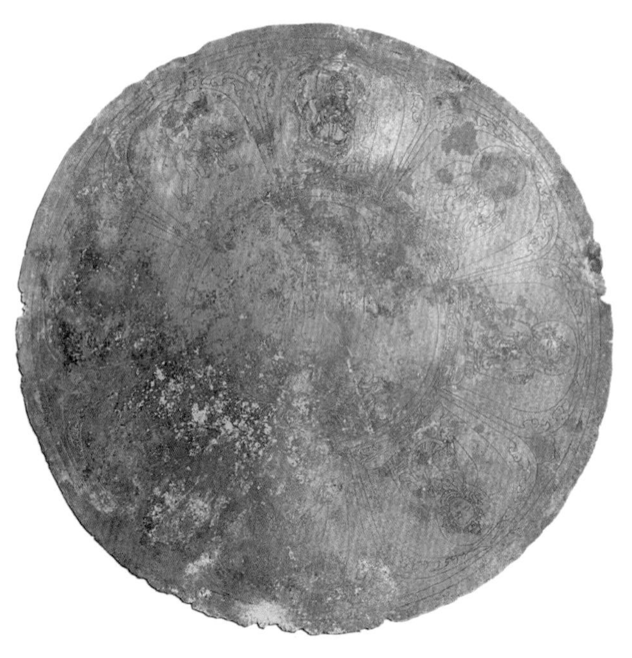

图P-2-1-1-10 石塔塔心室中的黄财神曼陀罗

外环绕相同式样的黄财神8尊（图P-2-1-1-10）。黄财神梵相十足，戴五叶宝冠，两侧宝缯作卷草状。双耳系环，垂于肩头。颈系双层宝珠项链，双臂、双腕、双足皆饰宝钏，宝珠、璎珞自双肩垂腹前。财神为游戏坐于宝相莲花座上，有头光及身光，左手握一吐宝鼠，鼠肥硕长尾，右手当胸前持海螺。财神像前下部陈设3件供品。此等袒腹持鼠的黄财神，源于袒腹蓄髭的印度财宝之神“库毗罗”

（kubera），以蒙古语读为“赞布禄”。杭州飞来峰元代雕像中即有此像，明清金铜造像中更是多有此像，而夏景春收藏的黄财神则有藏文题名“赞巴拉”。

上述之观世音与黄财神像，虽然在藏传佛教中常见，但以二像为中心的圆形曼陀罗却很少见，弥足珍贵。

综上可知，西津渡过街塔是我国现存唯一完整的、时代最早的过街塔，也是元代后期噶当觉顿式石塔的代表作品。所以其造型及工艺均是高水平的建筑典范，对于研究元代过街塔具有重要学术价值。塔内出土的两件锤鍱铜板曼陀罗，在国内尚属罕见，是研究梵式曼陀罗的珍贵文物。

二.主要修缮技术

2000年，中国文物研究所主持设计，镇江市西津渡文化旅游有限责任公司（以下简称为西津渡公司）对白塔进行了吊起覆钵的修缮，修缮等级为大修。维修前，邀请了文物、考古、建设等专家，对修缮方案进行评选、论证，建议保留建筑外貌形状，保留原结构形式，增加抗震构造措施。主要修缮内容为：加强塔基、纠正闪歪、黏结裂缝、消除隐患及拆除原来加固用过门混凝土构件、恢复石塔原有风貌。工期50日，2000年12月18日竣工（图P-2-1-1-11、图P-2-1-1-12）。

图P-2-1-1-11 修缮中的石塔

维修后的石塔尊踞如初，荣获联合国教科文组织2001年文化遗产保护优秀奖（图P-2-1-1-13）。2006年

图P-2-1-1-12 维修后的石塔

图P-2-1-1-13 联合国教科文组织颁发的奖牌

图P-2-1-1-14 国家级重点文物保护碑

5月，经国务院批准，昭关石塔由江苏省重点文物保护单位，升格为全国重点文物保护单位（图P-2-1-1-14）。

三、建筑物修缮责任表

建设单位：镇江市西津渡保护建设领导小组办公室

项目负责人：傅源

测绘、修缮设计单位：中国文物研究所 镇江市建筑设计研究院

测绘、修缮设计人员：杨龙 周文林（结构） 姚庆武（建筑）

监理单位：镇江方圆建设监理有限公司

监理人员：戴立顺

施工单位：苏州香山古建集团公司

项目经理：华全发

施工时间：2000.10.28 — 2000.12.18

四、施工图

如图D-2-1-1-1 ~ 图D-2-1-1-3所示。

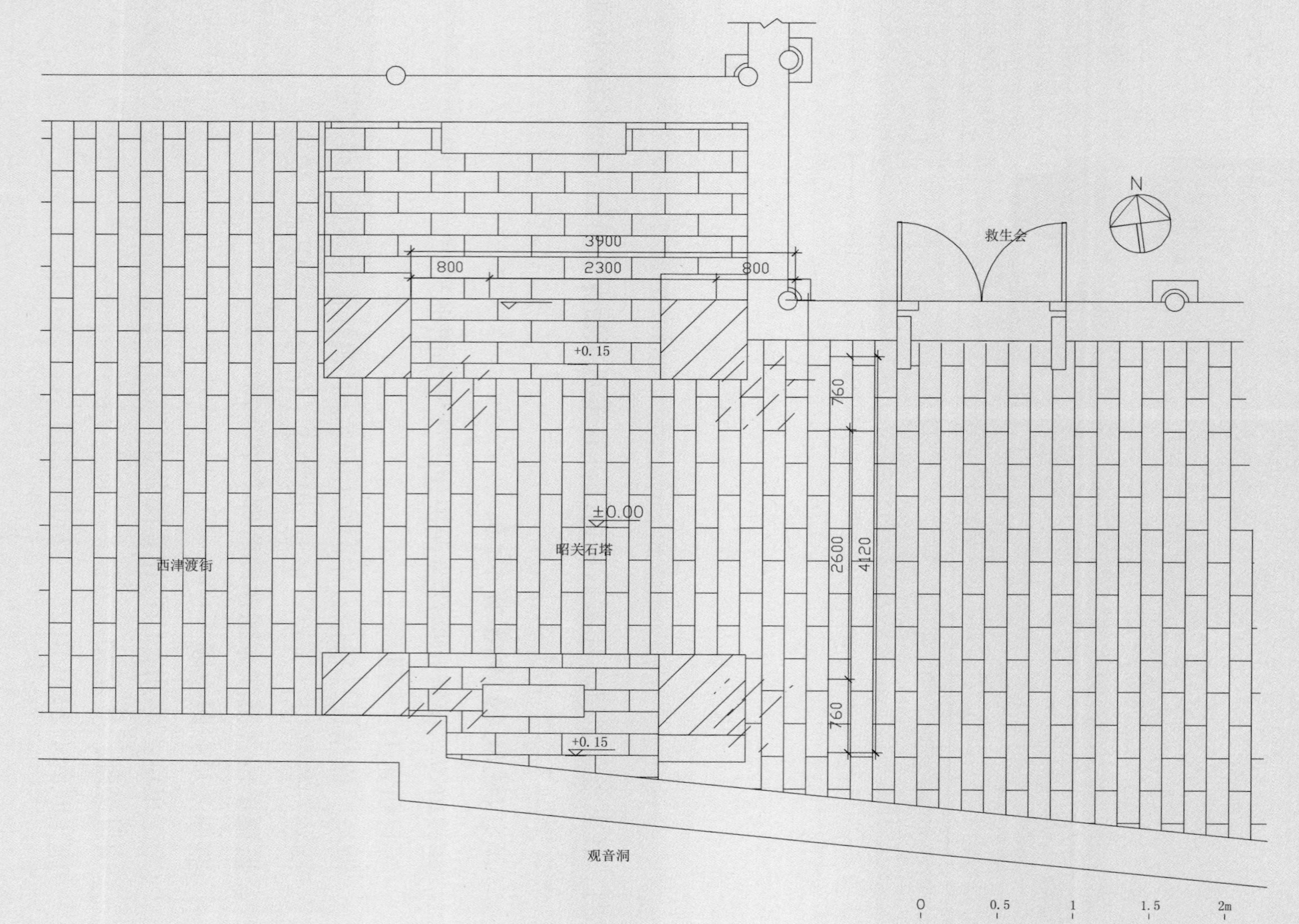

图D-2-1-1-1 昭关石塔平面图

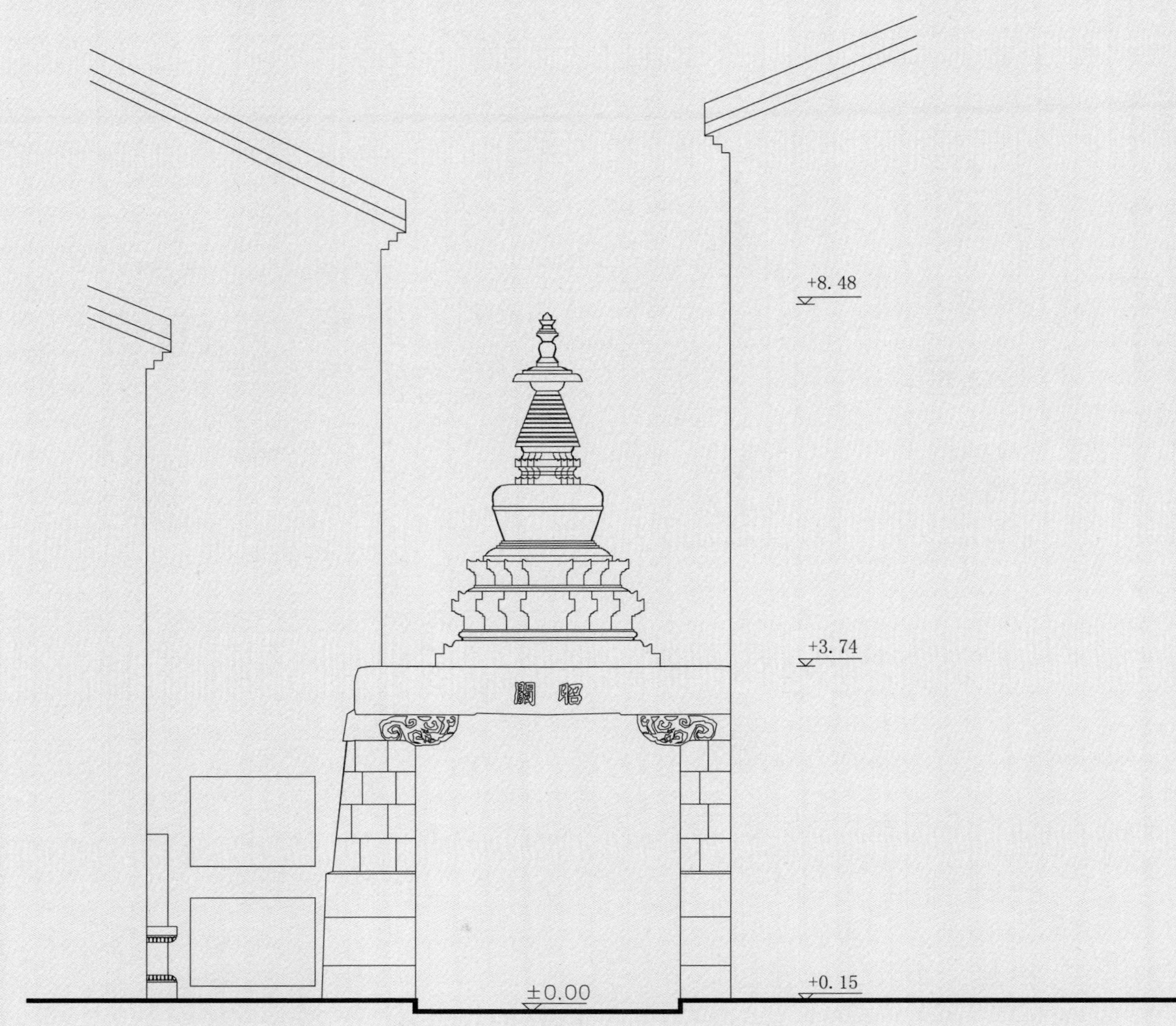

图D-2-1-1-2 昭关石塔东立面图

D-2-1-1-3 昭关石塔剖面图、莲蓬细部、重点文物保护石碑

第二节 小码头街六道券门

一、概况

大西路与伯先路交接处有一条上坡的石级街道，一道整块白石两面雕花半圆顶石券门矗立其上（图P-2-1-2-1），这就是著名的小码头古街的东入口。沿古街自东向西，共有六道券门，相隔相连，错落有致，一门一境界（图P-2-1-2-2）。

图P-2-1-2-1 西津渡街东入口

图P-2-1-2-2 自层峦耸翠起四道券门（谢 戎 航拍）

1．建筑形态。第一道券门为白整石两面雕花半圆顶石券门。正面门楣上镶嵌有赵朴初书写的“西津渡街”石刻匾额（图P-2-1-2-3），券门背面的石刻匾额是秦篆“吴楚要津”（图P-2-1-2-4）。

图P-2-1-2-3 “西津渡街”券门正面特写

第二道至第六道券门，都为半圆券砖券门洞。除白塔西侧第三道券门外，第二、四、五、六道券门门楣依次镶嵌有“同登觉路”（图P-2-1-2-5、图P-2-1-2-6）、“共渡慈航”（图P-2-1-2-7、图P-2-1-2-8）、“飞阁流丹”（图P-2-1-2-9、图P-2-1-2-10）、“层峦耸翠”（图P-2-1-2-11、图P-2-1-2-12）石刻匾额。六道券门的有关尺寸见表2-1-2-1。

图P-2-1-2-4 “吴楚要津”（背面）

六道券门的有关尺寸

表2-1-2-1

名称	匾额内容	券门宽/m	券门高/m	门洞高/m	门洞底宽/m
第一道 券门	西津渡街	8.6	6.81	3.6	2.5
第二道券门	同登觉路	6.1	5.1	2.92	2.2
第三道券门	空白	5.68	3.9	3.46	2.05
第四道券门	共渡慈航	4.5	4.85	3.22	2.1
第五道券门	飞阁流丹	4.69	4.96	3.3	2.2
第六道券门	层峦耸翠	3.96	4.6	3.39	2.1

图P-2-1-2-5 修缮后的“同登觉路”券门

图P-2-1-2-6 修缮前的“同登觉路”券门

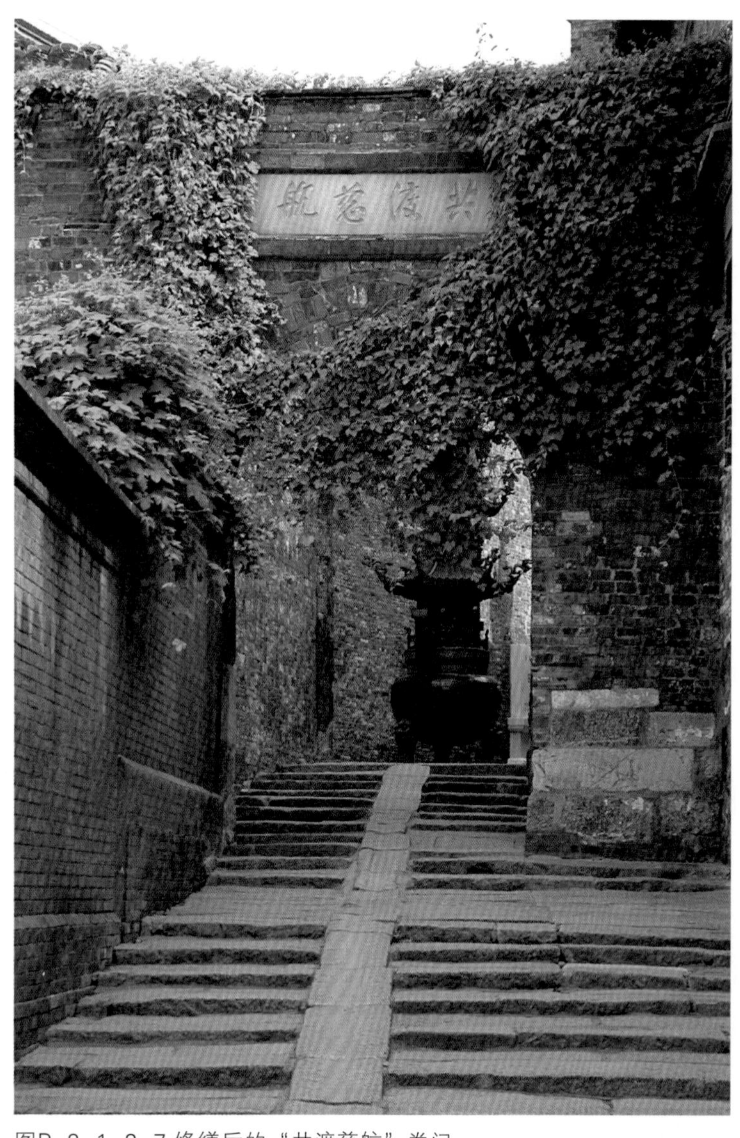

图P-2-1-2-7 修缮后的“共渡慈航”券门

图P-2-1-2-8 修缮前的“共渡慈航”券门

六道券门两侧都以砖砌围墙与两边建筑物或构筑物连接。

2. 历史沿革。六道券门及其围合的不到200m长的街道，是历史留给西津渡古街神秘的空间奇观和独特的时间隧道。第一道券门至第二道券门，从旧英租界穿越。围墙外是19世纪60年代的英国领事馆、巡捕房等侵略者的遗存。从第二道券门到第五道券门，不足80m的街道两侧，集聚了自唐代以来1400多年的历史遗存：唐小山楼、宋观音洞、元过街塔、明铁柱宫和清救生会，积淀了许许多多古老而神奇的历史故事。

第一道券门修建于1985年，时值我国改革开放浪潮刚刚起步。镇江市申报全国历史文化名城，确定西津渡、伯先路、大龙王巷等三个街区为镇江市历史文化街区。西津渡券门坐北朝南，“西津渡街”的白石匾额是中国佛教协会原会长赵朴初先生1980年为西津渡街题写的墨宝。门背面的石刻匾额为秦篆“吴楚要津”，寓意自古以来，镇江地处吴头楚尾，而西津渡即为“吴地和楚地之间的重要渡口”。

第二、第四两道券门围合而成的街道

图P-2-1-2-9 修缮后“飞阁流丹”券门

图P-2-1-2-10 修缮前“飞阁流丹”券门

图P-2-1-2-11 修缮前的“层峦耸翠”券门

图P-2-1-2-12 修缮后的“层峦耸翠”券门

浑然天成为一个充满神秘光环的佛龛。全国保存最好的过街石塔——昭关石塔，雄踞街道上空；两侧是救生会、观音洞（含地藏殿）；东西券门垂足拱立，门楣上镶嵌的“同登觉路”和“共渡慈航”的石刻匾额，对仗工整，相互映衬，俨然一佳对，分立昭关石塔两侧。“同登觉路”“共渡慈航”都是佛教用语，昭示渡江者登上古街后，将经过昭关石塔和观音洞“参拜”后再到码头渡江。而“参拜”之后，就可以得到“佛”的保佑，平安渡江（图P-2-1-2-13）。

第五、第六两道券门门楣上的“飞阁流丹”“层峦耸翠”石刻匾额题词，取自

图P-2-1-2-13 充满神秘光环的白塔与券门

唐王勃的《滕王阁序》。从清道光年间起，长江主航道开始北坍南涨。待渡亭下的百舸争流换成了车水马龙，沿街商铺林立，五彩纷呈，各种建筑形成“飞阁流丹”壮丽景观；而“层峦耸翠”精准地描述了云台山北麓满目苍翠、绿意盎然的美景（图P-2-1-2-14）。

这六道券门建设年代不详，史志阙如。我们希望从现在极少的遗存和背景分析券门历史的可能性。第三道券门疑为最后设置，券门右侧另设一券门通向救生会西侧钟亭(图P-2-1-2-15)。第四道券门东侧遗留有石制门窝，估计当年设置券门时是可以关锁的。

鉴于此段街道为当时来往码头的唯一通道，券门应该只在夜间无人通行、过渡之时才可关闭。过街石塔名为“昭关”，且“昭关”两字刻于明代万历壬午年间。券门设置似应与关口有关，至于是何种关口，有说“税关”（温玉成）、也有说军事关口。“同登觉路”“共度慈航”为佛家语言。“慈航”，也是救生会

图P-2-1-2-14 层峦耸翠（高卫东摄）

图P-2-1-2-15 第三道券门

红船的雅称。“飞阁流丹”“层峦耸翠”取自王勃《滕王阁序》，而四、五两道券门南侧又是铁柱宫及江西会馆旧址。考铁柱宫建于明末，自清康熙至光绪年间6次修缮，可见江西客商数百年间在西津渡经营状况之一斑。因此，此两券门题匾与江西会馆及江西客商应有密切联系。江西会馆与铁柱宫背山临江而设；周镐《江上救生图》和张夕庵《救生会馆图》上救生会馆都是临江而设，今天西津渡小码头街以北的陆地及居民区，当时都是江水。因此，第五、第六两道券门似应为江西会馆与铁柱宫的安全门，有围墙延伸至江边，只留门洞通行。以此类推，第二、第四两道券门，则应为救生会馆和观音洞的安全门。至于建设者，可能是为考虑自身安全的沿街房屋所有人，即江西客商和救生会管理者实施，或者由官府实施。

但是，张崟《救生会馆图》绘于道光六年（1826年），图上白塔前未见有券门存在。以京江画派实景入画的技法特点看，至少当时“同登觉路”这道券门，包括对应的“共渡慈航”券门的建设时间应该在此之后；由于券门东侧后来划为租界，此门为租界检查和隔离所建也未可知；也有学者称券门为光绪年间西津渡驻军修建的关卡，未知史料出于何处。

1985年和1999年，镇江市政府及西津渡保护领导小组办公室对小码头街券门分别实施了维修。

3. **遗存状态**。第一道券门为1985年修建。第二道至第六道券门自清代就开始存在，2012年因部分券门上部漏雨，导致墙体起鼓，按原样进行了大修。

二、主要修缮技术方案

修缮等级为大修。维修前，邀请了文物、考古、建设等专家，对修缮方案进行评选、论证，建议保留建筑外貌形状，拆除后期搭建的附属物，留出了足够的控制地带，并保留了原结构形式，增加抗震构造措施。主要修缮内容参照第一道券门石券做法，一般称为五块料做法。门券石券为白整石两面雕花半圆顶石券，券脸两面深浮雕，刻有简意卷草图案，券脚两面雕有深浮雕吉祥图案。起券由下向上，石勒脚石、石券柱（可数节）、半圆券石，中间一块为龙口（俗称龙门石、压门石），石券边砖、对称撞券，龙口上的砖石撞券称过河撞券。两面青砖清水墙顶设有磨砖线条、博风板、青砖清水砖飞沿压顶。石券上方正反面门楣上设白石匾额，石匾四周设有造型磨砖线脚（图P-2-1-2-16、图P-2-1-2-17）。突出券门洞（券口、券门）和券门石勒脚相平，上方设通长白石压面石，青砖清水墙体收边。

其他五道券门都为半圆券砖券门洞，砖券砌筑称发券，砖券中立置砖称为“券砖”，卧砌砖称为“伏砖”，统称为几券几伏。半圆券、车棚券大多为两券两伏做法。发券用的券胎，适当增高起拱，半圆券为拱跨的一半，这样做既可以抵消沉降，也更符合人们的视觉习惯。券胎由木工制作，大型券多用钢管、杉木槁支搭券胎满堂架子，然后在架上铺板支成券胎。发券时先从合龙砖开始往两端排活，经排活确定两端砖的摆法后开始收券，最后置放合龙券。砖石为单数，灰砌糙砖券，灰缝上宽下窄，最后紧缝，计算灰缝厚度应按下口宽度计算。

图P-2-1-2-16 小码头街第一道券门细节图（高卫东摄）

图P-2-1-2-17 小码头街第一道券门细节图（高卫东摄）

四、施工图

如图D-2-1-1-1 ~ 图D-2-1-1-3所示

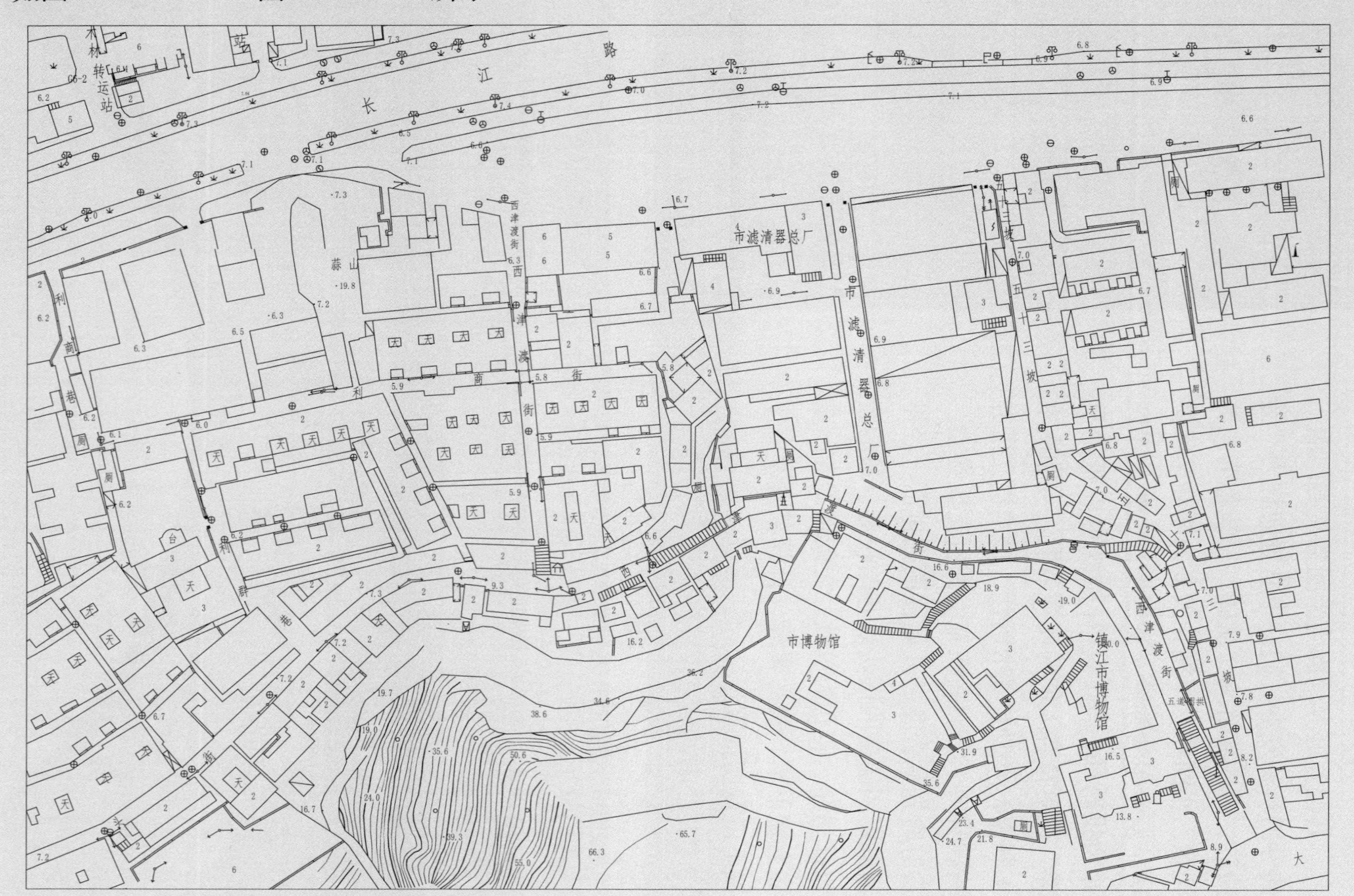

图D-2-1-2-1 小码头街六道券门总平面图

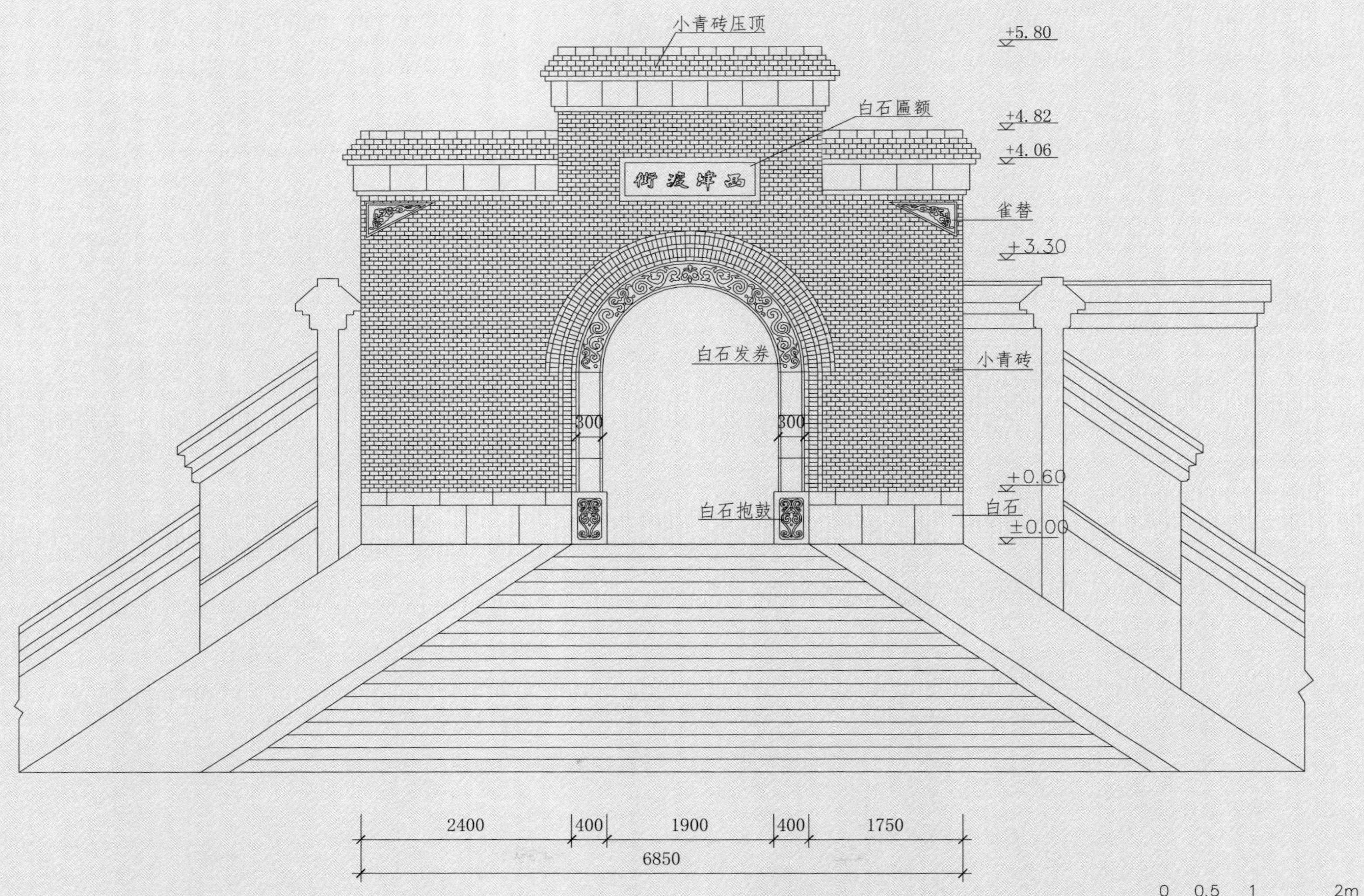

图D-2-1-2-2 “西津渡街” 券门正立面图

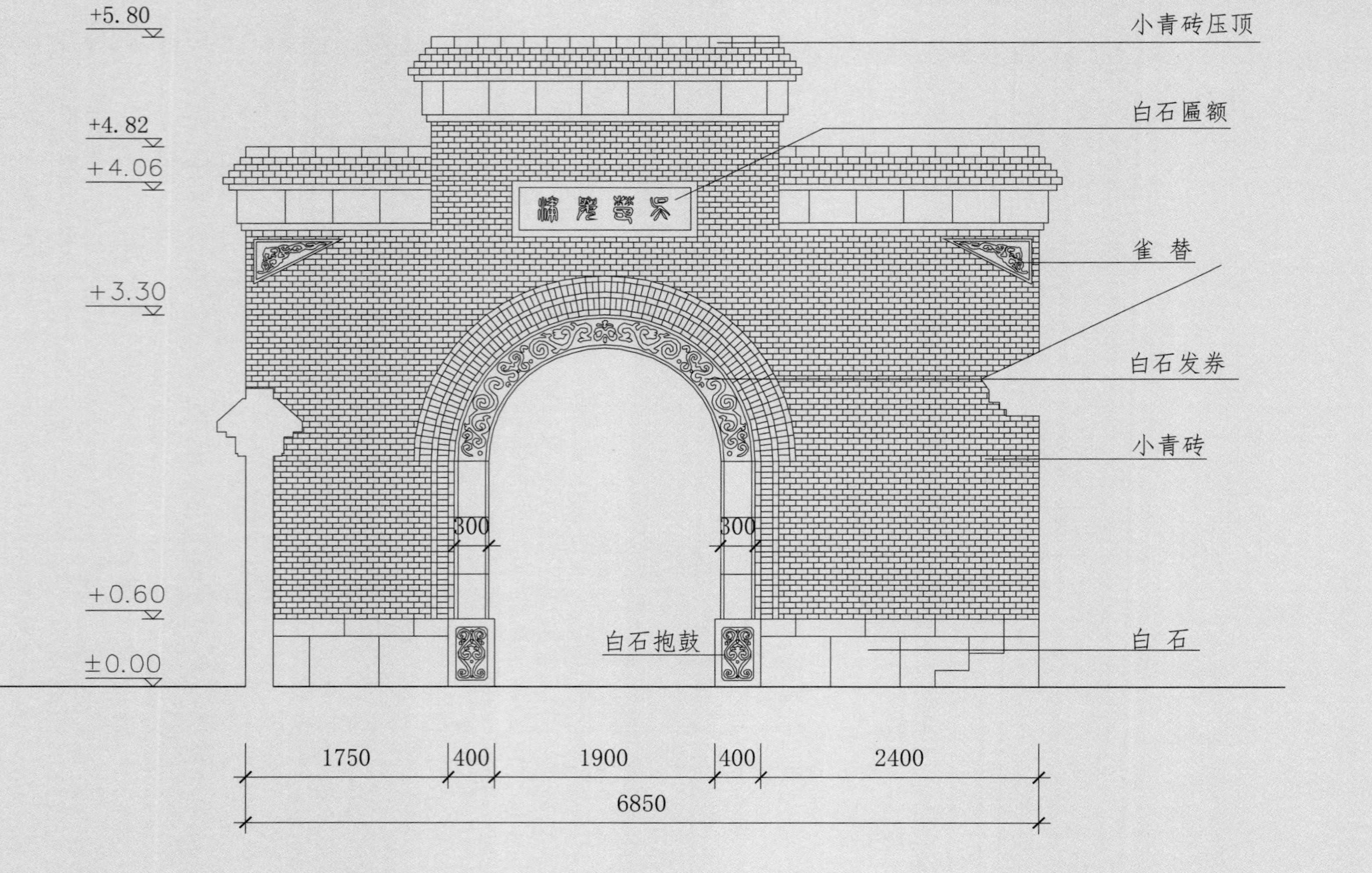

图D-2-1-2-3 “吴楚要津”券门背立面图

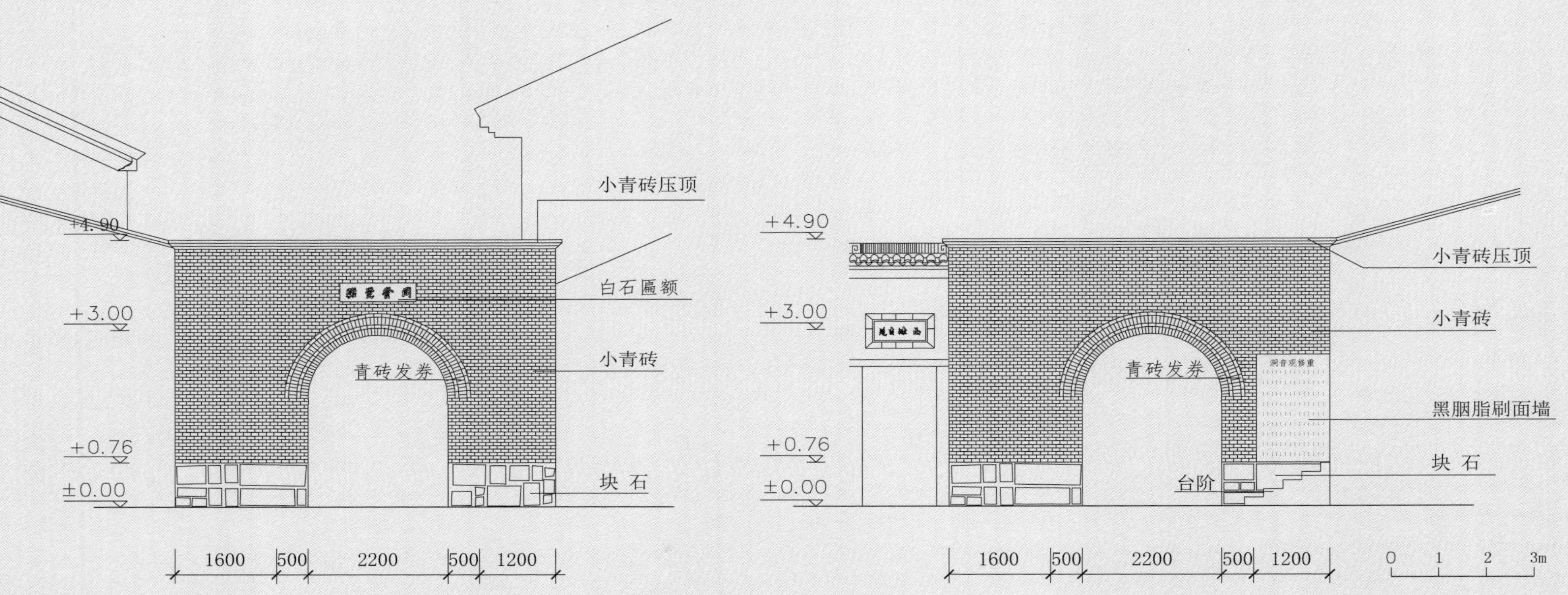

图D-2-1-2-4 “同登觉路” 券门立面图

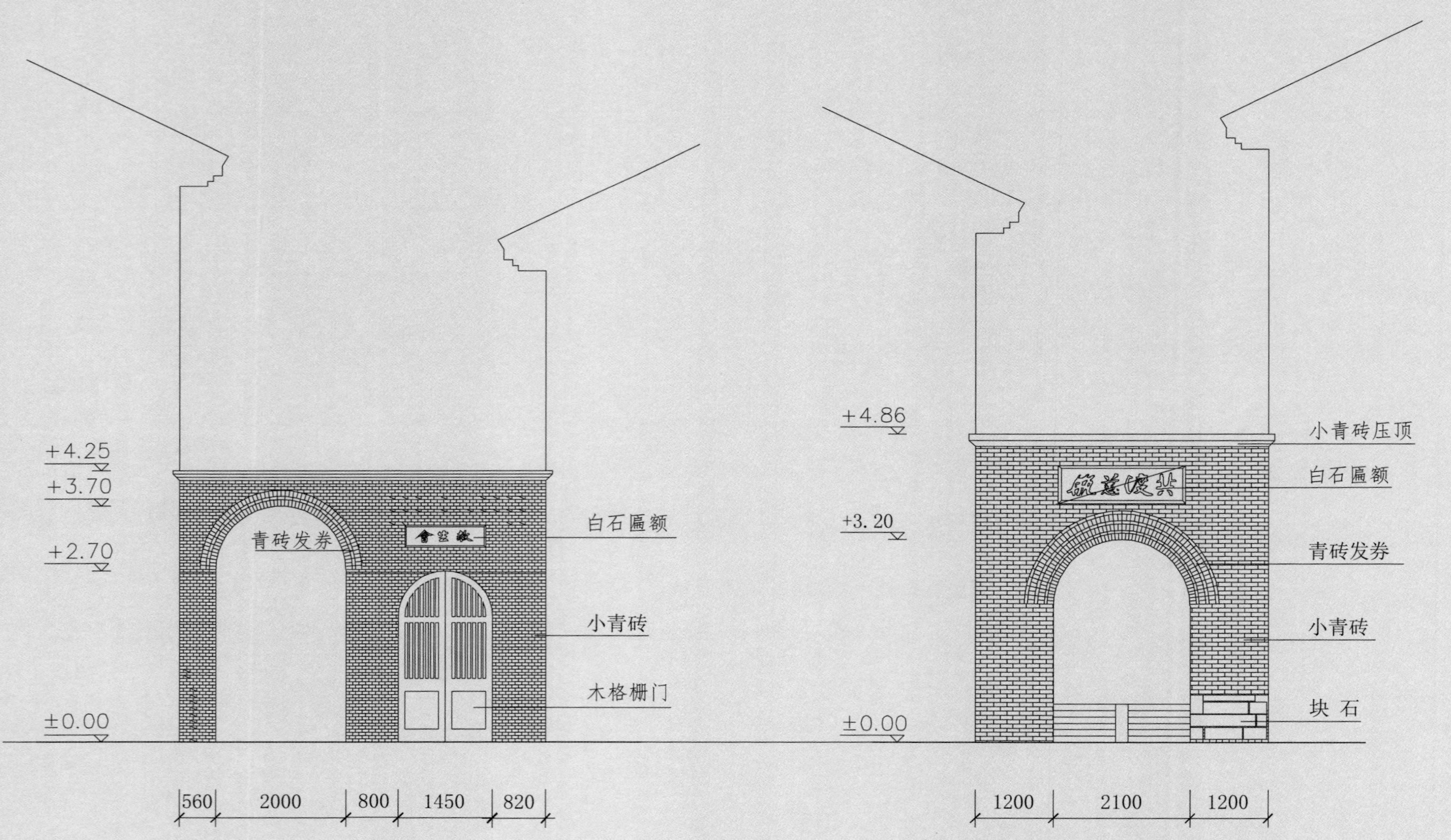

图D-2-1-2-5 “共度慈航” “救生会”券门立面图

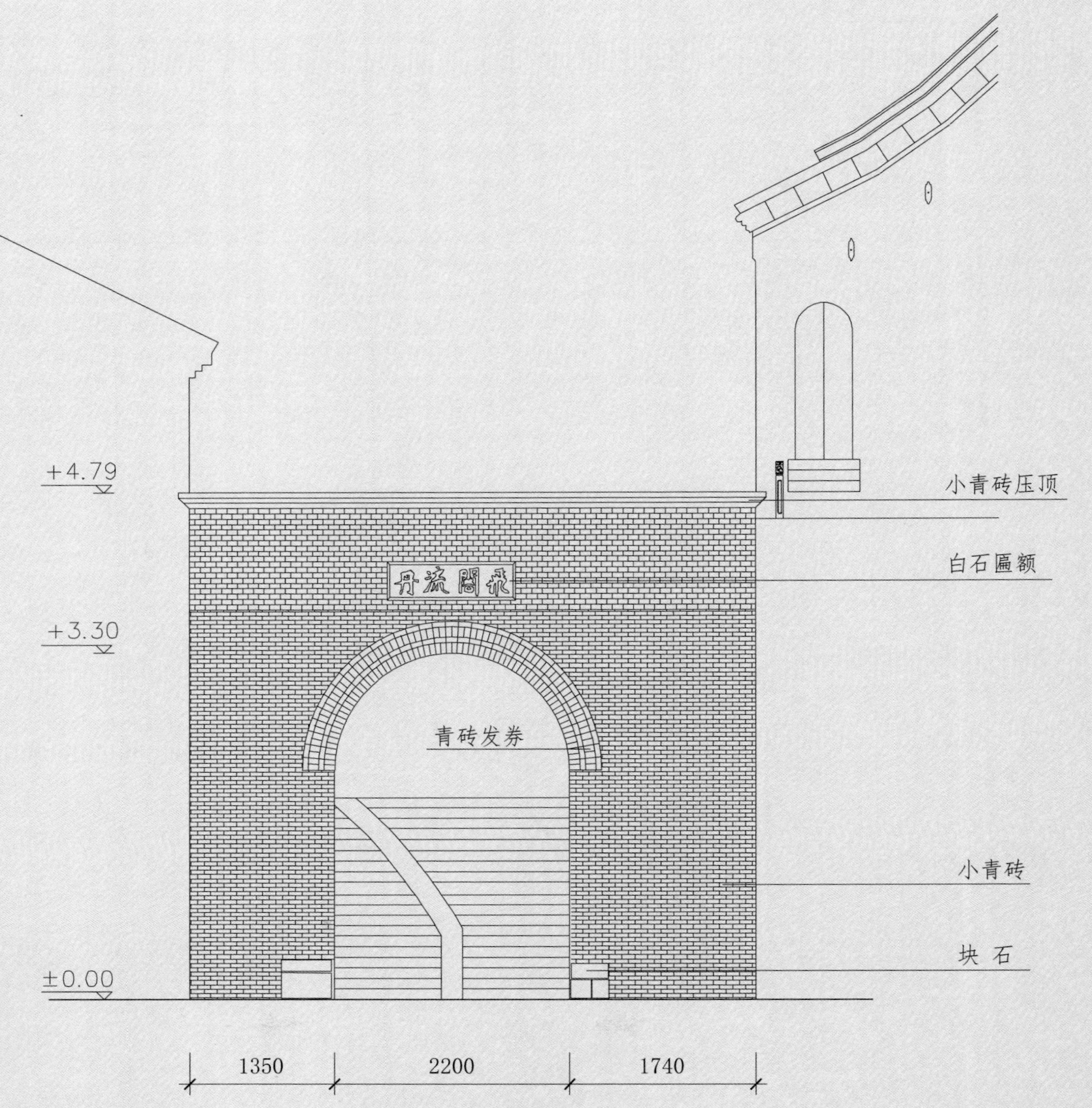

图D-2-1-2-6 “飞阁流丹” 券门立面图

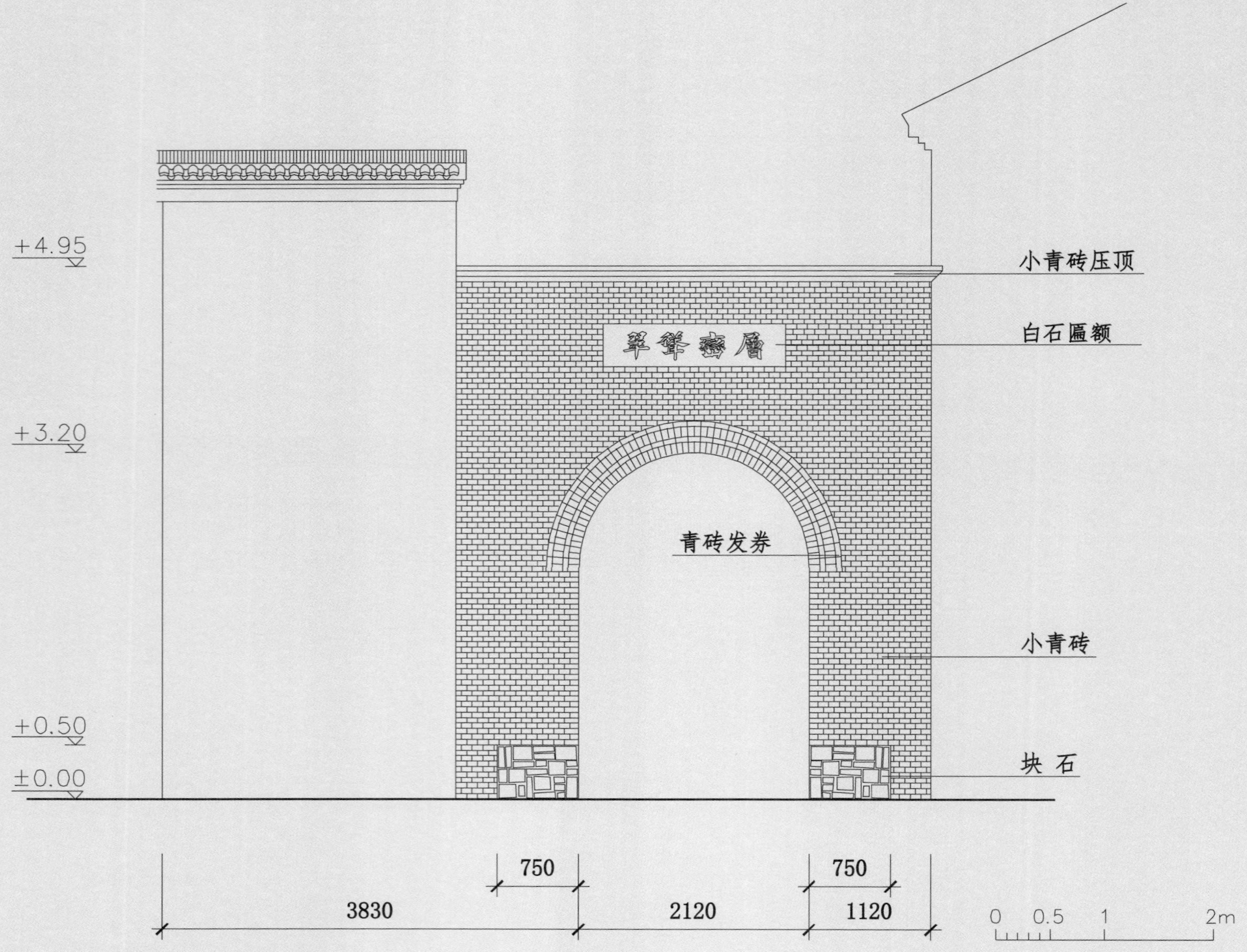

图D-2-1-2-7 “层峦耸翠” 券门立面图

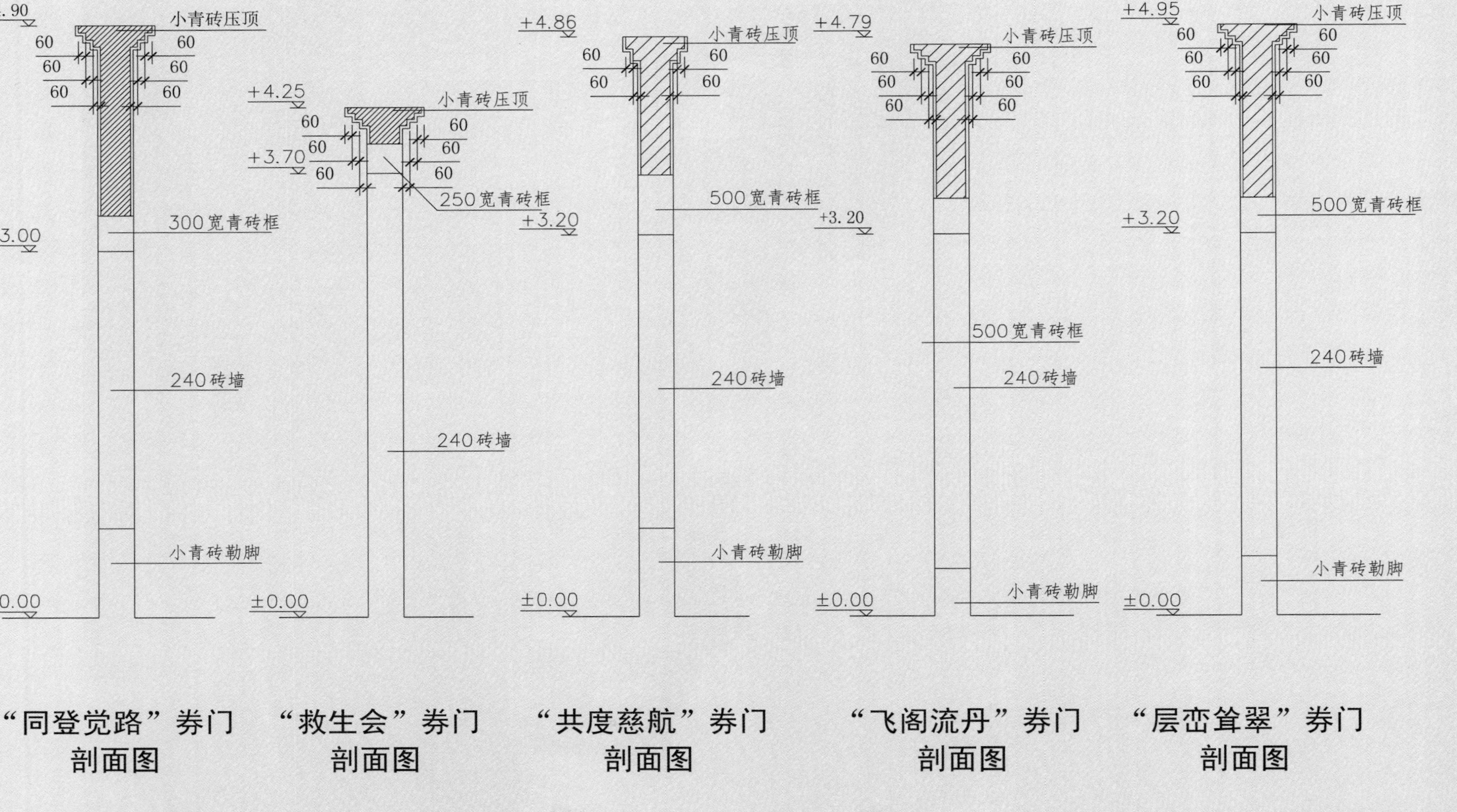

图D-2-1-2-8 五道券门剖面图

第三节 五十三坡

一、概况

1. 建筑形态。五十三坡是老镇江人心中的一处地理坐标。西津渡的五十三坡（图P-2-1-3-1），现在有三组构筑物：

（1）作为历史旧址的五十三坡（图P-2-1-3-2），老五十三坡直对原博物馆老大门，现在红枫岭北侧，共计五十三级台阶；总高14.54m，总长22.2m，踏步宽1.9m，由花岗岩条石堆砌而成。东侧为灰岩原石堆砌的景观红枫岭；西侧有围墙，顺坡道砌筑。坡顶有一券门，传统券门式样，小青砖砌筑，总宽3.05m，高

图P-2-1-3-1 五十三坡全景

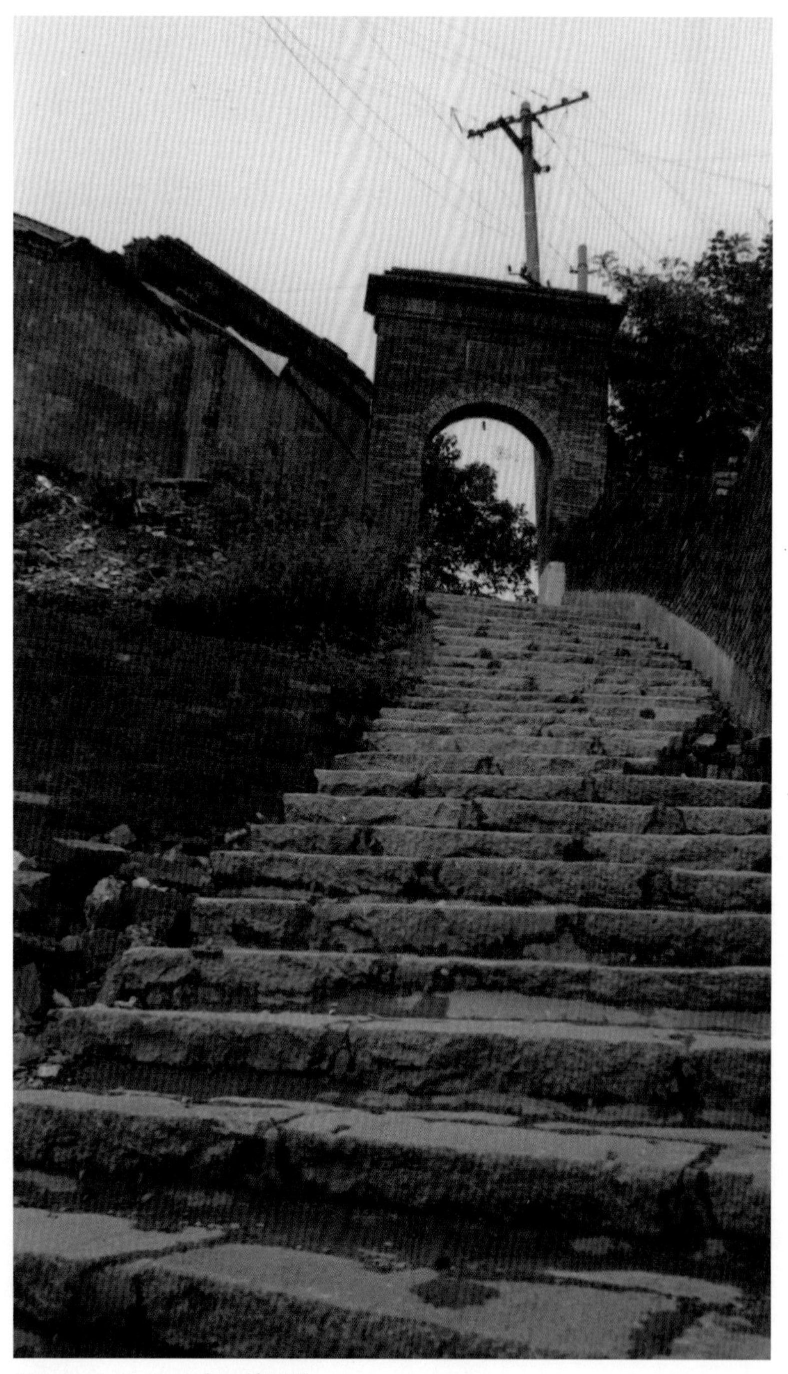
图P-2-1-3-2 五十三坡旧貌

4.9m；门净宽1.65m，净高3m，上口用青砖发券，券门两边为磨砖匾额，分别题有“枕江”“叠嶂”匾额（图P-2-1-3-3、图P-2-1-3-4）。

（2）红枫岭景观通道的五十三坡，建于2014年。从大西路银山门北拐有一条蜿蜒的通道，台阶数也是五十三级。旁边是用灰岩原石叠砌的假山景观红枫岭，长66.7m，两旁边依托山坡是叠筑假山景观，坡地栽植红枫，名之为红枫岭。该五十三坡新设台阶31级，接入老五十三坡第22级石阶，合计为五十三级，到达“枕江”“叠嶂”券门。整体景观秀美，别有一番风味（图P-2-1-3-5）。

红枫岭设有佛教故事《五十三参》瓷版画做细砖墙三道，镶嵌53幅善财童子参拜53位善知识者求佛问道的故事（P-2-1-3-6）。砖墙用青砖叠砌，四边用砖质

图P-2-1-3-3 “枕江”券门

图P-2-1-3-4 “叠嶂”券门

图P-2-1-3-5 红枫岭五十三坡（ 航拍 ）

图P-2-1-3-6 修缮后的五十三坡瓷版画（北）

图P-2-1-3-8 修缮后的五十三坡瓷版画（南）

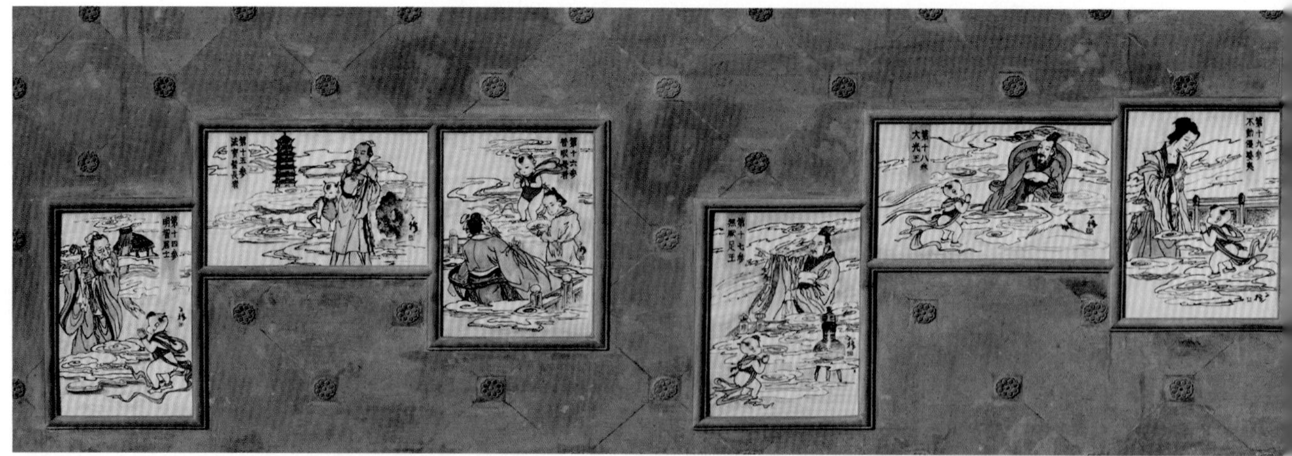

图P-2-1-3-9 修缮后五十三坡瓷版画（中）

图P-2-1-3-7 修缮后的五十三坡瓷版画（南、中）

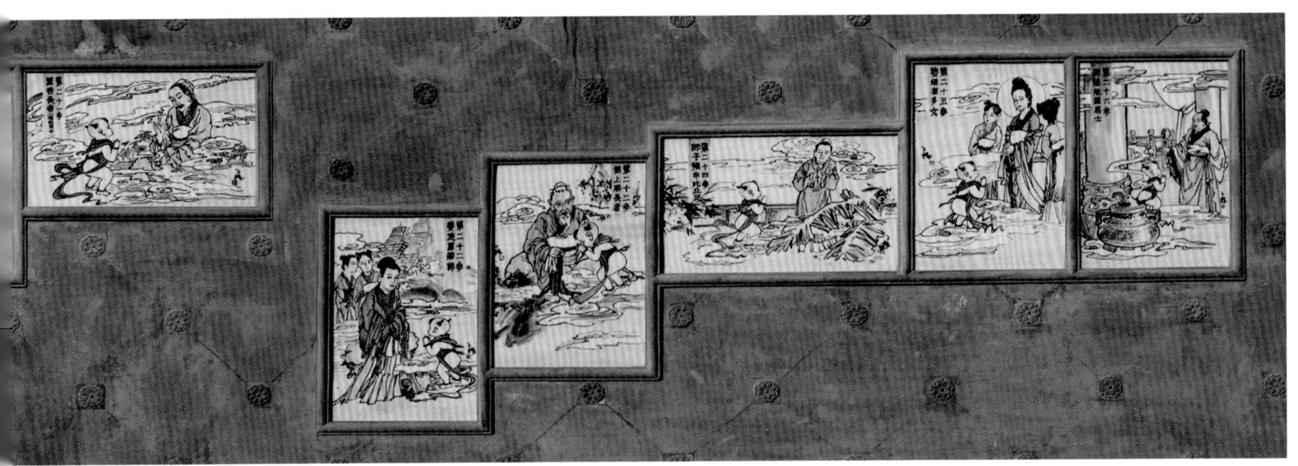

图P-2-1-3-11 新建救生会东侧的五十三坡

图P-2-1-3-12 新建救生会西侧的五十三坡

荷花叶瓣镶作花纹（P-2-1-3-7）。第一块长899cm，高190cm，底座高50cm，镶嵌有瓷版画13幅，内容表现善财童子参拜自第一参至第十三参（图P-2-1-3-8）；第二块长776cm，高90cm，底座高45cm，镶嵌有瓷版画12幅，内容表现善财童子参拜自第十四参至第二十五参（图P-2-1-3-9）；第三块长1671cm,高190cm，底座高40cm,镶嵌有瓷版画28幅，内容表现善财童子参拜自第二十六参至第五十三参

图P-2-1-3-10 修缮后的五十三坡瓷版画（北）

（图P-2-1-3-10）；两端各有说明文字瓷版书法作品一幅。瓷版画由镇江画家王宏瑶创作，祝瑞洪、牛荟撰写说明文字，为曹秉峰书写。

（3）救生会馆东、西两侧新建的两处有五十三级台阶的坡道。这两处五十三坡，主要是利用救生会馆与工业遗产保护区域之间的高差设置，以沟通山上核心景区和山下工业遗产保护区交通，便于游客观赏。东侧五十三级长33.2m，踏步宽1.6m，台阶下有一防空洞入口，现用铁门关闭。沿花岗岩台阶，拾阶五十三级，就到了小码头街的东段，往西直接到"同登觉路"券门和过街石塔（图P-2-1-3-11）。西侧台阶也为五十三级台阶，长23.1m，踏步宽1.6m，低层用来自长江三峡水库区原巴山县城的旧青石板堆砌，上部用杉木构建。往上直通救生会钟亭（图P-2-1-3-12）。

2. 历史沿革。据《镇江市地名录》记载："五十三坡：南至大西路，北至长江路。早年建有通向云台山坡道，有台阶五十三级，故名。后原三马路并入，统称五十三坡。"早在清末民国初这里已是商贾云集、店铺林立、繁华场所，与周边的迎江路、大西路、天主街和二马路等均是当时镇江最热闹的地方。五十三坡其名当取佛教"善财童子五十三参"之意，讲述善财童子求教观音菩萨等天下五十三位大师级善知识者，途中历尽艰辛、备尝考验，终于依教奉行、获证善果的故事。西津渡的五十三坡，象征这个故事，以教化民众。观赏五十三参图、攀登五十三坡，即等于行万里路，读万卷书，是许愿意，是吉祥意。

1999年，西津渡保护领导小组办公室对原五十三坡进行了修缮，2010年增修了红枫岭景观和救生会东西两侧新五十三坡坡道；2015年新设红枫岭"五十三参"图景墙，为镇江市画家王宏瑶画作瓷版画。

3. 遗存状态。原五十三坡，为老的遗迹，因年久失修，损坏严重，1999年实施大修，2010年重修。余为迁危拆违后为增强景观效果和沟通交通路网新建。

二、主要修缮技术方案

修缮等级为大修。维修前，邀请了文物、考古、建设等专家，对修缮方案进行评选、论证，建议保留建筑外貌形状，拆除后期搭建的附属物，留出了足够的控制地带，并保留了原结构形式。主要修缮内容为：重新加固台阶基础，重砌台阶石块，修缮枕江门券等。

另外三条坡道全部为新建。红枫岭沿原山坡新设台阶接续五十三坡，并设景观石还原原山坡意向，设置五十三参瓷画景墙、栽植以红枫为主的绿植形成主题景观；救生会馆东侧沿山坡直接铺设麻石青石混合台阶共53级，上接小码头街同登觉路券门；西侧沿救生会馆西侧山坡设置石质台阶和木质高架台阶共53级，上接救生会钟亭，入小码头街。

三、建筑修缮责任表

建设单位：镇江市西津渡保护建设领导小组办公室

项目负责人：杨恒网 郑洪才

监理单位：镇江方圆建设监理有限公司 镇江建科监理公司

监理人员：赵强 刘晓瑞

施工单位：镇江市古典园林建筑公司

项目经理：贾银生 高宁华 经守友

施工时间：1999.1 — 2015.1

四、施工图

见图D-2-1-3-1 ~ 图D-2-1-3-3.

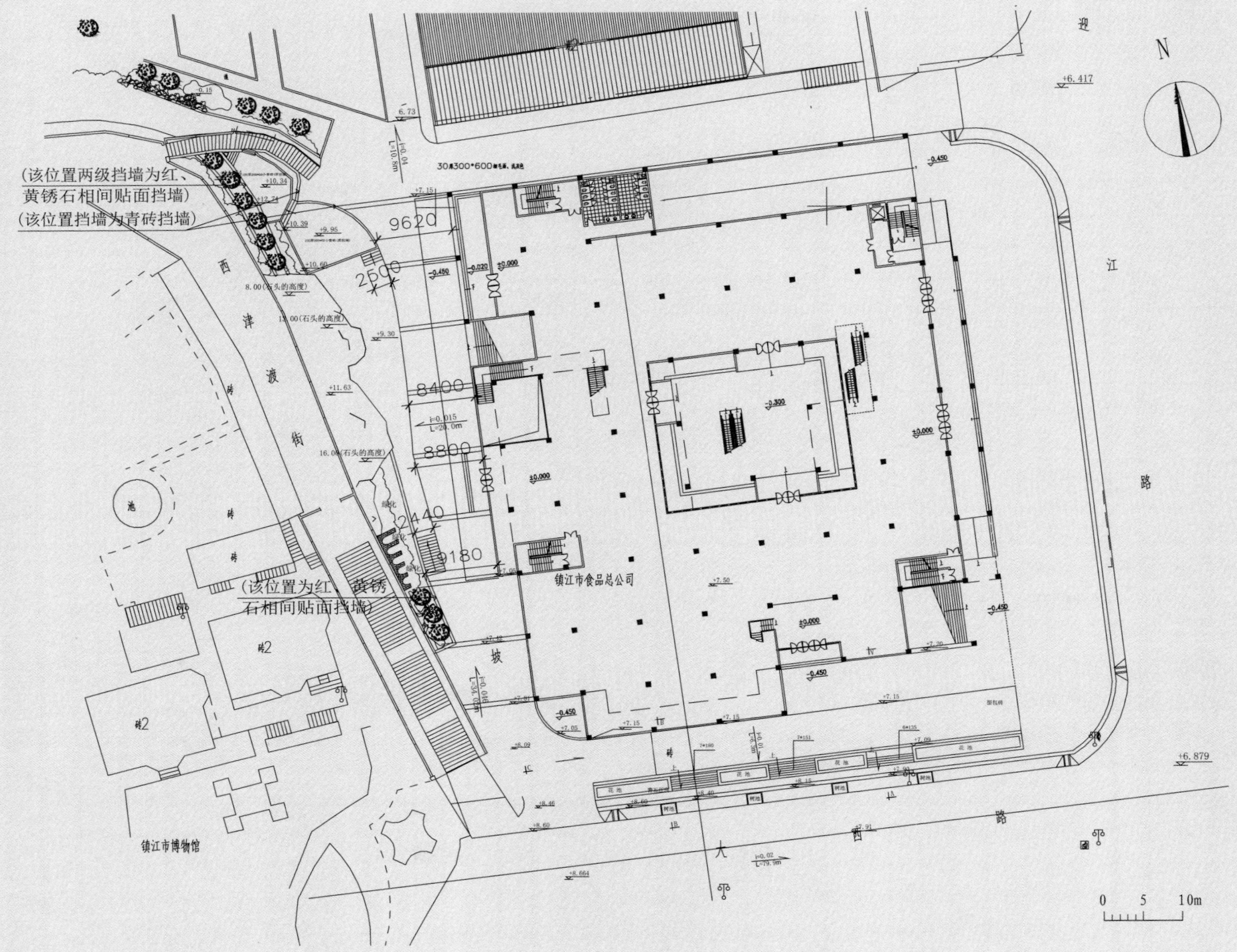

图D-2-1-3-1 五十三坡平面图

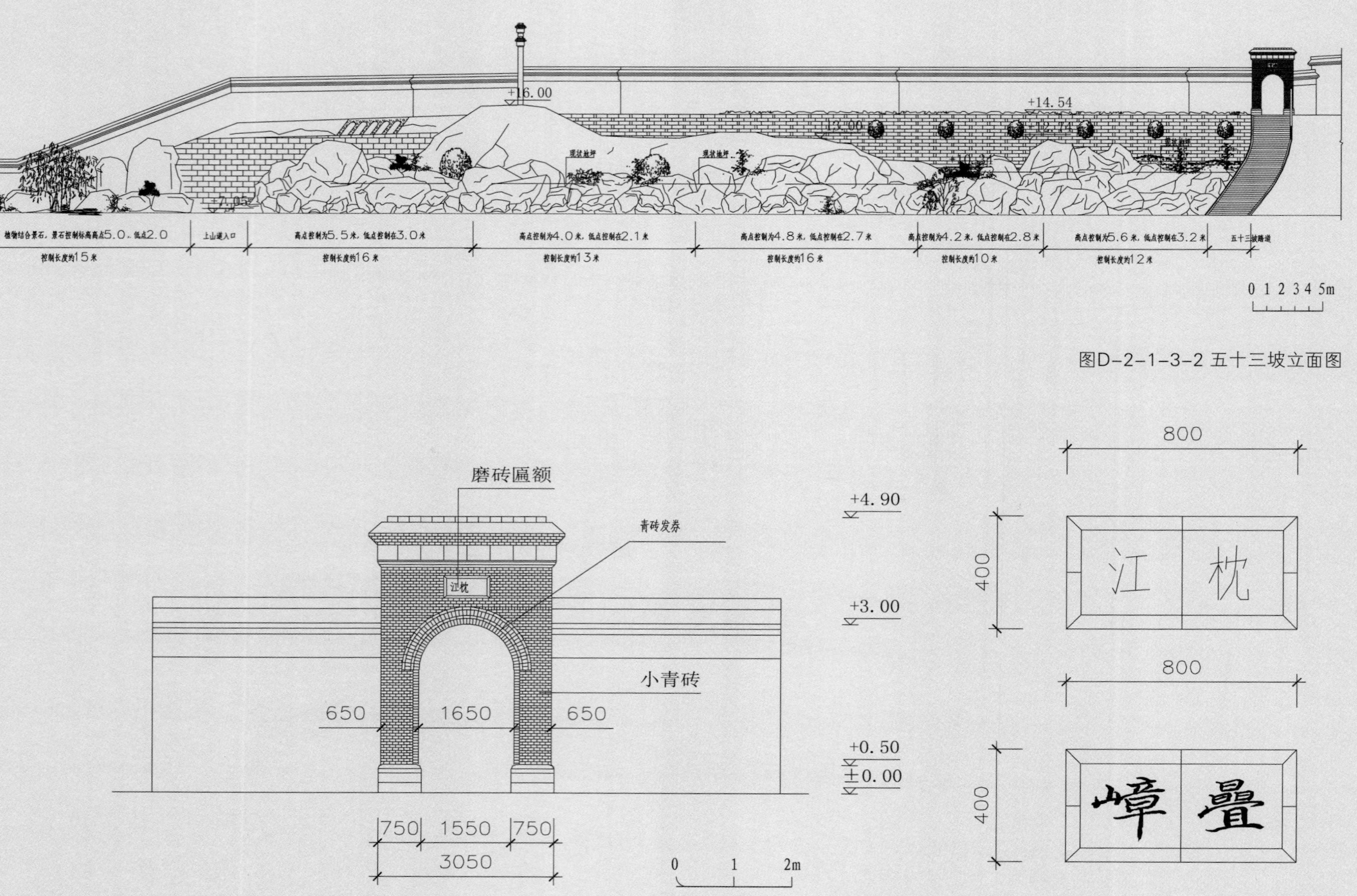

图D-2-1-3-2 五十三坡立面图

图D-2-1-3-3 五十三坡门立面图

第四节 救生会馆

一、概况

1. 建筑形态。救生会是古代江上救助的慈善机构。救生会馆旧址建筑坐北朝南，高9.3m，占地不规则，占地面积约500m²，建筑面积375.95m²。2011年，救生会馆公布为江苏省重点文物保护单位（图P-2-1-4-1）。

救生会馆建筑形制是唐朝以来典型的庭院布局的“廊院”制。主要建筑在纵轴线上，即二层五间七檩后廊式砖木硬山结构，三间前廊式歇山式砖木结构；院子左右两侧，用砖木结构的回廊，将前后、两边的亭与附房连接起来，构成一组完整的建筑形式——“廊院制”。这种回廊与建筑相合的做法，在空间上高低错

图P-2-1-4-1 救生会馆大门全景图（黄良清 摄）

图P-2-1-4-2 救生会馆内庭院全景图（黄良清摄）

图P-2-1-4-3 救生会馆内庭院及北楼 （高卫东 摄）

图P-2-1-4-4 救生会馆内庭院及南楼 （高卫东 摄）

落，起到虚实对比的艺术效果。唐宋以来的宫殿、祠庙、寺观多有采用这种建筑群体组合形式（图P-2-1-4-2 ~ 图P-2-1-4-5）。

2. 历史沿革。古代的西津渡，江流湍急、天灾人祸，翻船失事时有发生。南宋乾道年间，时任镇江郡守的蔡洸对于频仍发生的江难寝食不安。他建造了5艘抗风能力很强的大型摆渡船，5面大旗“利、涉、大、川、吉”作为标志分别竖立于各船，并限定载客人数，从此渡江“收有数、发有序”。摆渡船身兼两职，既渡人又救人，这是首次见之于史册的官渡和救生性质的渡船。此后一段时间内，西津渡口很少发生人命事故，即便水上救急，百姓也不再担惊受怕了。

此后元、明两朝，江上救生活动断断续续，时有时无，主要依赖官渡附带救

图P-2-1-4-5 救生会馆北侧全景（谢戎 航拍）

生活动。史书记载的仅有元代延祐至泰定年间镇江路总管段廷珪、明正统年间巡抚侍郎周忱，有过像样的官渡附带救生举措。江上救生不能正常开展。

明末清初，中国民间慈善义举兴起。兴化李长科在超岸寺设避风馆并置救生船在大江救生，徽商闵象南等在瓜洲、金山设置救生船，聘请寺僧管理大江救生，并设置赏格，鼓励渔船参与救生活动，凡救捞不论生死，皆有奖赏。

民间救生船的出现，促进了清朝官府对人命救生的重视。康熙二十六年(1687年)，清政府责令沿江官府关注过往船只安全，如遇到大风，江心船只不能靠岸的要给予救助。江苏巡抚慕天颜奏请动用国库银两打造10艘护漕救生航船，分布在沿江两岸，官民船只遇风，立即护航救生。

图P-2-1-4-6《国画义士共创救生会》(周斯音 作)

康熙四十一年(1702年)，镇江京口蒋元鼐、朱永载、蒋尚忠、张迈先、林崧、袁鈐、吴国纪、左聃、毛鲲、钱于宣、何如椽、毛翥、朱之逊、蒋元进、赵宏谊等15人共同倡议，并捐白金若干，在西津渡观音阁成立了“京口救生会”(图P-2-1-4-6)。

京口救生会是世界上较早的有组织的水上人命救助民间机构之一。救生会规定，凡遇江上大风，或发现船只覆溺立即出江救援， 对救助人员论功行赏；每救活一人，对施救船员赏白金一两；对被救人员，无家可归的留在会中收养；对有家者则发给路费；遇难而死者，由会中打捞沉尸，置棺装殓。京口救生会的诸多义举引起了社会各界的关注和支持，纷纷捐资捐款。清镇江知府冯咏在《京口救生会叙》

中详细记载了这些善行（图P-2-1-4-7）。

1708年，救生会购得西津渡昭关晏公庙旧址（即现救生会旧址），建屋3间作为会址。会中祀晏公像，后又建楼祀文昌神。如果参加共创救生会的善士辞世，立牌位于楼西祭之。会员还公举公正者为救生会会首，具体负责金钱的收支。1735年前后（雍正以迄乾隆初年），蒋豫等18位善士重振救生会，其中第一代创始人蒋尚忠之孙蒋理出资重修救生会馆并置救生船于江口巡守救生。此后蒋豫子孙蒋宗海、蒋延菖、蒋秷、蒋礤、蒋宝相继主持救生事业，至1864年蒋宝去世，清政府另行委派会董止，前后历经163年，蒋氏一门七代人多次重振、扩充，延续镇江长江水上救生事业。据《镇江丹徒蒋氏族谱》记载，以及张崟《京口蒋氏救生会馆图》及其题跋长卷记录，救生会馆在蒋宗海接任后曾经修缮扩充。在蒋豫、蒋宗海时期，还可以见到救生会的第一代创始人左聃的后人左志训、左志敏参与救生事业的身影；蒋宗海的亲家郭家麟以及袁秀溪、严荣德、邹光国等也是当时积极参与救生活动的善士。善士吴北海在乾隆五十一年至五十四年（1786－1789年）冬，自行请缨独力经理救生会三年余。蒋延菖时期委托姻亲兄弟郭琦、郭恒代管，蒋礤（近仁）1824年接任后，再一次对救生会馆进行修缮扩充，并请张崟作画记之。蒋宝时期京口救生会馆曾为英人强占为领事馆后勤基地，蒋宝拒收租金并力争索还，英人于英领事馆建成后被迫交还救生会馆。此后由清代镇江状元李承霖主持复会。1888年8月救生会馆毁于大火，1895年再次重建救生会，并由李寿源、赵金塘、吴瑀庆等坚持办理救生事业数十年。总之，京口救生会是镇江民间水上救生组织的发源地，也是中国乃至世界最早的水上救生民间组织之一。［参见本卷附录二，祝瑞洪：《京口救生会蒋氏七世年考》（原载《镇江高专学报》2015年第3期）；附录四，祝瑞

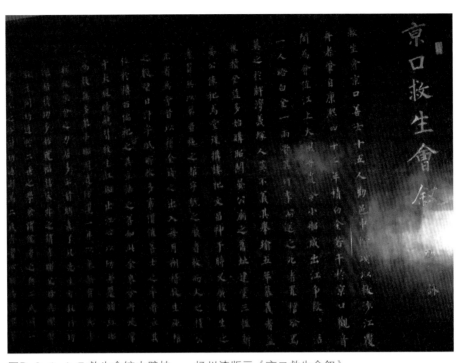

图P-2-1-4-7 救生会馆内壁挂——扬州漆版画《京口救生会叙》

洪：《京口救生京口蒋氏红船研究的新发现新进展》附录五《长江救生源问题的新认识》]。

民国时期，京口救生会由镇江商会陆小波、于小川等人管理。抗战期间，吴季衡先生、孙寅谷先生等人坚持八年，救生事业艰苦卓绝得以延续，直到1949年，京口救生会与焦山救生局合并，张翼云为董事长，陈述初为主任。此后，救生会转交新中国镇江政府管理。20世纪50年代以后，救生会馆逐渐成为民居。

2004年，英国皇家救生艇协会（RNLI）执行总裁安德鲁·弗里曼特尔先生在一次国际海上人命救助联盟年会中说，世界上最早的专业人命救助机构在中国，这个机构就是江苏镇江的“京口救生会”。

3．文史成果。关于救生会的历史研究，主要有三项成果：

（1）救生会馆旧址建成《镇江中国救生博物馆》。2008年，镇江市西津渡公司利用修缮后的救生会旧址布展了《镇江中国救生博物馆》，展览以镇江水上救生历史及“京口救生会”成立、延续、扩展为主线，介绍了镇江水上救生700余年，特别是京口救生会的历史演变和救生红船对长江中上游地区的影响。2008年4月 29日，国际海上救生联盟秘书长杰瑞·柯林先生和时任交通运输部救助打捞局局长的宋家慧先生亲临救生会，给中国救捞教育基地授牌（图P-2-1-4-8）。

图P-2-1-4-8 杰瑞·柯林亲临宋家慧救生会馆，给中国救捞教育基地授牌

（2）发现《京口蒋氏救生会馆图》图卷。图卷由第六代救生会会董蒋礅嘱清代画家张夕庵作于清道光四年（1824年）。此后，蒋礅还请镇江文人士绅、官府政要41人，为此画作序题跋，裱补成长18.18m、宽0.41m的长卷传承于世。2004年为拍摄大型纪录片《西津渡》由中央电视台和西津渡文史办经多方寻找，从有关方面获得《京口蒋氏救生会馆图》图卷高清电子版（图P-2-1-4-9）。

图P-2-1-4-9 清代画家张夕庵的“救生会馆图”图卷（局部）

（3）研究证明蒋氏七代救生会传承的历史顺序，校正了史志讹误。即：

第一代，康熙四十一年（1742年）蒋元鼐等15位绅士共同发起成立京口救生会。第二代，蒋豫等18人自雍正以迄乾隆初年重振救生会。之后父传子、子传孙共六代人。即蒋豫传子蒋宗海、蒋宗海传蒋秷、再传蒋延菖、蒋礦、蒋宝[参见本卷附录二，祝瑞洪：《京口救生会蒋氏七世年考》（原载《镇江高专学报》2015年第3期）]。2019年，研究人员又发现第一代创始人蒋元鼐、蒋尚忠、蒋元进同属一家人的《京江蒋氏宗谱》，发现蒋豫及其子孙的家谱《镇江丹徒蒋氏族谱》，研究成果证明两蒋“一家亲”，并且新发现蒋尚忠曾孙蒋理参与救生会活动的事迹，极大地丰富了研究史料和救生会的研究成果。

图P-2-1-4-10 修缮前的救生会馆大门

4. 遗存状态。1949年后，救生会馆旧址逐渐成为民居。因年久失修，房屋遭到一定程度的破坏（图P-2-1-4-10、图P-2-1-4-11）。1999年，由西津渡古街保护领导小组迁出居民，

图P-2-1-4-11 修缮前的救生会馆内部

整复修缮。救生会馆修缮保护项目获2001年联合国教科文组织亚太地区优秀遗产保护奖。

二、主要修缮技术方案

该建筑修缮等级为大修。维修前，邀请了文物、考古、建设等专家，对修缮方案进行评选、论证，建议保留建筑外貌形状，拆除后期搭建的附属物，留出了足够的控制地带，并保留了原结构形式，增加抗震构造措施。主要修缮内容为：落架大修、结构加固、屋面防水、墙面修缮、传统装饰及功能重布等。

图P-2-1-4-12 救生会馆院内水磨方砖花墙座凳（局部）

救生会是清中后期民居式公共建筑。大门门楣刻有救生会石匾额，四周磨砖线脚边框，传统图案浮雕白石矩形门挡石，实木板对开门，内平外开短窗，青砖清水砖平券，立砖窗台，更显朴实。大门门楣上方嵌有白石门匾，上书“救生会”三字。

救生会馆建筑首进为蝴蝶瓦，硬山式屋面，干作瓦屋脊。二进为蝴蝶瓦歇山式屋面。歇山脊为过桥瓦脊垄。全廊、内廊青白石阶沿，水磨大方砖地面，连接前进后进的全廊。柱轴线下设水磨方砖花墙座凳（图P-2-1-4-12）。

首进二层建筑东侧为硬山边一层三间蝴蝶瓦屋面，东北侧为六角木亭，沿建筑中轴线二侧用木结构全廊将前后建筑连接，木排山构架，室内中间南端设木楼梯，室内设水磨大方砖地面，庭院铺设青砖彩色鹅卵石拼花地面。

前后二进建筑采用杉木古式长短窗，按镇江传统地方制作，长窗木花格内嵌软木篆字“救生会”纹饰（图P-2-1-4-13），外刷深红色磁漆。

西侧设有对开实木门板门，在西津渡第三道券门边建有歇山式砖木结构钟亭，两面古式长窗，一面古式短窗，重大活动时古式长窗可全部打开，放置的青铜钟可撞钟、鸣礼。钟亭东侧为青砖清水券门。

庭院中栽植两棵桂花树，设置救生会红船模型以供参观。

救生会馆西侧，竖立五根旗杆挂“利、涉、大、川、吉”五面旗帜，纪念南宋镇江太守蔡洸设置五艘大船济渡救难的事迹（图P-2-1-4-14）；北崖坡设有两块石挡土墙，青砖清水砖墙，整石凸圆出沿压顶。

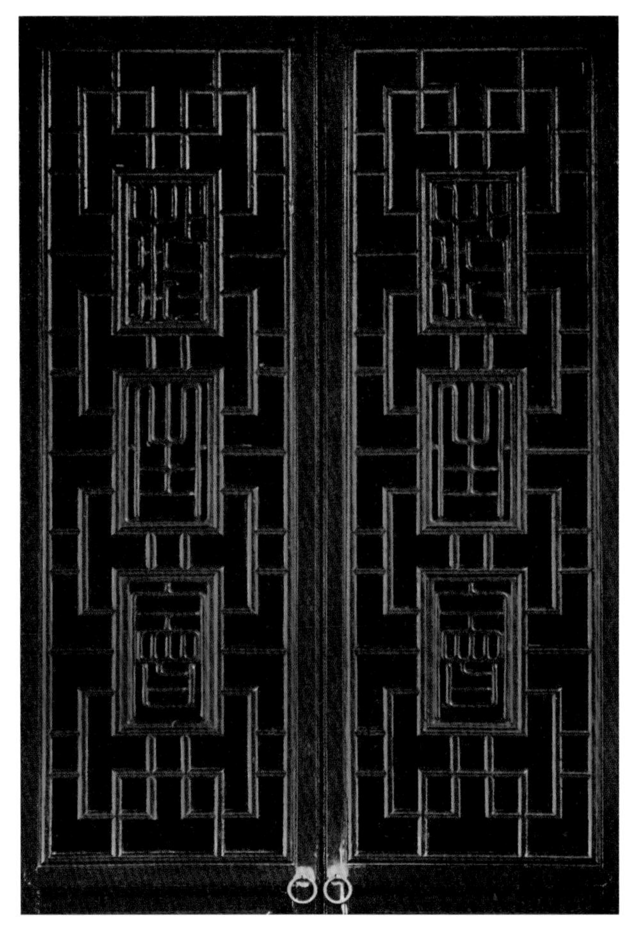

图P-2-1-4-13 镶有篆字“救生会”纹饰的长窗

图P-2-1-4-14 挂“利、涉、大、川、吉”五面旗帜的旗杆

三、建筑物修缮责任表

建设单位：镇江市西津渡保护建设领导小组办公室
项目负责人：时献国 傅源 廖星
测绘、修缮设计单位：东南大学建筑设计研究院
测绘、修缮设计人员：丁宏伟 龚曾东
监理单位：镇江方圆建设监理有限公司
监理人员：戴立顺
施工单位：镇江市古典园林建筑公司
项目经理：贾银生
施工时间：2000.10.2 — 2001.3.27

四、施工图

见图D-2-1-4-1 ~ 图D-2-1-4-6所示。

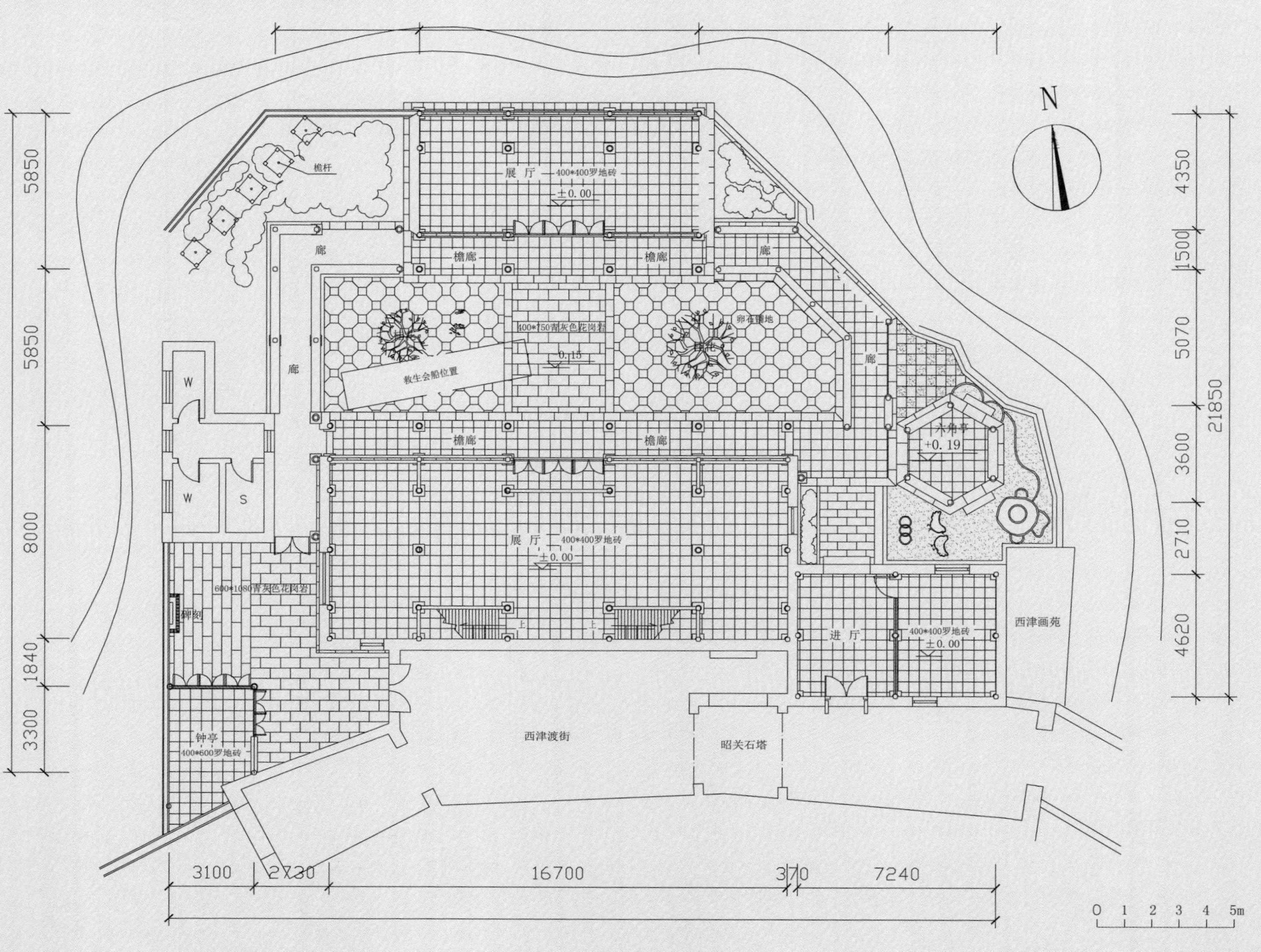

图D-2-1-4-1 救生会馆一层平面图

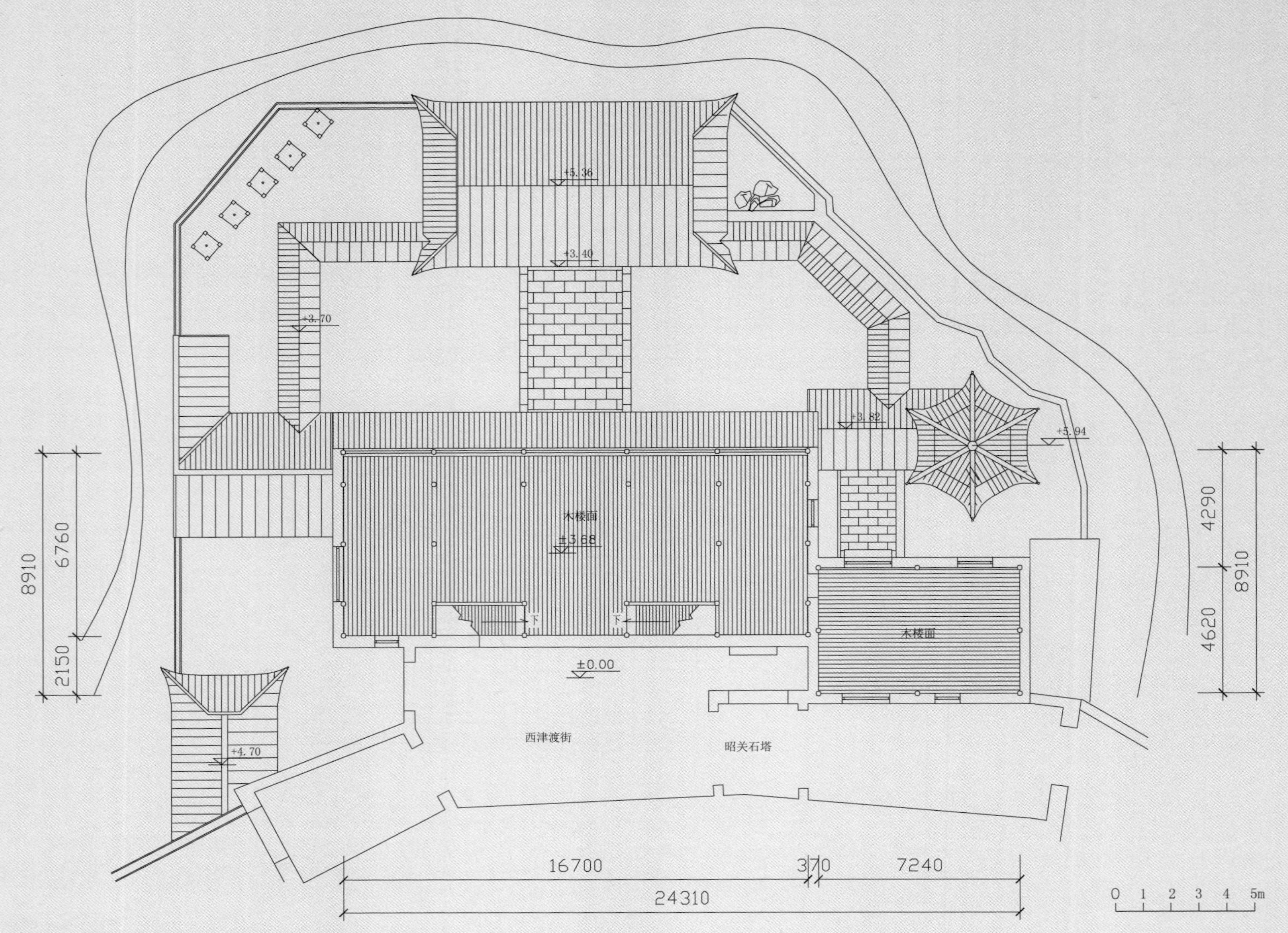

图D-2-1-4-2 救生会馆二层平面图

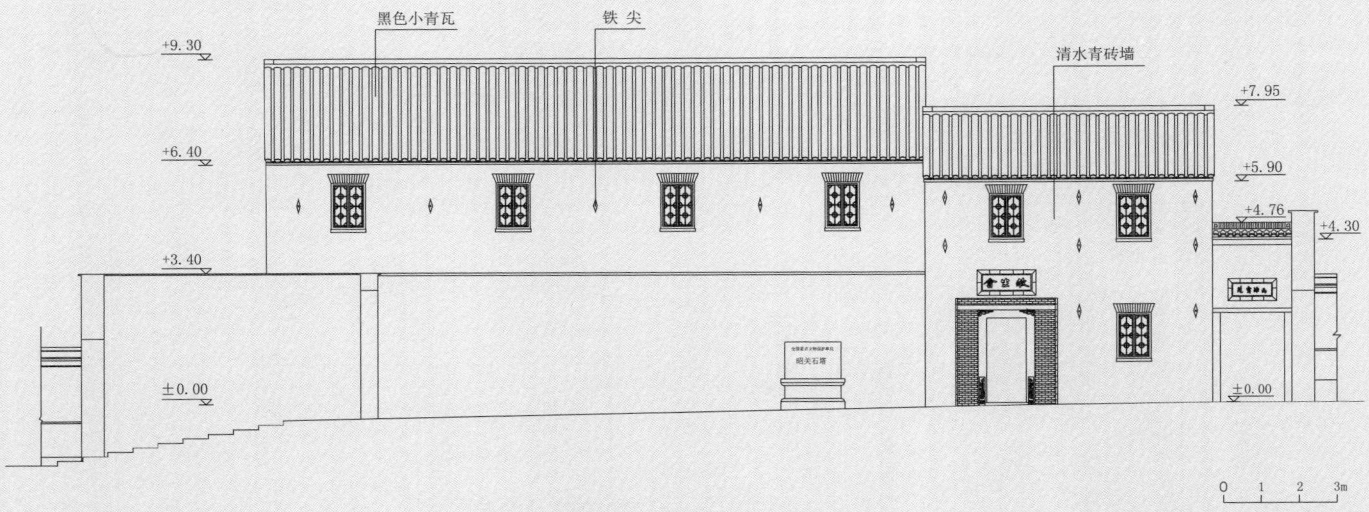

黑色小青瓦
铁尖
清水青砖墙
+9.30
+7.95
+6.40
+5.90
+4.76
+4.30
+3.40
±0.00
0 1 2 3m

图D-2-1-4-3 救生会馆南房南立面图

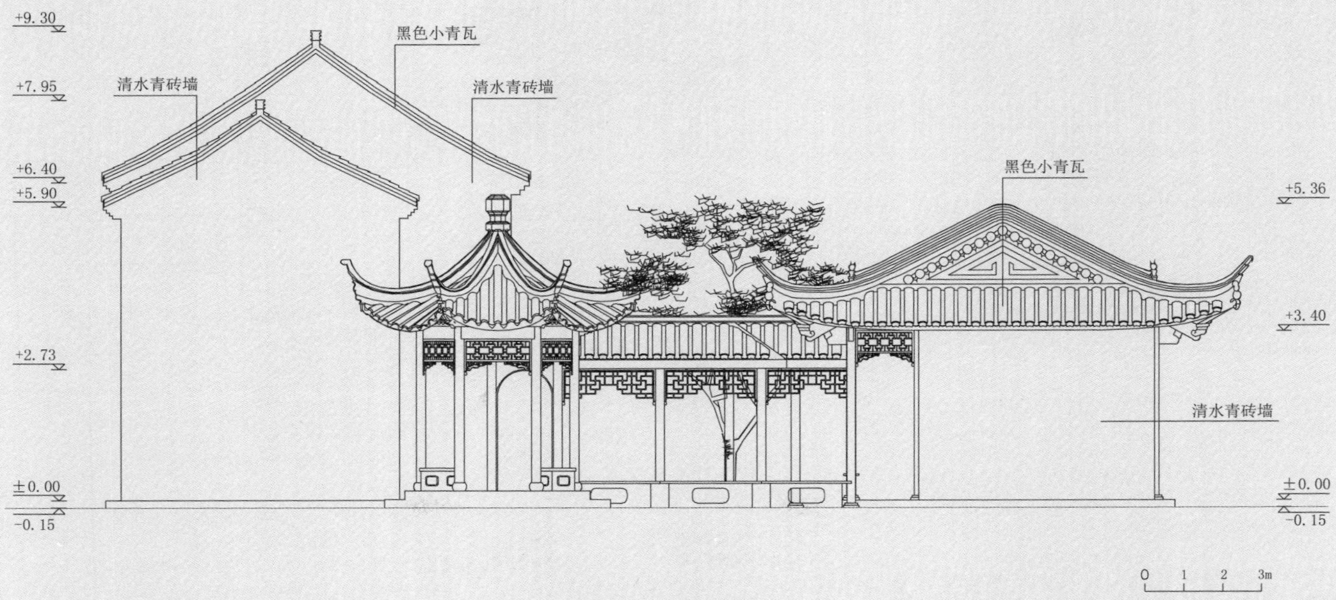

+9.30
+7.95
+6.40
+5.90
+2.73
±0.00
-0.15
黑色小青瓦
清水青砖墙
清水青砖墙
黑色小青瓦
+5.36
+3.40
清水青砖墙
±0.00
-0.15
0 1 2 3m

图D-2-1-4-4 救生会馆东立面图

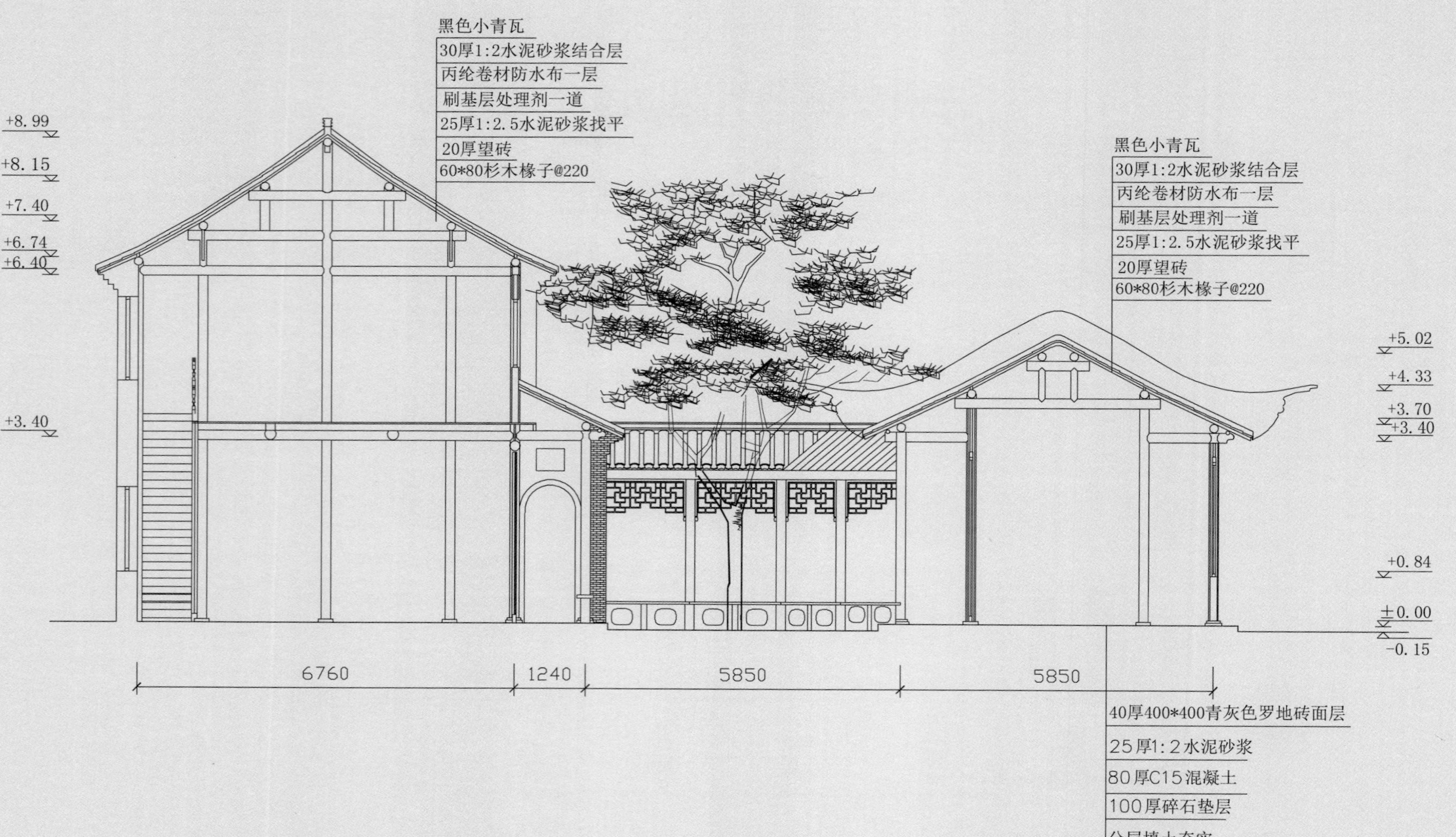
黑色小青瓦
30厚1:2水泥砂浆结合层
丙纶卷材防水布一层
刷基层处理剂一道
25厚1:2.5水泥砂浆找平
20厚望砖
60*80杉木椽子@220
黑色小青瓦
30厚1:2水泥砂浆结合层
丙纶卷材防水布一层
刷基层处理剂一道
25厚1:2.5水泥砂浆找平
20厚望砖
60*80杉木椽子@220
+8.99
+8.15
+7.40
+6.74
+6.40
+3.40
+5.02
+4.33
+3.70
+3.40
+0.84
±0.00
-0.15
6760
1240
5850
5850
40厚400*400青灰色罗地砖面层
25厚1:2水泥砂浆
80厚C15混凝土
100厚碎石垫层
分层填土夯实

图D-2-1-4-5 救生会馆剖面图1

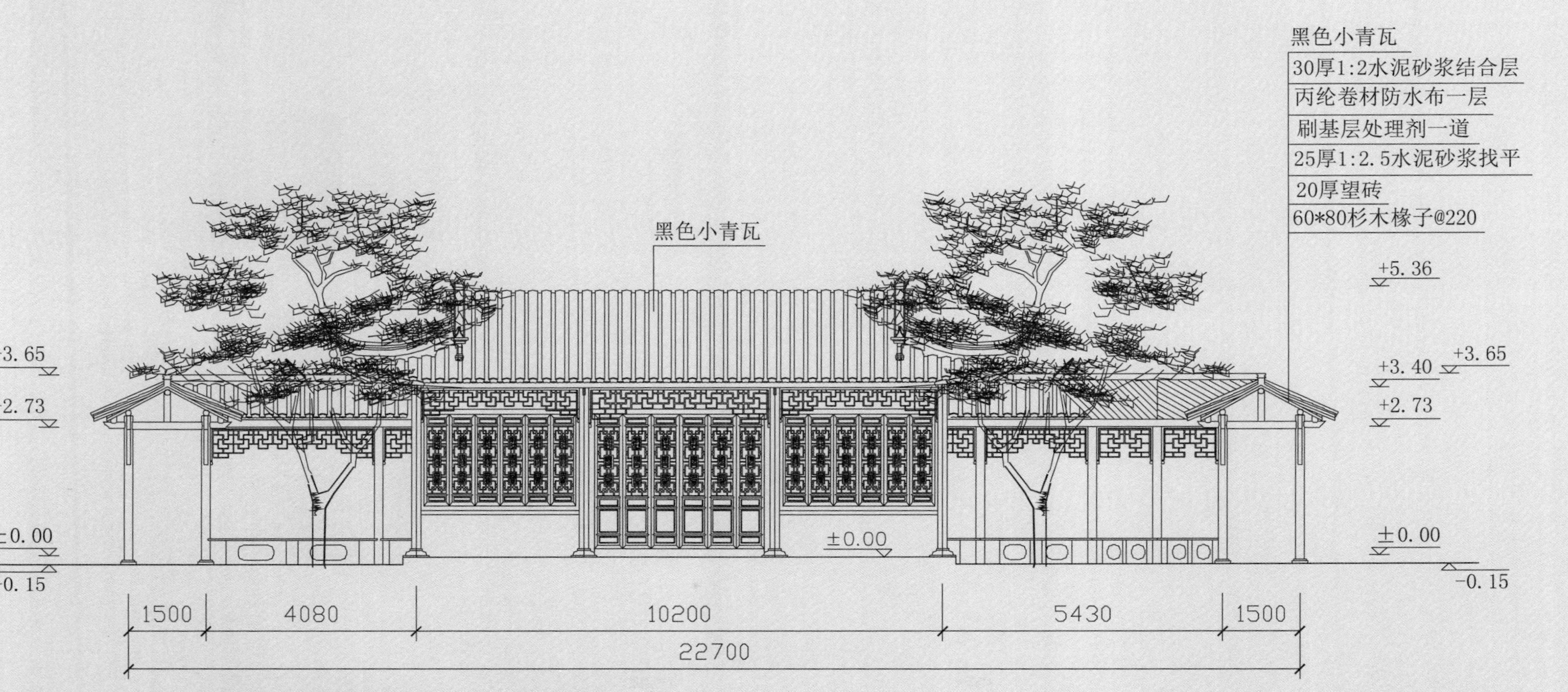

图D-2-1-4-6 救生会馆北房剖面图2

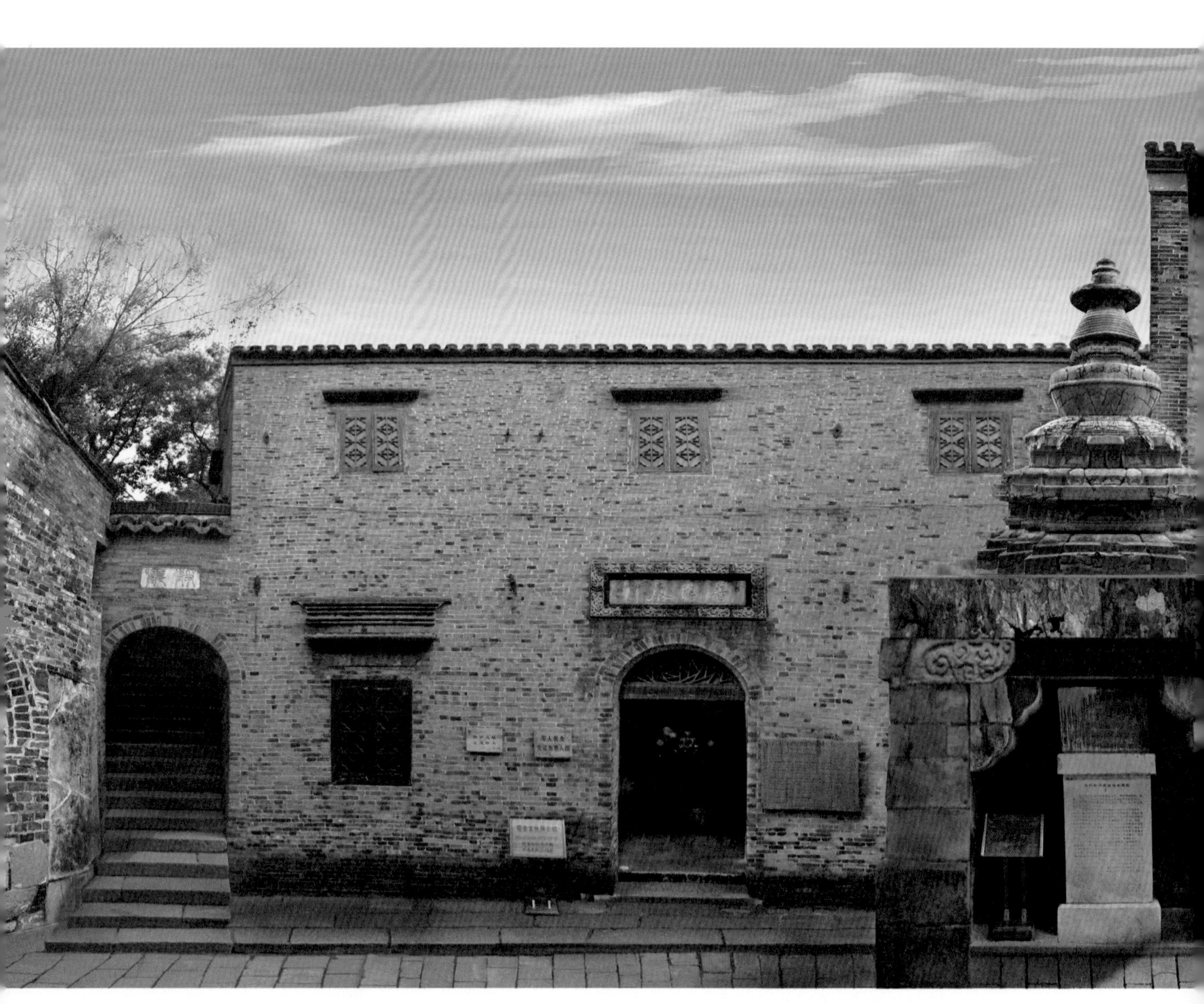

第五节 观音洞

一、概况

1．建筑形态。观音洞紧靠云台山北部山崖。建筑结构为大式硬山九间三层砖木宗教建筑（两侧为二层）（图P–2–1–5–1）。该建筑坐南朝北，高14.5m，占地面积约458.9m^2，建筑面积401.62m^2。观音洞主建筑位于中间，三间三层。其一层正中间是观音洞所在。洞中供奉汉白玉观世音雕像（图P–2–1–5–2）。门额上刻有清代侨寓镇江的宜兴籍学者陈任暘所书隶书“观音洞”。东侧普陀岩三间二层为附属建筑，西侧三间二层是地藏殿，其一层中间供奉地藏王菩萨像。

原为镇江市市级文物保护单位；2006年公布为国家级文保单位“西津渡古

图P–2–1–5–1 观音洞大门全景图（黄良清摄）

图P-2-1-5-2 观音洞中观音像

图P-2-1-5-3 修缮前的观音洞

街”建筑群之一。

2. 历史沿革。观音洞又名古普陀岩，清《丹徒县志》记载：“普陀寺在西津坊大码头，唐时建”。相传，晚唐时，西津渡有一名巡防士兵是浙江定海人，他回家探亲时听家人讲述了许多南海普陀山观音菩萨救苦救难的故事。于是他在一次回乡探亲时，特请雕工仿照普陀禅院观音大士像雕刻成像，并用船装运到西津渡，供奉在渡口庙中。从此，西津渡多了一处烧香拜佛的地方。因此，蒜山又称北普陀。

宋代年间，镇江人钟仁卿于普陀岩建寺；明代成化年间，其裔孙钟溥重修，胡佑为之作记；后由于战火连绵，屡废屡兴。清代，钟允升同僧人海潮重葺。现建筑为清咸丰九年（1859年）重建，清同治元年（1862年）并立“重修观音洞”题额。南侧门额上刻有清代侨寓镇江的宜兴籍学者陈任旸所书隶书“观音洞”。

1949年后，特别是“文化大革命”期间，观音洞成为民居。1999年，镇江市西津渡保护领导小组组织搬迁居民，并对观音洞建筑进行了重新修缮，重塑汉白玉观世音雕像供奉洞中。观音像背山面江，坐南朝北，世人赞为“倒坐观音”（图P-2-1-5-2）。

观音洞是南来北往的过江人礼佛祈福求平安的心灵栖息地。古代人视渡江为艰险之事，时刻有性命之忧，因而渡江北上者临行前要向神灵祈祷许愿以求平安，而渡江南来者亦向神灵拜谢“慈航”之恩。

图P-2-1-5-4 修缮中的观音洞

因此，每逢观音菩萨香期，观音洞人如潮涌、香火鼎盛。

3. **遗存状态**。修缮前观音洞建筑整体结构严重破损。主要是屋面小瓦破损渗漏、柱梁地板锈蚀、墙体风化严重且不能安全使用（图P-2-1-5-3、图P-2-1-5-4）。1999年镇江市建委组织搬迁居民，并对观音洞进行了重新修缮(图P-2-1-5-5、图P-2-1-5-6)。

4. **文史成果**。修复后的观音洞香火旺盛，但无僧人住持。因紧邻的原英国领事馆旧址既是全国文保重点单位，又已经改为镇江博物馆仓库，为杜绝重大安全隐患，进一步弘扬观音文化，2006年，西津渡公司以小码头北侧观音洞、铁柱宫、小山楼为展馆，以平安和谐为主题，策划布设“西津渡观音文化展示馆” 落成开放。观音洞一楼设置与山崖相接的人工崖洞，崖洞上设置大量佛龛和浮雕，供奉观音菩萨，描绘观音教化故事，二楼绘制观音菩萨的出生出家成道的壁画、长江救生幻影成像、观音道场模型，三楼在三圣塑像两侧设置佛龛壁，供奉各个时代的观音造像。铁柱宫扬州漆画讲述观音与道家八仙的故事（图P-2-1-5-7）；小山楼花园设置观音32法相碑刻长廊；楼内设置与西津渡有关的各方神仙画像。

图P-2-1-5-5 修缮后的观音洞大门和香炉

图P-2-1-5-6 修缮后的观音洞三圣殿（谢 戎 摄）

图P-2-1-5-7 观音文化展示馆内道教展厅中壁画“八仙与观音”

图P-2-1-5-8 观音文化展示馆内二楼观音像

图P-2-1-5-9 观音文化展示馆内二楼观音壁画（誓宏大愿）

图P-2-1-5-10 观音文化展示馆内三楼观音像

图P-2-1-5-11 观音文化展示馆内三楼观音道场模型（谢戎摄）

图P-2-1-5-12 观音文化展示馆内三楼铜版画曼陀罗

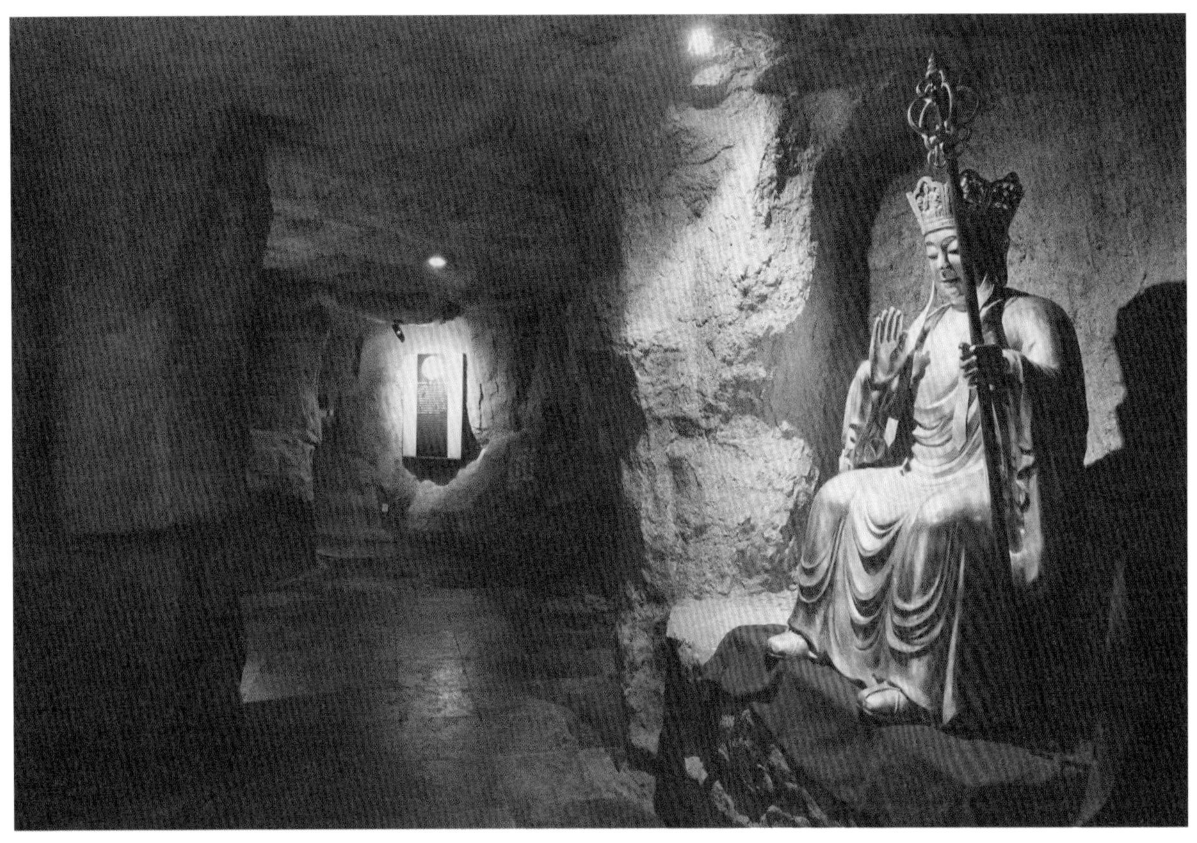

图P-2-1-5-13 观音文化展示馆内一楼地藏王菩萨像

同时在云台山北坡自三圣殿至铁柱宫设置栈道，与小码头街形成游览环路，方便游客游览参观观音文化。如图P-2-1-5-8～图P-2-1-5-13所示。

二、主要修缮技术方案

该建筑修缮等级为大修。维修前，邀请了文物、考古、建设等专家，对修缮方案进行评选、论证，建议保留建筑外貌形状，拆除后期搭建的附属物，留出了足够的控制地带，并保留了原结构形式，增加抗震构造措施。主要修缮内容为：建筑整体结构加固，屋面防水处理，换补锈蚀柱梁，挖补风化墙体，修缮门窗装饰，恢复宗教设施；对观音洞山崖进行清理，重塑汉白玉观音像，供奉于原宝座之上；恢复地藏王殿，供奉地藏王菩萨；三楼朝云台山北坡开门，为“三圣殿”，供奉“西方三圣”。

依山而建的宋代观音洞为大式硬山3层宗教建筑，为七檩顶层出廊抬梁式木结构。中间右边建筑由三部分组成，即下部台基，中部为构架，上部为屋顶，其中构架部分是建筑物的骨架和主体，典型七檩前廊式硬山建筑。在进深方向有四排柱子，前后二排称沿（檐）柱（俗称小檐柱），檐柱内侧两排为金柱，在檐柱和金柱之间，有穿插枋和抢头梁相联系。檐柱之间，在上端沿面宽方向有檐枋，这是联系檐柱柱头的构件。抱头梁上安装檐檩，檐檩和檐枋之间安装垫板。这种檩、垫板、枋子三件叠在一起的做法称为“檩三件”。在金柱的宽面方向的柱头位置安装金枋（又称老檐枋），进深方向安装随梁，随梁的主要作用是联系拉结前后的金柱。随梁和金枋在金柱柱头间形成的围合结构，其功能类似圈梁，对稳定内檐下架结构起着十分重要的作用。金柱之上为五架梁，是指金柱上面承受有五根檩（俗称大柁、柁梁），它是最主要的梁架，五架梁上承三架梁。三架梁由瓜柱或柁墩支承。瓜柱或柁墩的高低，即两梁之间净距离的大小大于等于梁的侧面和瓜柱直径。三架梁上面居中安装瓜柱，脊山柱通长较高，可辅以角背以加强稳定性。在硬山建筑中，贴着山墙的梁架称为排山梁架，常使用山柱，山柱由地面直通屋脊并支顶脊檩，使五架梁变成两根双步梁，三架梁变成为两根步梁。在木构架上面是屋面木基层，这部分构件主要有木椽子、望板（望砖）、连檐、瓦口等。青砖清水外墙后沿，为青砖出挑木椽长檐；蝴蝶瓦（小青瓦）屋面；观音洞两山墙设水磨方砖博风半圆混口；黑活大式尖山式硬山屋脊，双层垂脊，设有垂脊兽头；垂脊兽后正脊龙吻后，按传统做法，由层面瓦向上，设置当沟、瓦条、混砖、陡板和眉子，黏土瓦脊饰做品。

需要特别指出的是，观音洞建筑结构与一般古建不同。它的南侧靠山崖一侧一层全部、二层大部没有墙体，为直接搭接在山崖石头上。部分墙体室内崖石裸露、清晰可见。砖木结构的建筑与山体结合是修缮技术的难点和重点。

此次修缮成果与昭关石塔、救生会馆一起荣获联合国亚太地区教科文组织授予该项目亚太地区2001年文化遗产保护优秀奖。

三、建筑物修缮责任表

建设单位：镇江市西津渡保护建设领导小组办公室

项目负责人：时献国　廖星

测绘、修缮设计单位：镇江市建筑设计研究院

测绘、修缮设计人员：陈飞（建筑）　周文林（结构）

监理单位：镇江方圆建设监理有限公司

监理人员：赵强

施工单位：镇江市古典园林建筑公司

项目经理：贾银生

施工时间：2001.3 — 2001.12

四、施工图

见图D–2–1–5–1 ~ 图D–2–1–5–9所示。

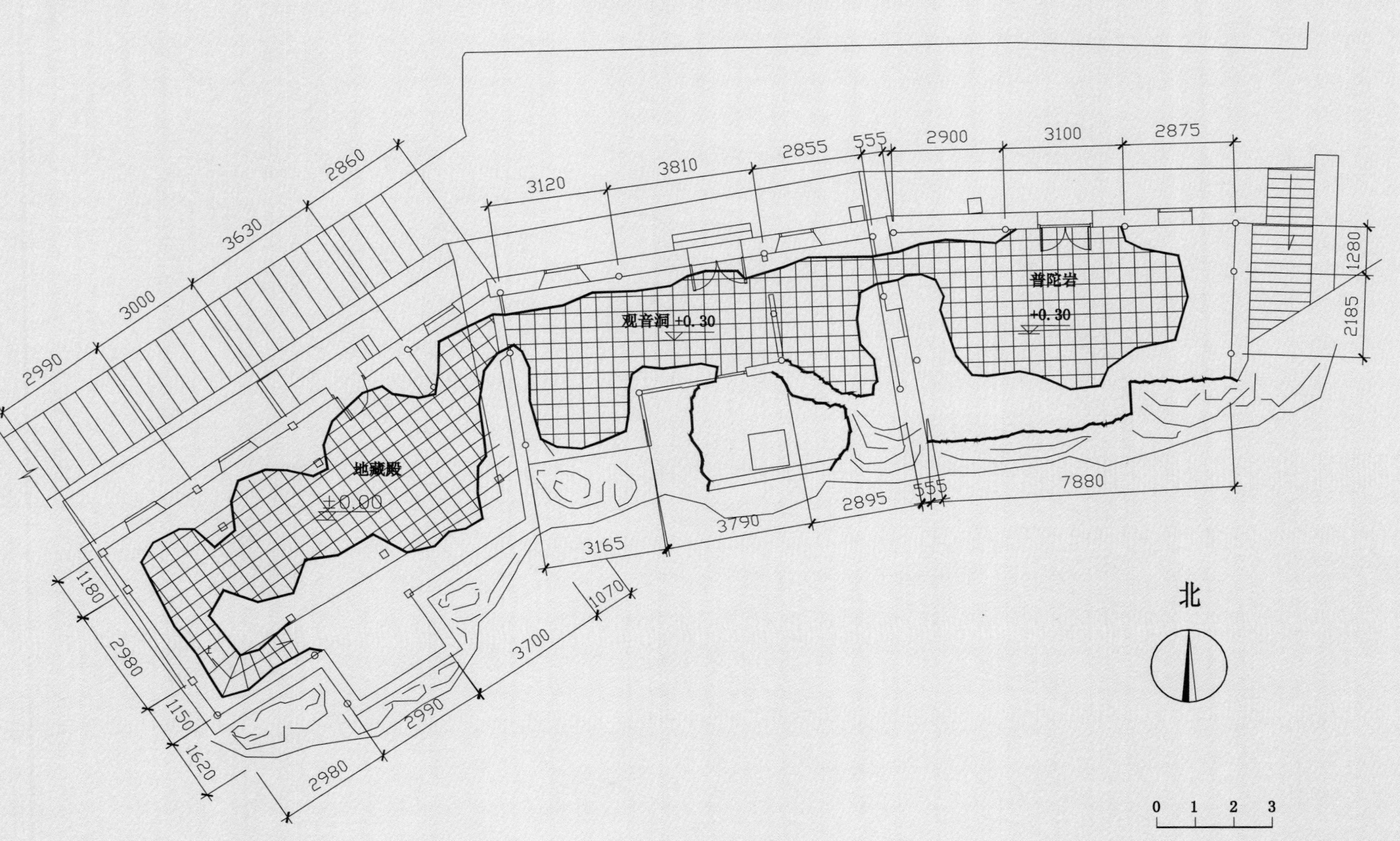

图D–2–1–5–1 观音洞一层平面图

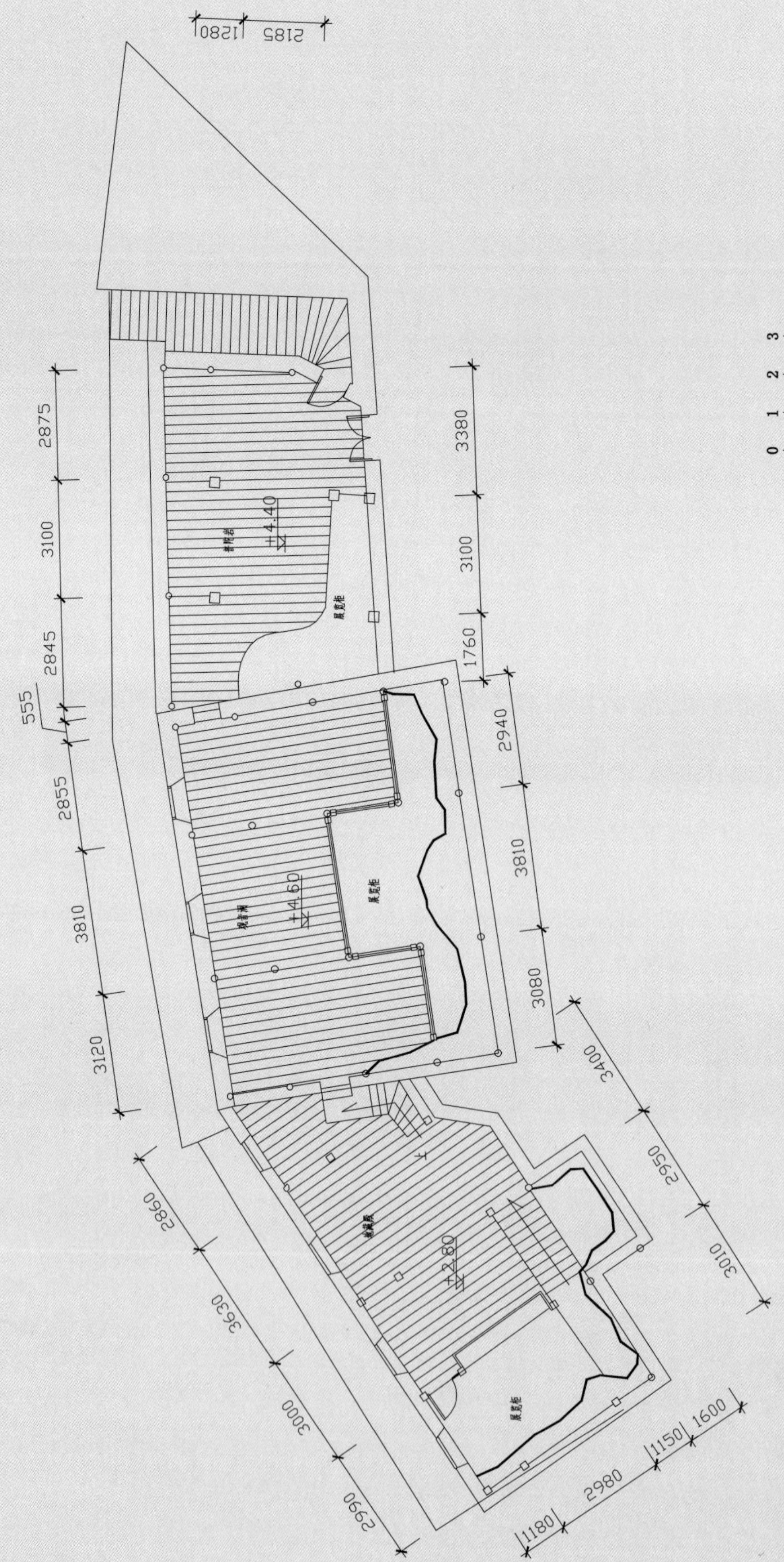

图D-2-1-5-2 观音洞二层平面图

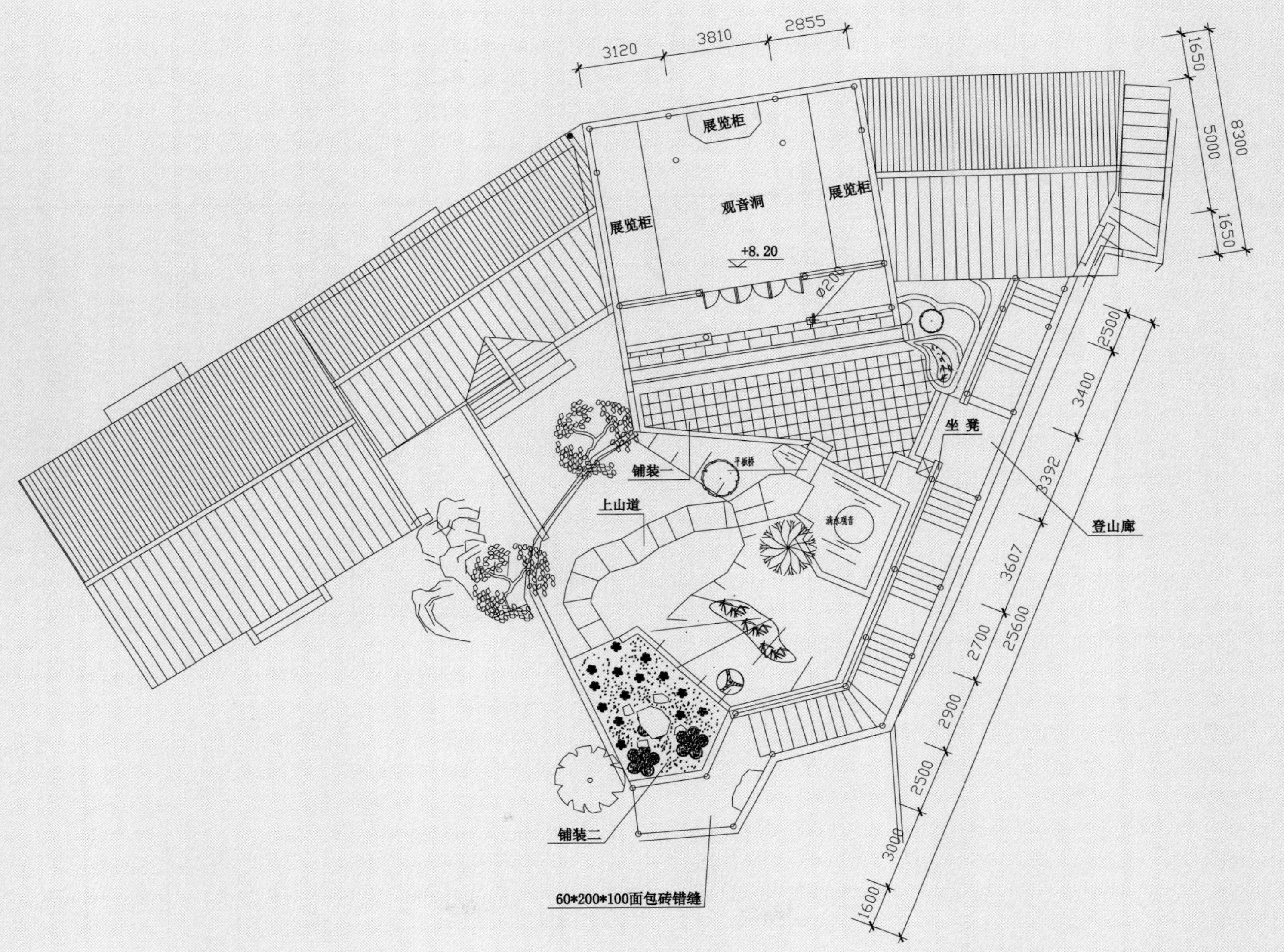

图D-2-1-5-3 观音洞三层平面图

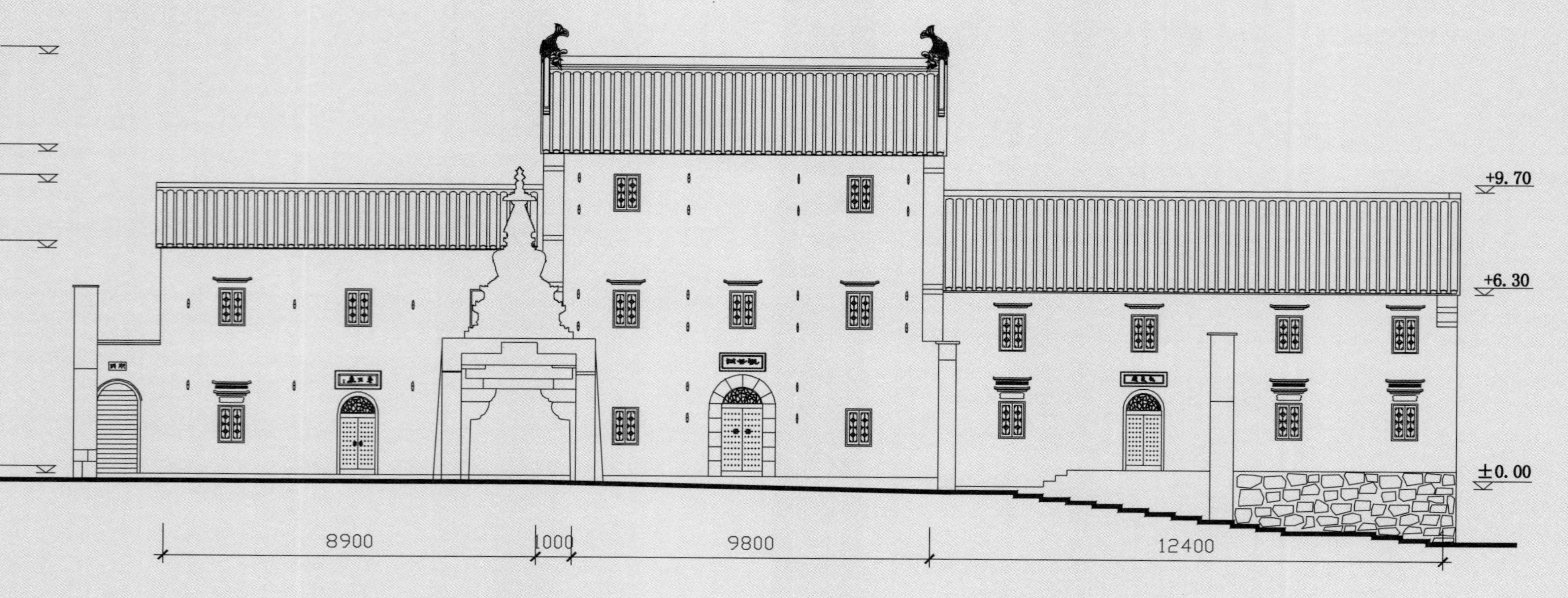

图D-2-1-5-4 观音洞北立面图

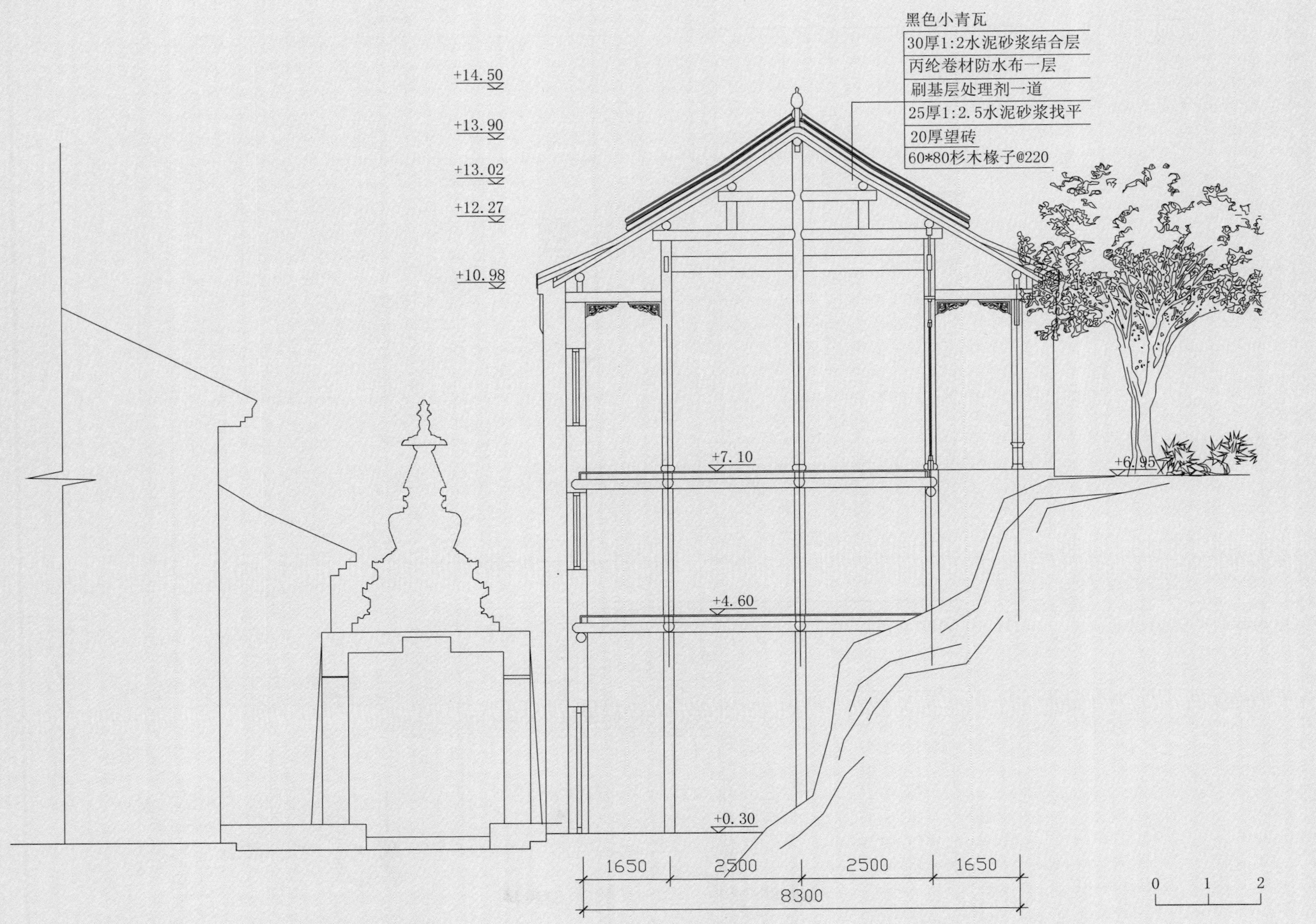

黑色小青瓦
30厚1:2水泥砂浆结合层
丙纶卷材防水布一层
刷基层处理剂一道
25厚1:2.5水泥砂浆找平
20厚望砖
60*80杉木椽子@220

+14.50
+13.90
+13.02
+12.27
+10.98
+7.10
+6.95
+4.60
+0.30

1650 2500 2500 1650
8300

0 1 2

图D-2-1-5-5 观音洞剖面图

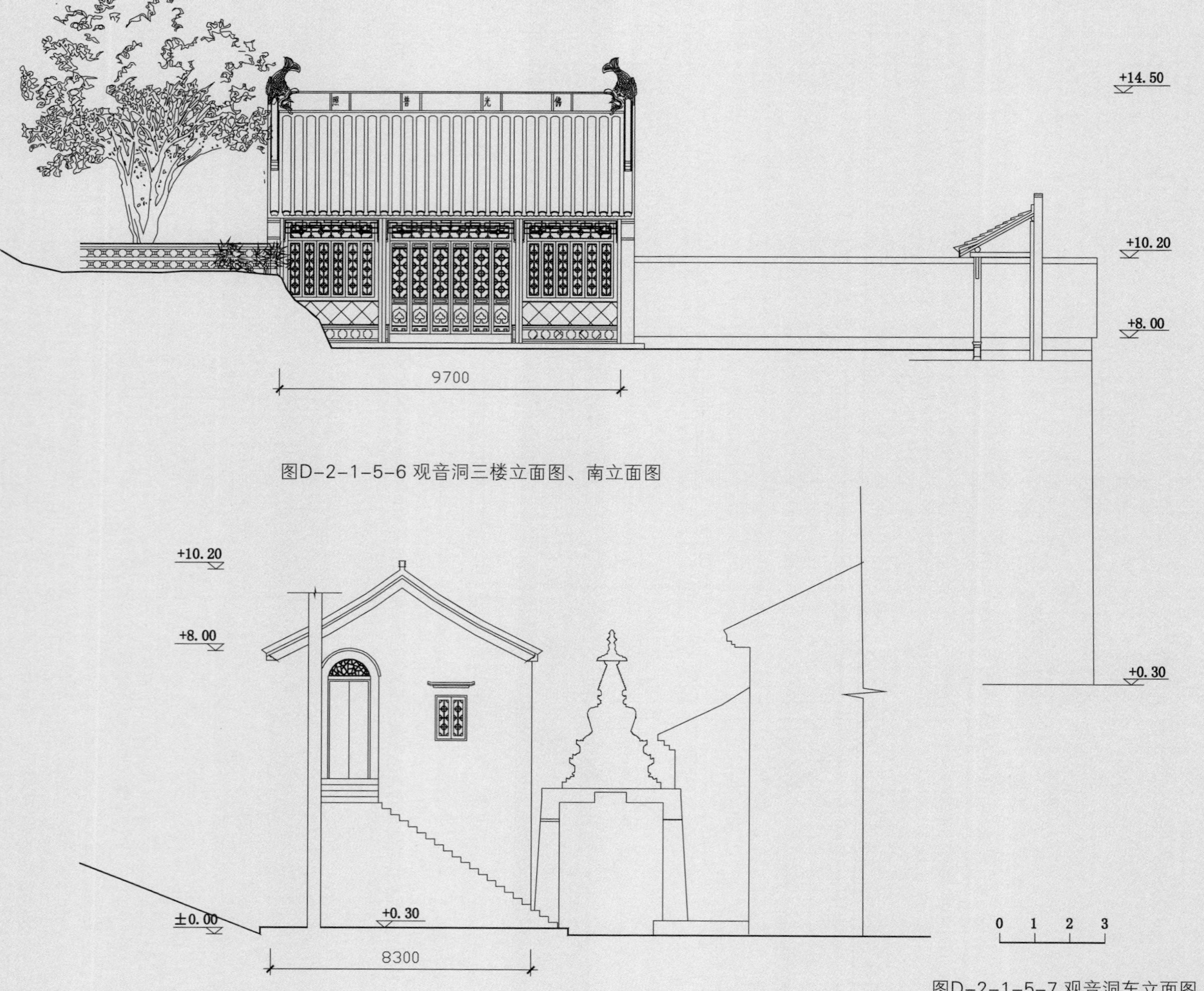

图D-2-1-5-6 观音洞三楼立面图、南立面图

图D-2-1-5-7 观音洞东立面图

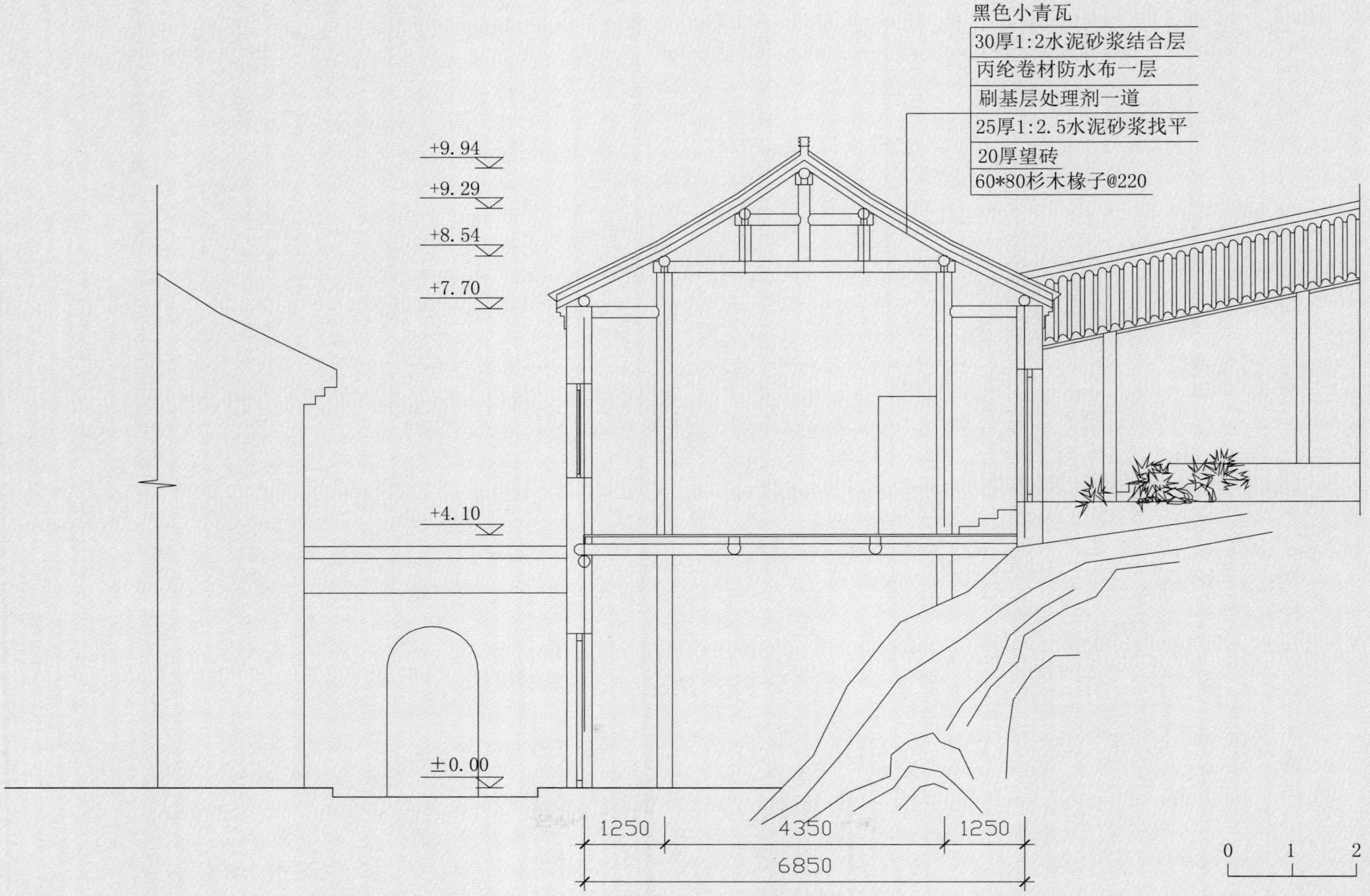

图D-2-1-5-8 普陀岩剖面图

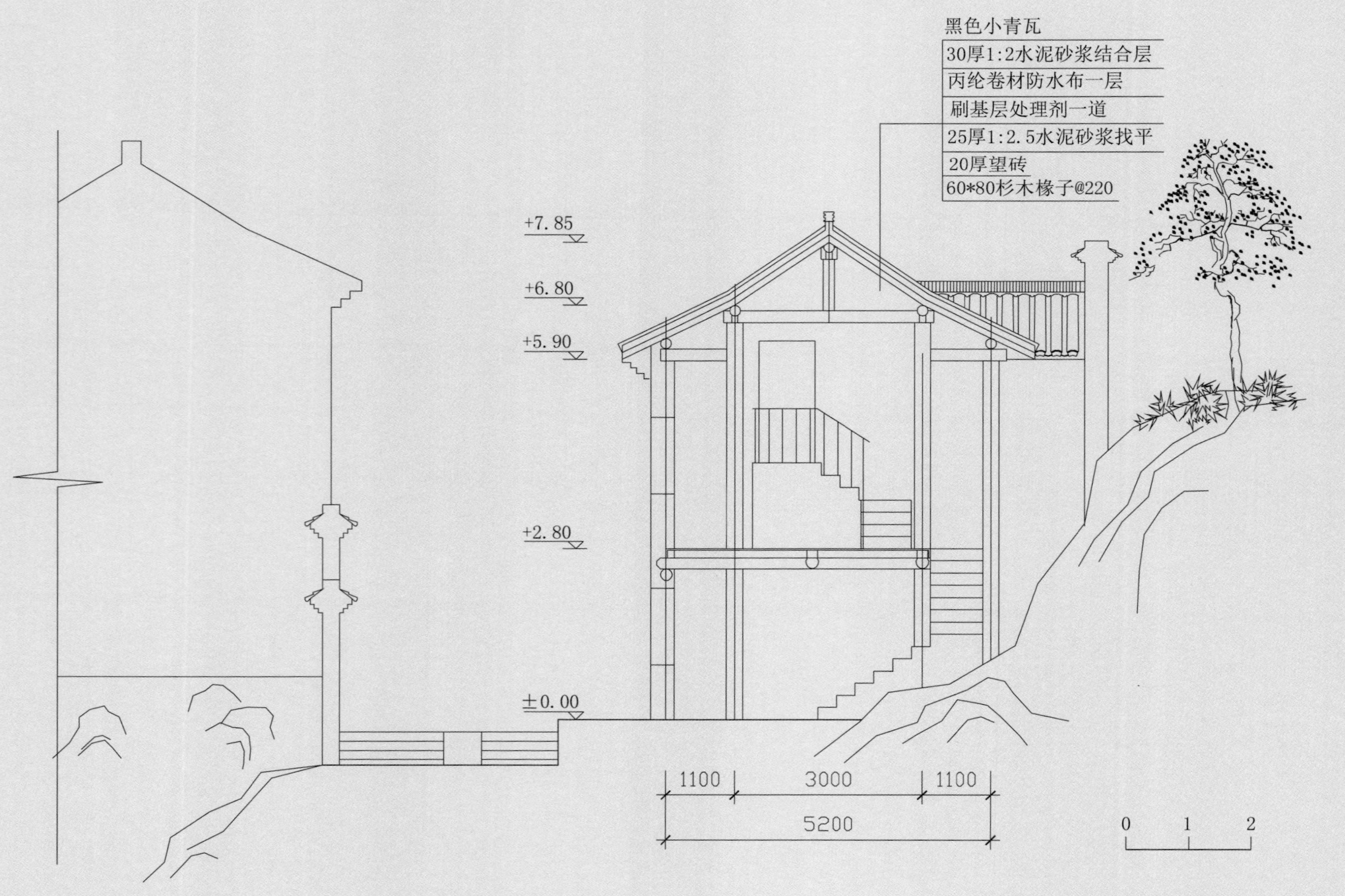

图D-2-1-5-9 地藏殿剖面图

第六节 铁柱宫

一、概况

1．建筑形态。铁柱宫又称“万寿行宫”“铁柱行宫”（图P-2-1-6-1）。该建筑坐南朝北，东西长11.4m，南北宽7.1m,高6.4m。总建筑面积80.78m^2。占地总面积259.54m^2，景观占地面积137.5m^2，栈道占地面积41.4m^2。北大门紧靠小码头街。南门前场地设置一鹅卵石水纹太极八卦图，中间设铁柱镇锁蛟龙图腾（图P-2-1-6-2）。西侧设立铁柱宫纪念碑墙。2006年，铁柱宫被公布为国家级文保单位“西津渡古街”建筑群之一。

图P-2-1-6-1 修缮后铁柱宫北大门全景图

2．历史沿革。铁柱宫供奉的许逊真君，设铁柱镇锁蛟龙图腾（图P-2-1-6-3）。许逊，南昌人，生于东晋，举孝廉为旌阳令，善于治水，后为一派道教领袖。许逊崇拜始于唐兴于宋。许逊真君是江西客商水上贸易平安顺达的水上保护神。江西客商经由长江放排贩运木材等货品到镇江或返乡时，一般都要到会馆举行祭祀活动，希冀铁柱宫许逊真君的法器（铁柱）能镇锁江上蛟龙，增加行旅客商抗御灾难的力量，借神仙之力“德佑安澜”“御灾捍患”。因此，沿江一带江西客商活跃的码头，几乎都设有铁柱宫或万寿宫供奉许逊真君。

铁柱宫是镇江江西会馆的一部分。考古证实，铁柱宫在城西西津坊（即今西津渡），明崇祯十年（1637年）建，是江西客商、同乡在镇江聚会、寄寓、祭祀

图P-2-1-6-2 铁柱宫南门与铁柱

图P-2-1-6-3 铁柱锁蛟龙与紫阳洞

的场所。其建造者是江西洪都（今南昌）的“客润诸君子”，包括“服贾者（商人）、仕宦、游寓往来者”及崇尚许逊的道教信徒。康熙二十年（1681年）重修并立碑刊《重修铁柱宫记》。后于乾隆三十五年（1770年）又加以修缮，嘉庆元年（1796年）再“扩旧基”增修，至嘉庆十五年（1810年）竣工并立碑刊《增修润州铁柱宫碑记》。道（光）、咸（丰）年间被太平军所毁，后民国年间又有重建或修缮。今复建，存续380年。

清代著名画家周镐的《京江廿四景》之《江上救生》图也描绘了江西会馆的昔日真容：江西会馆位于石塔西侧，两道券门后耸立的楼阁——铁柱宫（图P-2-1-6-4）。但是，原建筑毁佚，没有相关资料说明铁柱宫及江西会馆原有建筑的规模和占地状况。

图P-2-1-6-4 周镐的《江上救生》图

3．遗存状态。1949年后，道教建筑铁柱宫变成民居，因年久失修，建筑濒于倒塌。2004年，铁柱宫在原址重建。

4．考古发现。2002年7月，在西津渡原江西会馆遗址工地上出土了两方关于铁柱宫的石碑，加上之前的发现，一共有六块石碑（图P-2-1-6-5）,从南至北分列如下。

一为清嘉庆十五年所立的断碑，只有上半截，碑头有标题：《增修润州铁柱宫碑记》。据其上载："铁柱宫在城西西津坊，明崇祯十年（1637年）建"，其建造者是江西洪都（今南昌）的"客润诸君子"，包括"服贾者（商人）、仕宦、游寓往来者"等道教信徒。康熙二十年（1681年）重修。后于乾隆三十五年（1770年）又加以修缮，嘉庆元年（1796年）再"扩旧基"增修，至嘉庆十五年竣工。

二为清康熙二十年（1684年）的《重修铁柱宫记》，由六块断碑拼接而成。

三为清道光二十五年（1845年）的五块断碑所组成，因破损较大，具体内容很难辨别。

四为清光绪十八年八月二十日（1892年八月二十日）的断碑，由两块组合而成，右下方缺一角落，主要内容为由政府告示的关于铁柱宫所属房产、田地以及买卖情况。

图P-2-1-6-6 2007年2月新刻“重修西津铁柱宫碑记”碑

图P-2-1-6-7 紫阳洞与张真人雕像

图P-2-1-6-5 铁柱宫碑廊全景图

五为清光绪十九年九月十六日（1893年九月十六日）的断碑，由两块组合而成，主要内容为由政府告示的关于铁柱宫所属房产、田地以及买卖情况。

六为民国时期的一块石碑，由于遭到人为破坏，字迹大都模糊不清，很难辨别内容。

为了说明铁柱宫考古和复建情况，作家董晨鹏撰文《重修西津铁柱宫记》，由镇江市书法家孙彤书写，刻成石碑，立在碑廊最北端（图P-2-1-6-6）。

在铁柱宫的后侧，有一壁立数丈的悬崖，悬崖下有一个天然的石洞，这就是古代道教金丹派南宗始祖张紫阳真人的修炼之处——紫阳洞。这也是西津渡宗教文化的一处重要遗址（图P-2-1-6-7）。

2002年，为配合小码头街13号旧房修缮而进行考古，在其房屋后身近岩壁处，发现紫阳洞遗迹。虽然洞顶早年大半倒塌，但洞内遗迹基本保存，包括张真人像台、砖石供台、石凿平台及烧香池等，以及明清有多期入洞的台阶和道路遗存，并出土了石雕兽面纹三足炉、祭兰釉瓷炉（残）、红陶供碗等一批祭器。

二、主要修缮技术方案

该建筑修缮等级为大修。维修前，邀请了文物、考古、建设等专家，对修缮方案进行评选、论证，建议恢复建筑外貌形状，拆除后期搭建的附属物，留出足够的控制地带，按原形制样式恢复，大木构架。墙体落架大修，增加抗震构造措施，传统装饰、功能重布等。按传统形制做法和规范要求精心施工。北立面,即

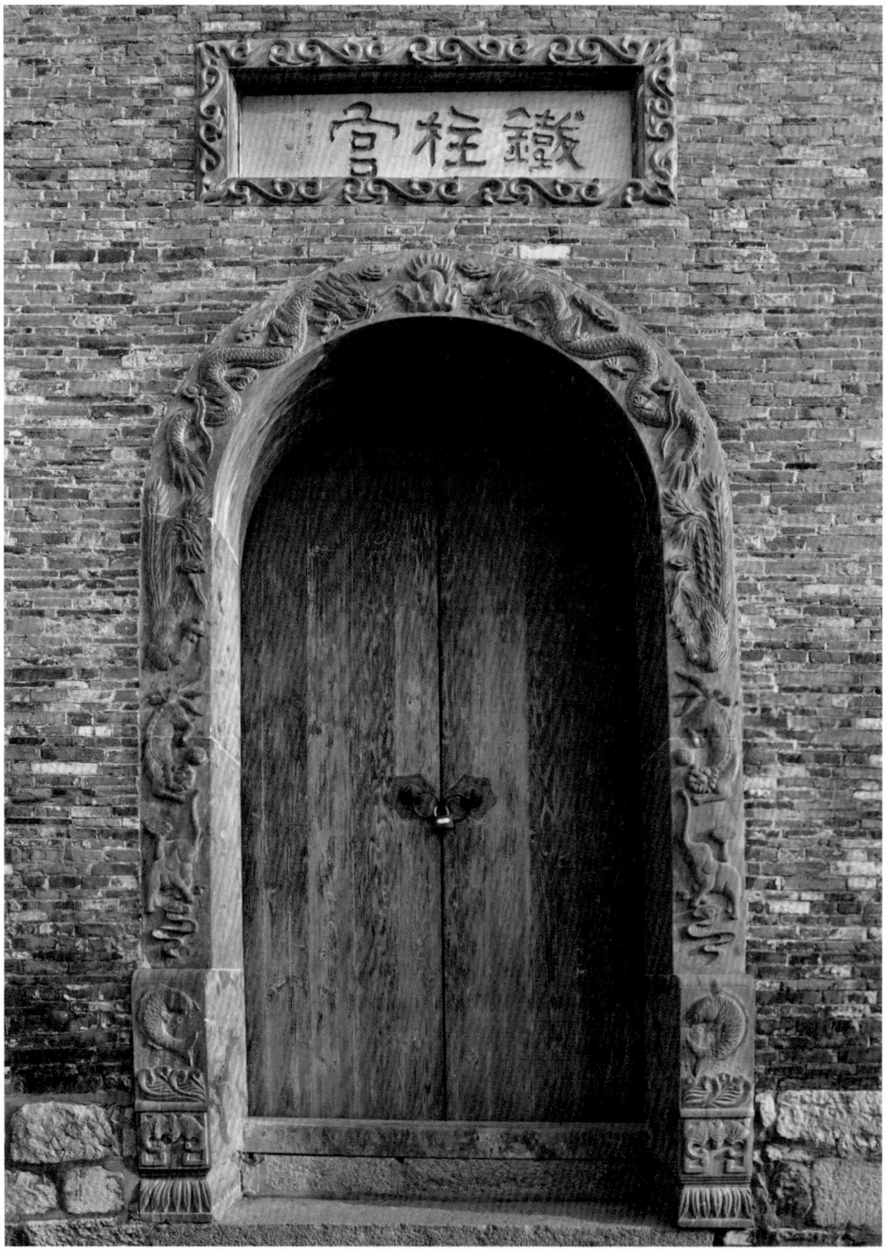

图P-2-1-6-8 刻有纹饰的铁柱宫发券大门

从观音洞古街看为一层砖石结构，南面为一层砖木结构；底层为原保留的石、砖挡土墙，从小码头街进门，即由整条石踏步上一楼。北大门设置地产青石整石券，券石选用的地产青石质感细腻、质地较硬、不易风化，且适宜雕刻，常用于宫殿建筑、宗教建筑。门券为半圆形式，向上开拱；开拱的高一般为跨度的一半，凸出墙面。券脸雕刻道教典型特有吉祥图案，由龙口石对称向下，刻有龙、凤、狮、象、鱼及蝙蝠等浮雕，最深处约3cm。每块接缝处的图案在雕刻时应适当加宽加高，留待安装后再最后精加工完成，这样就能确保接搓、接缝处通顺（图P-2-1-6-8）。北墙设有两扇窗，正面及内侧面均为青石，青石窗台板，青石板半圆窗券，券脸雕刻道教常用传统卷草花。北侧檐口为五道磨砖闷沿做法。

南立面为一层三间传统形制砖木结构，木椽出沿、飞椽出飞、小青瓦屋面；屋顶为清水蝴蝶瓦拼花脊，脊中有道教脊饰宝胡芦。东侧接地藏殿；西侧山墙为小式硬山式。南面硬山建筑墀头、两山墙头做法为：由上而下，有戗檐沿、二层盘头、头层盘头、枭、炉口、混砖、荷叶墩和墀头上身（下碱）花碱；青石勒脚，水磨大方砖地面，青条石阶沿踏步石，清水漆抬梁式木构架，清水水磨望砖；传统古式六扇长窗，长窗花板雕为中国传统吉祥图案浮雕花。西侧山墙开清水半圆券门洞，墙内是对开实木板腰门（图P-2-1-6-9）。

图P-2-1-6-9 修缮后的铁柱宫朝南大门

三、建筑物修缮责任表

建设单位：镇江市西津渡建设发展有限责任公司

项目负责人：杨恒网

测绘、修缮设计单位：镇江市规划设计研究院 东南大学建筑设计研究院

测绘、修缮设计人员：阳玺 丁宏伟

监理单位：镇江市工程建设监理有限公司

监理人员：刘晓瑞 徐家尤

施工单位：镇江市新润建筑安装工程有限公司

项目经理：魏恒喜

施工时间：2004.4.10 — 2004.7.30

四、施工图

如图D-2-1-6-1 ~ 图D-2-1-6-6所示。

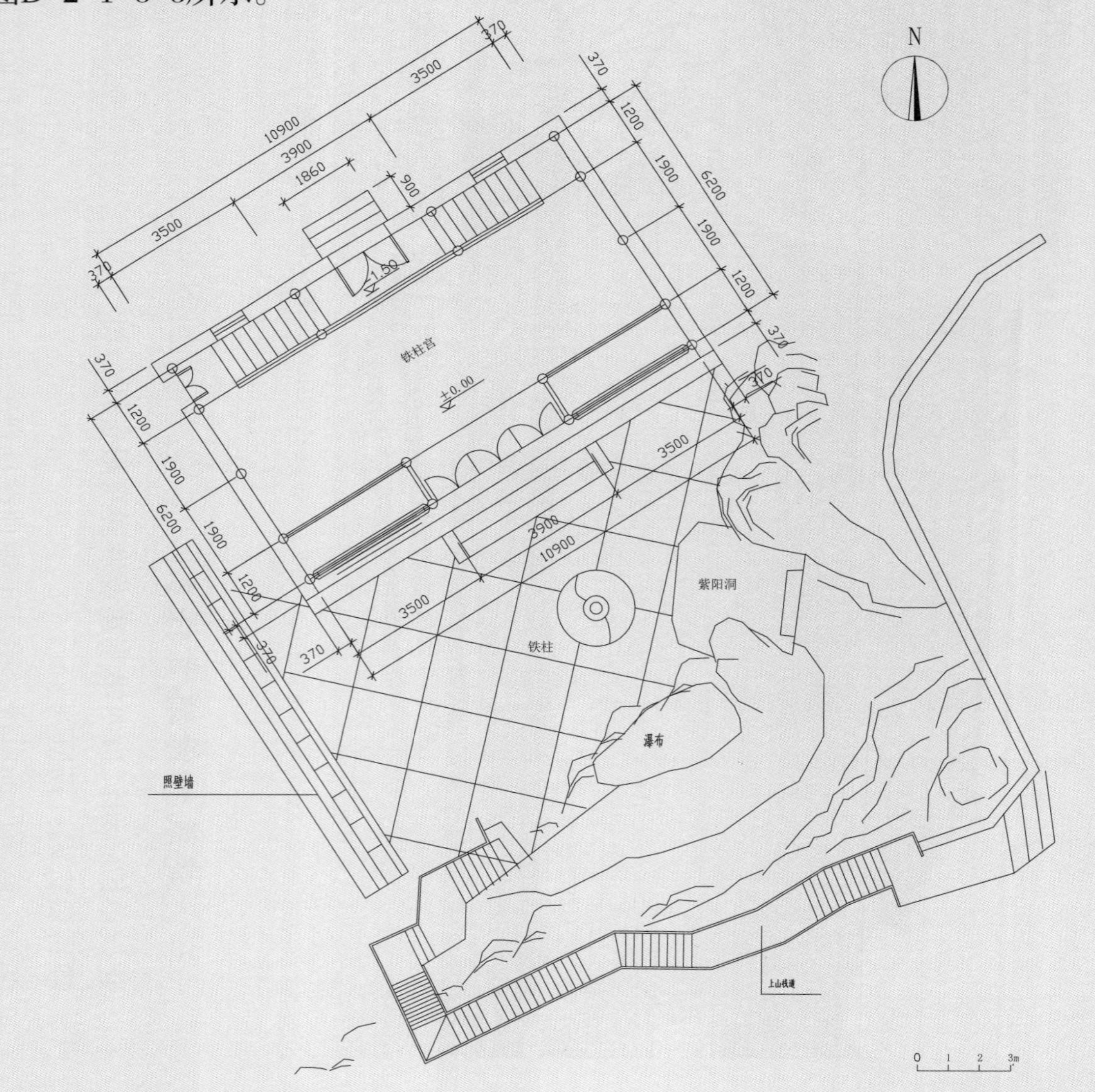

图D-2-1-6-1铁柱宫总平面图

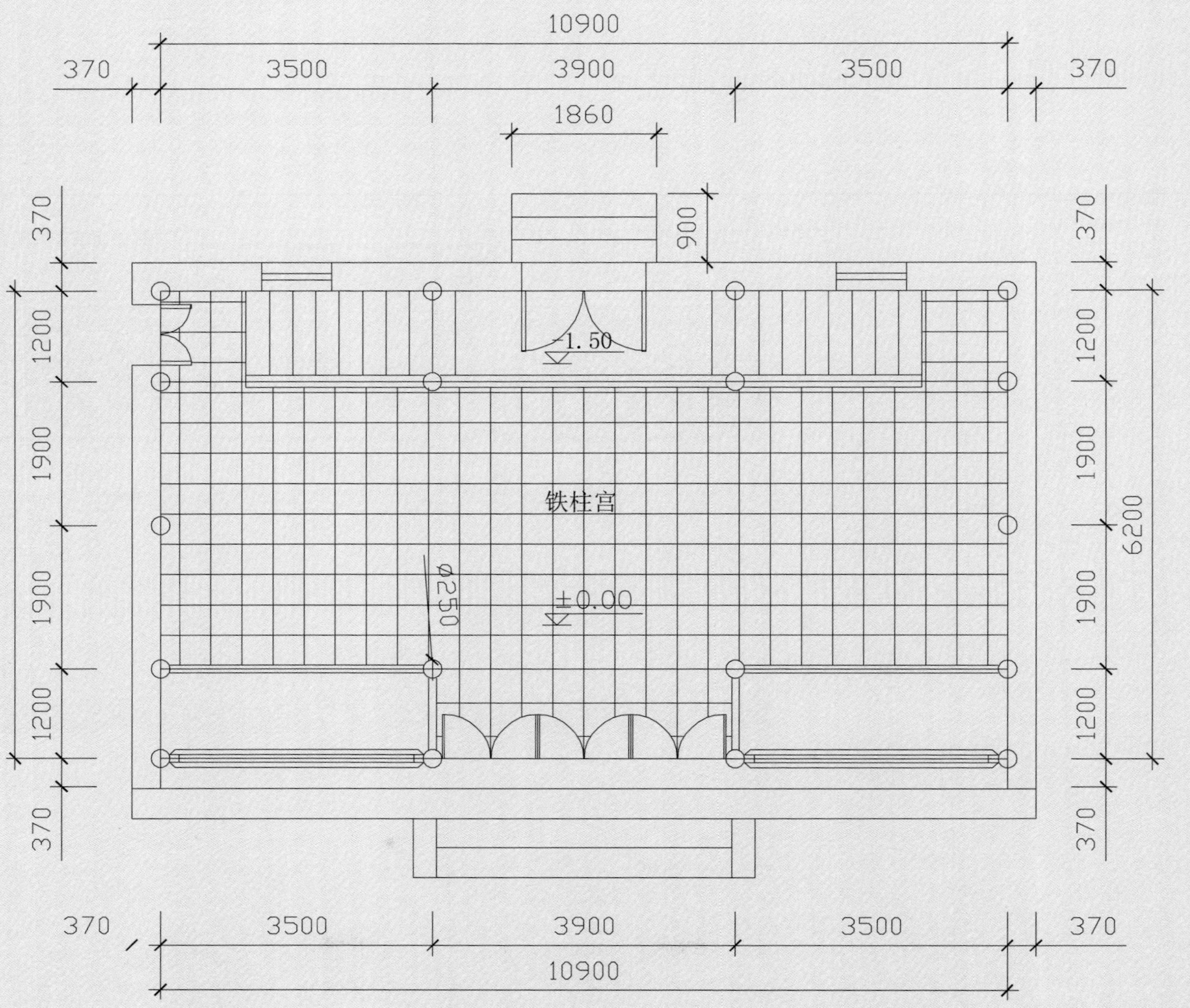

图D-2-1-6-2铁柱宫平面图

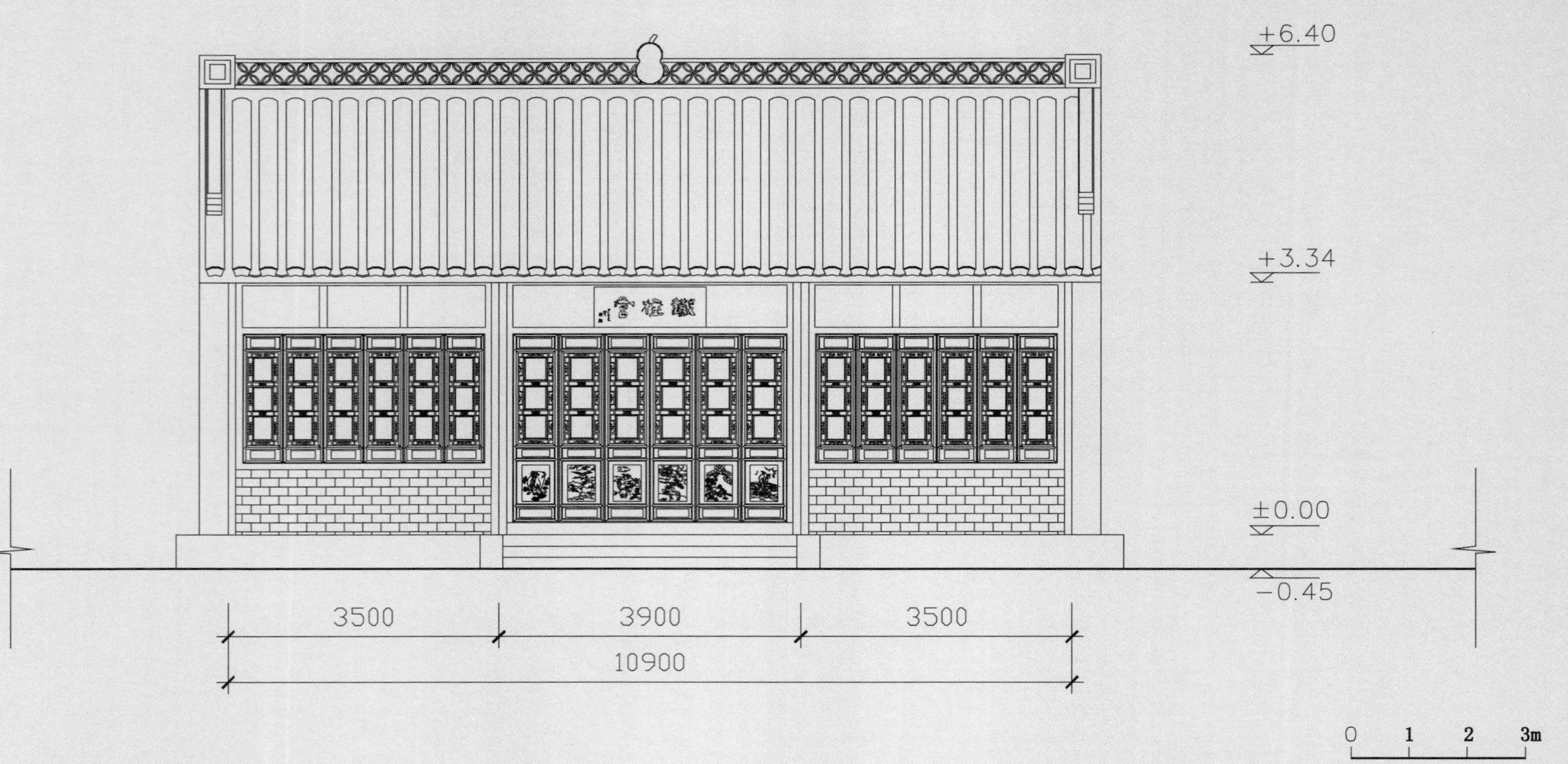

图D-2-1-6-3 铁柱宫南立面图

图D-2-1-6-4 铁柱宫北立面图

图D-2-1-6-5 铁柱宫西立面图

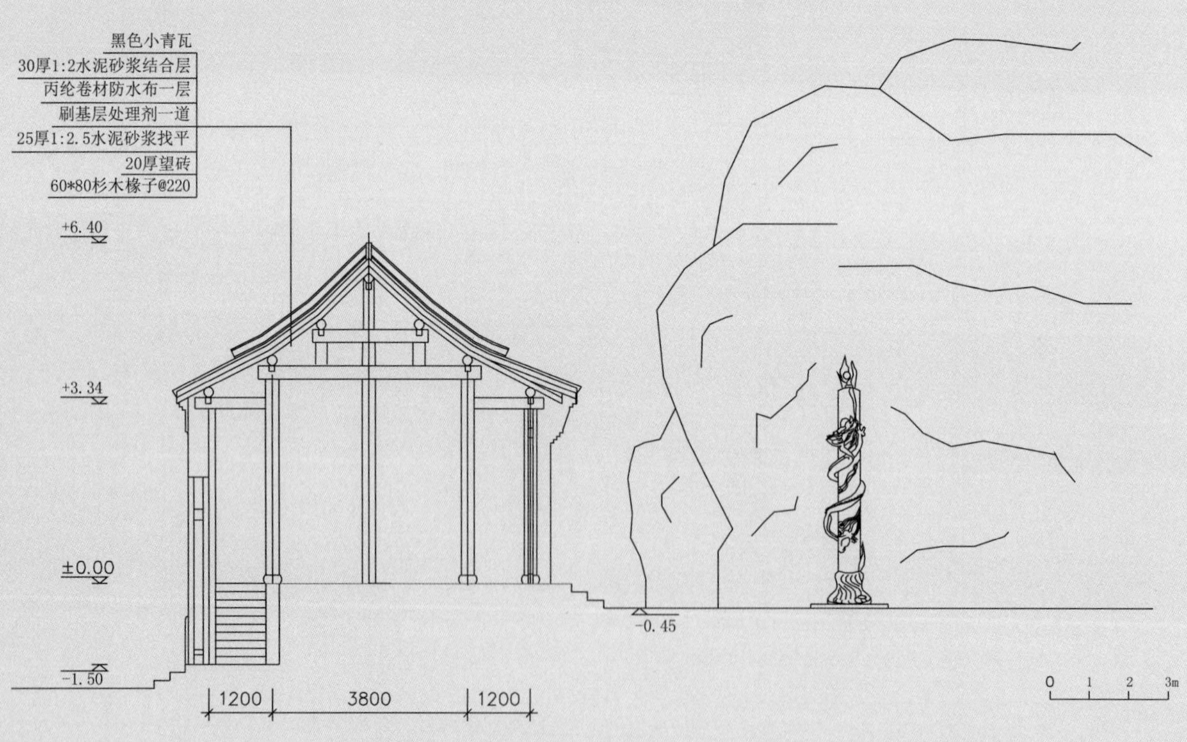

图D-2-1-6-6 铁柱宫剖面图

第七节 小山楼

一、概况

1．建筑形态。小山楼位于小码头街南侧、铁柱宫西侧，云台山半腰、紧贴青壁悬崖。该建筑为仿唐小式硬山两层三间砖木结构建筑。两侧各有亭廓廊道相接，朴素简洁。坐南朝北，总占地面积599.22m^2，其中建筑占地面积303.12m^2（包括长廊与凉亭）；景观占地面积296.1m^2。总建筑面积382.32m^2，高8.6m；东侧与廊亭与主建筑相连，设一小型庭院，栽植花草。2006年，小山楼被公布为国家级文保单位“西津渡古街”建筑群之一。

2．历史沿革。晚唐诗人张祜当年渡江时，投宿于西津渡口云台山边依山而建的一家客栈，愁绪万千、一宿难眠，推窗北望：浩渺的江面、孤冷的斜月、星星点点的渔家灯火，诗人有感而发，写下了著名的《题金陵渡》（图P-2-1-7-1）诗：

金陵津渡小山楼，一宿行人自可愁。
潮落夜江斜月里，两三星火是瓜洲。

图P-2-1-7-1 张祜雕像与《题金陵渡》诗文碑刻

这家客栈，因此成为“小山楼”而得以名扬天下。当年的小山楼已不复存在，其具体位置也不可考。现在的小山楼系根据张祜诗意设计复建，朴素简洁。门匾为余秋雨先生题写的“金陵渡”牌匾（图P-2-1-7-2、图P-2-1-7-3）。

3．遗存状态。原地址为民居。从周镐京江廿四景中《江上救生图》看，疑为

图P-2-1-7-2 复建后小山楼大门全景（黄良清摄）

江西会馆遗址（图P-2-1-7-4）。2002年搬迁民居后复建小山楼于此。

二、主要修缮技术方案

该建筑修缮等级为复建。复建前，邀请了文物、考古、建设等专家，对方案进行评选、论证，拆除近现代搭建的民居及附属物，留出了足够的控制地带，

图P-2-1-7-3 余秋雨题写牌匾“金陵渡”

按张祜诗意仿唐设计。主楼两层六间，东西两侧设凉亭，并沿地界山坡设长廊围合，形成向北侧街道开放的半封闭空间；利用原上坡石梯台阶（清朝遗存）连接小码头街。

北面东西两侧是矩形块石挡土墙台基。条石外楼梯踏步上到3m左右平台顶，石楼梯平台顶边设有白石双面雕花拦板（其中有两块是前清时期的遗留建筑构件）。

图P-2-1-7-4 小山楼复建前的旧貌

主楼台基正门设楼前半廊，半廊两山墙设有青砖砖券，砖券上方设水磨方 砖匾额，对开实木板门，可通花园。白石槡板、柱础、木柱、檩、椽、清水望砖，蝴蝶瓦屋面。廊屋面靠二楼设有古式通排短窗，可眺望长江。青砖清水外墙，两山墙

图P-2-1-7-5 复建后的小山楼

屋面小式硬山，出挑墀头、蝴蝶瓦屋面、廊、沿和屋面沿口均五层青砖出挑，下有磨砖线条收口，正立面木椽、飞椽出挑。两山墙顶，磨砖收弧线脚、砖博风、小瓦和板砖线条收边垄，背面屋闷沿口，青砖出飞收口，盖蝴蝶瓦，猫头，滴水黏土花式瓦（图P-2-1-7-5、图P-2-1-7-6）。

地面铺设大方水磨砖，内柱下端设白石、搡板、石鼓。木构架为三间二层、四排木柱、七架抬梁式结构，二层为木楼楞、木梁枋、椽子、木楼梯和木地板，两山墙立贴式木柱木屋架，设铁把钉穿墙体，与外墙连接。

图P-2-1-7-6 复建中的小山楼

小山楼后沿东侧为对开木门，连接东西两侧花园。后面靠云台山腰青砖砌L形半廊，廊端东面设正四角木

图P-2-1-7-7 小山楼内观音宝像碑刻长廊

亭，木亭东北两面磨砖砖凳上，设木质吴王靠座椅。廊西端是歇山式木亭，一面砖墙与附房连接，三面封古式长窗、短窗，利用地形和廊连接。半廊、亭、地面均铺设水磨大方砖，青条石阶沿踏步廊柱轴线设水磨大方砖座橙。半廊墙面镶嵌三十二块线雕浅刻青石观音法像，构成“观音32法像长廊”（图P-2-1-7-7）。观音法像为当代著名画家戴敦邦先生白描画稿勒石，再以宝蓝漆作底色，法像描金（图P-2-1-7-8）。造像亲和、线条朗逸、形神兼备、法缘纷呈，李岚清参观后以“脱俗”二字赞誉。

三、建筑物修缮责任表

建设单位：镇江市西津渡保护建设领导小组办公室

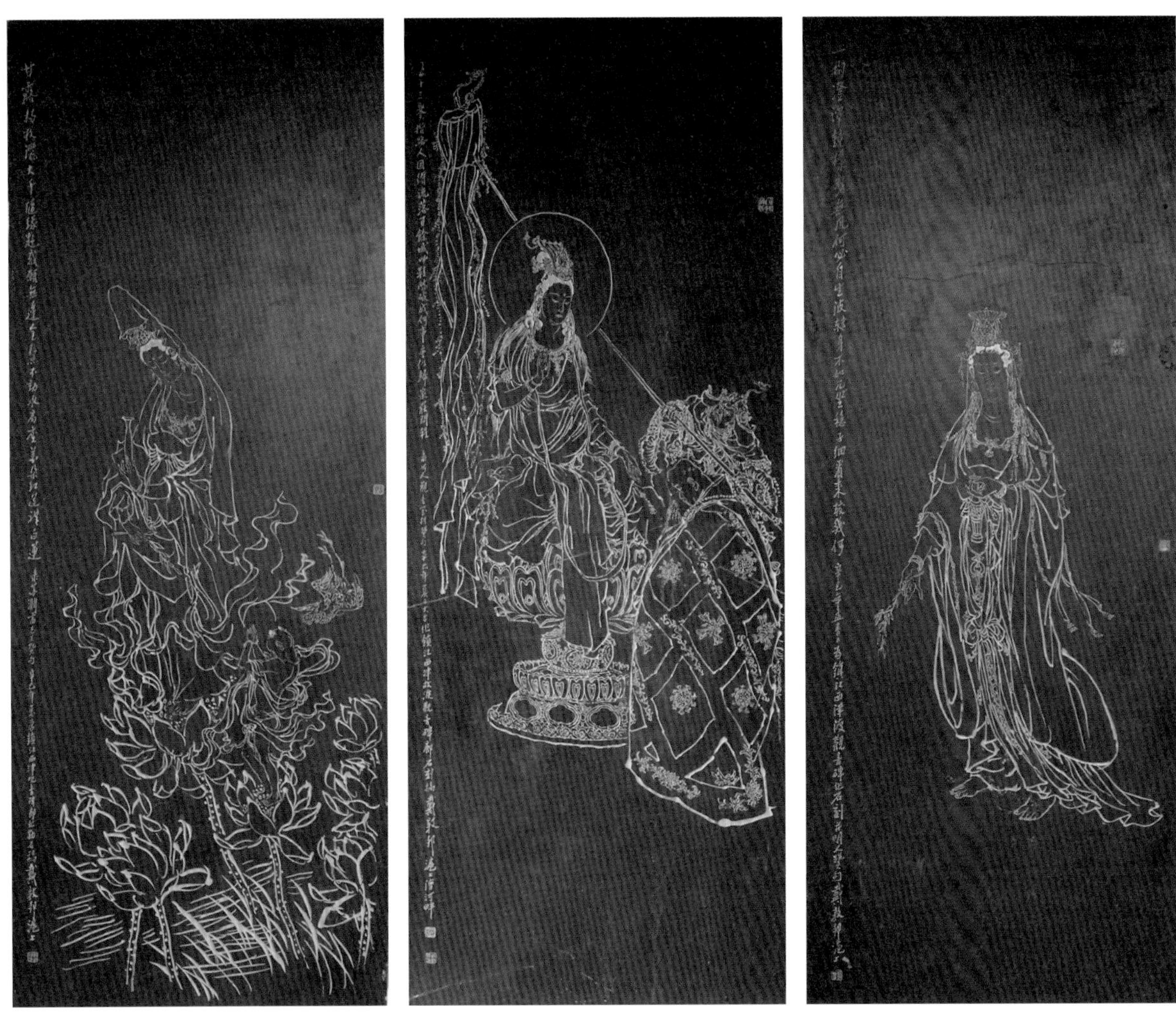

图P-2-1-7-8 观音32法像碑廊观音像三幅（共32方观音宝像石刻）

项目负责人：杨恒网

测绘、修缮设计单位：中国苏州香山古建集团公司　镇江园林规划设计院　东南大学建筑系风景园林教研室

测绘、修缮设计人员：董卫　李文佐　郎清

监理单位：镇江方圆建设监理有限公司

监理人员：顾利平

施工单位：镇江市古典园林建筑公司

项目经理：贾银生

施工时间：2000.1 — 2000.12

四、施工图

如图 D-2-1-7-1 ～ 图D-2-1-7-4所示。

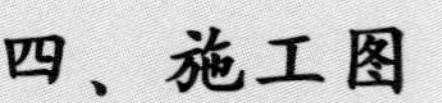

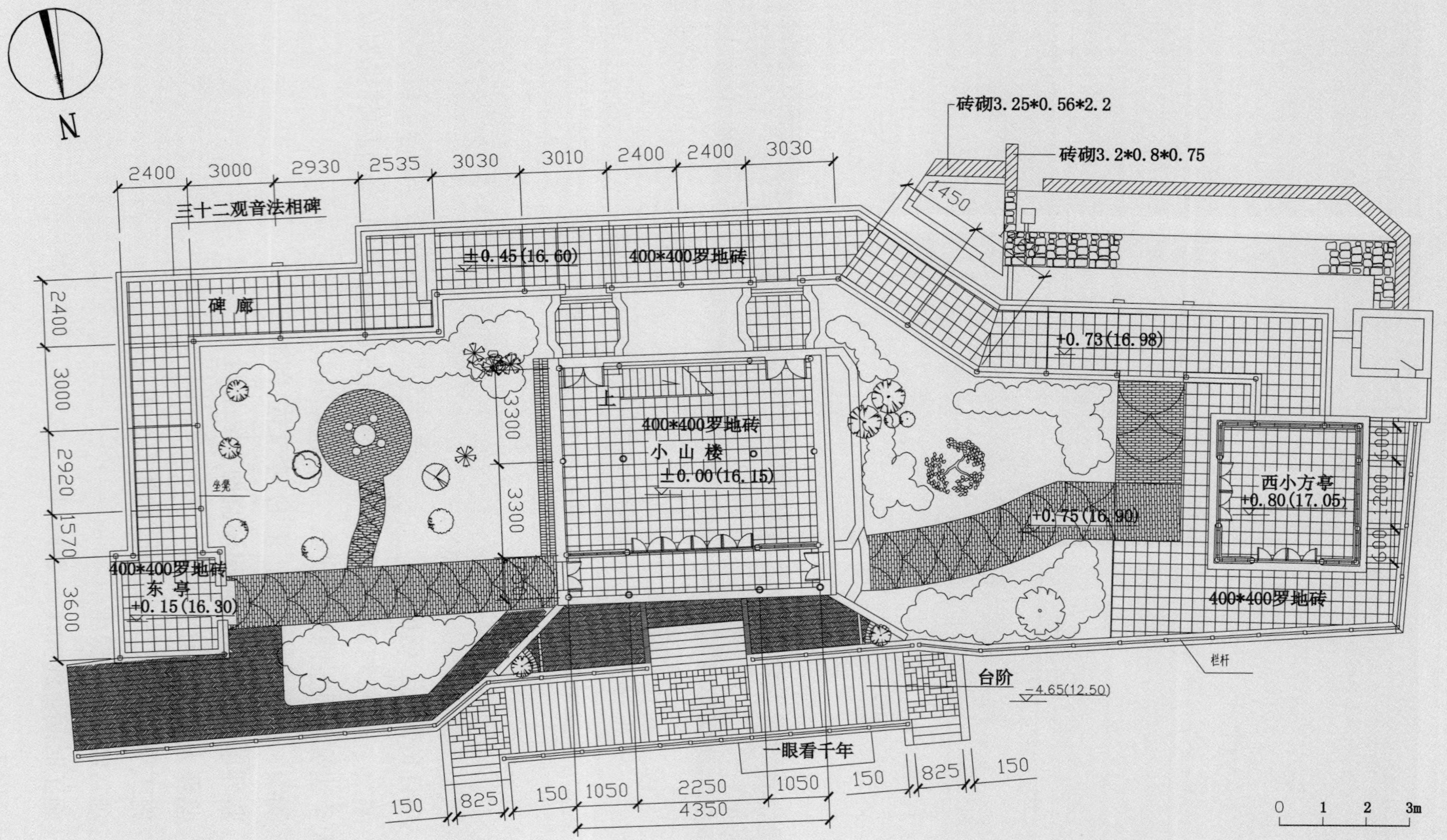

图 D-2-1-7-1 小山楼平面图

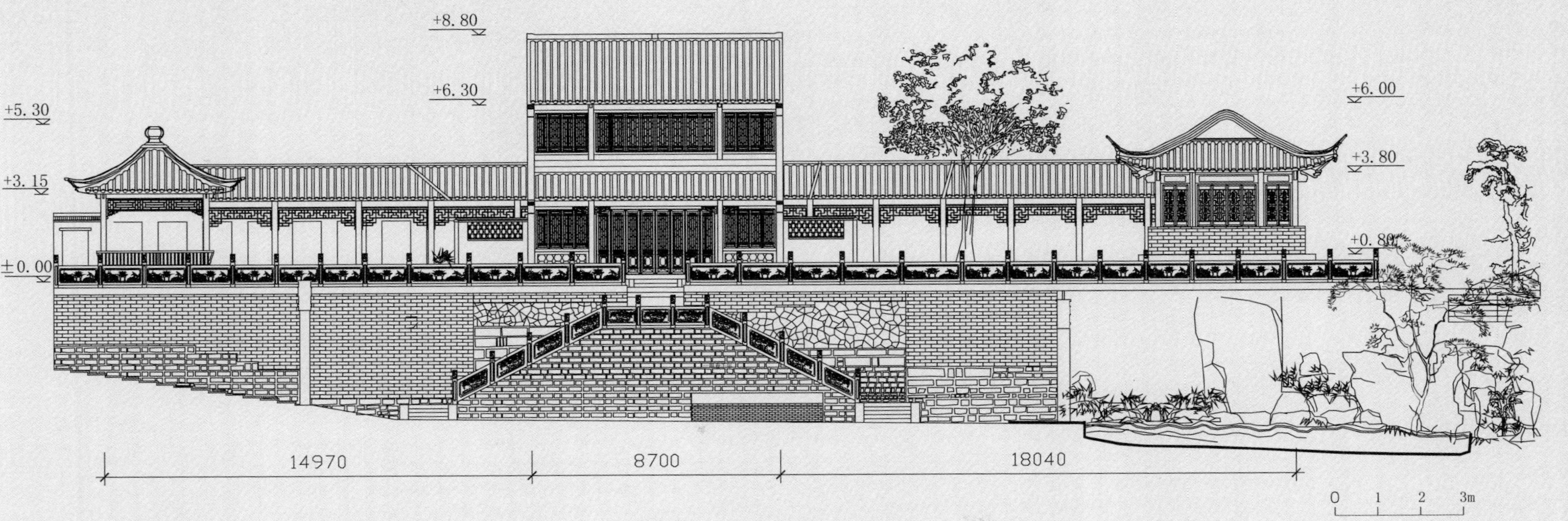

图D-2-1-7-2 小山楼北立面图

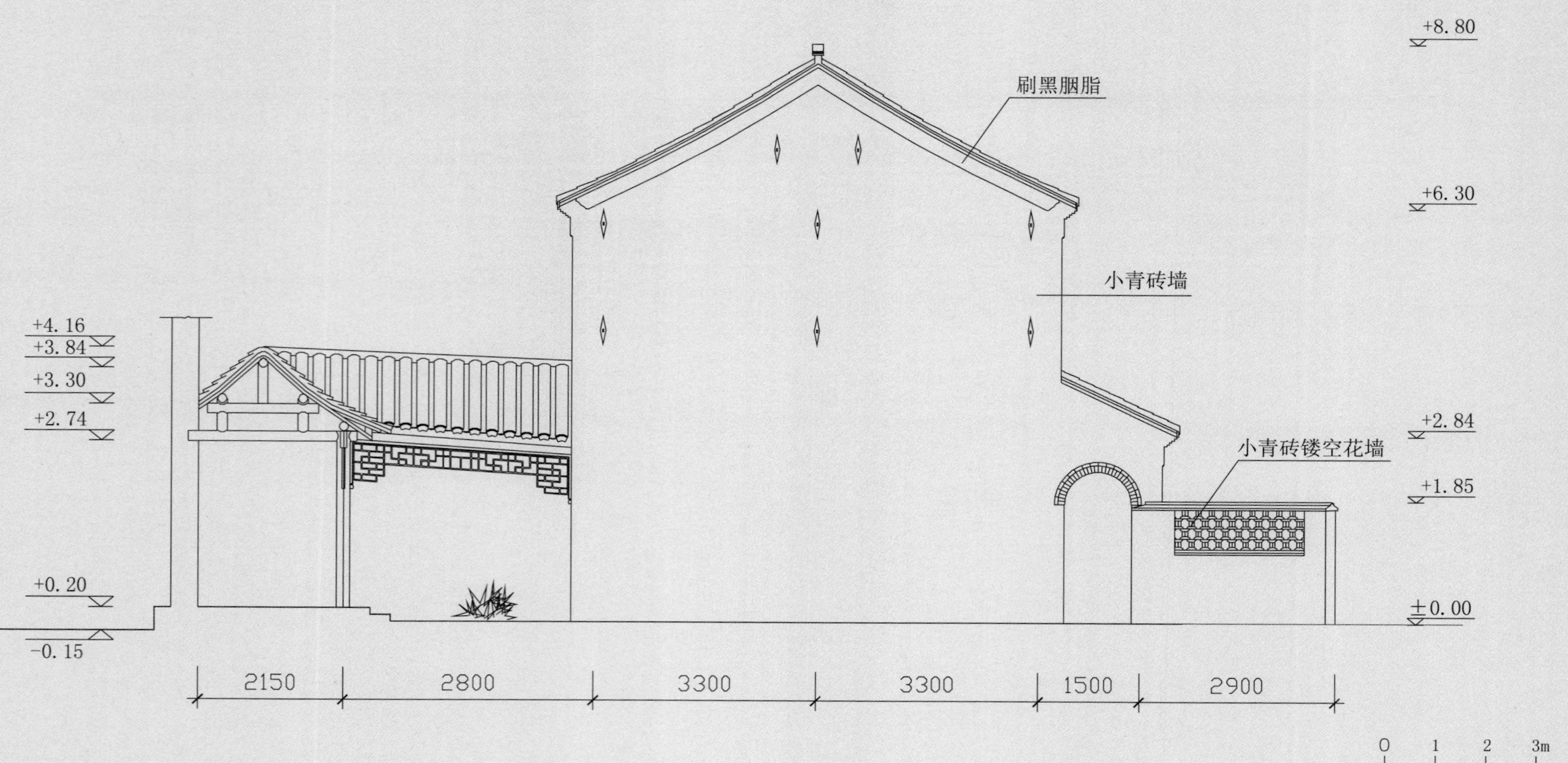

图D-2-1-7-3 小山楼侧立面图

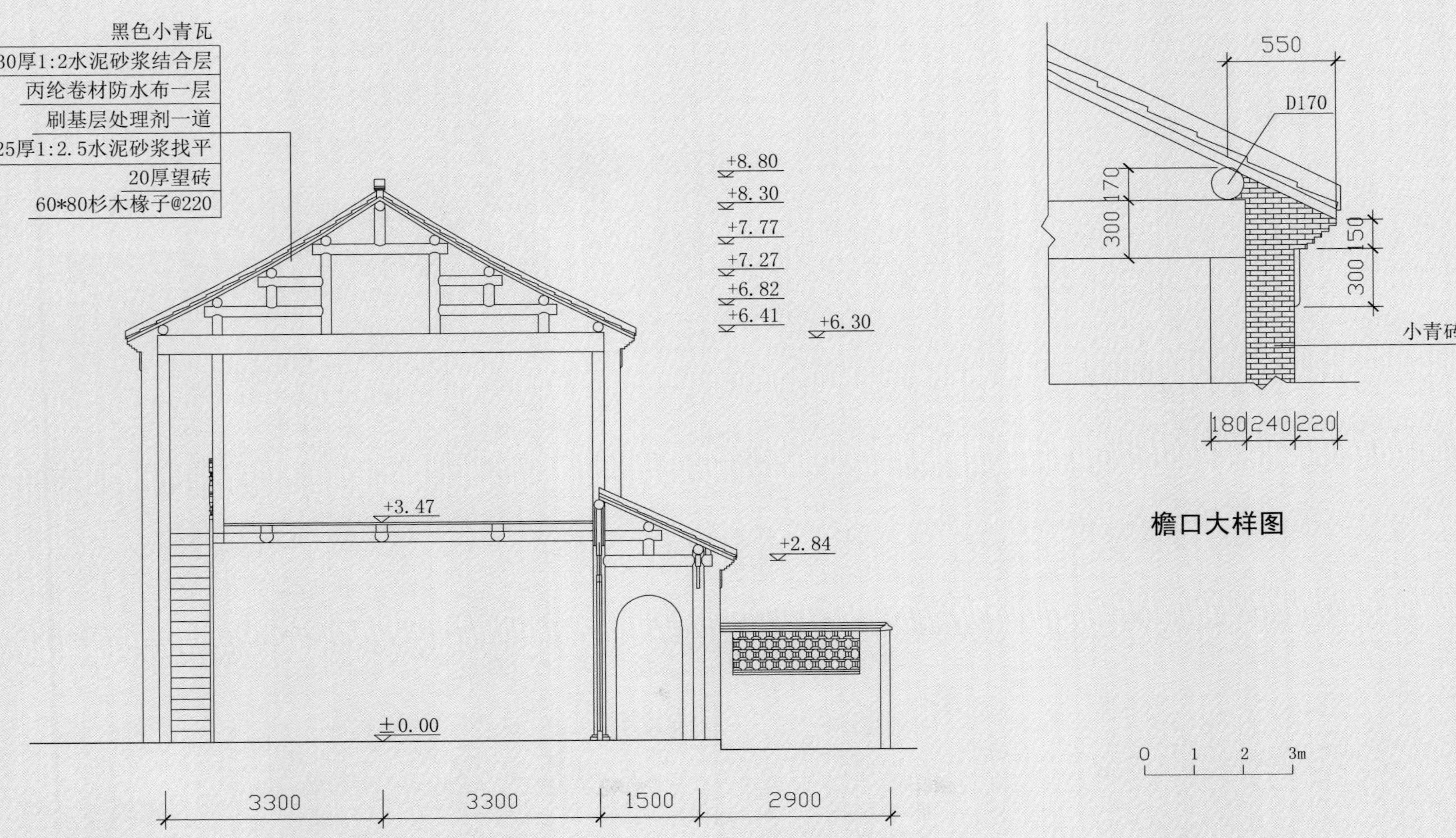
黑色小青瓦
30厚1:2水泥砂浆结合层
丙纶卷材防水布一层
刷基层处理剂一道
25厚1:2.5水泥砂浆找平
20厚望砖
60*80杉木椽子@220
+8.80
+8.30
+7.77
+7.27
+6.82
+6.41
+6.30
+3.47
+2.84
±0.00
3300
3300
1500
2900
550
D170
170
300
150
300
小青砖
180
240
220
檐口大样图
0
1
2
3m

图D-2-1-7-4 小山楼剖面图

图P-2-1-8-1 修缮后的待渡亭

第八节 待渡亭

一、概况

1. 建筑形态。位于小码头街与西津渡街（古代称“义渡码头街”）的交汇处，又称津亭（图P–2–1–8–1）。该亭进深3.3m，南立面宽4.2m，北立面宽3.6m，高4.8m,占地面积10.51m²。该亭三面临空，一面依墙，为歇山式砖木结构半亭。亭台基块用石和明式板砖横竖立砌，做挡土墙，台基用青条石做压口石，水磨大方砖地面。西北两面设吴王靠座椅，既可让人休息，又可起到高台安全围挡功能。东面靠墙须弥座式台基上立白石碑，刻清周镐《西津晓渡》图（图P–2–1–8–2）。2006年，待渡亭被公布为国家级文保单位“西津渡古街”建筑群之一。

图P-2-1-8-2 周镐《西津晓渡》碑刻

2．历史沿革。待渡亭是古人为方便客人渡江，迎来送往、小憩避雨、等待摆渡的场所。初建时间不详。唐代，西津渡就有待渡亭。唐代润州诗人许浑曾作《京口津亭送崔二侍御》：

爱树满西津，津亭堕泪频。
素车应渡洛，珠履更归秦。
水接三湘暮，山通五岭春。
伤离与怀旧，明日白头人。

诗中津亭，即是待渡亭。而且在此之后，待渡亭就成了历代文人墨客、达官贵人怀古凭吊之所。清代诗人冷士嵋曾作《津亭席上赠歌妓》；罗志让曾作《待渡亭晚眺》《待渡亭送别》等诗词。古待渡亭曾随着西津渡江岸的北移，设在通江渡头的栈道上。从清画家张崟《救生会馆图》、周镐《江上救生》图来看，在清代道光年间，待渡亭已经前移到江岸通向码头的江边栈道前端。同治七年（1868年）在义渡局楼前重建待渡亭，匾额书“待渡亭”三字，义渡局二楼设“中流自在”匾额；门前设木牌楼，中匾额书“义渡码头”，左右匾额各书“风

图P-2-1-8-3 明信片，西津渡待渡亭及义渡码头牌坊（下两图为局部放大）（收藏者 金存启）

平”“浪静”字样（图P-2-1-8-3），为京口义渡码头待渡之用。同治年间，清人谢庭兰撰有《京口义渡记》及《待渡亭记》，记叙义渡待渡利济之颠末。其《待渡亭记》全文如下：

“京江之涯，滨江之沚，有亭翼然，高敞而广深，其下坐起纷纷如盖，义渡既舟济往来之人，而复作此亭，以处待渡者也。呜呼，何其仁哉！夫亭馆之作，游观登览之所好也。然江流天险，而北南来去多行道匆猝之侣，宜无眺望之暇矣。顾行李一肩踯躅江上，而夏之日、冬之雪、风晨雨夕，此时得一椽之复，不啻衽席之适也。昔杜子美思广厦万间大庇寒士，使风雨不动如山之安，夫子美思庇居者，此则庇行者，然子美仅有其愿，此则实以庇其人，而一亭不啻万间之广也。且夫斯亭之作，其意尤善焉。夫美利之兴，鲜历久而不废，或义渡久之，经费不继，而其舟棹艑四去，江上之人望波涛险阻，且不知向之有义渡之事也。然而一亭高踞江浒，即安知废者不复兴，掉艑去者不复来也。此饩羊所以存礼也，且富人一身之费，不殊恒河之铢沙，倘斯人登眺是亭，而见临江待渡此往彼来，无风涛覆溺之惧，安知不踊跃乐输，使义渡永久不废也，然则待渡者坐起斯亭，当知亭之作不异中流之慈航也。于是乎记。"

而据光绪三十一年（1905年）地图标注，古待渡亭曾随着西津渡江岸的北移，设在今义渡局支巷与长江路的交汇处（图P-2-1-8-4、图P-2-1-8-5）。由此图片可以看出待渡亭、牌楼和码头的相对位置，待渡亭前为沿江岸道路，对面为牌楼，

图P-2-1-8-4 老照片，西津渡义渡码头待渡亭及牌坊位置图（收藏者 金存启）

图P-2-1-8-5 明信片，西津渡义渡码头待渡亭及牌坊位置图（收藏者 金存启）

牌楼紧邻码头台阶。江岸上洒落着渡船桅杆阴影，船上的跳板搭接在岸上。又据1930年《最新镇江城市全图》，救生会码头西侧紧邻就是义渡的专用码头，这说明救生会和义渡分别拥有各自的码头（图P-2-1-8-6 、图P-2-1-8-7）。2008年，西津渡考古发现了义渡局支巷道路遗址，并在支巷向北延15m左右发现码头遗址，当时考古队判定是救生会码头遗址。现在根据这些新发现的图片和地图，该码头遗址也有可能是义渡码头遗址，但需要更多资料来证明此事。

二、遗存状态

自唐以来，待渡亭一直是渡口过江停顿候渡的重要场所。但亭址随沙滩淤

图P-2-1-8-6 1930年镇江城市全图（收藏者 金存启）

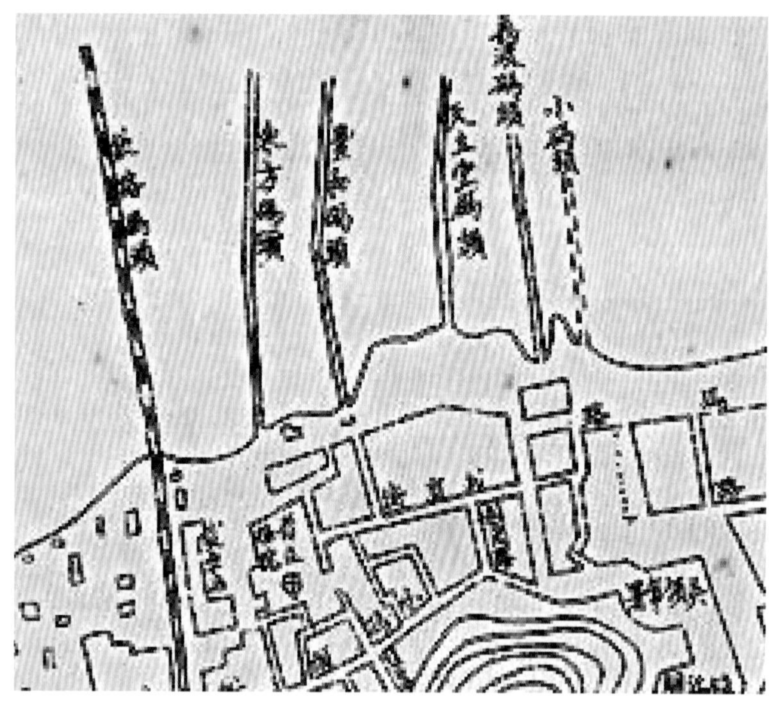
图P-2-1-8-7 1930年镇江城市全图（局部）义渡码头小码头位置图

图P-2-1-8-8 1985年修缮后的待渡亭

涨，江岸线变动码头迁移而不断变动。1949年后，原待渡亭已经失去踪迹，并无相关资料考证（图P-2-1-8-8）。1985年，有关部门经过认真考量，决定在现址对原建筑进行维修，恢复待渡亭遗迹，并在亭东侧靠墙位置设置了按清周镐京江24景《西津晓渡》的白石勒石画碑。1999年，由西津渡保护领导小组办公室重修。

三、主要修缮技术方案

该亭修缮等级为大修。维修前，邀请了文物、考古、建设等专家，对修缮方案进行评选、论证，建议保留建筑外貌形状，增加抗震构造措施。主要修缮内容为：落架大修、结构加固、屋面防水、墙面修缮和传统装饰等。亭台基块用石和明式板砖横竖立砌，做挡土墙，台基用青条石做压口石，水磨大方砖地面。西北两面设吴王靠座椅。原东面靠墙竖立白石碑，碑底是须弥座式台基。亭顶为单层歇山式、蝴蝶瓦屋层面、传统飞檐翘角。该亭自下而上设土衬、圭角、下枋、下枭、束腰、上枭和上枋。“待渡亭”匾额为集书法名家字（图P-2-1-8-9、图P-2-1-8-10）。

图P-2-1-8-9 “待渡亭”匾额

图P-2-1-8-10 修缮后的待渡亭

四、建筑修缮责任表

建设单位：镇江市西津渡建设发展有限责任公司

项目负责人：郑洪才

监理单位：镇江市建科工程监理有限公司

监理人员：孔庆安

施工单位：金坛市建筑安装工程公司镇江分公司

项目经理：汤沛恩

施工时间：2006.9.18 — 2006.12.5.

四、施工图

如图D-2-1-8-1 ~ 图D-2-1-8-4所示。

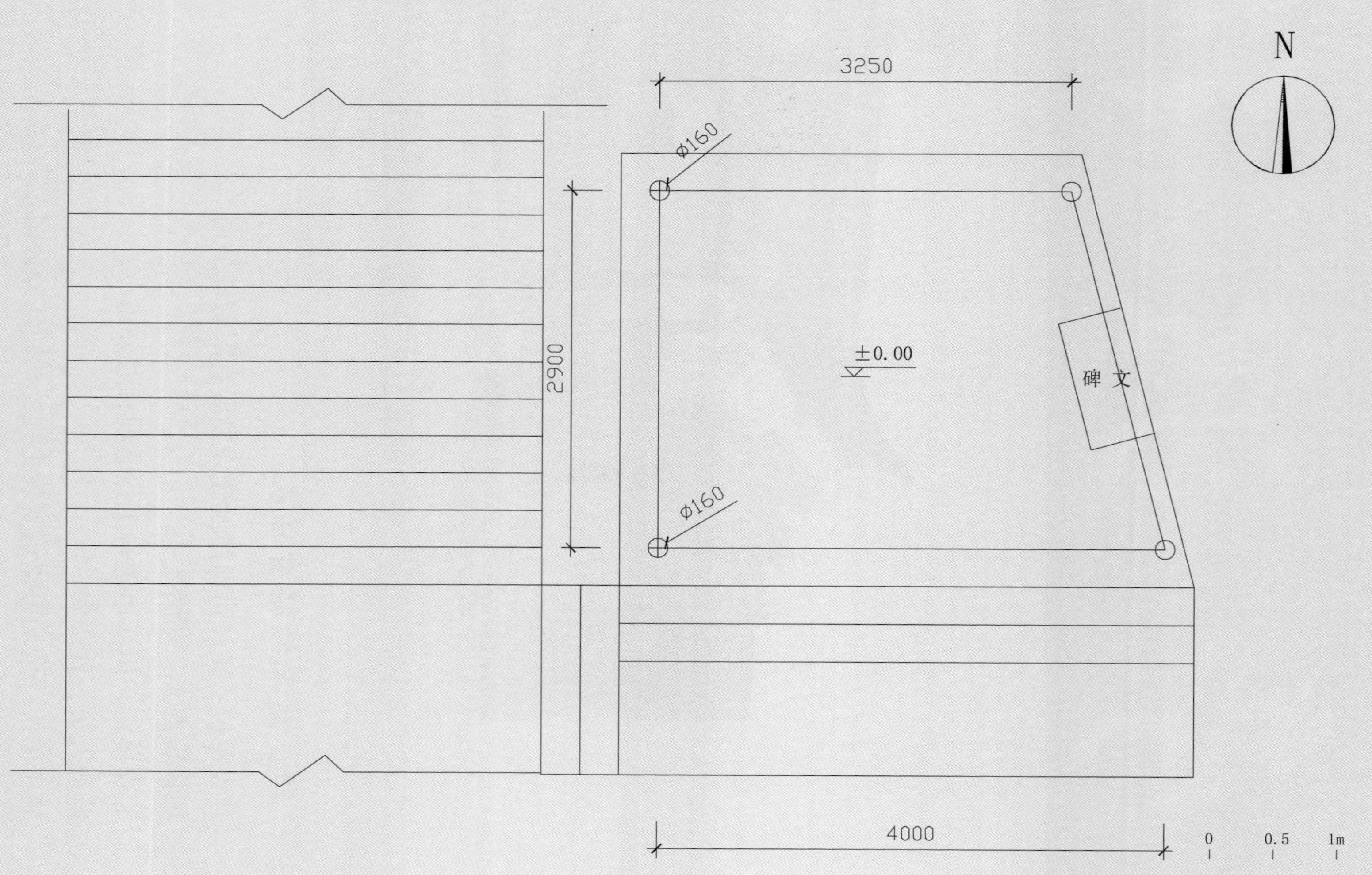

图D-2-1-8-1待渡亭平面图

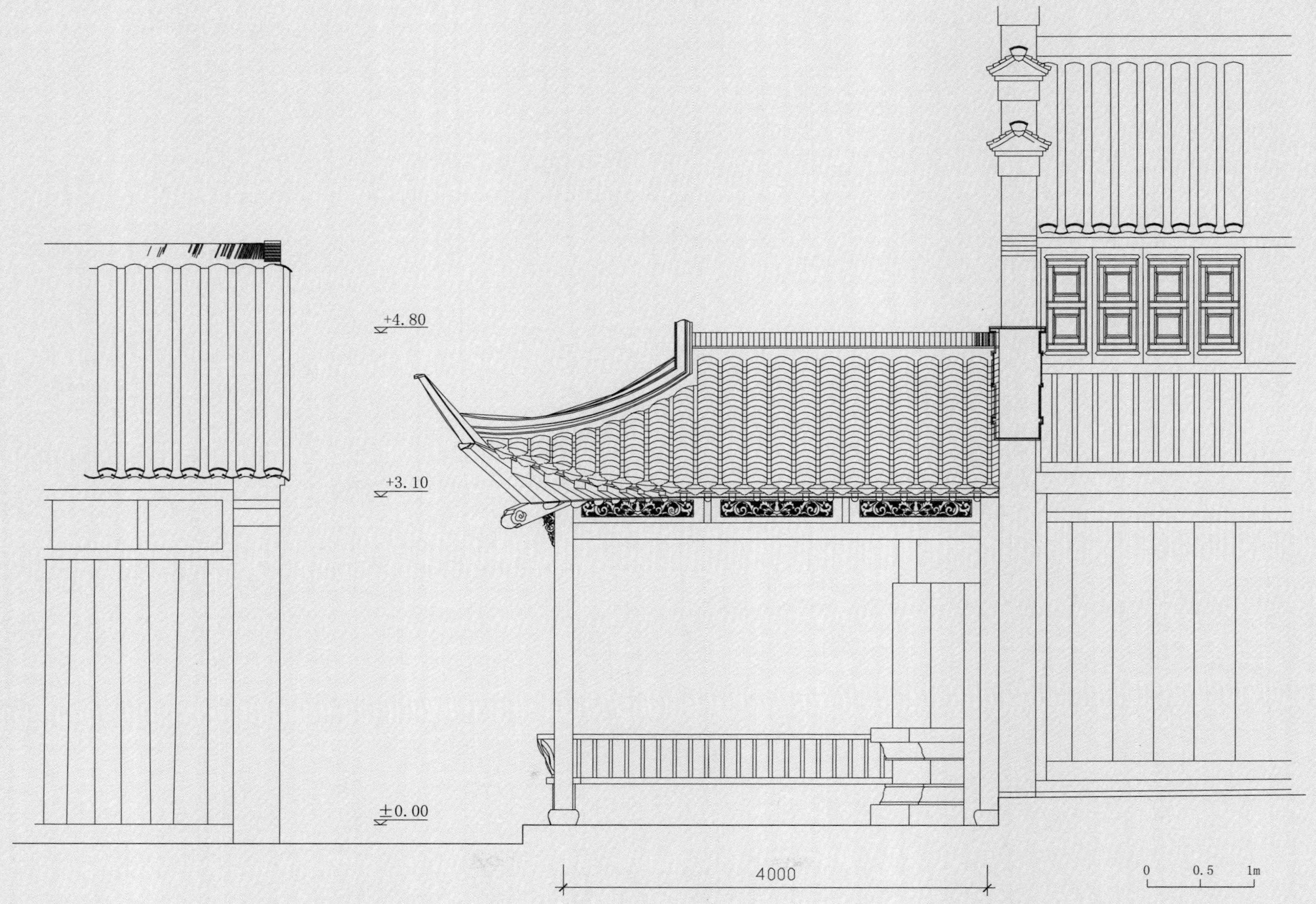

图D-2-1-8-2 待渡亭立面图

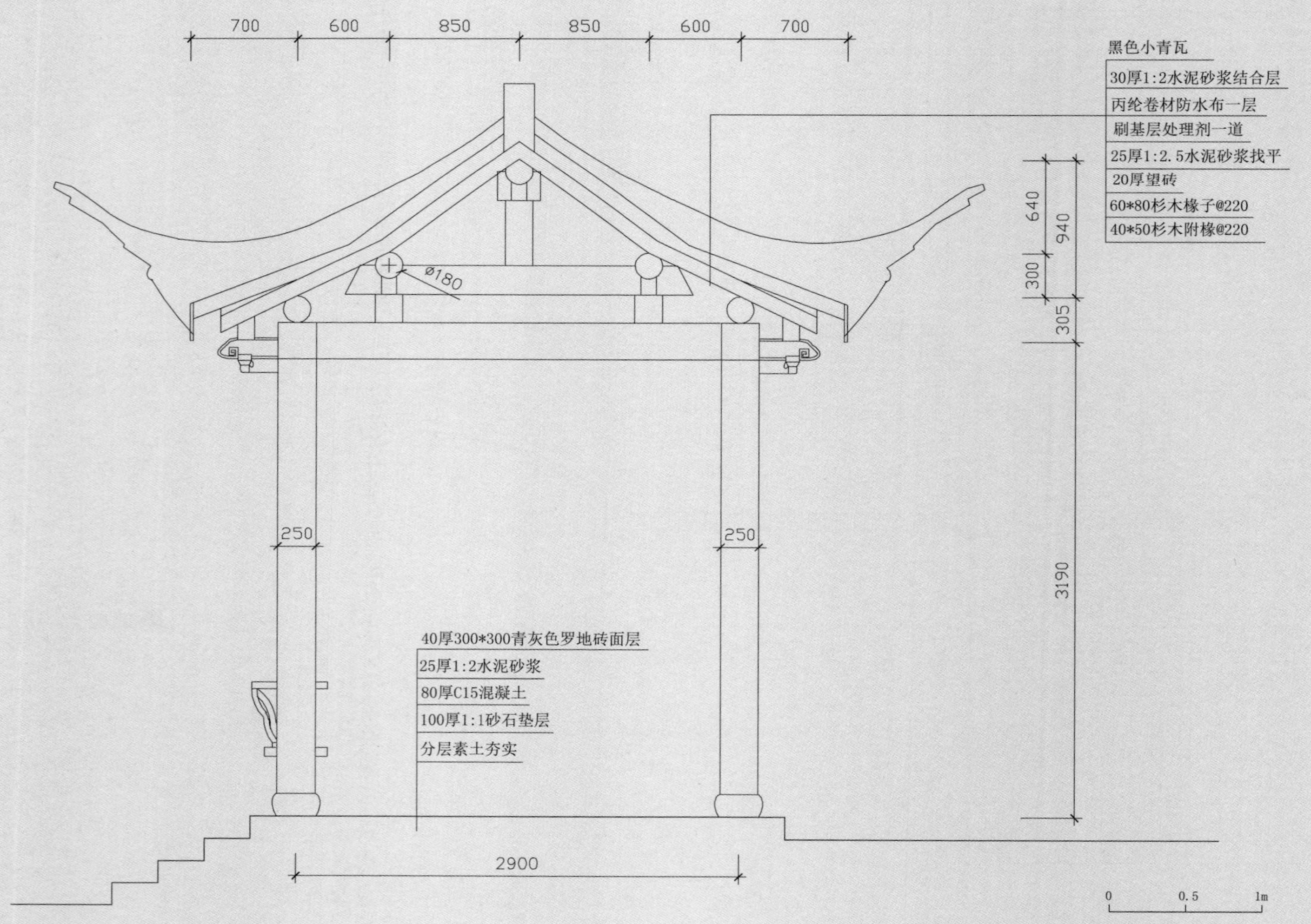
700
600
850
850
600
700
黑色小青瓦
30厚1:2水泥砂浆结合层
丙纶卷材防水布一层
刷基层处理剂一道
25厚1:2.5水泥砂浆找平
20厚望砖
60*80杉木椽子@220
40*50杉木附椽@220
640
940
300
305
ø180
250
250
3190
40厚300*300青灰色罗地砖面层
25厚1:2水泥砂浆
80厚C15混凝土
100厚1:1砂石垫层
分层素土夯实
2900
0
0.5
1m

图D-2-1-8-3 待渡亭剖面图

图D-2-1-8-4 待渡亭石碑立面图

第九节 春顺和茶馆

一、概况

1. 建筑形态。该建筑位于德安里弄内（图P-2-1-9-1），坐南朝北。围合院落两层传统建筑（图P-2-1-9-2），总占地面积245.76m^2，总建筑面积447m^2；东西长13.5m、南北宽18.15m、高9.06m；屋内院落屋面设玻璃瓦天窗采光（图P-2-1-9-3）。西侧有西式门楼骑马楼通向后院（图P-2-1-9-4）。

图P-2-1-9-1 小码头街春顺和茶馆大门

图P-2-1-9-2 修缮后的春顺和茶馆内部

图P-2-1-9-3 修缮后春顺和茶馆屋面玻璃瓦天窗

图P-2-1-9-4 修缮后春顺和茶馆旁德安里门楼

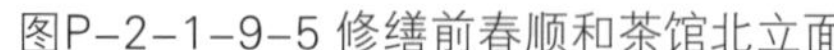
图P-2-1-9-5 修缮前春顺和茶馆北立面

图P-2-1-9-6 修缮前春顺和茶馆旁德安里门券

2．历史沿革。该建筑是广东肇庆商人卓翼堂在民国初年所建，经营包子店兼茶馆，名为“春顺和包子店”。镇江人有吃早茶的习惯，因此商贾行旅和官绅人氏经常聚集于此，洽谈事务、传播信息、品尝茶点，生意很是红火。这里不仅是饮食店，还是商贩谈生意的地方，又兼有信息发布与中介的功能。20世纪50年代后辟为民居。2007年，西津渡公司动迁了楼内居民，作为历史建筑整修。

3．遗存状态。该建筑整体建筑格局保存基本完好，但年久失修木构架锈蚀、蛀裂，墙面、屋面、门窗破损，渗漏严重。该建筑是小码头街上唯一幸存的一处中西风格兼蓄的建筑（图P-2-1-9-5）。它既具有西方浓郁的色彩，又有中国传统建筑艺术的精湛青砖、清水勾缝，砌筑工整。楼内天井屋面玻璃瓦盖顶，以利采光。该建筑西侧设有通向后面的巷道，设置西式券门，以红砖发券，呈弧形，

图P-2-1-9-7 修缮中春顺和茶馆墙基及木柱加固

上檐墙外突出一砖，以利流水。置石额一方，镌刻“德安里”，并以红砖饰以边框。券门两旁设方形砖柱作为承重（图P-2-1-9-6）。上层为过街楼，供管理、保卫人员专用。楼脚线飞边，以砖砌作三条有立体感的红色线条；楼顶部封檐下亦如法制作（图P-2-1-9-7）。该处券门门楼，经百年风雨侵蚀，迄今仍保留原貌，成为历史的见证。该建筑为镇江市文保单位。

二、主要修缮技术方案

2006年，西津渡公司对该建筑进行了修缮，修缮等级为大修。维修前，邀请了文物、考古、建设等专家，对修缮方案进行评选、论证，建议保留建筑外貌风格，保留原结构形式，增加抗震构造措施。主要修缮内容为：落架大修、屋面防水、内部装饰及重整功能等。

该建筑修缮由东南大学建筑设计研究院设计，开间四开间宽，为三排山连接，中间高两边低，是一座仿西式的四坡（四阿）水大屋顶楼屋建筑。屋面防水用1.5mm厚砂面PVC防水层或钢丝网水泥砂浆防水层。屋面用料 “蝴蝶瓦”（小瓦）盖顶，与后进的人字头（硬山）小瓦屋顶相和谐。中间天井院落屋面按原建筑恢复，以玻璃瓦盖顶保证采光。

该工程为民居修复工程，设计时考虑到该房的现状，规定了如设计中的施工尺寸与现状不符，以现状尺寸为准。内部地面±0.00以原有石柱础为准。该房因年久失修，木构件损坏严重，对于损坏腐朽的木构件，特别是木柱，大部分进行更换。部分木柱下部腐朽的采用“巴掌+墩接”做法来进行嫁接维修，或以混凝土构造柱加固墙体（图P-2-1-9-7）。

设计中未标注的门窗为原有门窗，依现状尺寸修复。

三、建筑物修缮责任表

建设单位：镇江市西津渡建设发展有限责任公司

项目负责人：邵浜 郑洪才

测绘、设计修缮单位：东南大学建筑设计研究院

设计人员：董卫

监理单位：镇江建科工程管理有限公司

监理人员：刘晓瑞 孔庆安

施工单位：金坛市建筑安装工程公司镇江分公司

项目经理：汤沛恩

施工时间：2006.6.25 — 2006.10.10

四、施工图

如图D-2-1-9-1 ~ 图D-2-1-9-6所示。

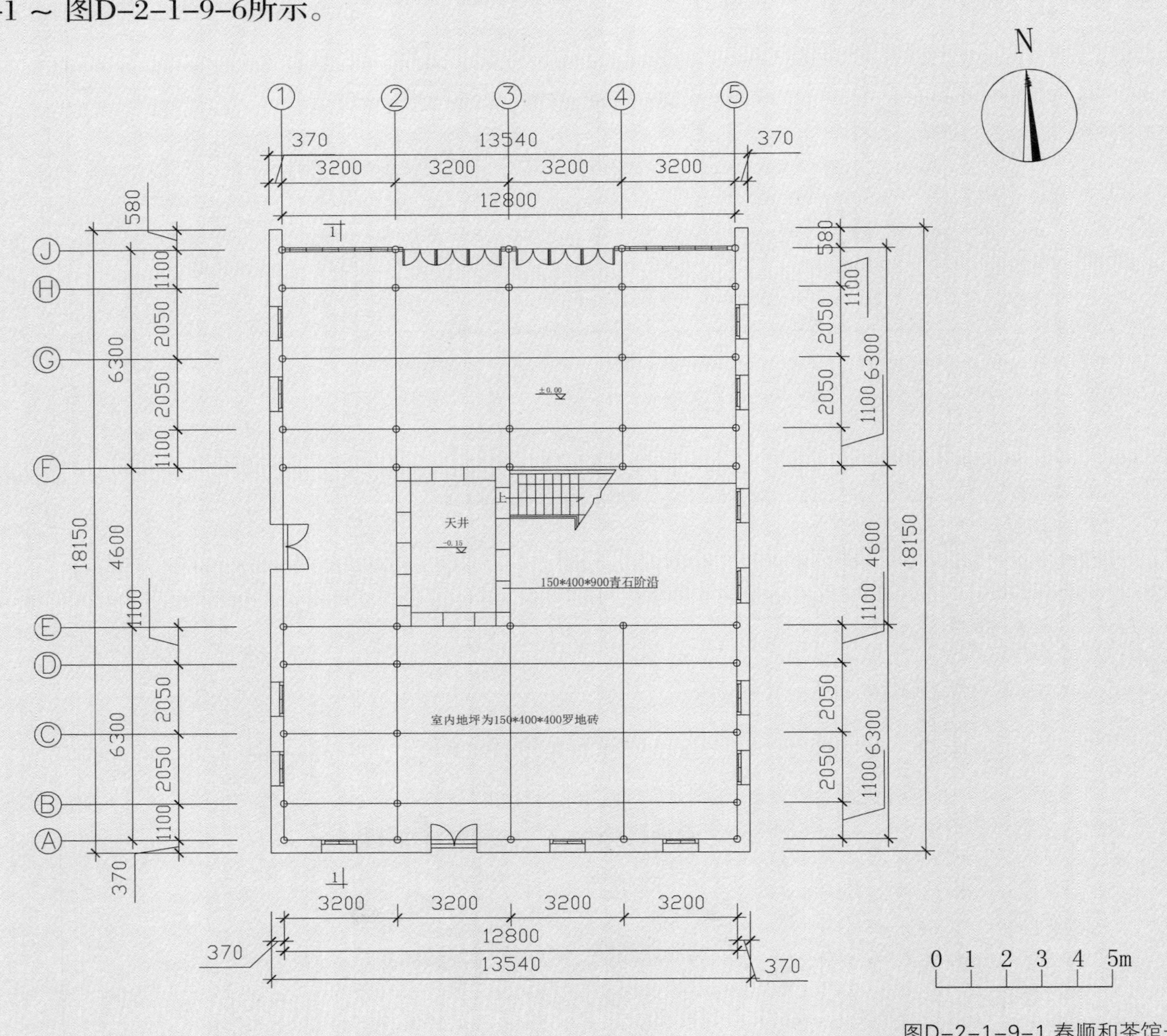

图D-2-1-9-1 春顺和茶馆一层平面图

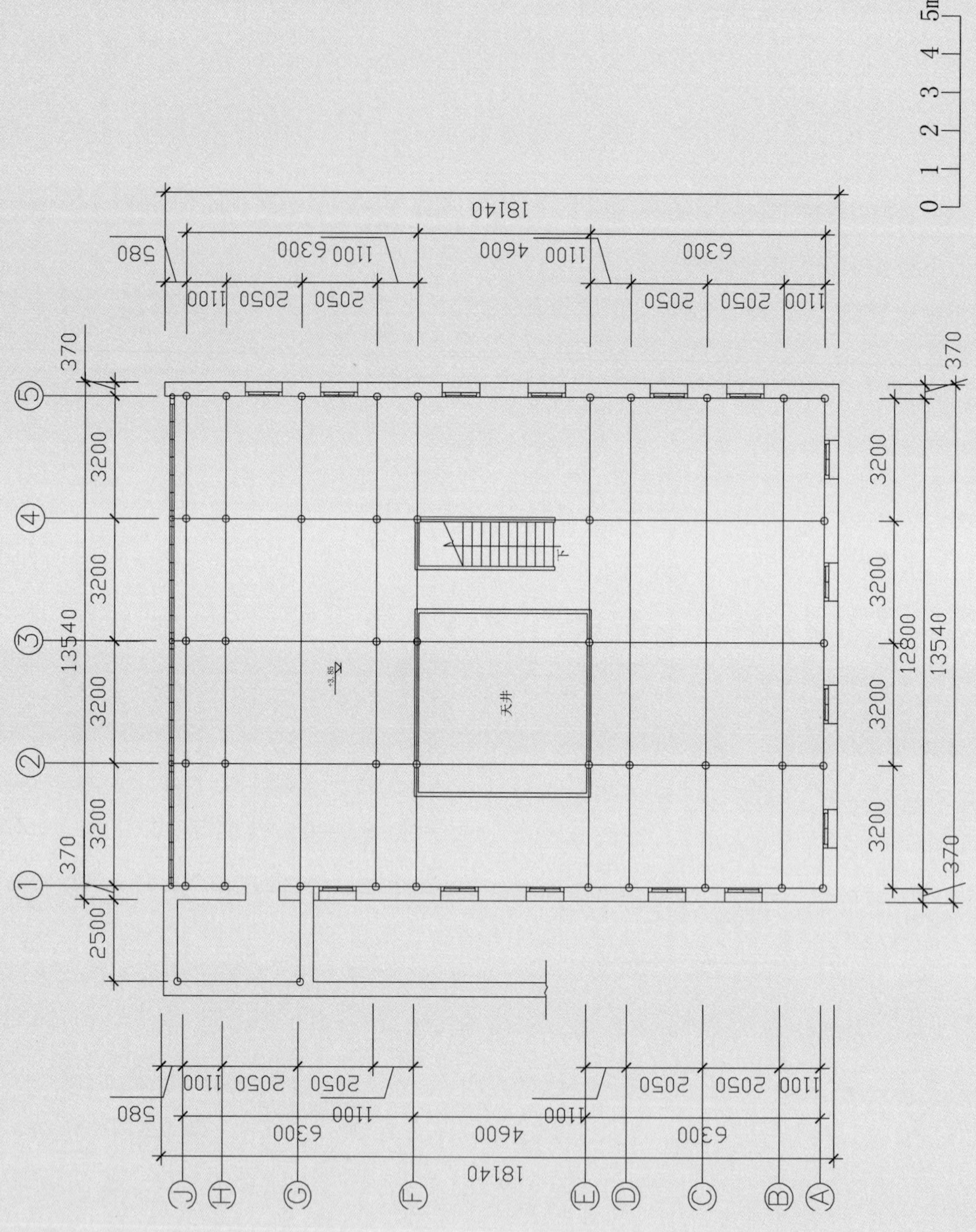

图D-2-1-9-2春顺和茶馆二层平面图

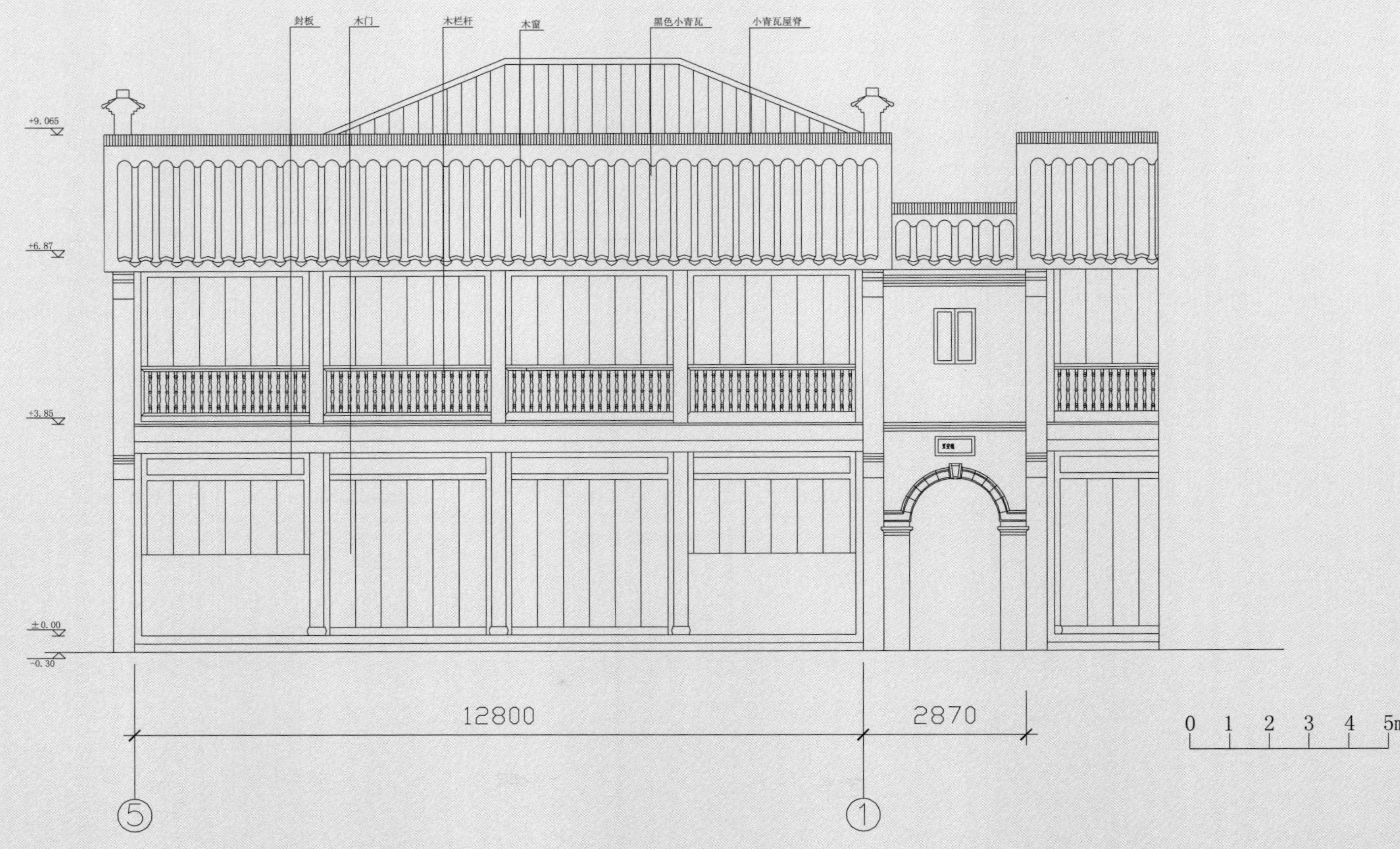

图D-2-1-9-3 春顺和茶馆北立面图

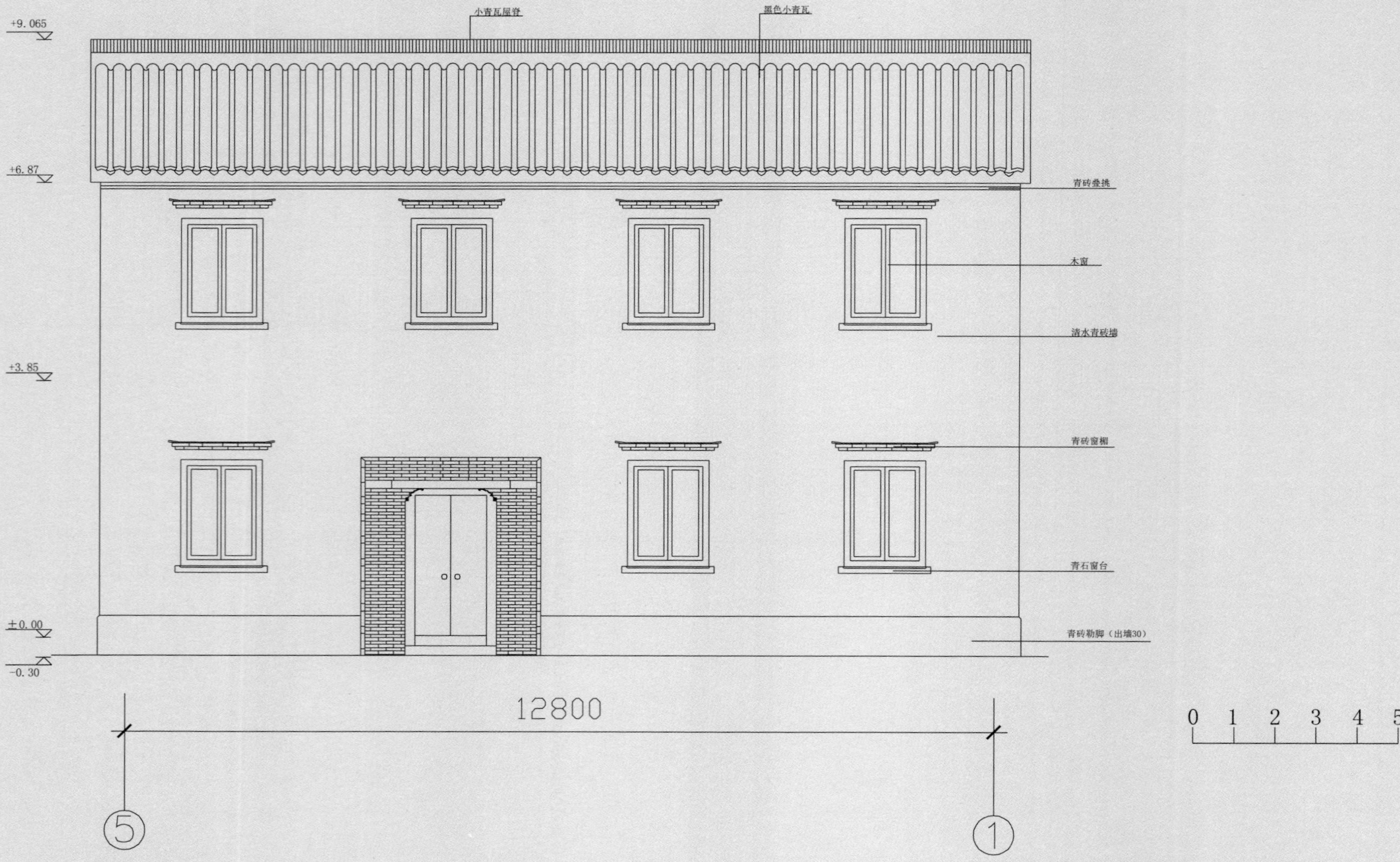

图D-2-1-9-4 春顺和茶馆南立面图

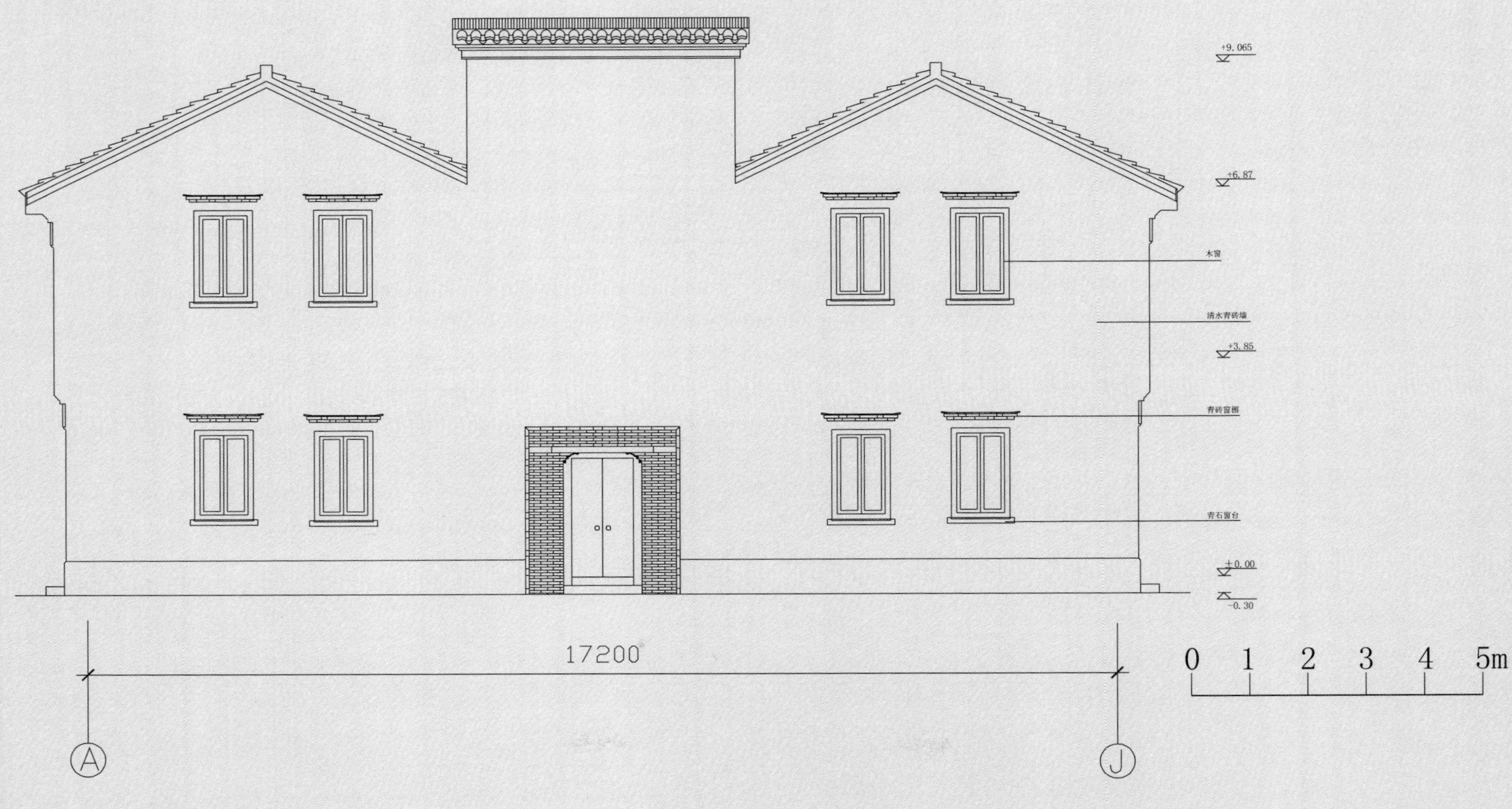

图D-2-1-9-5 春顺和茶馆西立面图

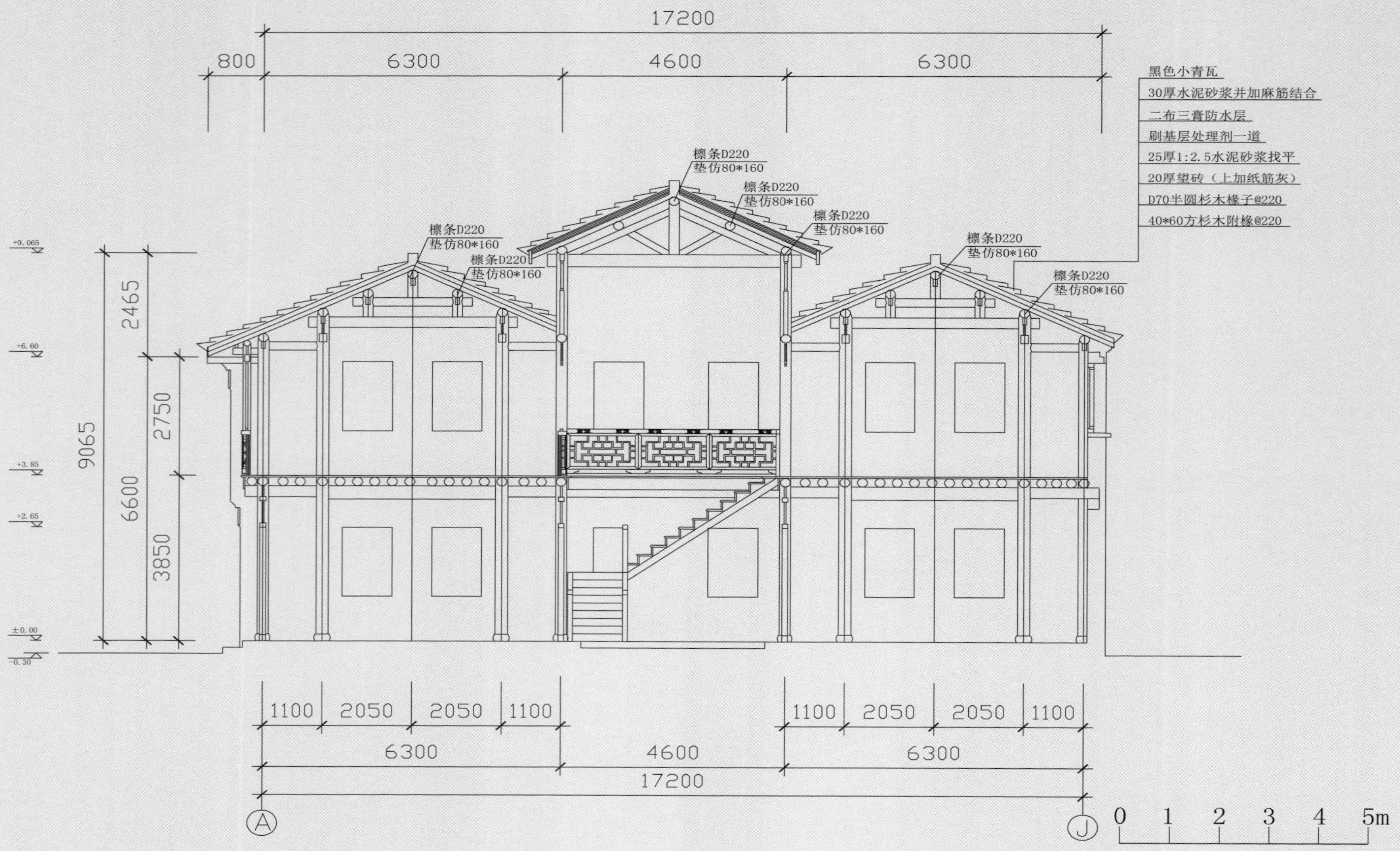

17200
800
6300
4600
6300
黑色小青瓦
30厚水泥砂浆并加麻筋结合
二布三膏防水层
刷基层处理剂一道
25厚1:2.5水泥砂浆找平
20厚望砖（上加纸筋灰）
D70半圆杉木椽子@220
40*60方杉木附椽@220
檩条D220
垫仿80*160
9065
2465
2750
6600
3850
+9.065
+6.60
+3.85
+2.65
±0.00
-0.30
1100
2050
2050
1100
1100
2050
2050
1100
6300
4600
6300
17200
A
J
0
1
2
3
4
5m

图D-2-1-9-6 春顺和茶馆剖面图

第二章
伯先路、京畿路文保建筑

第一节 镇江商会旧址

一．概况

1．建筑形态。镇江商会旧址位于伯先路73号。该建筑坐北朝南，整栋建筑为中式传统建筑布局，装饰西式门脸。整个建筑呈长方形，自南向北三进两庭院。沿街东西宽22.2m,南北长42.7m，顶高11.04m（一至三层层高分别为3.2m，2.9m，

图P-2-2-1-1 镇江商会旧址南大门

图P-2-2-1-2 镇江商会旧址东大门全景图

2.47m）。占地面积1057.8m²，建筑面积1478.05m²。该建筑群为三进，第一、第二进宽23.11m，进深29.06m，占地671.58m²。第三进由东大门右边通道进入，宽23.15m，进深21.48m，占地497.27m²。2006年，该建筑公布为江苏省文物保护单位。

南面设置南大门为正门。南立面门楼为黏土砖水磨西式墙面，砌4个方形通天砖柱，柱头呈方束腰状；中部大门上凸起，中置圆形玻璃灯；砖砌券形门洞呈逐层向内凹的圈带状装饰，内券底落在圆白石柱上（图P-2-2-1-1）。沿伯先路展开的东立面中部设置东大门；同样砌4个方形通天砖柱，柱头呈方束腰状；大门为两白色圆柱上压白色过门石，门柱后设置中式大门。门前设置台阶下行至路面（图P-2-2-1-2）。

2．历史沿革。镇江商会始创于光绪年间，初名“镇江商务分事务所”。因镇江为通商大埠, 1903年，工商部命令改为“镇江商会”，1905年正式成立。会所初赁龙王巷内钱业公所的出租房内。辛亥革命后，会所移于南马路（后改为伯先路）

旧洋务局内。现商会建筑建于民国十八年（1929年）（图P-2-2-1-3），为时任商会会长陆小波延聘许成记营造事务所建设，南大门嵌石横额，上镌刻“镇江商会”四大字，落款为“于右任题”。该建筑是镇江民国建筑的典范作品。1949年后为镇江工商联合会办公地点。原镇江商会建筑旧址是镇江近代商业经济发达的见证，对研究镇江近代以转运贸易为主的商业历史具有重要意义。

图P-2-2-1-3 修缮前的镇江商会大门

3. 遗存状态。镇江商会建筑旧址整体保存基本完好，屋面局部渗漏，墙体局部破损。

图P-2-2-1-4 修缮后的镇江商会内部

二、主要修缮技术方案

2013年5月，西津渡公司开始对镇江商会进行了修缮，修缮等级为中修。维修前，邀请了文物、考古、建设等专家，对修缮方案进行评选、论证，建议保留建筑外貌形状。主要修缮内容为：外立面整治，屋面落架，内部整体进行装修。该建筑内部为中式三进，第一进为走廊、天井，中为大厅，两旁为厢房，内部多木立柱式，水磨石地面，平顶天花。大厅三间，迎面朝南采用中式隔扇十八扇。第二进为平房，后为二层楼，走廊、天花、地面均为西式；设有楼梯，进入天井为有木栏杆走廊的三层楼，设通道走廊与第二进相通，屋顶为平瓦屋面，坡度较缓，整座建筑为中西结合形制（图P-2-2-1-4 ~ 图P-2-2-1-6）。

图P-2-2-1-5 修缮后的镇江商会内部

图P-2-2-1-6 修缮后的镇江商会内部

三、建筑修缮责任表

建设单位：镇江市西津渡建设发展有限责任公司

项目负责人：郑洪才 刘伟

测绘、设计修缮单位：镇江市地景园林规划设计有限公司

设计人员：王欢欢

监理单位：镇江市建科工程监理有限公司

监理人员：刘晓瑞

施工单位：镇江市光大建筑工程有限公司

项目经理：高祥兆

施工时间：2011.9.6 — 2011.11.6

四、施工图

如图D-2-2-1-1 ~ 图D-2-2-1-4所示。

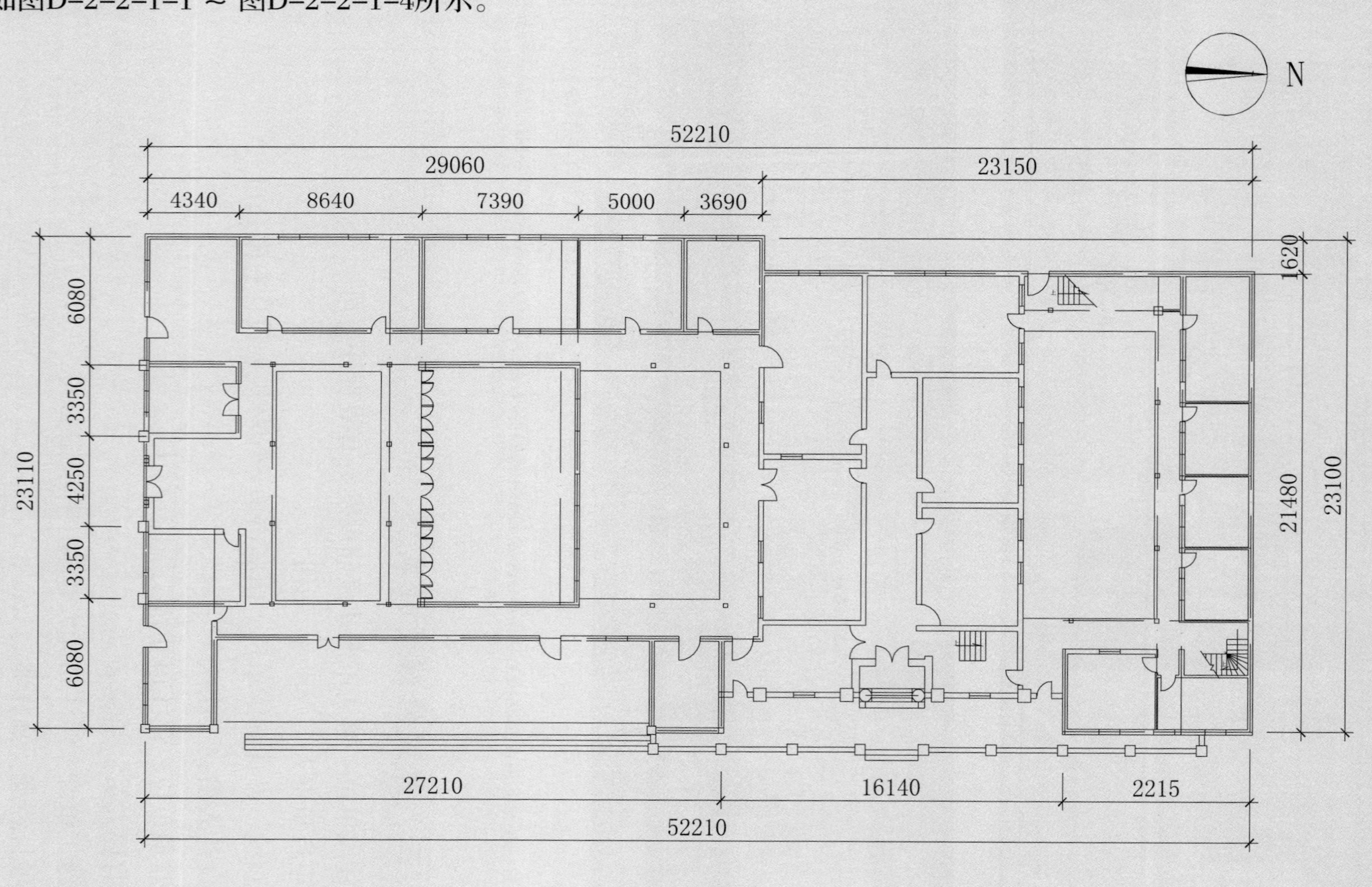

图D-2-2-1-1 镇江商会一层平面图

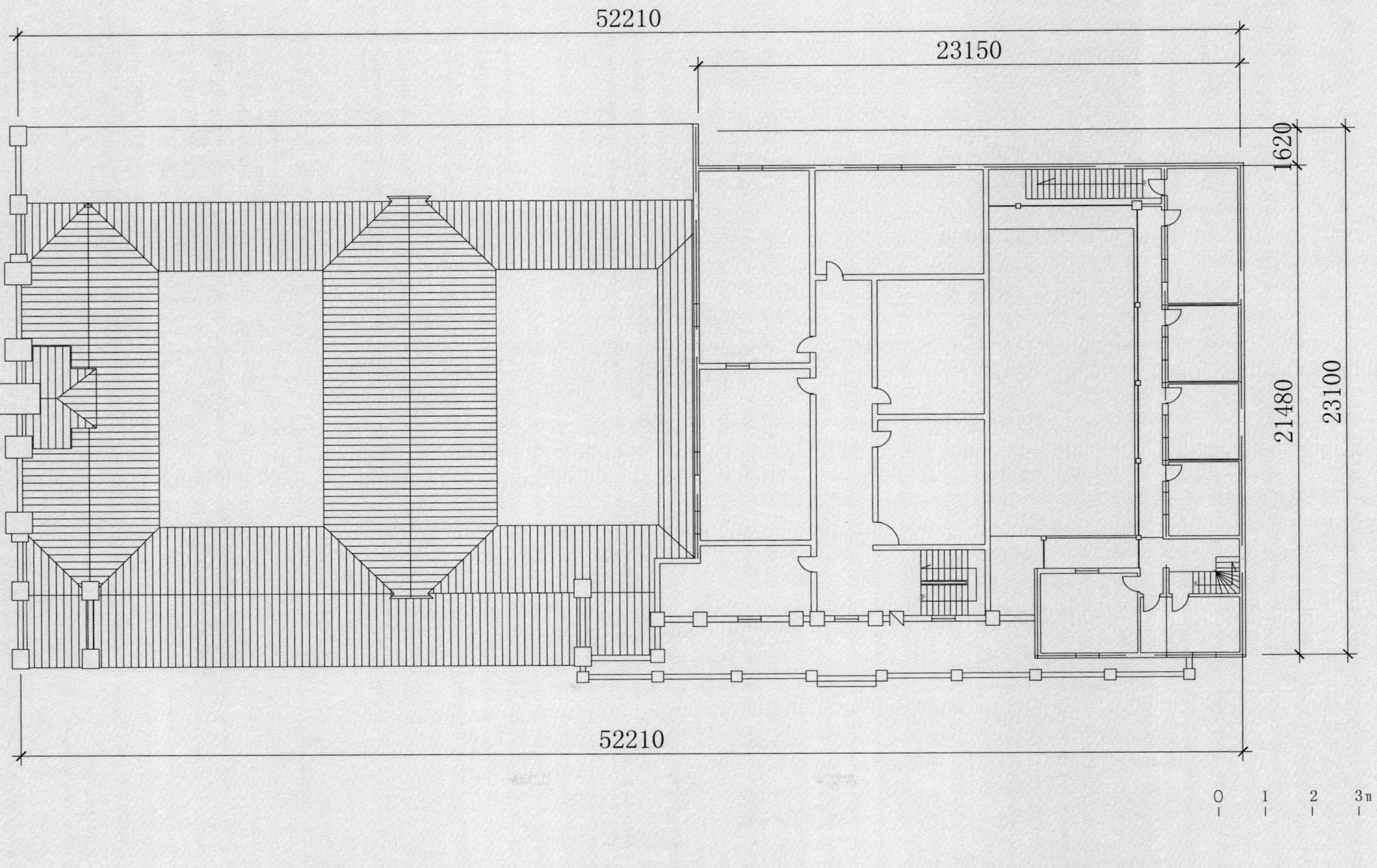

图D-2-2-1-2 镇江商会二、三层平面图

图D-2-2-1-3 镇江商会立面图(a)

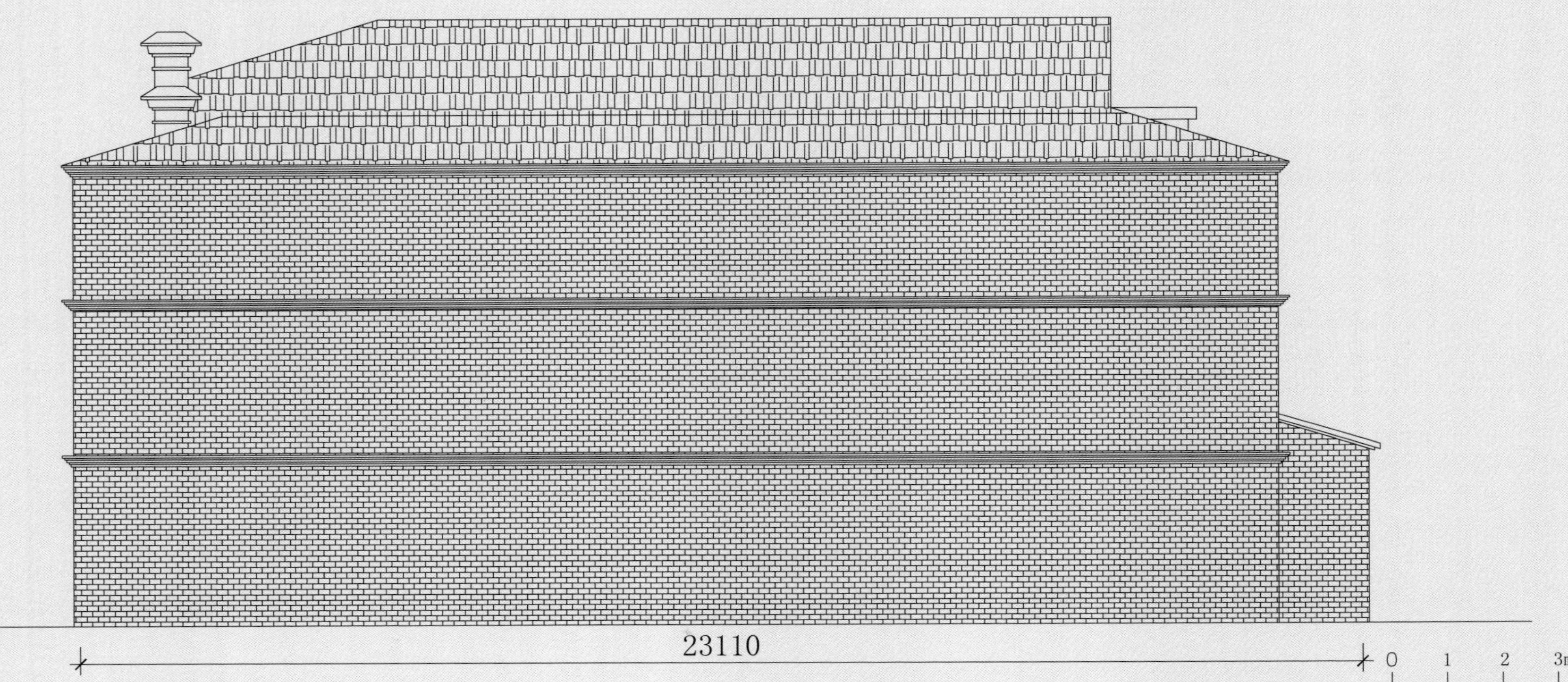

图D-2-2-1-3 镇江商会立面图(b)

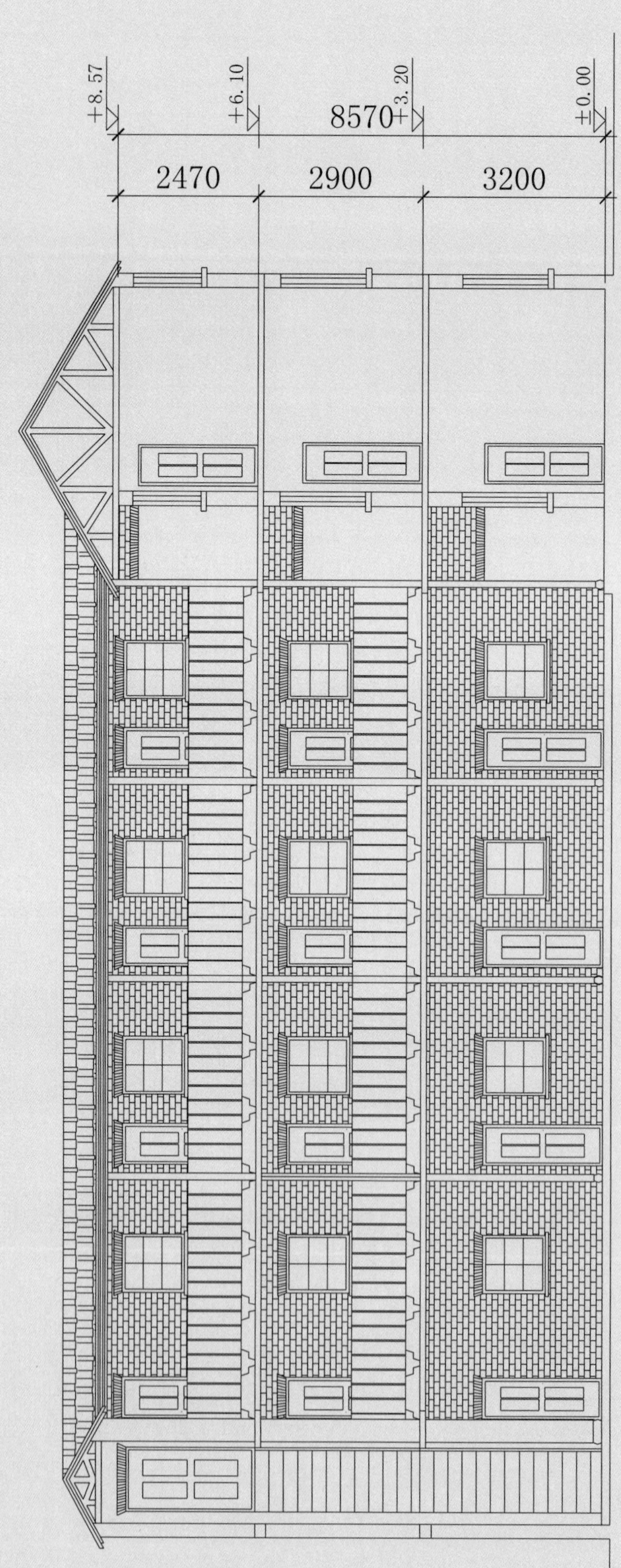

图D-2-2-1-4 镇江商会剖面图(a)

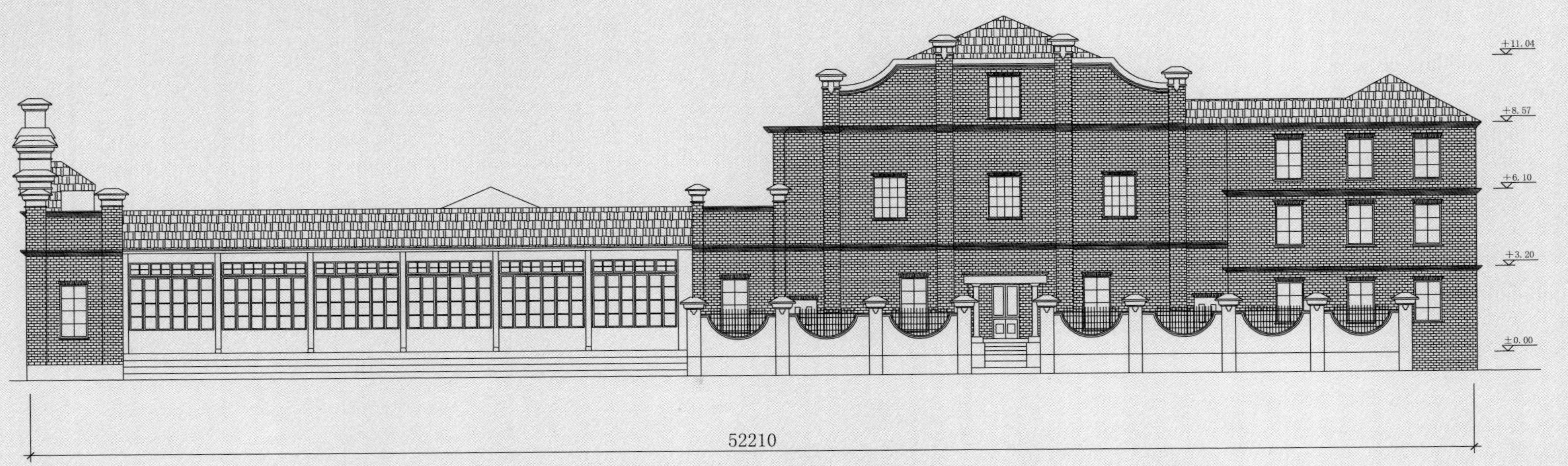

图D-2-2-1-4 镇江商会剖面图(b)

第二节 广肇公所

一、概况

1. 建筑形态。广肇公所位于伯先路92号（图P-2-2-2-1、图P-2-2-2-2）。该建筑坐东朝西，沿伯先路展开。东西宽27.1m，南北宽23.5m，局部二层，总高10.4m，占地面积611.99m^2，总建筑面积552.3m^2，一层建筑面积491.6m^2。江苏省重点文物保护单位。

图P-2-2-2-1 广肇公所大门（西立面）

图P-2-2-2-2 广肇公所南侧航拍图

2. 历史沿革。原址在运粮河旁，现址于光绪三十三年（1907年），由广州肇庆两府旅镇客商合力出资，广东籍火油商人卓翼堂主持重建。正面门楼的石横额上刻有“广肇公所”四个字，为前护川都督陈熽所书。前院砖墙镶嵌有《京江广肇公所记》石碑（图P-2-2-2-3、图P-2-2-2-4），碑文记录了广肇公所的简要历史和建筑情况，以及广肇公所作为广州肇庆两地客商商会组织的相关组织情况（参见本卷附录三张峥嵘《〈京口广肇公所记〉碑石考》，原载江苏凤凰出版社2017年版《西津论丛》三地239页）孙中山于1912年10月第二次光临镇江时，应邀到广肇公所进行演讲，并与地方人士商讨整治长江和建设繁荣镇江港的计划，是孙中

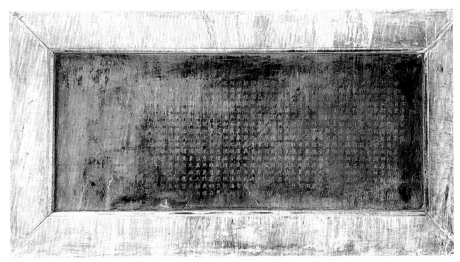

图P-2-2-2-3 “京江广肇公所记”壁碑

图P-2-2-2-4 “京江广肇公所记”拓片

山先生在镇江活动过的旧址之一（图P-2-2-2-5）。广肇公所也是清末民国时期广东商人在镇江经商的同乡会址，对研究镇江清末民国时期转运贸易的状况和商业经济的发展具有重要意义。

20世纪50年代以后，该建筑收归国有；80年代后，广肇公所改作电线厂仓库，后遭遇大火，大厅被焚；此后逐渐改为民居。又因马路改造，前护栏围墙被拆除（图P-2-2-2-6）。

图P-2-2-2-5 广肇公所主厅（上）及厅堂悬挂“孙中山在广肇公所演讲”油画（下）

3．遗存状态。该建筑格局基本完整，部分附属建筑尚可居住使用。进入大门后是庭院式门厅，设磨砖照壁；右侧门进入中庭，呈现四合院式格局。主厅后是二层小楼；出主厅后门向左进入生活区域，与主屋形成另一庭院。建筑廊柱为木质方柱，显示广州肇庆建筑风格。但鉴于大火及年久失修，主体

图P-2-2-2-6 原广肇公所大门外的围挡门墙（上）和修缮后的广肇公所西（右）北（左）立面（下）

图P-2-2-2-7 广肇公所入大门磨砖照壁（左）及右进天井门楼（右）

图P-2-2-2-8 广肇公所主厅前院天井

结构严重损毁，屋面渗漏严重，墙壁风化歪闪。该建筑含厅房、正房、偏房和厢房大小二十余间，大多破旧不堪。经修缮后，恢复原有风格（图P-2-2-2-7 ~ 图P-2-2-2-10）。

图P-2-2-2-9 广肇公所北立面入户小门及主厅与门房之间廊道

图P-2-2-2-10 修缮后广肇公所主厅后侧天井（左）及附房门（右）

图P-2-2-2-11 修缮前（上）、修缮后（下）木构件屋架

两边墙面高大，北侧墙有两樘边门。后进为马头防火墙。内部有四处大小不一的天井，屋面为传统的木构件屋架（图P-2-2-2-11）。

山墙有木柱排山，木椽蝴蝶瓦。大门用砖磨，上有挑檐，有浮雕撰饰的“五福盘寿”“福禄寿三星”“琴棋书画四乐图”“樵渔耕读”等民间习俗砖雕（图P-2-2-2-12、图P-2-2-2-13）。

图P-2-2-2-12 门头“渔樵耕读”砖雕

图P-2-2-2-13 “五福盘寿”砖雕

二、主要修缮技术方案

2009年12月，西津渡公司开始对广肇公所进行了修缮，修缮等级为大修。维修前，委托镇江市地景园林规划设计有限公司实地测绘并制定了修缮方案；邀请了文物、考古、建设等专家，对修缮方案进行评估、论证，建议保留建筑外貌形状，拆除后期搭建的附属物，留出了足够的控制地带，并保留了原结构形式，保留原有清水砖墙、石雕砖雕砖饰等。按原建造时期恢复装饰，增加消防、水电和使用功能的设施。增加抗震构造措施。主要修缮内容为：维护原有建筑格局和风貌。保留外墙、屋面落架大修；除墙体严重风化、歪倒倾斜，又处于重要位置、山墙部位的实施局部拆卸重砌外，大部剔凿挖补；采取内外双排钢管脚手架，5cm厚木铺板，夹纵横双向穿墙钢管，用钢葫辘或吊紧螺丝对墙体纠偏，使修后的墙体控制在5%垂直偏差以内。对木构架出现倾斜、裂缝、糟朽等情况的采取打牮拨正、纠偏，挖补表面较轻微糟朽、墩接柱子等。除新增厨卫设施功能外，保留原有作品的形制、风貌材料、工艺，修复或添置大门、屏门、长窗、短窗、槛窗、窗棂花格、边窗线脚、楣板挂落、木雕花、栏杆和楼梯等木构架。主厅损毁，现经复建，按原式样、原结构、原材料和原工艺，恢复原貌，并留存部分烧毁木构件，以表警示（图P-2-2-2-14）。

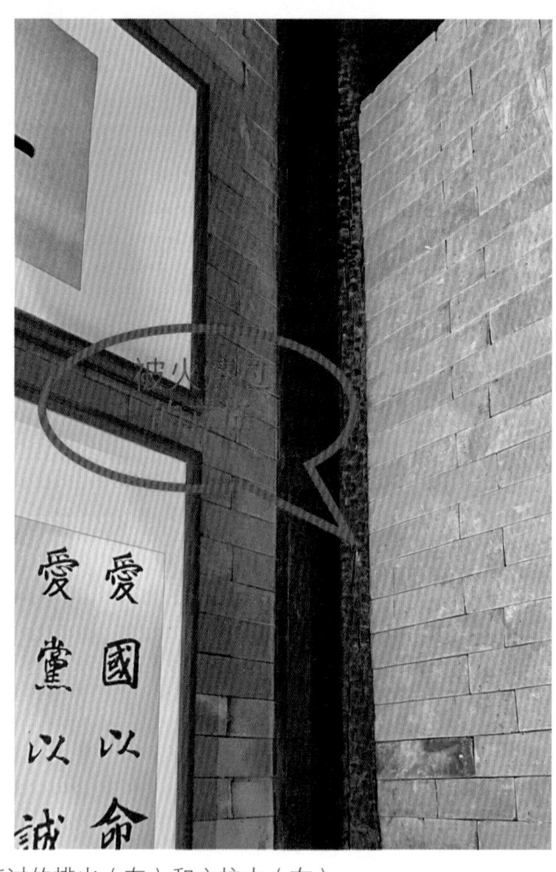

图P-2-2-2-14 主厅保留的被火烧过的排山（左）和立柱木（右）

三、建筑修缮责任表

建设单位：镇江市西津渡建设发展有限责任公司

项目负责人：杨恒网 郑洪才

测绘、设计修缮单位：镇江市地景园林规划设计有限公司

设计人员：王欢欢 钱程

监理单位：镇江市建科工程监理有限公司

监理人员：刘晓瑞 茅雅坤

施工单位：镇江市光大建筑工程有限公司

项目经理：张宏年

施工时间：2010.2.1 — 2010.7.1

四、施工图

如图D-2-2-2-1 ～ 图D-2-2-2-6所示。

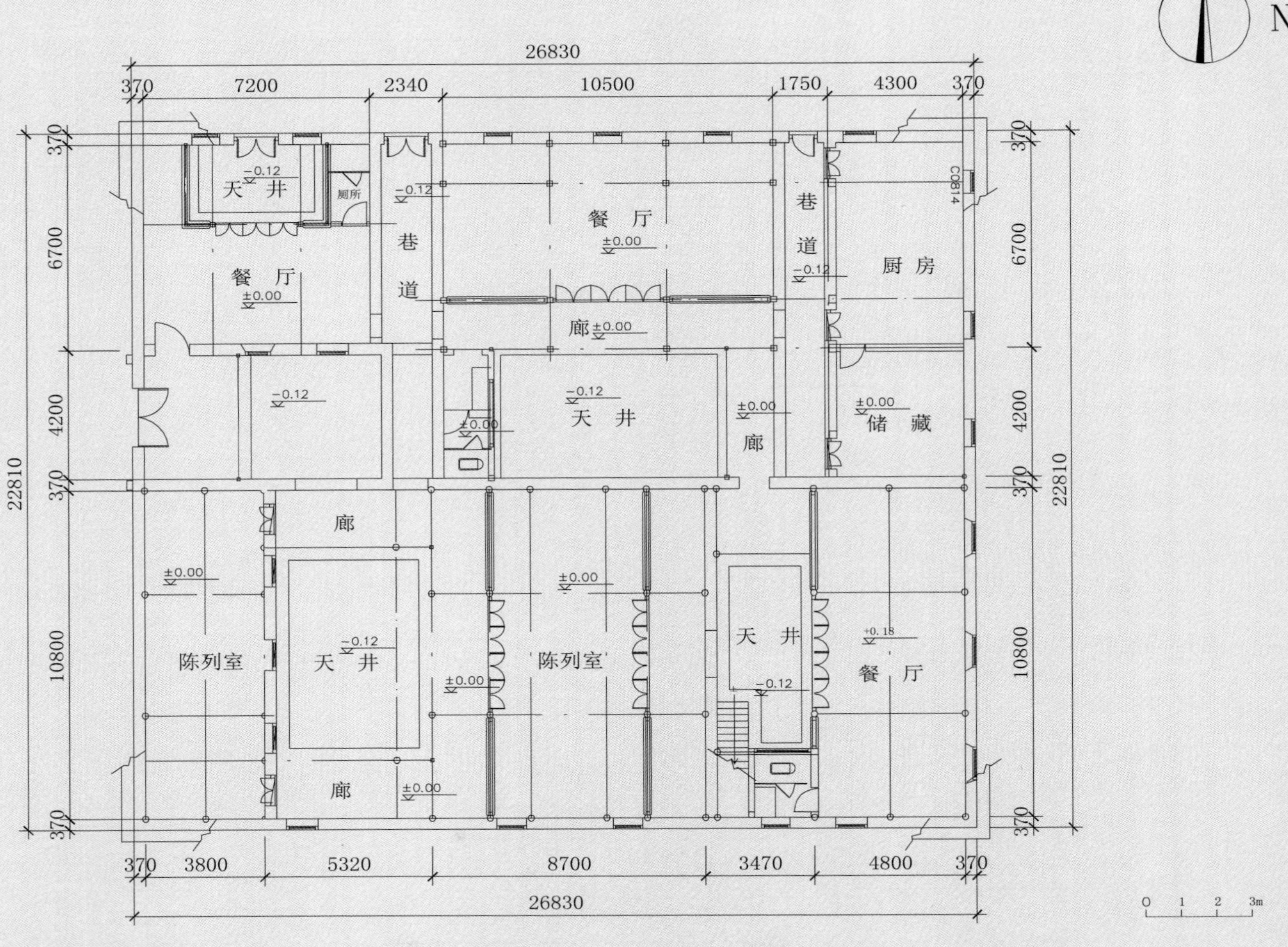

图D-2-2-2-1 广肇公所一层平面图

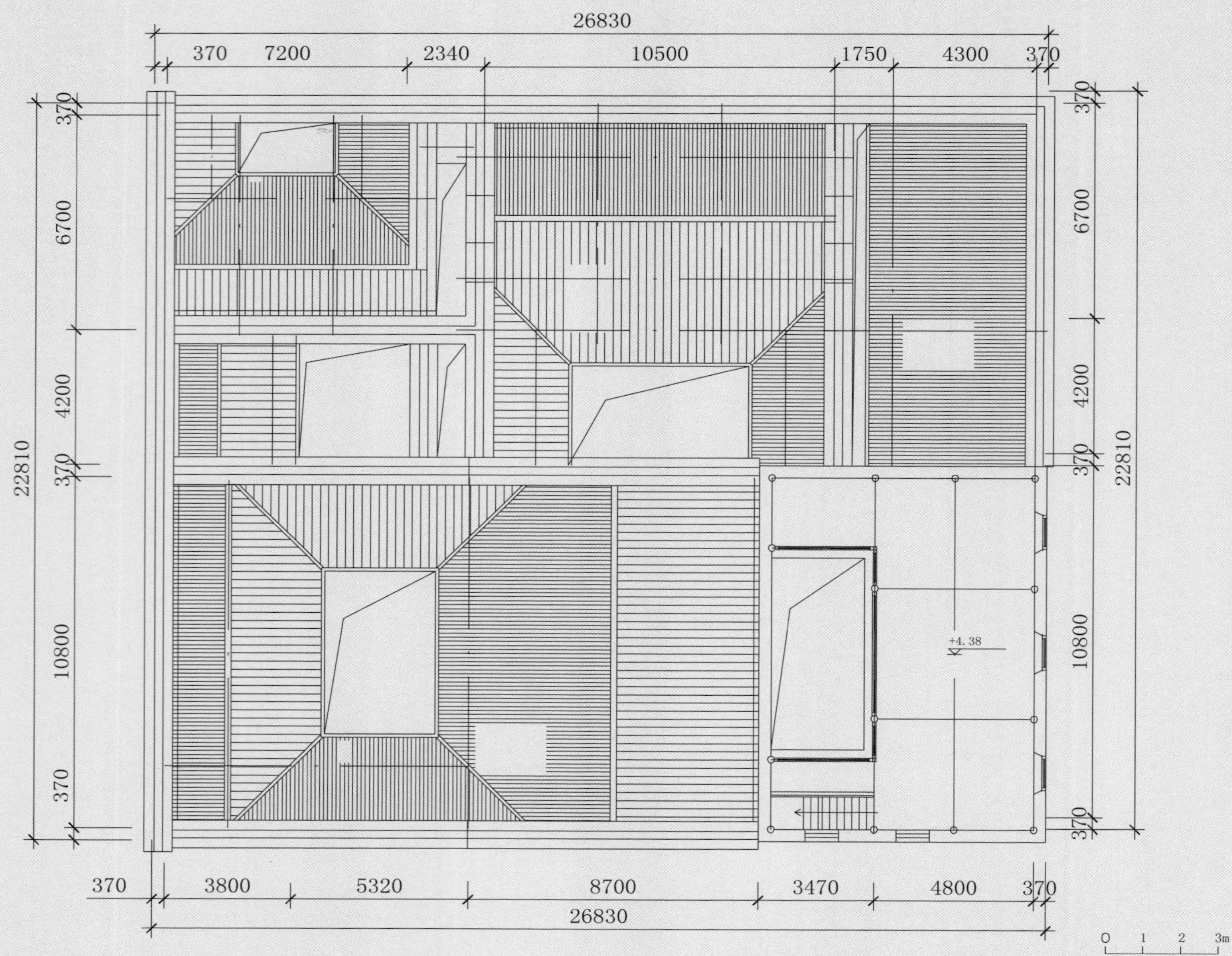

图D-2-2-2-2 广肇公所二层平面图

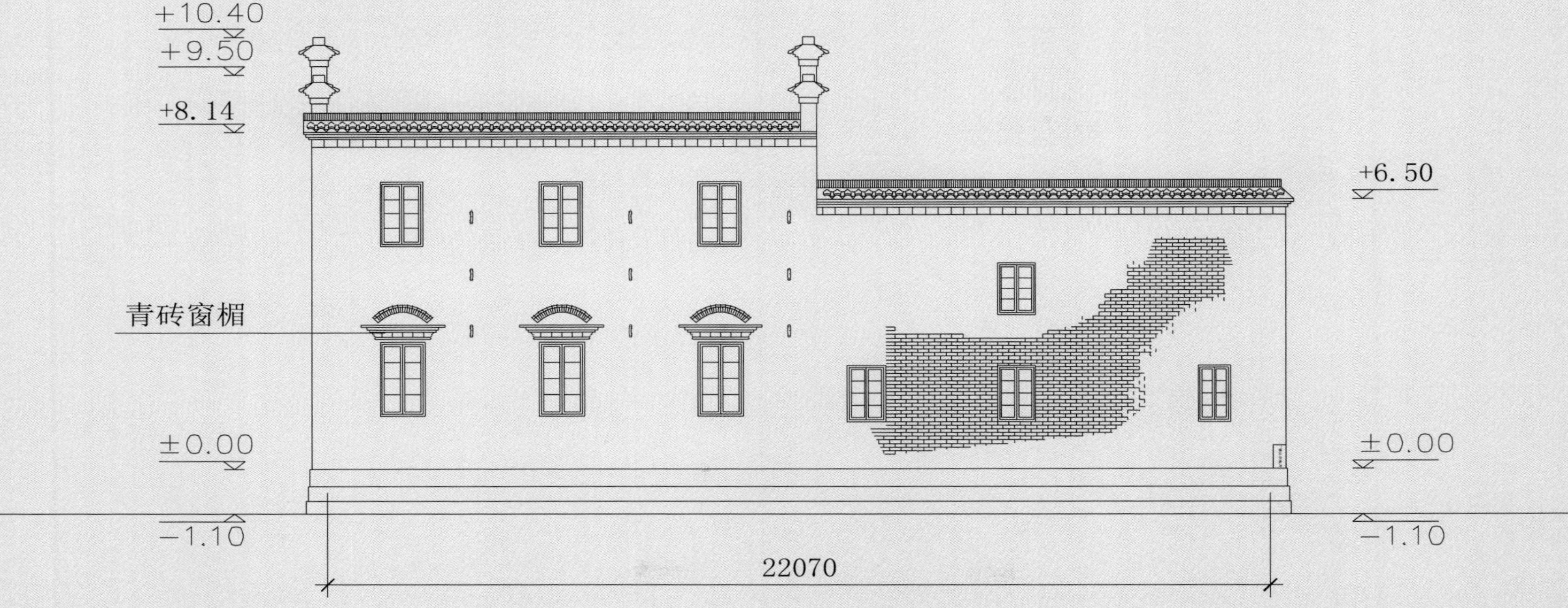

图D-2-2-2-3 广肇公所立面图(a)

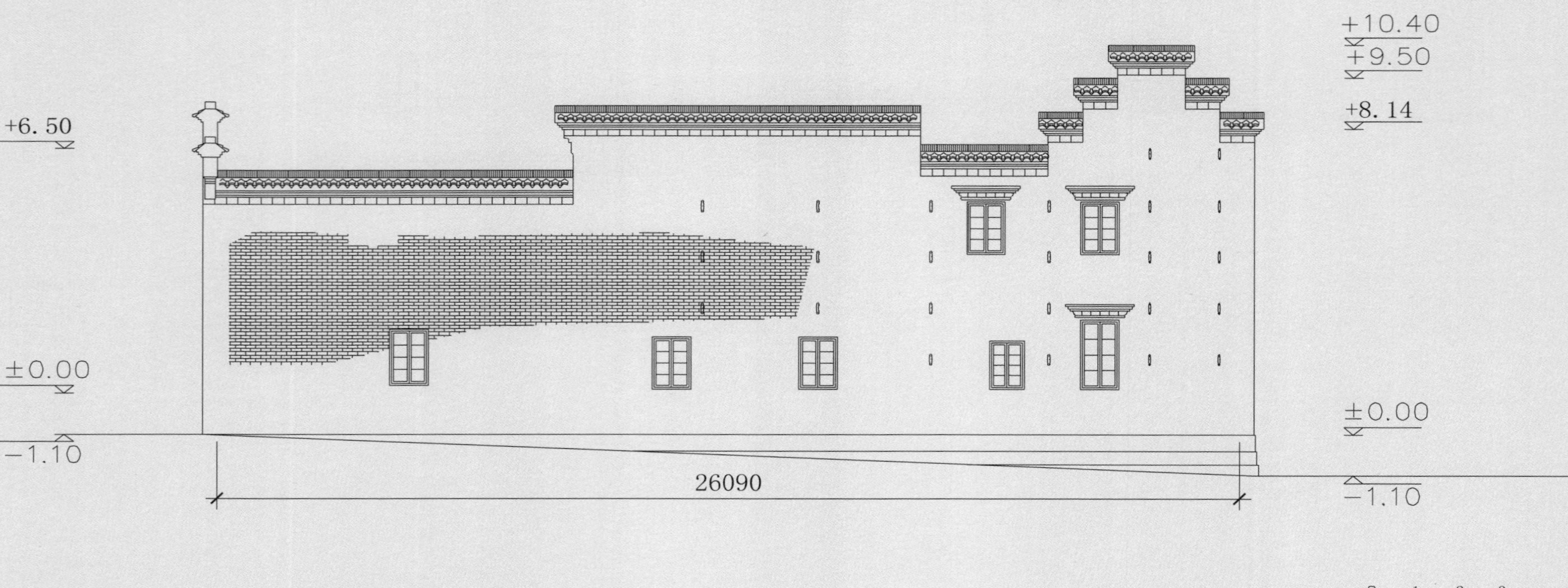

图D-2-2-2-3 广肇公所立面图(b)

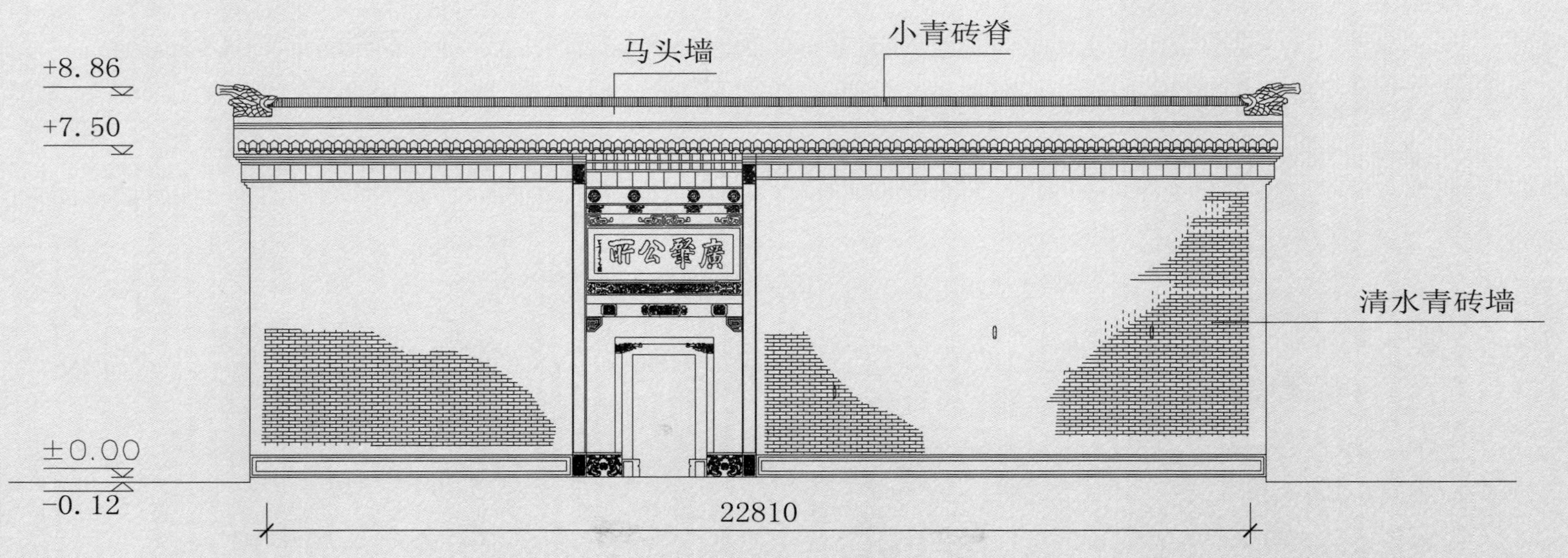

图D-2-2-2-4 广肇公所北、西立面图(a)

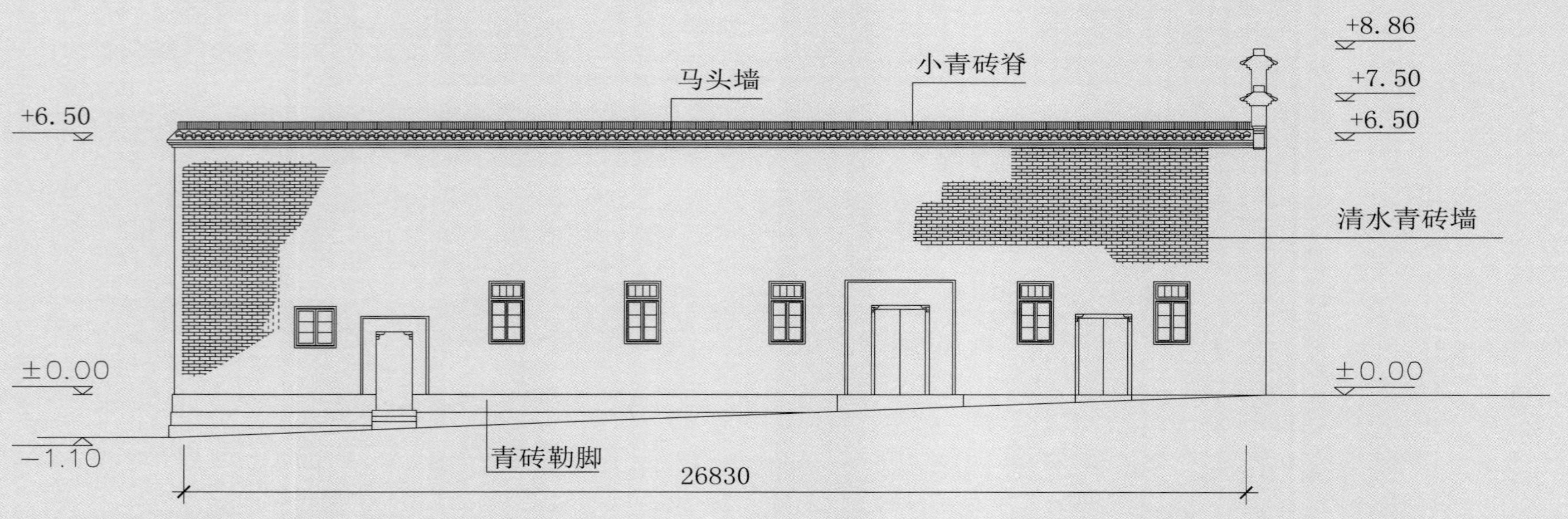

图D-2-2-2-4 广肇公所北、西立面图(b)

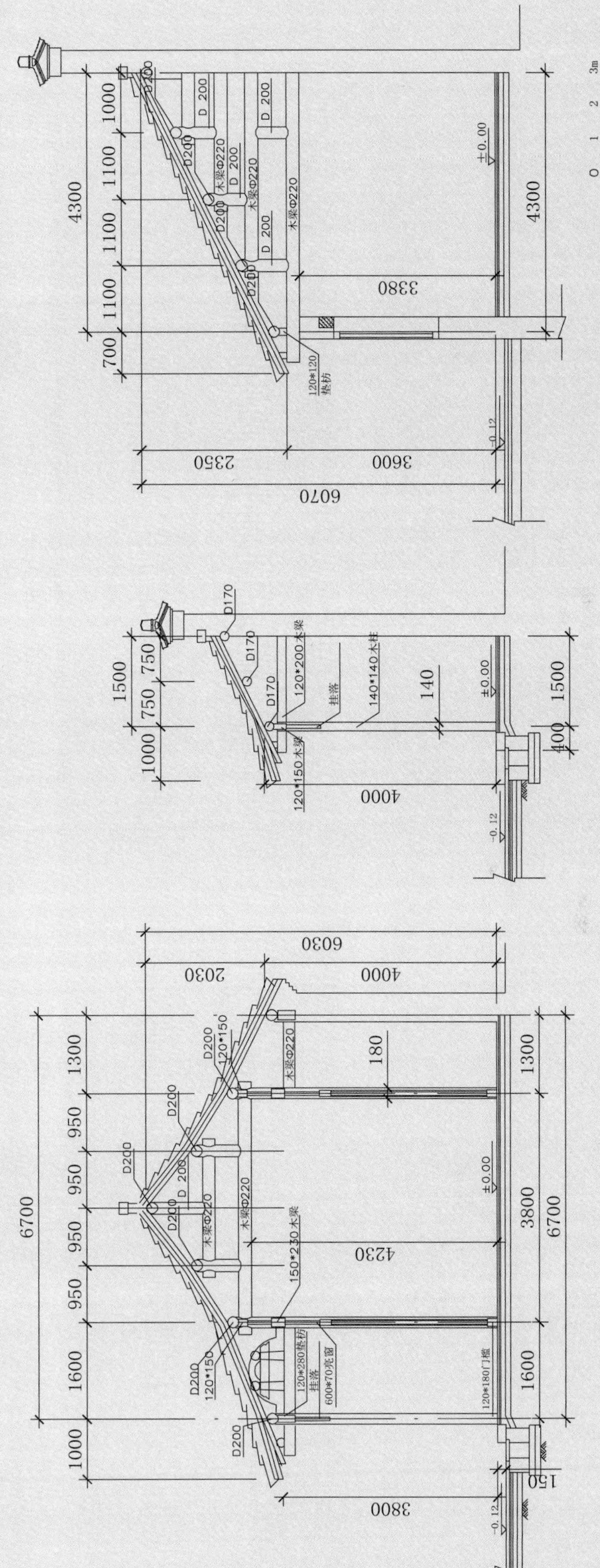

图D-2-2-2-5 广肇公所剖面图

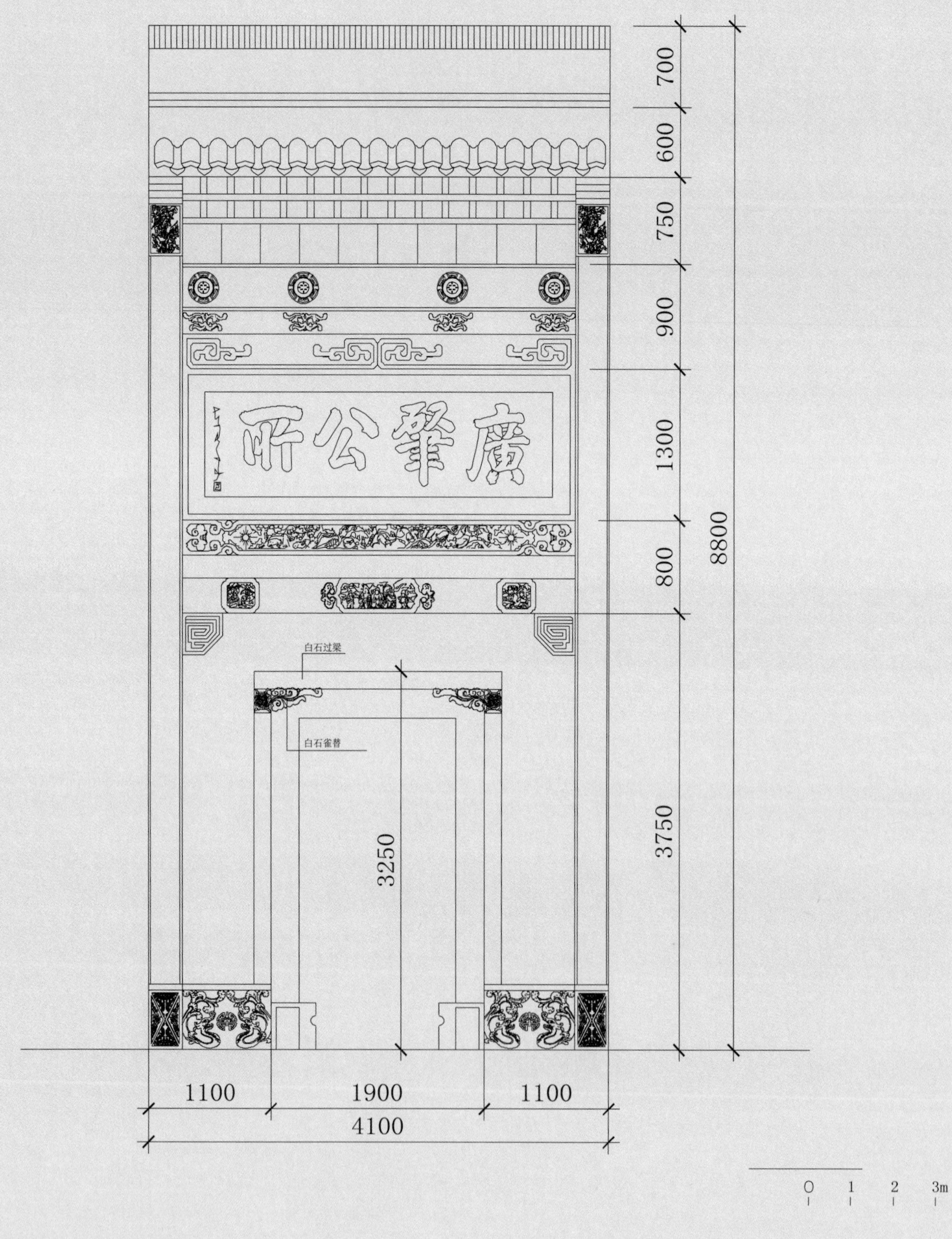

图D-2-2-2-6 广肇公所雕花门大样图

第三节 世界红卍字会江苏省会

一、概况

1. 建筑形态。世界红卍字会江苏省会坐落于京畿路82号，中西合璧式建筑。该建筑坐北朝南，宅地东宽西窄，占地面积908.14m^2；建筑总高10.83m，总建筑面积1639.67m^2。整座建筑四层，砖木结构，规模宏大。青砖叠砌，基础墙脚砌九层大方脚，高达3m，十分牢固坚实；中央大门凸出，门楼采用磨砖券门，券底有一对圆白石柱承托，门上嵌横额石刻“世界红卍字会江苏省会”大字（图P-2-2-3-1）。该建筑为镇江市重点文物保护建筑。

图P-2-2-3-1 修缮后的红卍字会大楼（陈大经 摄）

2. 历史沿革。该建筑始建于民国十二年（1923年）9月，民国二十年（1931年）扩建至如今规模。世界红卍字会江苏省会是民国时期以慈善救济为主要目标的组织，其内供奉儒、释、道等诸教神仙，主要职能是对镇江地方发生兵灾、水灾、旱灾时进行救济、救护。该会由镇江商会会长陆小波兼任会长。陆小波做了许多慈善工作：掩埋路毙尸体、免票给难民乘船过江、饥荒时免费供应米粥、免费为穷苦百姓看病…… 事迹感人，令人敬佩，至今还在镇江人民心中流传。20世纪50年代以后，该建筑改为民居。陆小波主持的世界红卍字会镇江分会的慈善事业在镇江

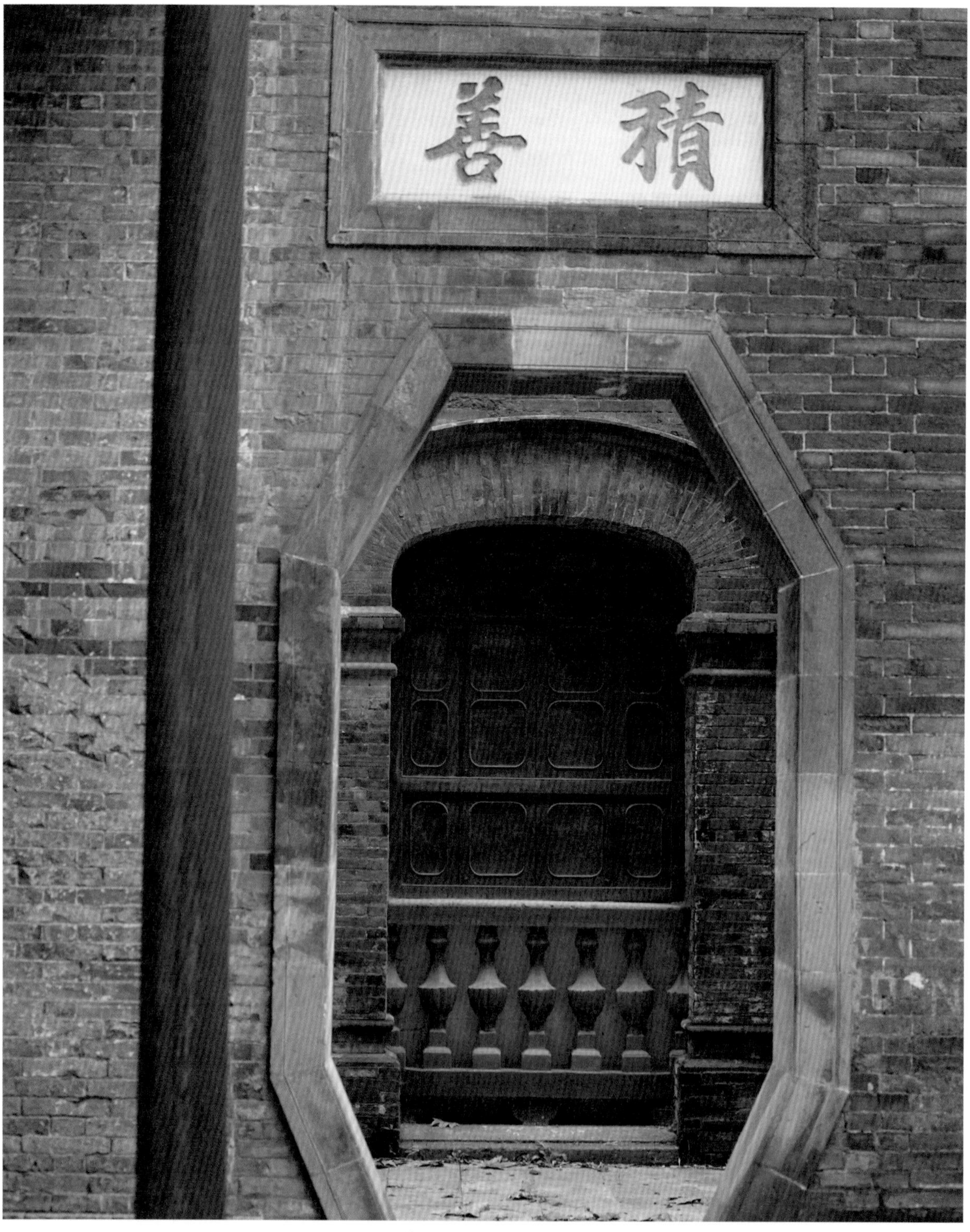

图P-2-2-3-2 修缮后的红卍字会大楼内部八角门

民国时期慈善事业的历史上具有重要的地位，该会中西合璧的建筑样式，也为研究镇江民国时期建筑提供了极好的范例。

3．遗存状态。该建筑大门平台上有十三级台阶，通过中式二道门进入石板铺

图P-2-2-3-3 修缮后的红卍字会大楼六角亭

图P-2-2-3-4 修缮后的红卍字会大楼外部墙面和标识

图P-2-2-3-5 修缮后的红卍字会大楼内庭院及门廊结构

图P-2-2-3-6 修缮后的红卍字会大楼内庭院及门廊结构

图P-2-2-3-8 修缮后的红卍字会大楼及门廊结构 高卫东 摄

图P-2-2-3-7 修缮后的红卍字会大楼内庭院及门廊结构

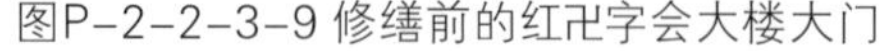
图P-2-2-3-9 修缮前的红卍字会大楼大门

图P-2-2-3-10 修缮前的红卍字会大楼内部梯形券门

天井。由此，建筑分为两个单元，东西上下各为五间，南北上下各为三间。南面有一磨砖砌置的八角门（图P-2-2-3-2）进入小天井；北面有中式磨砖门进入有二层回廊的楼房。西侧两面有木梯可登楼。

迎面朝北为二层平顶西式楼房，上下共四间，采用方砖柱券拱门，南面有水泥制作的楼梯，二层上为平顶阳台，四面有栏杆，上砌置砖木制的攒尖顶六角亭，高6.58m（图P-2-2-3-3）。内部有大小不一天井三处，屋面为传统的木构件屋架，山墙有木柱排山，木椽蝴蝶瓦。地面铺设大方水磨砖，内柱下端设白石、搡板、石鼓。各式房间大小计52间（图P-2-2-3-4 ~ 图P-2-2-3-8）。

该建筑布局完整，墙体屋面看上去损坏的程度不大，但实际上因年久失修，建筑结构损坏严重，存在着极大的危险隐患（图P-2-2-3-9）。部分房屋基础受到破坏、木架严重锈蚀并倾斜导致屋面坍塌、墙体受潮严重导致墙体倾斜，整栋建筑岌岌可危（图P-2-2-3-10、图P-2-2-3-11）。

图P-2-2-3-11 修缮前的红卍字会大楼北侧磨砖门

二、主要修缮技术方案

2011年3月，西津渡公司搬迁了原居住的居民，开始对世界红卍字会江苏省会大楼进行修缮，修缮等级为大修。维修前，委托镇江市地景园林规划设计有限公司进行现场测绘并制定修缮方案；邀请了文物、考古、建设等专家，对修缮方案进行评估、论证。专家建议保留建筑基本结构形式和外貌形状，拆除后期搭建的附属物，并增加抗震构造措施。主要修缮内容为：除沿京畿路立面整治修缮外，内部的房屋大部分落架大修。对原建墙体落架，用原材料、原工艺修复。原木构架、搁支点采用贴墙增设木柱加固；更换木楼横梁，木梁、木柱加固；对部分钢筋混凝土局部拆除，采取钢筋混凝土、碳纤维、钢梁加固。墙面外侧清水青砖，挖补修理磨砖门套、窗套，清水磨砖平券，欧式弧券；砖挂琉璃宝瓶栏杆、线条按原材料、原工艺，原样式修复。建筑外墙内铲除原粉刷层，清理墙面、砖缝，用1:2水泥浆勾缝，设钢筋连接@40×60和ϕ4双向@300钢筋网，用1:2水泥浆粉刷两遍，加固内墙面。屋面木基层上增设防水层，再做浆盖瓦；复原建筑原真状态。该建筑山墙圆弧式观音兜，外侧山墙中和清水墙空壁四角设有红卍字符号。

经修缮后的世界红卍字会江苏省会建筑，恢复了历史风貌。

三、建筑修缮责任表

建设单位：镇江市西津渡文化旅游有限责任公司

项目负责人：邵浜 俞啸

测绘、设计修缮单位：镇江市地景园林规划设计有限公司

设计人员：许忠东 王欢欢

监理单位：镇江市建科工程监理有限公司

监理人员：刘晓瑞 景宝富

施工单位：镇江锦华古典园林建筑有限公司

项目经理：高林华

施工时间：2012.3.15 — 2012.10.18

四、施工图

如图D-2-2-3-1 ~ 图D-2-2-3-8所示。

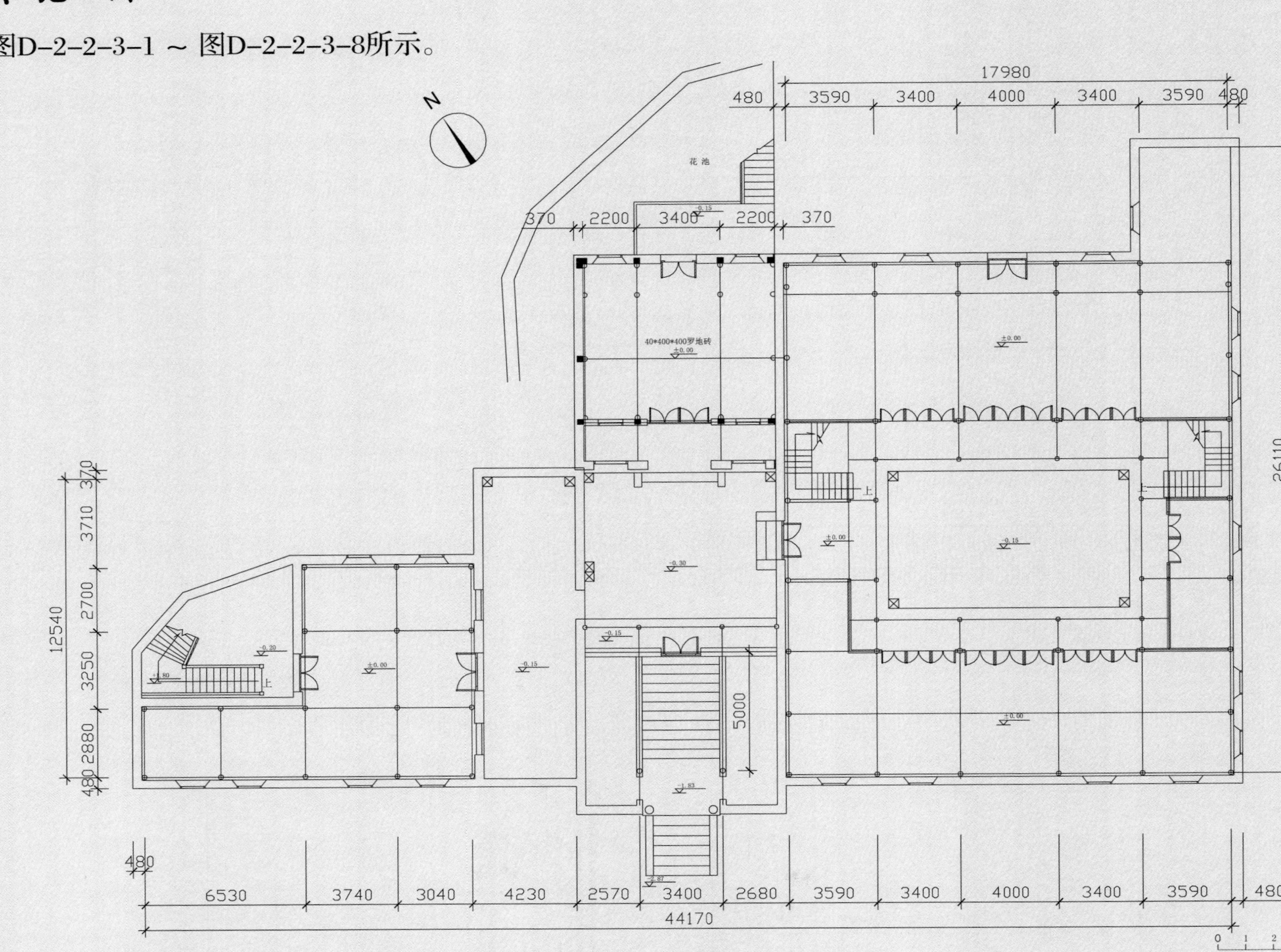

图D-2-2-3-1 红卍字会大楼一层平面图

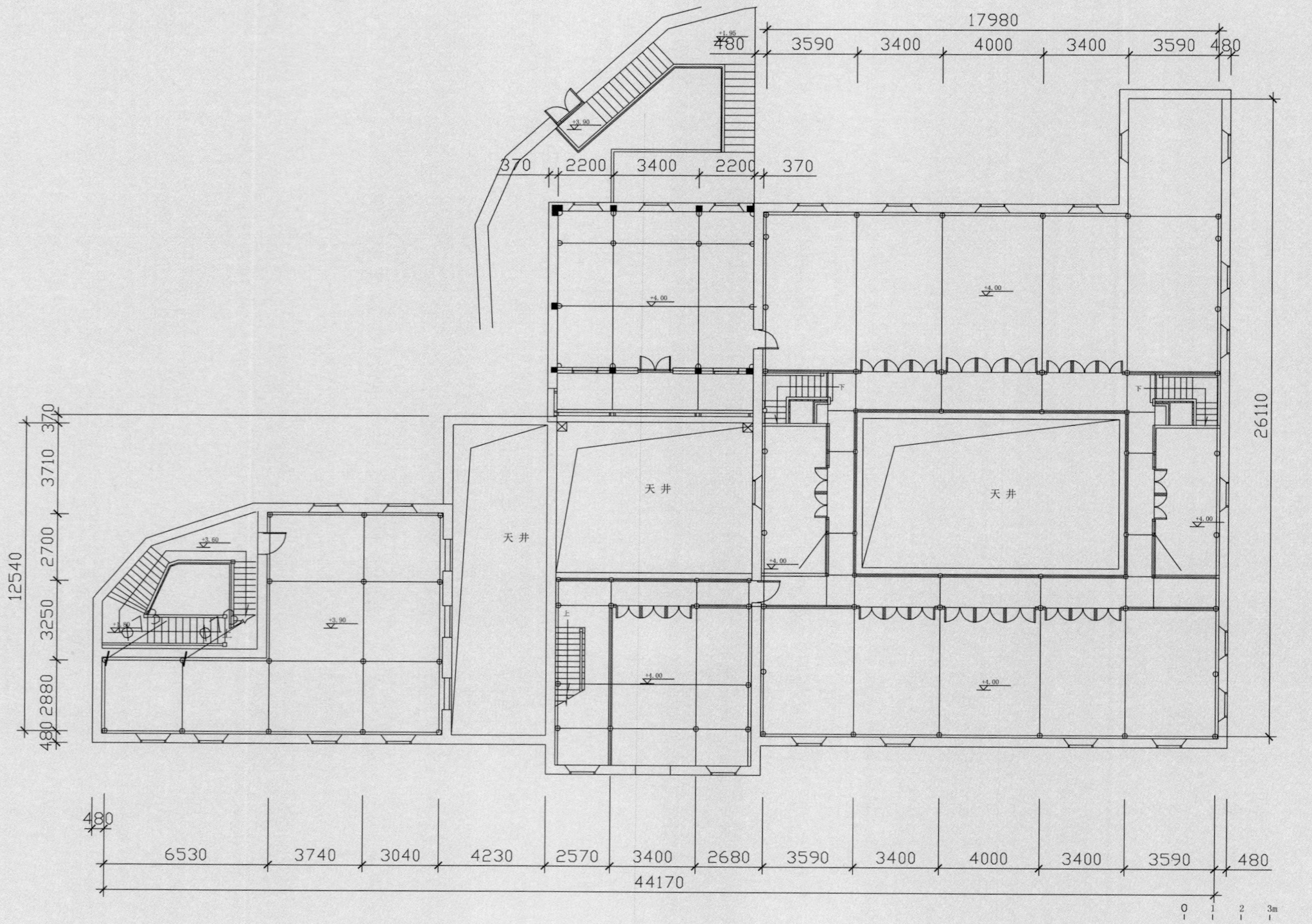

图D-2-2-3-2 红卍字会大楼二层平面图

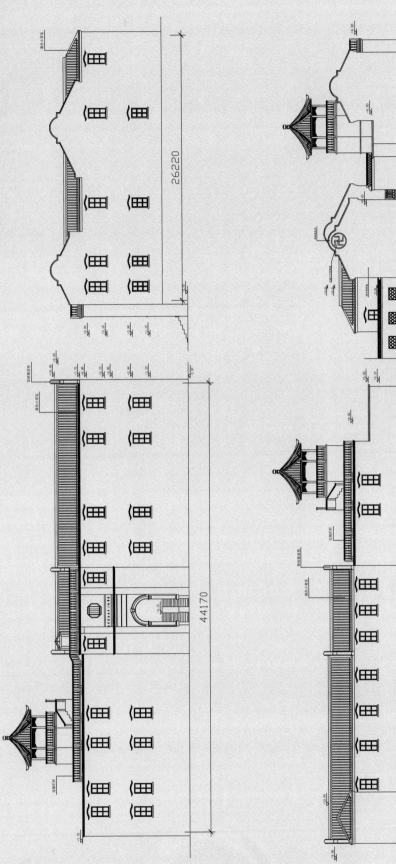

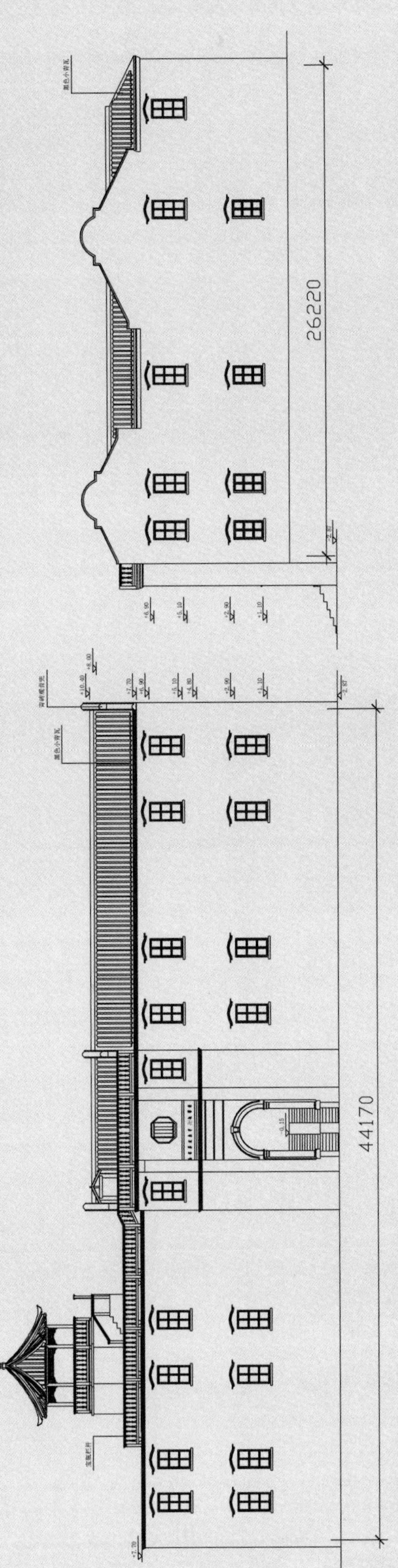

图D-2-2-3-3 红卍字会大楼立面图

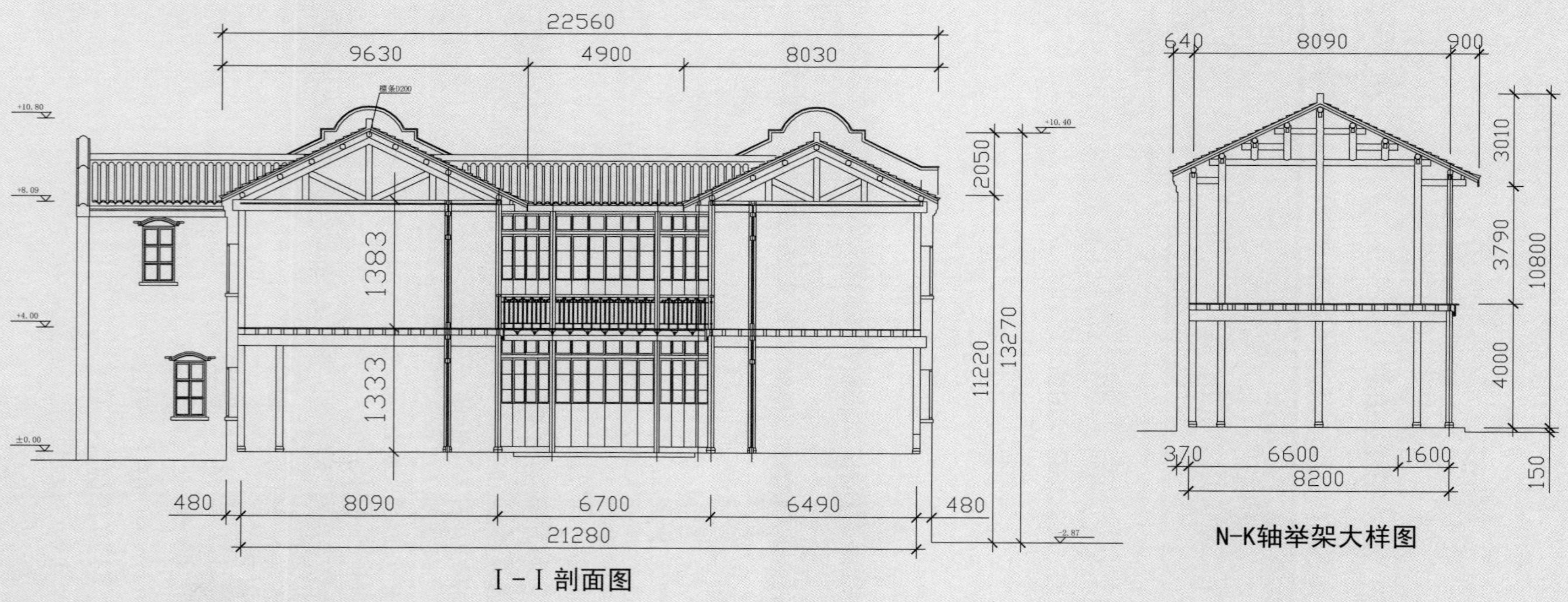

I－I 剖面图

N-K轴举架大样图

图D-2-2-3-4 红卍字会大楼剖面图（内部梯形券门a）

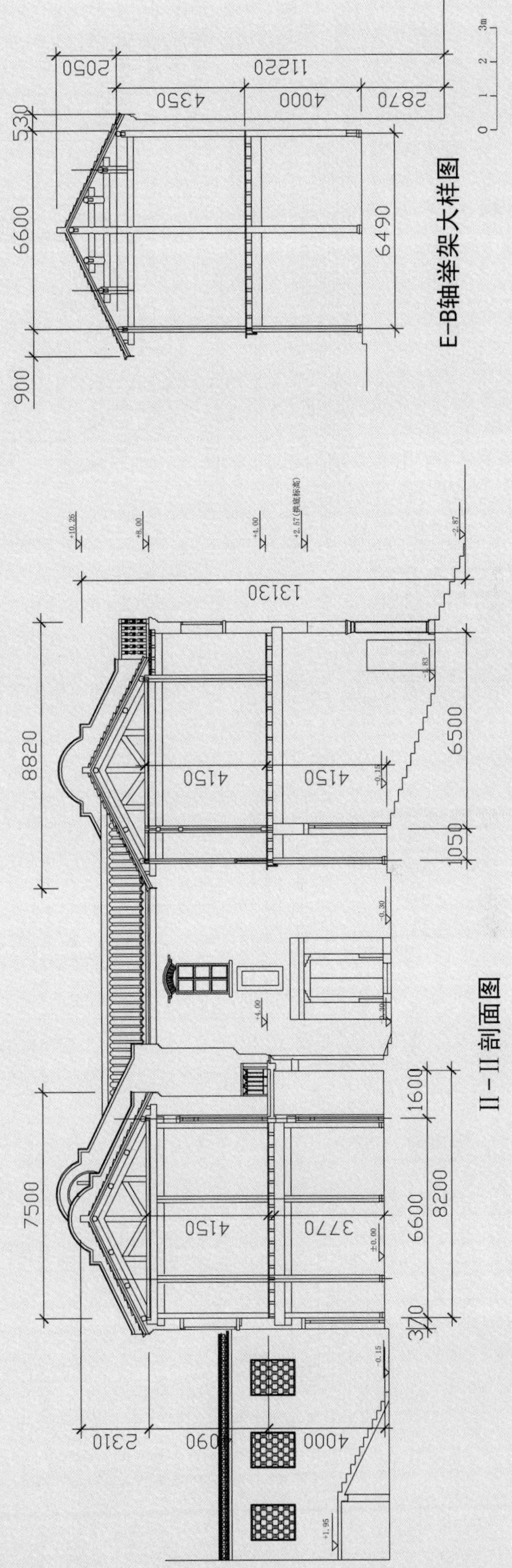

图D-2-2-3-5 红卍字会大楼剖面图（内部梯形券门b）

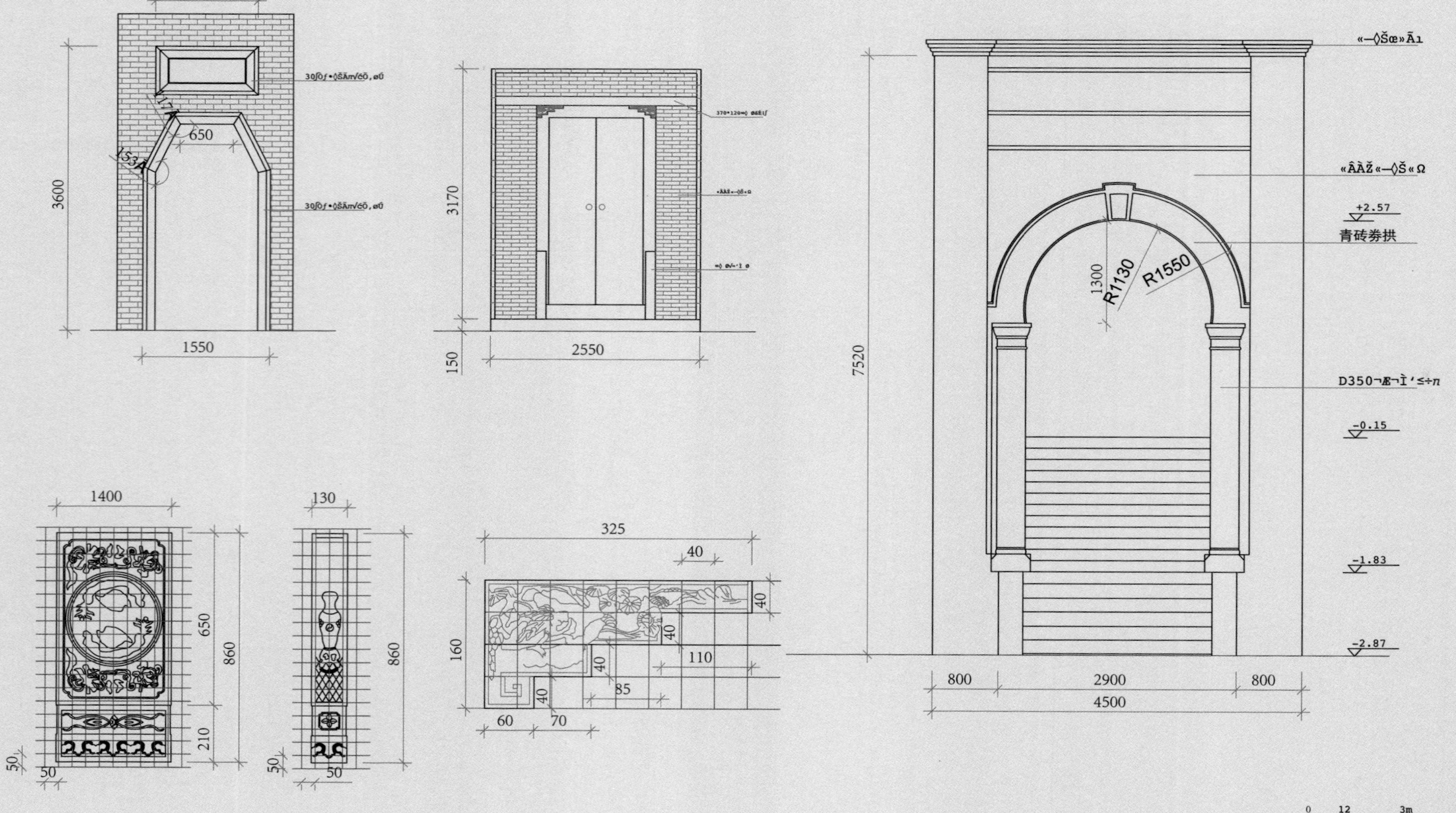

图D-2-2-3-6 红卍字会大楼六角亭平面图

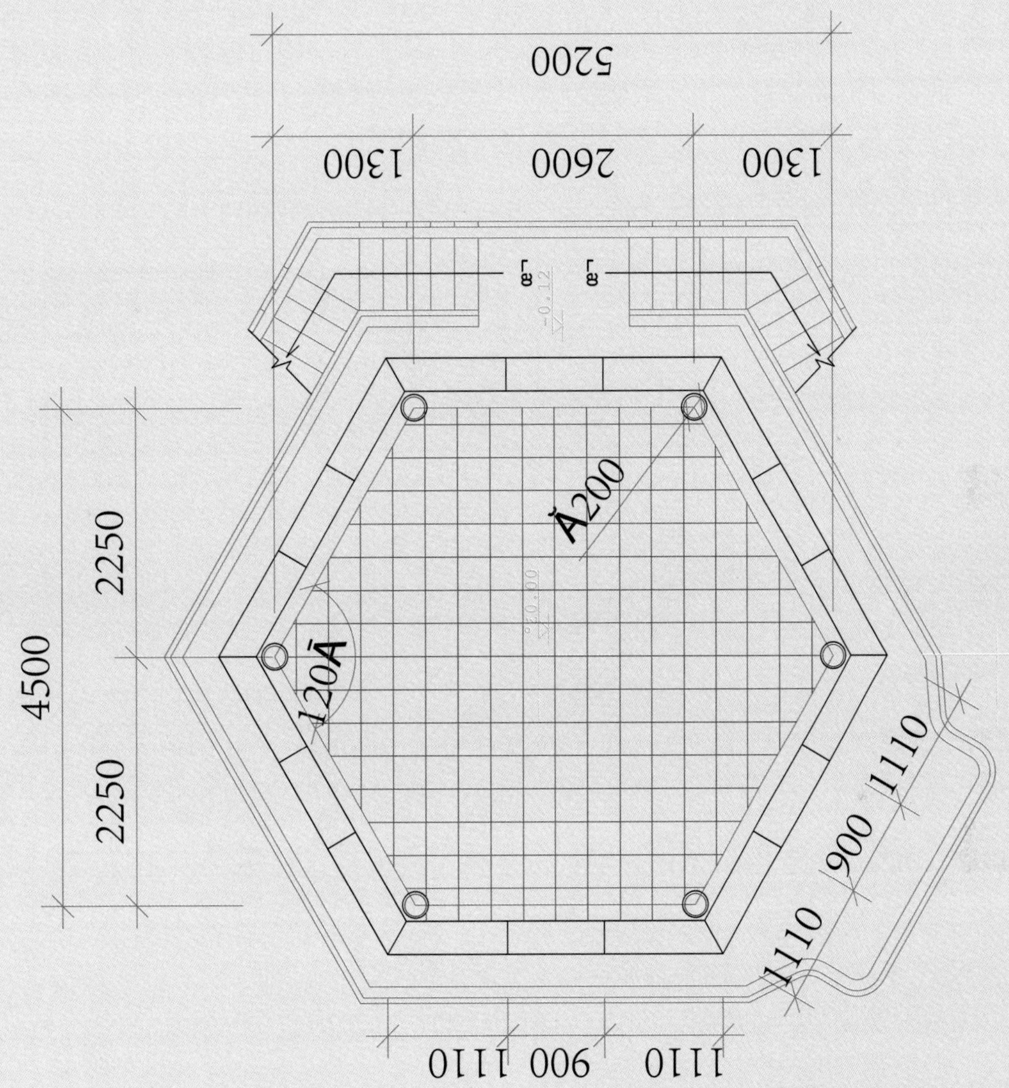

图D-2-2-3-7 红卍字会大楼六角亭平面图

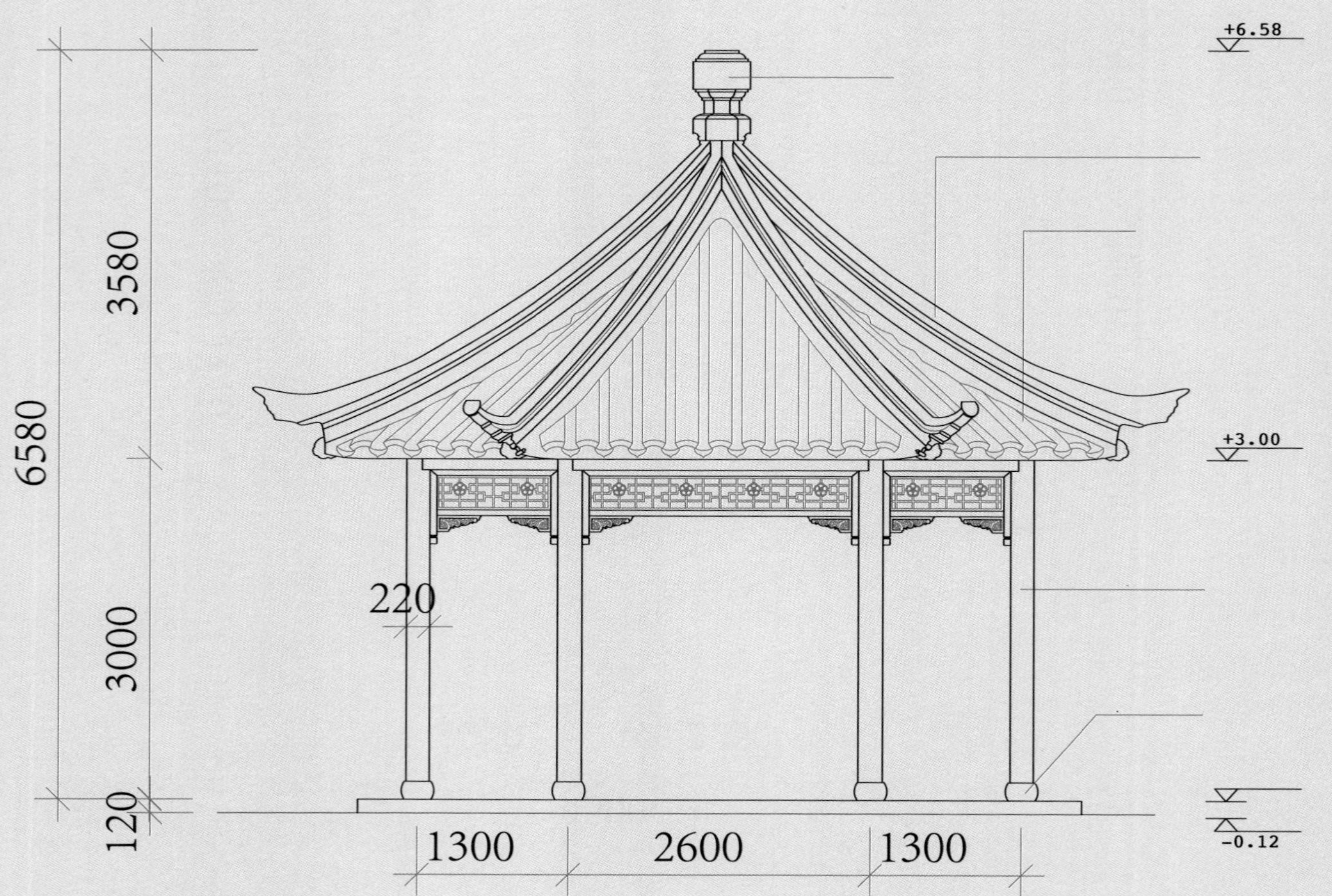

图D-2-2-3-8 红卍字会大楼六角亭立面图

第四节 包氏钱庄

一、概况

1．建筑形态。包氏钱庄位于市小街115号。该建筑坐西朝东，开间为11.88m，前后三进，进深27m，高8.3m，占地345.22m^2，建筑面积419.36m^2，均为两层楼房。它是镇江市最重要的钱庄旧址之一（图P–2–2–4–1 ~ 图P–2–2–4–3）。

1993年6月被公布为镇江市文物控制单位。

图P–2–2–4–1 伯先路街区小街115号包氏钱庄（东北立面）

图P-2-2-4-2 包氏钱庄大门东立面

包氏钱庄

图P-2-2-4-3 包氏钱庄航拍图（李 威 摄）

2. 历史沿革。元朝时期，包公后代包实到镇江做官，遂在镇江落户。至清朝咸丰年间，当地包氏后人多数从事钱庄生意，十分富有。后为避战乱，镇江包家举家迁移到泰州，镇江包氏钱庄遂售予他人。镇江“包氏钱庄”最后的字号应为“镇江源馀钱庄”，老板是胡瑞堂先生。

根据胡瑞堂先生的女儿口述（整理）：胡瑞堂先生于1952年去世，去世后不久钱庄即歇业。包氏钱庄房屋由胡瑞堂夫人韩益年继承，在1950年代的时候，房屋保护得还是很好，处处给人一种精致、考究的感觉。1958年房屋收归国有后，仅最后进有两层小楼是佛堂和厨房，自留居住。 韩益年于1961年去世，自留房被后人转卖他人（图P-2-2-4-4）。

清末民国初时期，镇江是中国金融业重要的发源地之一，该旧址的修缮保护，对研究当时中国及镇江金融业的发展具有重要的历史参考价值。

图P-2-2-4-4 胡瑞堂先生全家照

3. 遗存状态。钱庄因存有金银钱币和票据，封火墙可防盗、防匪，亦可防外火飞入。因此包氏钱庄四面高大的封火墙在镇江近代建筑中极具特色。

前两进为正房，规格形制较高。基本格局是楼下办公和会客，楼上为书房和卧室。后一进是小楼，建房材料规格较低。三进房屋楼下的中间堂屋地面均为大块正方青砖铺地，两边房间及楼上均为长条红漆地板。

屋面为传统的木构件屋架，山墙有木柱排山，木椽蝴蝶瓦。地面铺设大方水

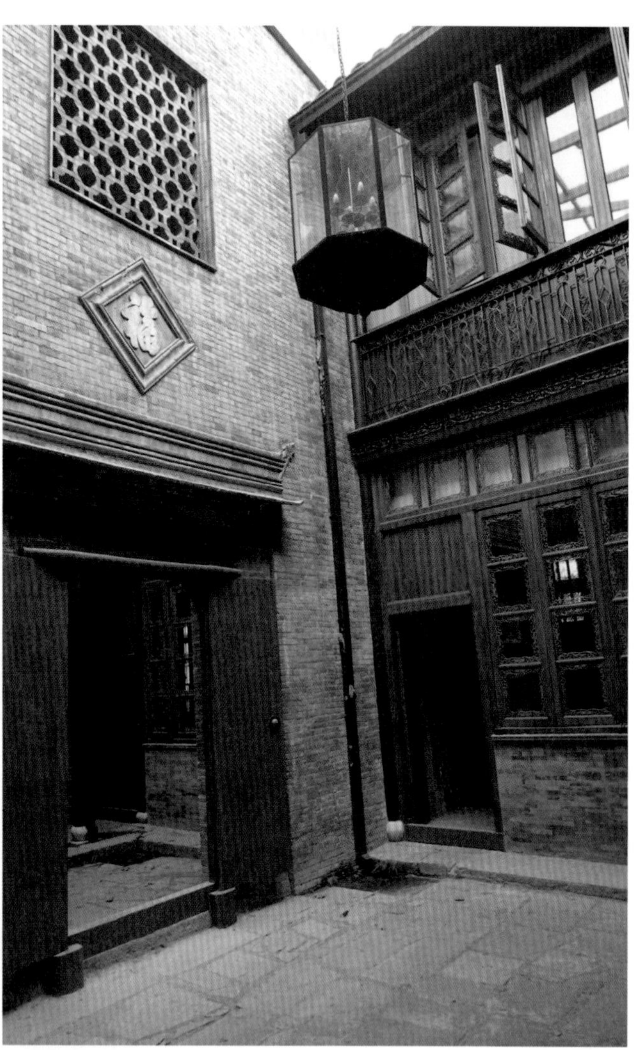

图 P-2-2-4-5 修缮前(左图)、修缮后(右图)包氏钱庄内部庭院 （ 高卫东 摄 ）

磨砖，内柱下端设白石、搡板、石鼓。天井花格墙上有砖雕。

原来明间堂屋为落地式花格门窗，四角均各挂有四盏红木宫灯，堂屋两边设有红木座椅、茶几，壁上挂有字画条幅等等。楼上是佛堂，供奉菩萨和宗祠牌位，楼下是厨房和佣人居所，设有一后门出入。前两进院内有花坛，种有牡丹、芍药、天竹和万年青等。第二进天井院子，有山石数片，还种有兰草、青竹。

20世纪50年代末改为民居之后，建筑物长期失修，后期搭建严重，房屋结构遭到严重损坏，木质构建和装饰锈蚀损毁，墙体屋面渗漏严重，基本结构存在安

图P-2-2-4-6 修缮前(左图)、修缮后(右图)包氏钱庄砖雕 （高卫东 摄）

全隐患。2008—2010年，西津渡公司陆续搬迁了房内居民，计划维修（图P-2-2-4-5、图P-2-2-4-6）。

二、主要修缮技术方案

2010年12月，西津渡公司开始对包氏钱庄进行了修缮，修缮等级为大修。维修前，委托镇江市地景园林规划设计有限公司实地测绘并制定了修缮方案，邀请了文物、考古、建设等专家，对修缮方案进行评选、论证。根据论证意见，修缮方案为保留建筑基本结构和外貌形状，拆除后期搭建的附属物，增加消防、空

图P-2-2-4-7 包氏钱庄内部（高卫东 摄）

图P-2-2-4-8 包氏钱庄前后进之间水井过廊

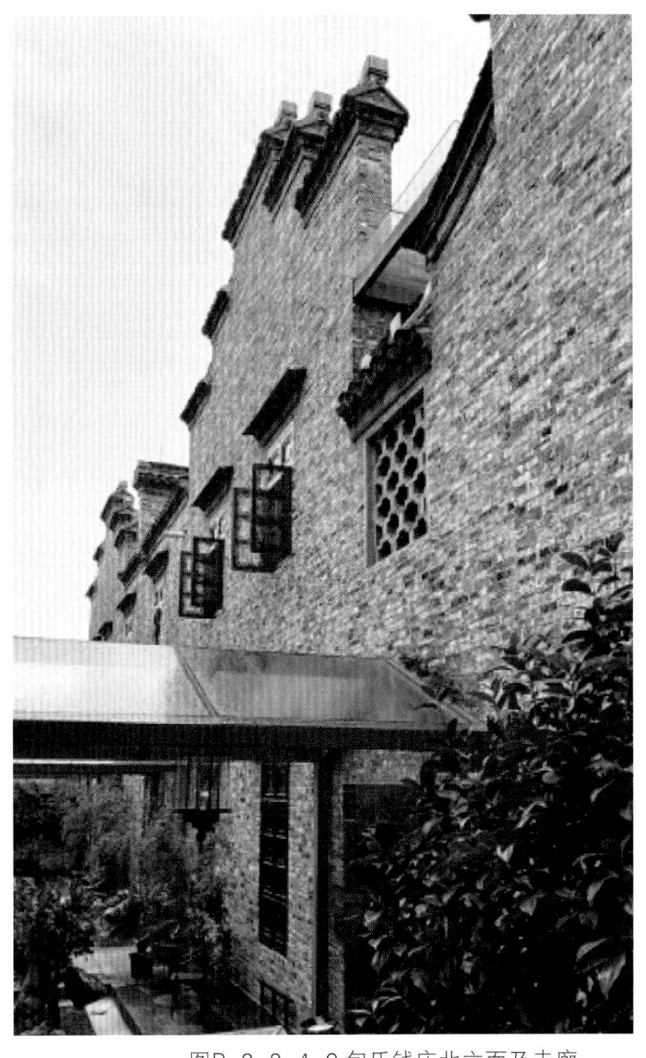
图P-2-2-4-9 包氏钱庄北立面及走廊

调、水电等现代人使用的设施，按原建造时期装饰功能再造。增加抗震构造措施，外部留出了足够的控制地带。除原前后中间隔墙，其余砖墙、木构架、屋面等损坏严重，乱搭建现象亦是，全部落架大修。

维修前先摄像摄影，实地测量，保留原有建筑信息；对重修建筑部件、门窗样式、铁艺栏杆、瓦饰、琉璃瓦窗花及砖线条，加以编号保留。

按原结构、原样式，对开间层高，木屋架、木楼梯、木构架，用原材料品种、原工艺技术按原样式制作。屋面木基层上增设防水层，后盖小青瓦屋面。增

图P-2-2-4-10 包氏钱庄二楼门窗（高卫东 摄）

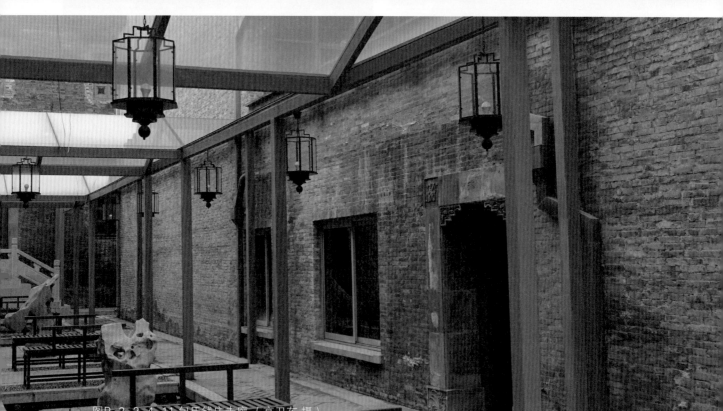

图P-2-2-4-11 包氏钱庄走廊（高卫东 摄）

设钢筋混凝土条形基础、地梁、圈梁和构造柱，水泥砂浆砌筑240砖墙，外墙用原建筑砖石，用石灰浆（青灰大刀泥）与240砂砖墙同步砌筑。清水青砖外墙，水磨青砖，门套窗套，并将原石橾、柱础、琉璃窗格和铁艺原位归安。传统长窗、短窗，按原样式、原材料品种、原雕刻花式复原制作（图P-2-2-4-7～图P-2-2-4-11）。

三、建筑修缮责任表

建设单位：镇江市西津渡建设发展有限责任公司

项目负责人：杨恒网 郑洪才

测绘、设计修缮单位：镇江市地景园林规划设计有限公司

设计人员：王欢欢 钱程

监理单位：镇江市建科工程监理有限公司

监理人员：刘晓瑞 王俊

施工单位：镇江市光大建筑工程有限公司

项目经理：张彪 经守友

施工时间：2010.12.31—2011.2.18

四、施工图

如图D-2-2-4-1 ~ 图D-2-2-4-5所示。

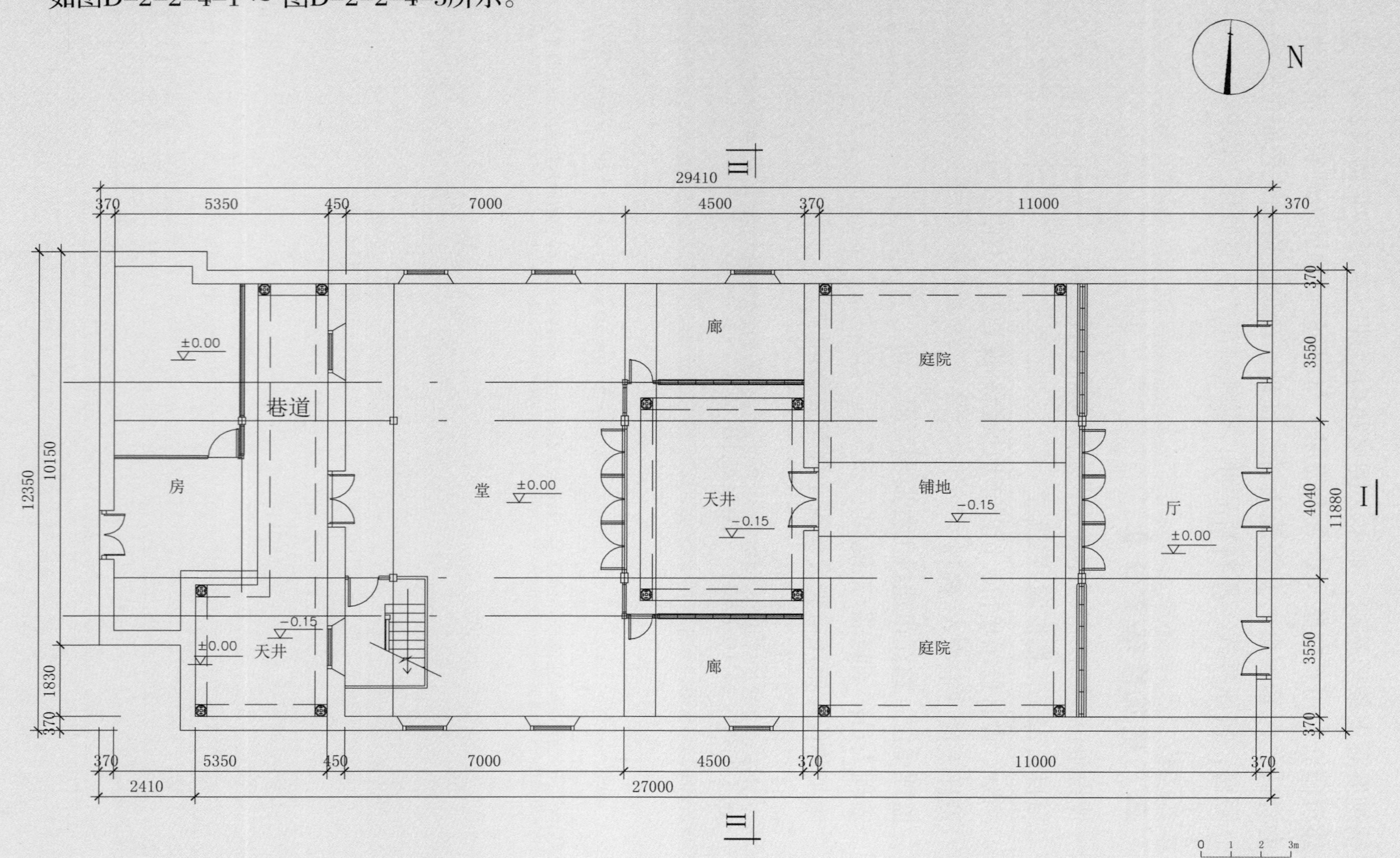

图D-2-2-4-1 包氏钱庄一层平面图

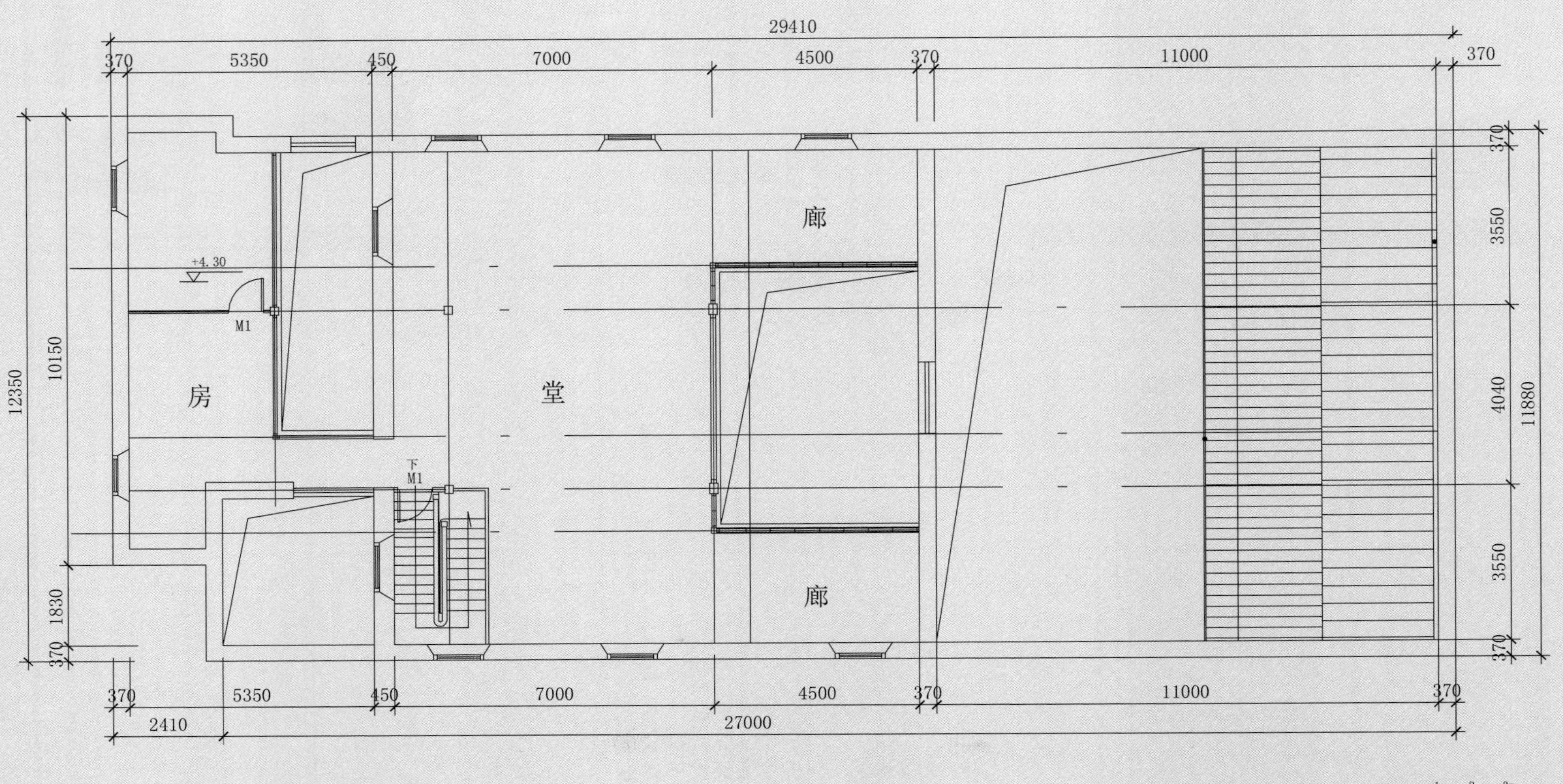

图D-2-2-4-2 包氏钱庄二层平面图

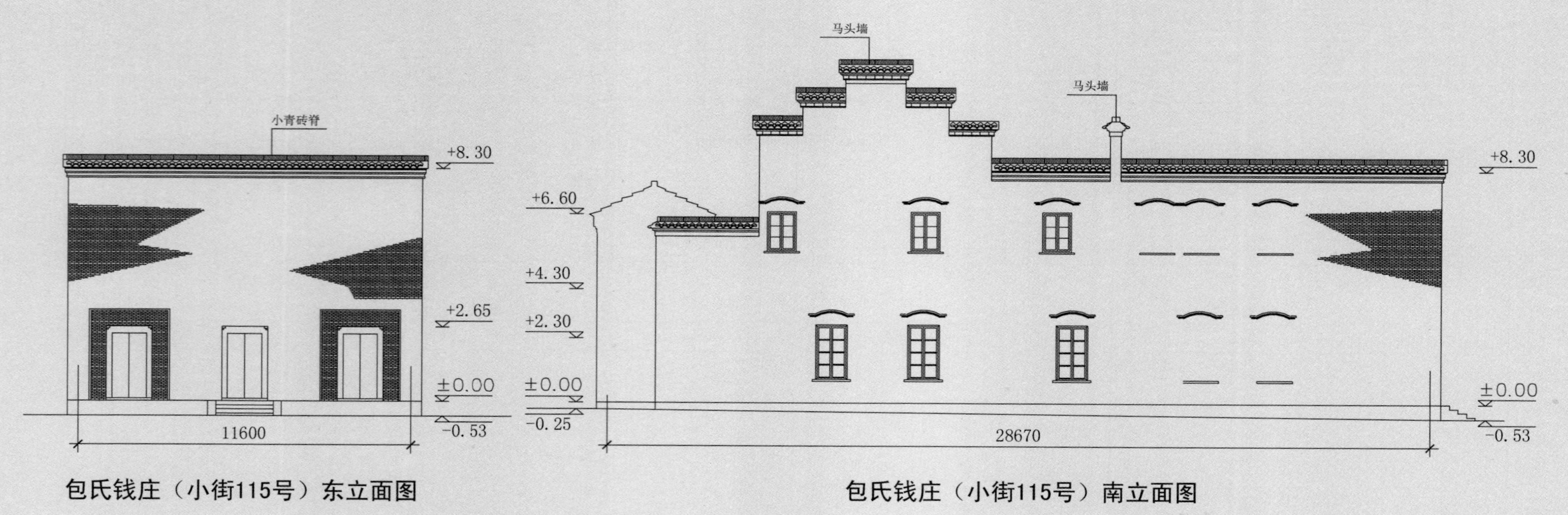

图D-2-2-4-3 包氏钱庄东、南立面图

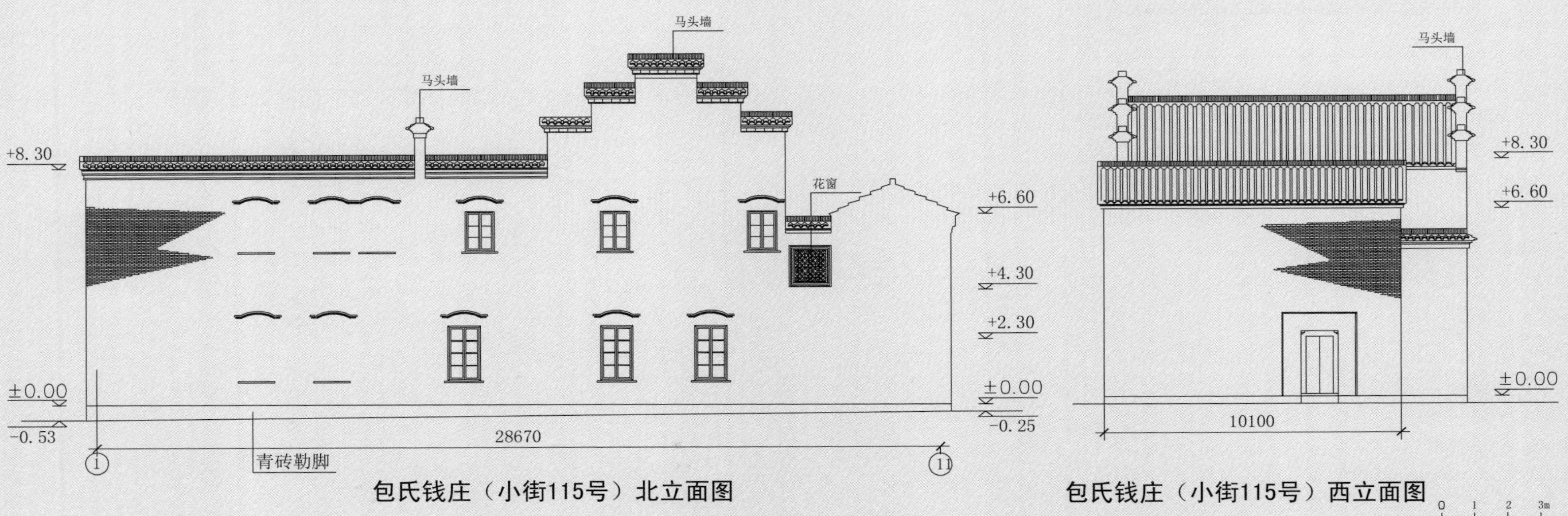

包氏钱庄（小街115号）北立面图

包氏钱庄（小街115号）西立面图

图D-2-2-4-4 包氏钱庄北、西立面图

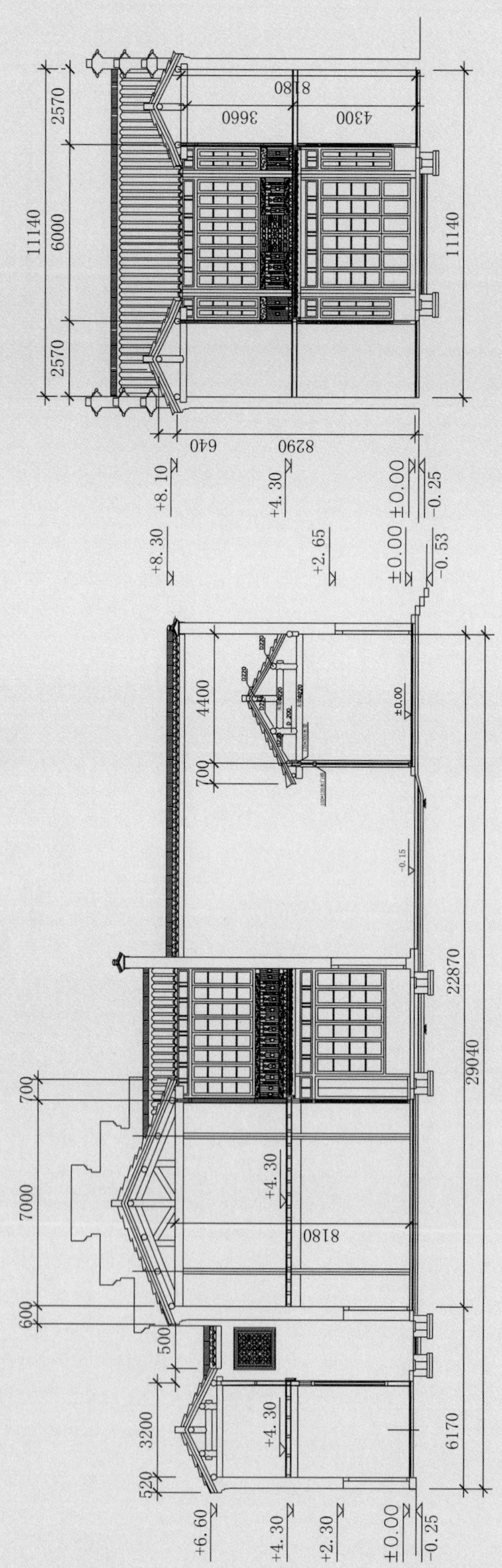

图D-2-2-4-5 包氏钱庄剖面图

第五节 火星庙戏台

一、概况

1. 建筑形态。火星庙戏台位于市穆源民族学校内（图P-2-2-5-1）。该建筑坐北朝南，面阔28.6m，进深22.74m，占地近660.26m^2，建筑面积496.74m^2。两侧看廊各为五架梁房屋，面阔9间，长24.8m、进深五檩4.57m，高6.2m。现存戏台及看廊为清代建筑。

1982年由市政府公布为市级文保单位。

图P-2-2-5-1 修缮后的火星庙戏台

2. 历史沿革。火星庙供奉祆神，出自西域，以火神祠之。旧时，每年农历6月23日在此举行庙会，是聚会者祭祀、演戏的地方。火星庙始建年代不详。宋嘉定中迁于今址，清乾隆年间重修，后多废兴；咸丰三年（1853年）毁于战火，同治初（1862—1863年）重建。1992年市非居房管所对西看廊进行了整修。该戏台是我市现存最古老最完整的戏台建筑之一（图P-2-2-5-2）。

图P-2-2-5-2 修缮前的火星庙戏台

3．遗存状态。戏台东西两侧有形状相同的看廊，中间为天井场地。戏台前台长4.3m、宽3.75m，东、西、南三面檐椽、交叠伸出1m，东、西两角高翘。上有如意云纹绶带缠蝙蝠、银锭及“文王求贤”、琴棋书画，福禄寿三星及双童子掌大扇、招财进宝等图案、浮雕。后台与前台相连。后台房屋三间，面阔19.4m、高7.6m、进深5.4m，两侧与看台相通，有“寿”字和牡丹流水纹饰浮雕砖。看廊为雅座包厢，空地为普通观众席。屋面为传统的木构件屋架，山墙有木柱排山，木椽蝴蝶瓦（图P-2-2-5-3）。

图P-2-2-5-4 ~ 图P-2-2-5-8为戏台外部的许多木雕，上有如意云纹绶带缠蝙蝠、银锭及“文王求贤”、琴棋书画、福禄寿三星及双童子掌大扇、招财进宝等图案、浮雕，栩栩如生。

图P-2-2-5-3 修缮后的火星庙

图P-2-2-5-4 火星庙戏台装饰纹饰如意云纹绶带缠蝙蝠

图P-2-2-5-5 火星庙戏台装饰纹饰银锭及“文王求贤”

图P-2-2-5-6 火星庙戏台装饰纹饰琴棋书画、福禄寿三星

图P-2-2-5-7 火星庙戏台装饰纹饰童子掌大扇

图P-2-2-5-8 火星庙戏台装饰纹饰招财进宝

二、主要修缮技术方案

2010年，有关部门对火星庙戏台进行了修缮，修缮等级为大修。维修前，邀请了文物、考古、建设等专家，对修缮方案进行评选、论证，建议保留建筑外貌形状，拆除后期搭建的附属物，留出了足够的控制地带，并保留了原结构形式，增加抗震构造措施。主要修缮内容为：落架大修，结构加固、屋面防水、墙面修缮、传统装饰和功能重布等。

三、建筑物修缮责任表

建筑物修缮单位：润州区教育局

测绘、修缮设计单位：镇江博雅园林景观建筑事务所

测绘、修缮设计人员：陈敏

施工单位：镇江揽秀文物古建修缮建筑有限公司

项目经理：贾银生

施工时间：2009.08 — 2009.12

四、施工图

如见图D-2-2-5-1 ~ 图D-2-2-5-4所示。

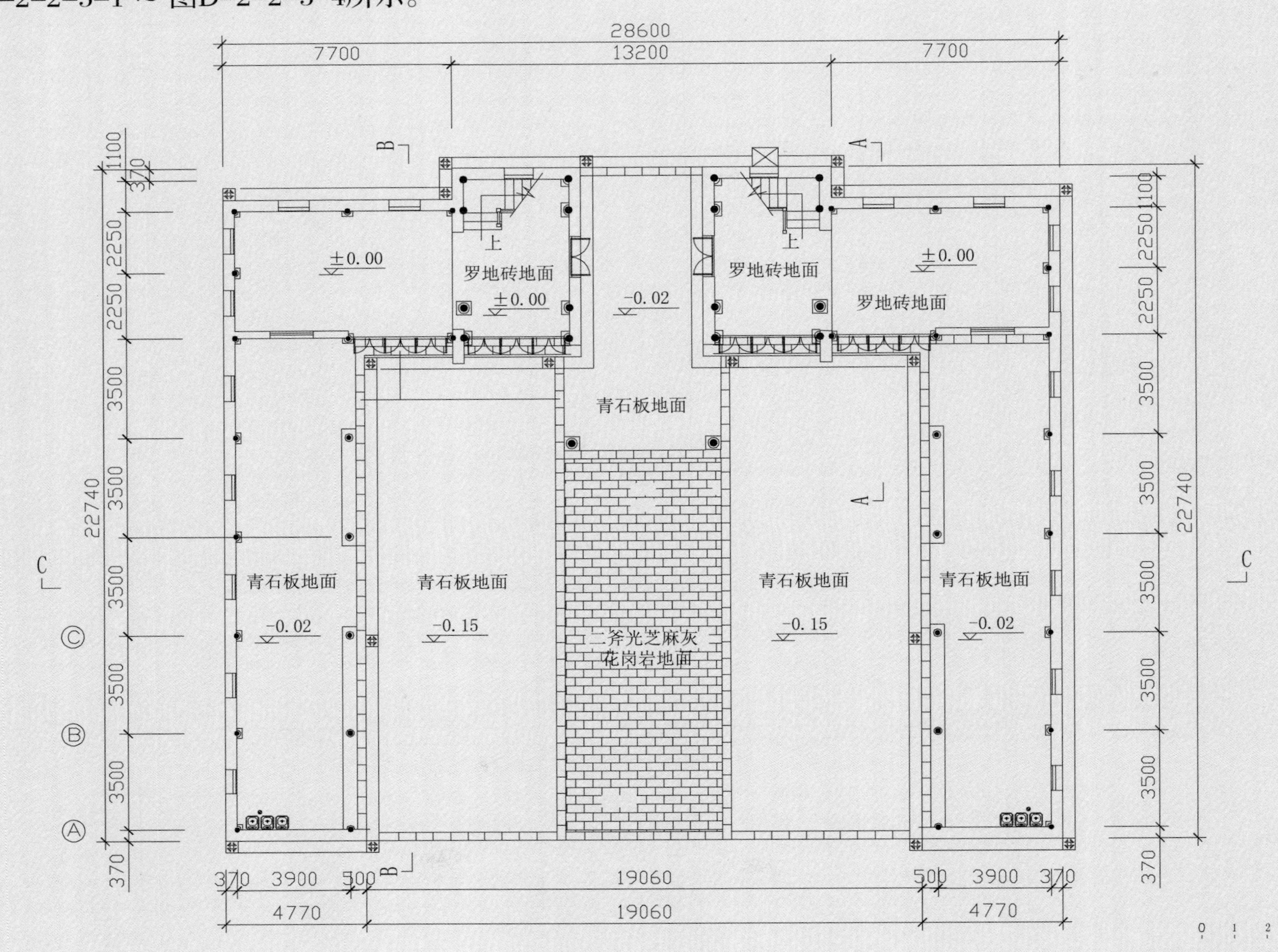

图D-2-2-5-1 火星庙一层平面图

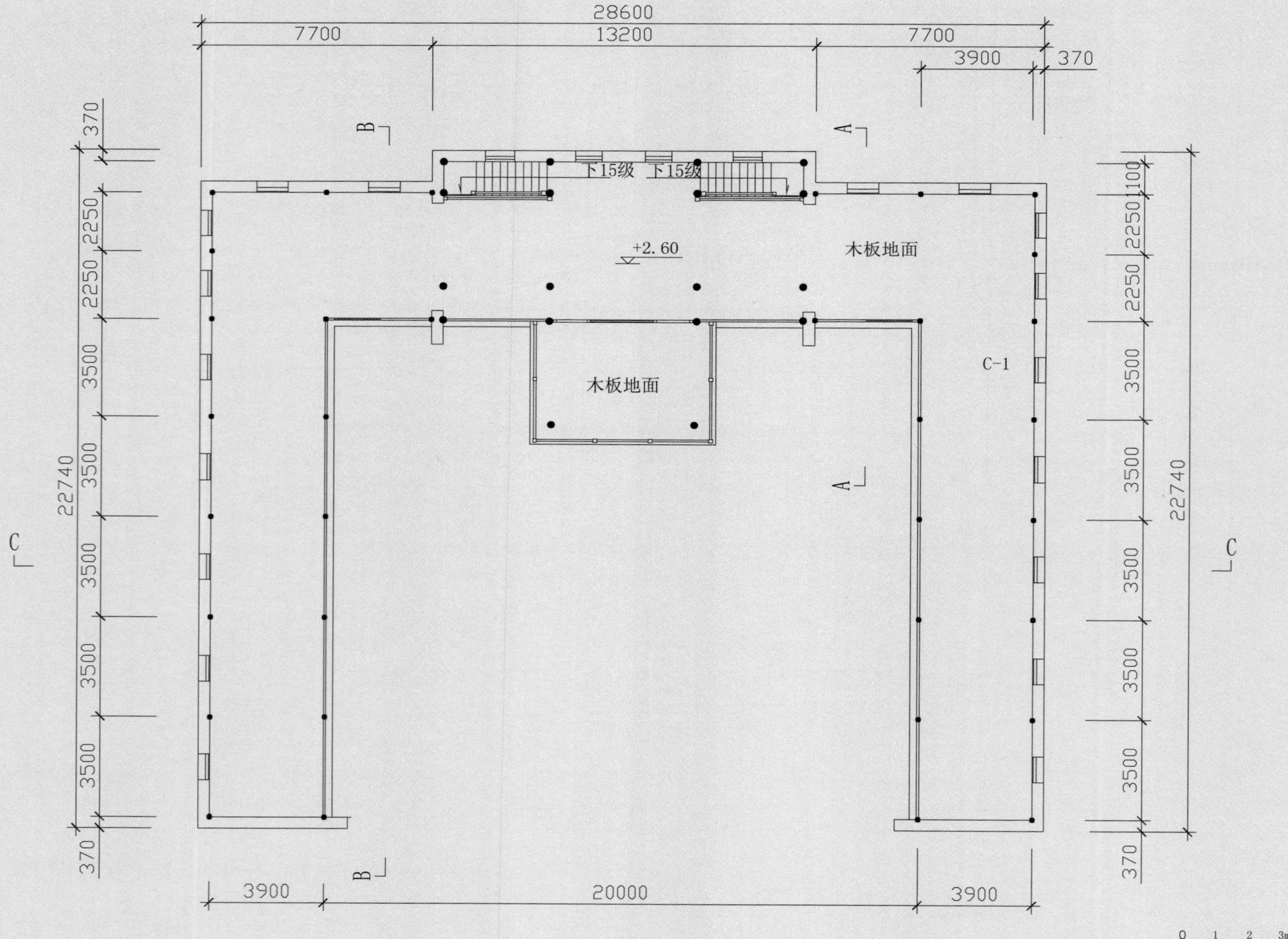

图D-2-2-5-2 火星庙二层平面图

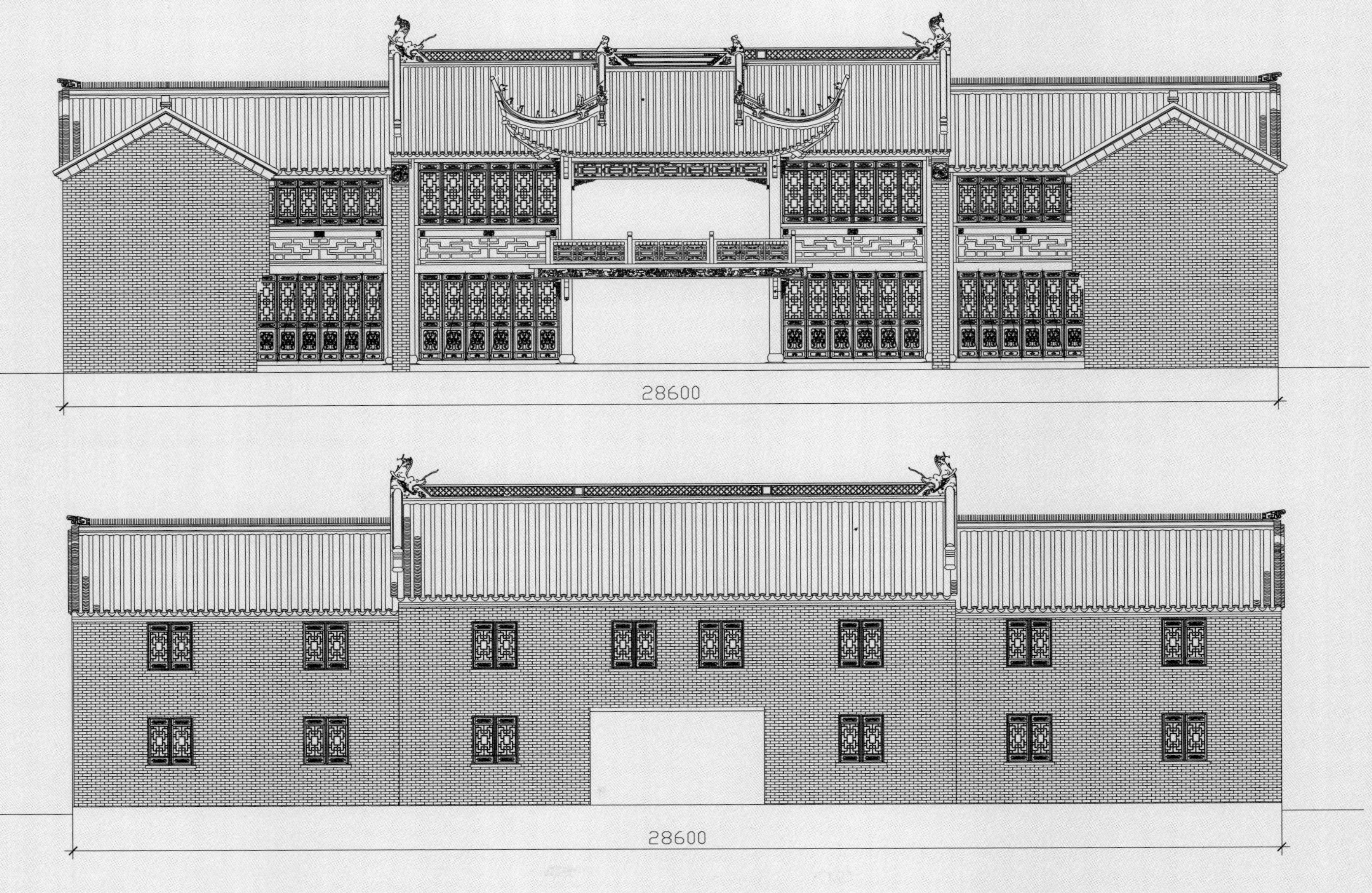

图D-2-2-5-3 火星庙立面修缮图

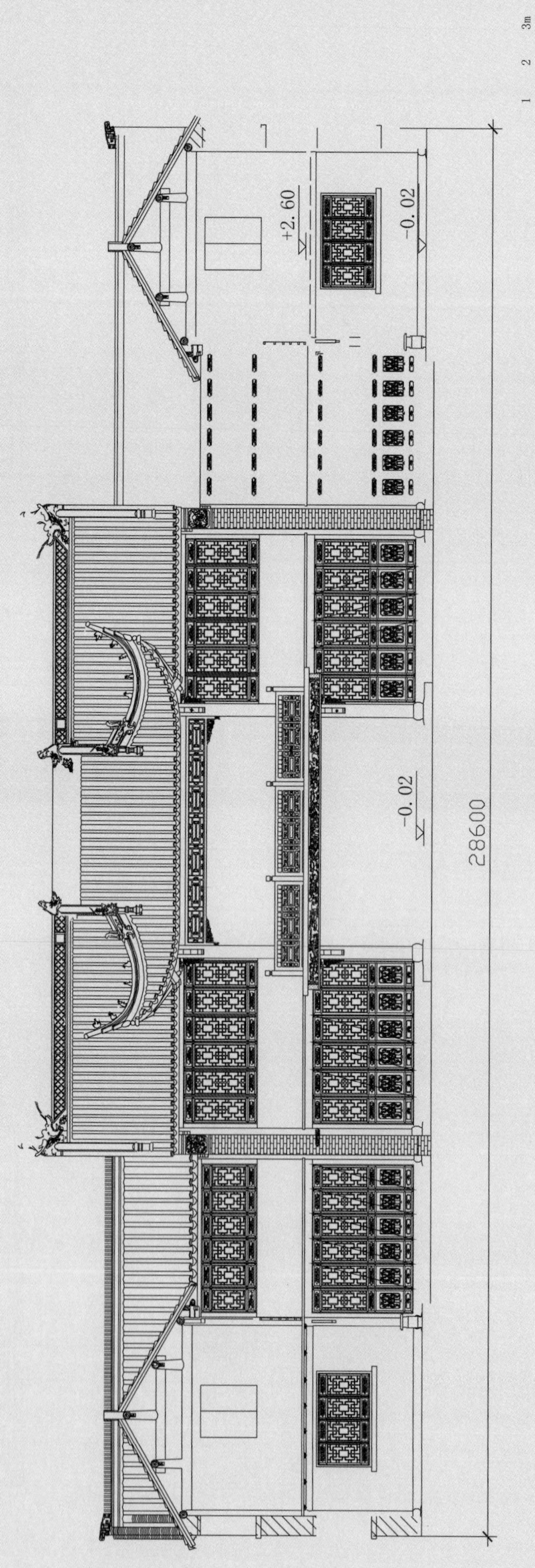

图D-2-2-5-4 火星庙剖立面图

第六节 节孝祠堂牌坊及碑刻

一、概况

1. 建筑形态。节孝祠又名贞节祠，现位于节孝祠巷（曾改名节约巷）与穆源民族学校内，长44.96m，坐高4.4m，局部高3.15m。1993年由市政府公布为镇江市市级文物保护单位。

2. 历史沿革。节孝祠原址在云台山东麓（今镇江博物馆）。据史料记载，祠前有一座巍然高耸的石牌总坊，坊额题着“清白流芳”四个大字。门口有红字黄牌匾四块：“旨奉建坊”“旌表贞节”“旨奉入祠”“春秋崇祀”。门前还悬挂着盘龙金匾的“圣谕”，“圣谕”分36行，计363字。大门外左右角门各有石匾一块，左匾写着“志坚金石”，右匾写着“节凛冰霜”。大门里面另有节孝总坊两座，遍刻康熙以来镇江地区获得旌表人姓名（图P-2-2-6-1）。

图P-2-2-6-1 老节孝祠图

雍正元年（1723年），清世宗胤禛颁诏调查镇江民间贞节贤孝妇女17名，特颁圣谕褒扬，设牌位于祠内。雍正七年（1729年），镇江官府特准将原故观察杨公书院改建为节孝祠（图P-2-2-6-2）。

图P-2-2-6-2 新节孝祠图

道光年间，谱册被战火烧毁，经邑人陈宗联等重编，先后获得旌表人数7400余氏。光绪间续增1600余氏，宣统间又增210余氏。京口抗英殉难驻防旗妇节孝也附祀其内。至宣统间统计，获旌表的为920余氏，每一碑上刻一节孝妇，记载孝女姓氏及旌表的时间。

道光六年（1826年），颜于镶、李松、韩维桢、余樵、陈宗联和颜士侃等人因祠宇年久失修，共议捐资修葺，大家推举韩维桢为董事，其余6人分任其劳，自五月端午节后兴工至八月秋祭前告竣。道光二十二年（1842年），祠宇遭英军战火破坏，木主尽毁。大家正拟扩建祠宇，恰逢瓜洲救生局江岸坍塌，颜又陶、陈立堂禀请江都县官府立案，将局房大楼移建于京江节孝祠内，并劝各后裔勉力捐资，共襄盛举。道光二十七年（1847年），又命石工开山，增造寝室通天楼。还于大楼旁建挹清楼，取清风高节意。楼下建五桂轩，取守节者培植后人，期望其春华而秋实意。又于石坊之左，改建船屋名凌秋仙馆，各项工程到第二年夏天才落成。咸丰三年（1853年），太平天国战争，尽毁祠宇祭器，节孝祠仅存石坊3座，祠基又被英人强占。咸丰七年（1857年），镇江百姓屡次禀请政府照会英国领事馆让出祠地，但都石沉大海。

同治八年（1869年），镇江官府同意在城西万家巷德星宫之左，有地若干，准予重建京江节孝祠。同年冬，邑人吴六符等劝募捐款，颜少梅等监察工程，起造厅屋3楹以奉神主。厅前构屋3楹，于厅后隙地复建通天大楼，移奉神主于上层，敬制旌表总牌于楼下。后又于祠前添买基地，移置照壁，周建砖坊，以旧照壁改建总坊，遍刻汇旌姓氏。厅右隙地，依照旧祠建有凌秋仙馆3楹，五桂轩3楹，同治九年（1870年）落成。

3．遗存状态。牌坊今砌在学校西北外墙上，另，校园内还有碑石八十多块，字多楷书、阴刻（图P-2-2-6-3～图P-2-2-6-8）。

图P-2-2-6-3 镇江节孝祠

图P-2-2-6-4 镇江节孝祠巷节孝祠碑墙（1）

图P-2-2-6-5 镇江节孝祠巷节孝祠碑墙（2）

图P-2-2-6-6 镇江节孝祠巷节孝祠碑墙（3）

图P-2-2-6-7 镇江节孝祠巷节孝祠碑墙（4）

图P-2-2-6-8 镇江节孝祠巷节孝祠碑墙（5）

二、主要修缮技术方案

以现状保存，局部修补墙面。

三、建筑物修缮责任表（略）

四、施工图

如图D–2–2–6–1 ～ 图D–2–2–6–3所示。

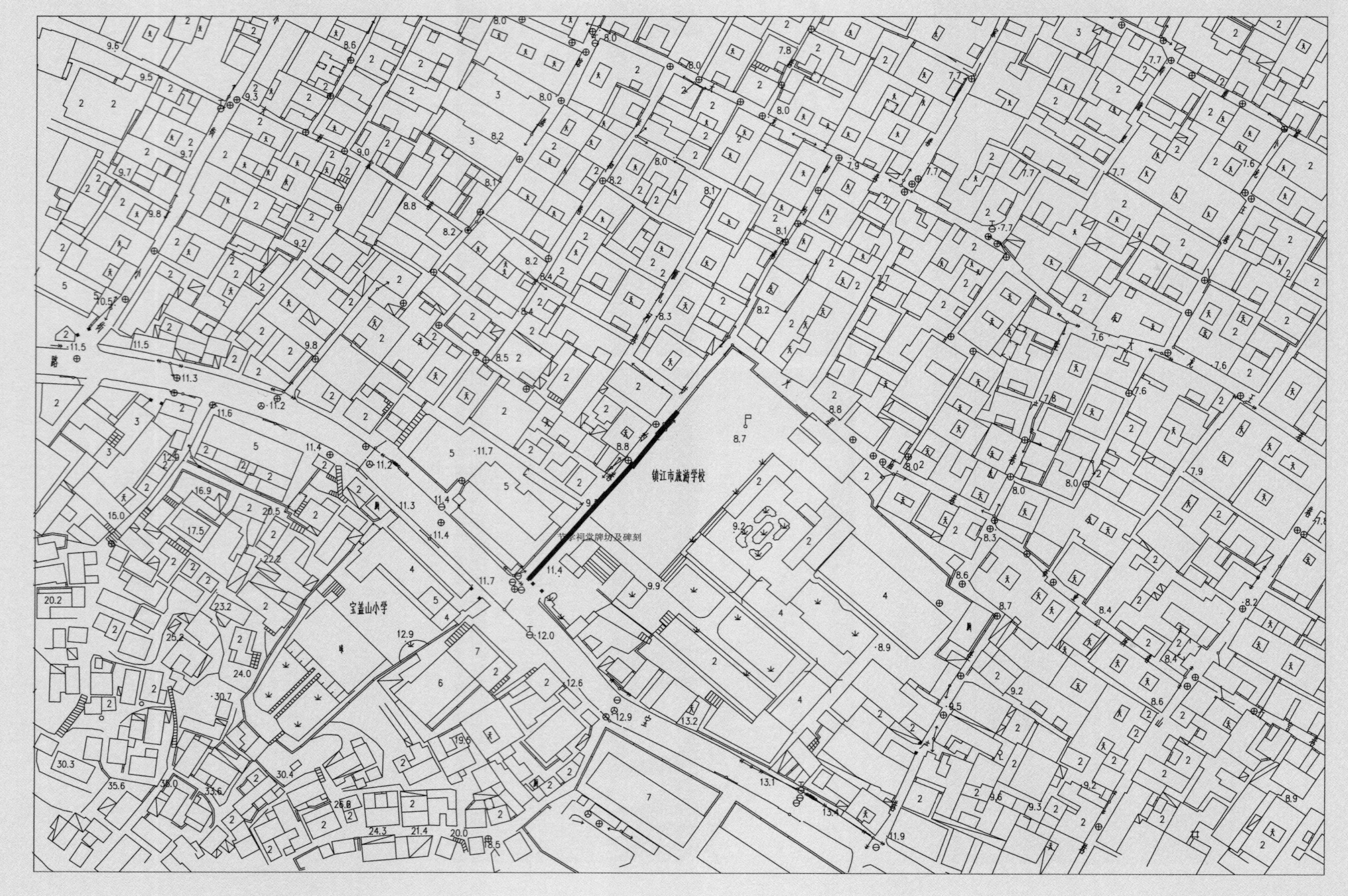

图D–2–2–6–1 节孝祠堂平面图

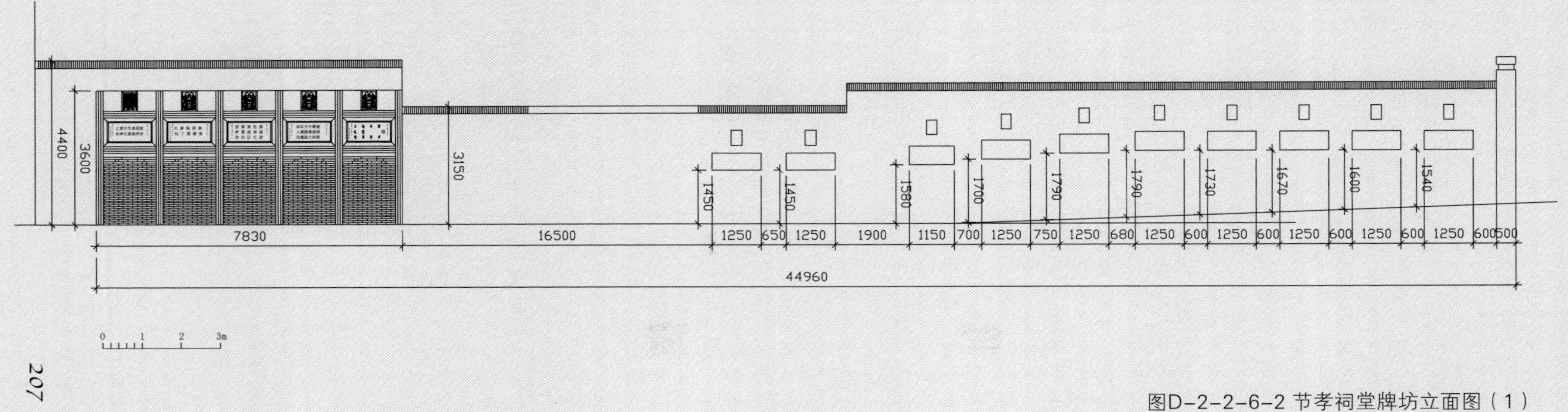

图D-2-2-6-2 节孝祠堂牌坊立面图（1）

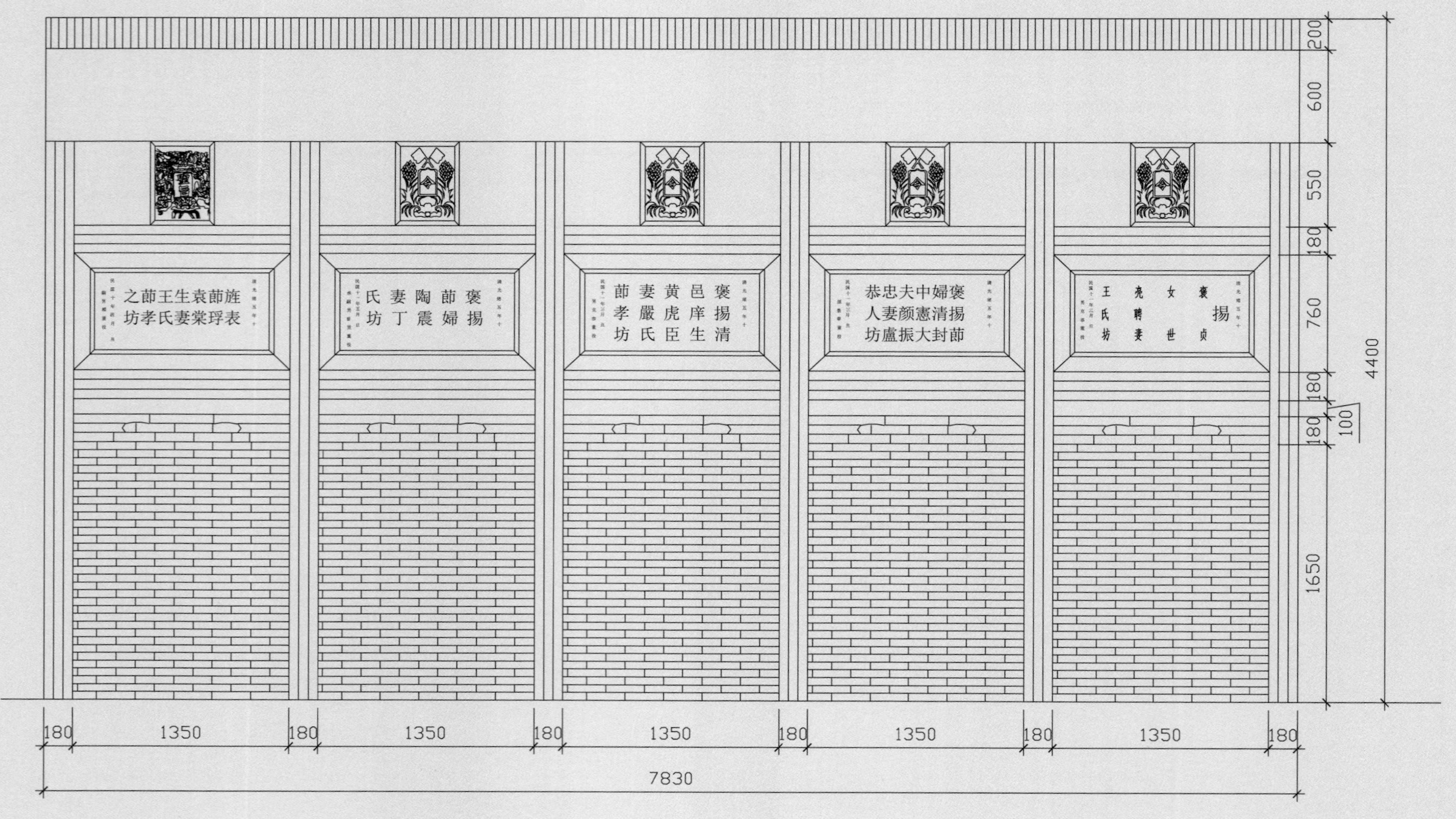

图D-2-2-6-3 节孝祠堂牌坊立面图（2）

第七节 大兴池

一、概况

1. 建筑形态。位于伯先路与京畿路交汇处。建于民国初年，是镇江最早开设的浴室之一（图P-2-2-7-1）。大兴池的正门是一座牌坊式建筑，上有一方匾额，书有“大兴池”三字。建筑的顶部有两朵莲花饰物，寓意浴室干净卫生。整个墙面是用小青砖砌成，虽然下半部用水泥抹平，但上面部分青砖墙依然，墙缝间白灰黏结，有人说白灰里还掺有糯米汁。经过岁月消磨和雨水洗刷，大兴池依然显露着当年的砖青缝白和古朴素雅，一派中国传统建筑的气象。

图P-2-2-7-1 大兴池大门（黄良清摄）

2014年，该建筑被公布为镇江市文保单位。

2. 历史沿革。民国32年（1943年），与中央浴室（甘露浴室）首设女子盆汤部。延至今日，由于各种原因，镇江许多的老浴室基本都变迁，有易名“沐浴中心”、有易地改建，唯有大兴池还保留民国风貌的格局，是了解民国时期镇江休闲文化的重要旧址（图P-2-2-7-2）。大兴池的前身是镇江澡堂的老字号丹凤池，丹凤池的历史据说可以追溯百年。当年的丹凤池和朝阳楼饭馆相邻，品茗、饮酒、泡澡堂，这一条龙服务被称为“丹凤朝阳”。

过去镇江有句老话，叫“早上皮包水，晚上皮泡水”，晚上进浴室身体泡在温水中消除疲劳，所以叫“皮泡水”。有这样的沐浴文化，所以镇江当年的浴室开了很多，浴室的“堂名”后面以“池”“泉”二字为多。

早期的澡堂只有男浴室，女人是不能进浴室的。1938年，大兴池增设女子浴室，这也是镇江最早的女子浴室之一，开设之时，引起清末遗老们的指责，说是“有伤风化”。但市民解决卫生的问题比风化更要实际，最终女子浴室正常开业，并普及到市内其他浴室。

图P-2-2-7-2 大兴池旧址

3. 建筑遗存。大兴池的正大门很有特色，沿数十节台阶而上，就是一樘具有罗马式门饰的大门（图P–2–2–7–3），门两旁是汉白玉罗马式西洋柱，上有门楼，内置书有“大兴池”三字的匾额。该建筑符号华丽、特出，主要显示了入口的标志。建筑墙面为清水青砖，屋面为歇山顶，铺有大青洋瓦。内部原有水磨花石子地坪（图P–2–2–7–4），现已损坏严重（图P–2–2–7–5）。

图P–2–2–7–3百年浴池——大兴池（晓海生 摄）

图P-2-2-7-4 大兴池收银台（黄良清 摄）

图P-2-2-7-5 修缮中的大兴池

二、主要修缮技术方案

在不改变原状的原则上，邀请文物、建筑、结构等方面专家论证修缮方案，以修缮保护方案为依据，结合现场实际情况进行深化、完善，最大限度保留原建筑特征和历史信息。

正立面大门及两边墙体，浴池及浴池周围墙、弧拱顶，原样保留修缮加固，按原材料、原工艺的方法进行修复，恢复原有形制特征。局部剔除损毁部分，修

图P–2–2–7–6 修缮后的大兴池

复、矫正原有外墙。墙体内侧，铲除现有粉刷层，增设钢筋网水泥砂浆加固粉刷层。保留浴池内墙，外侧采用钢筋混凝土板墙加固，另一侧采用钢筋网水泥砂浆粉刷加固（图P-2-2-7-6）。

其余墙、构架、屋面落架大修，拆除后期搭建部分，在原址上按原风貌、原尺度实施保护修缮。保存历史氛围的前提下对大兴池浴室周边进行环境治理。

建筑内主体结构为钢筋混凝土条形基础、框架梁、柱和屋面板。屋面上做柔性防水层、盖黏土平瓦。落架部分外墙，外面用原青砖清水青灰砌筑120墙，墙内侧用黏土砖水泥砂浆砌筑240墙。钢筋构造连接钢筋混凝土柱梁，恢复民国风格样式的门、窗及位置。墙面、外立面、木门窗和屋面满足了文物建筑的修缮要求，内部结构符合现代公共浴室，以及密集人群活动的消防、结构安全等使用要求。

三、建筑物修缮责任表

建筑物修缮单位：镇江市西津渡建设发展有限责任公司

项目负责人：邵浜 黄裕

测绘、修缮设计单位：镇江市地景园林规划设计有限公司

测绘、修缮设计人员：王欢欢

监理单位：镇江建科工程监理有限公司

监理人员：刘晓瑞 肖镇 管培芝

施工单位: 揽秀文物古建筑修建有限公司

项目经理：贾银生

施工时间：2013.12

四、施工图

如图D-2-2-7-1 ～ 图D-2-2-7-10所示。

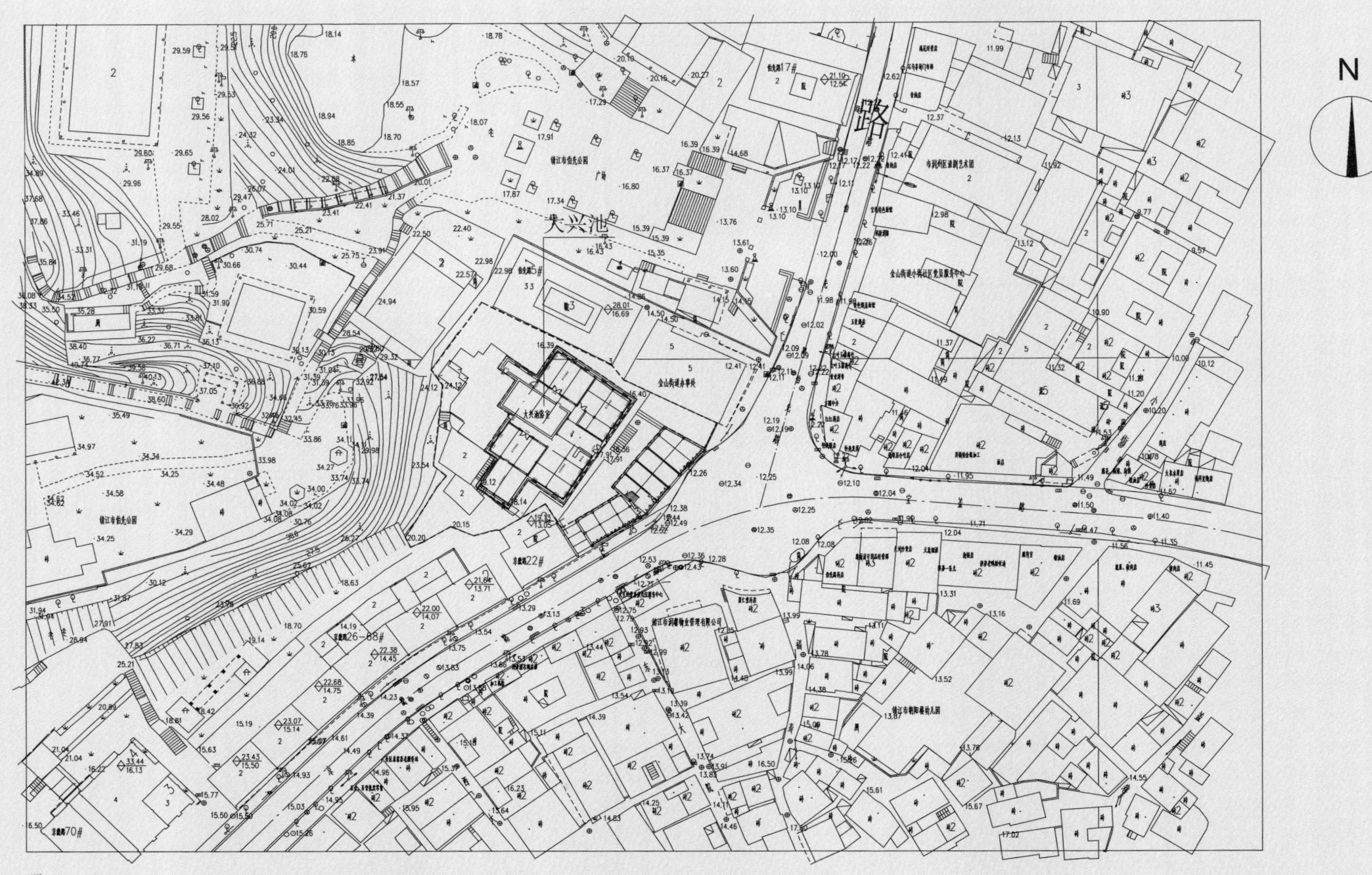

图D-2-2-7-1 大兴池总平面图

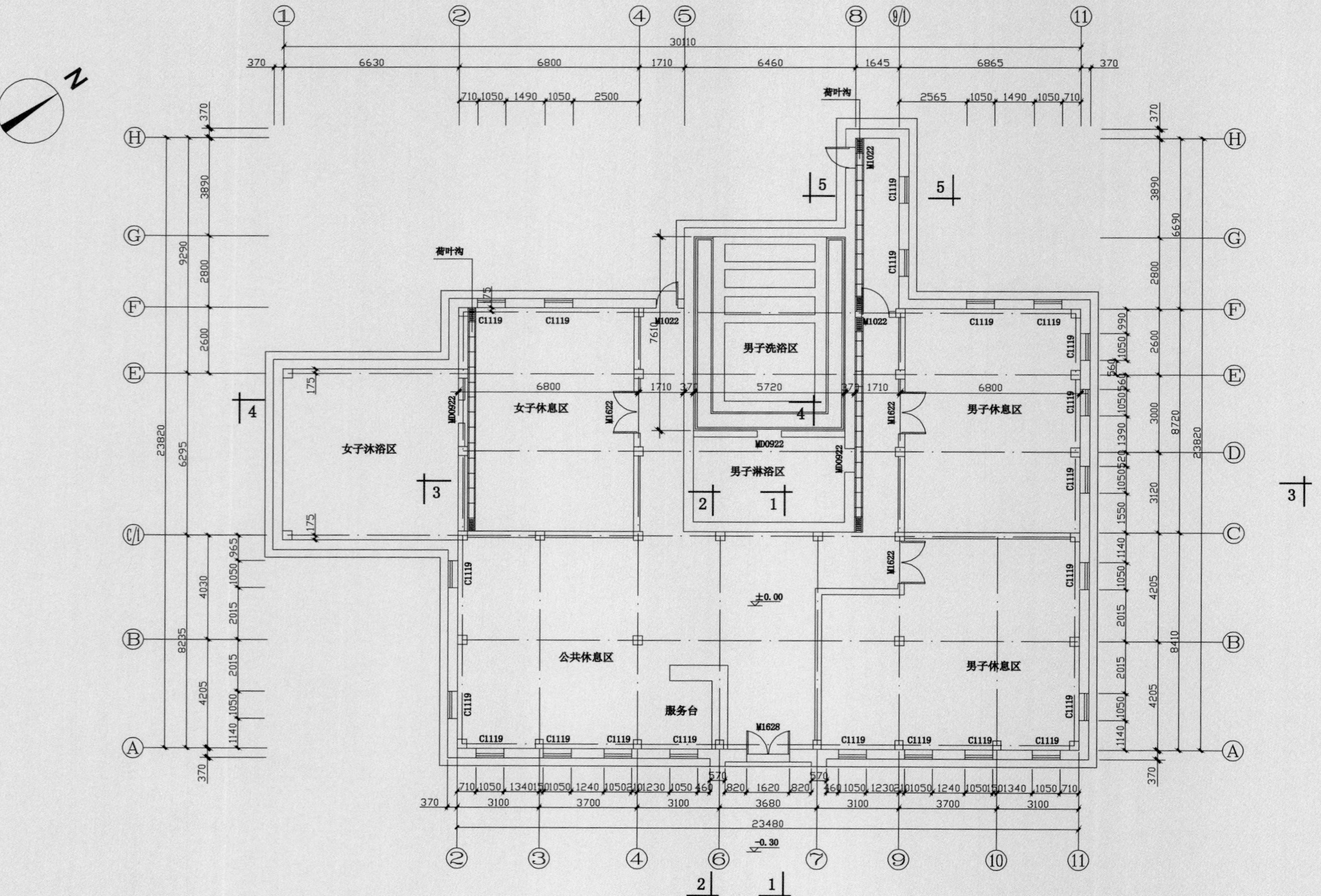

图D-2-2-7-2 大兴池一层平面图

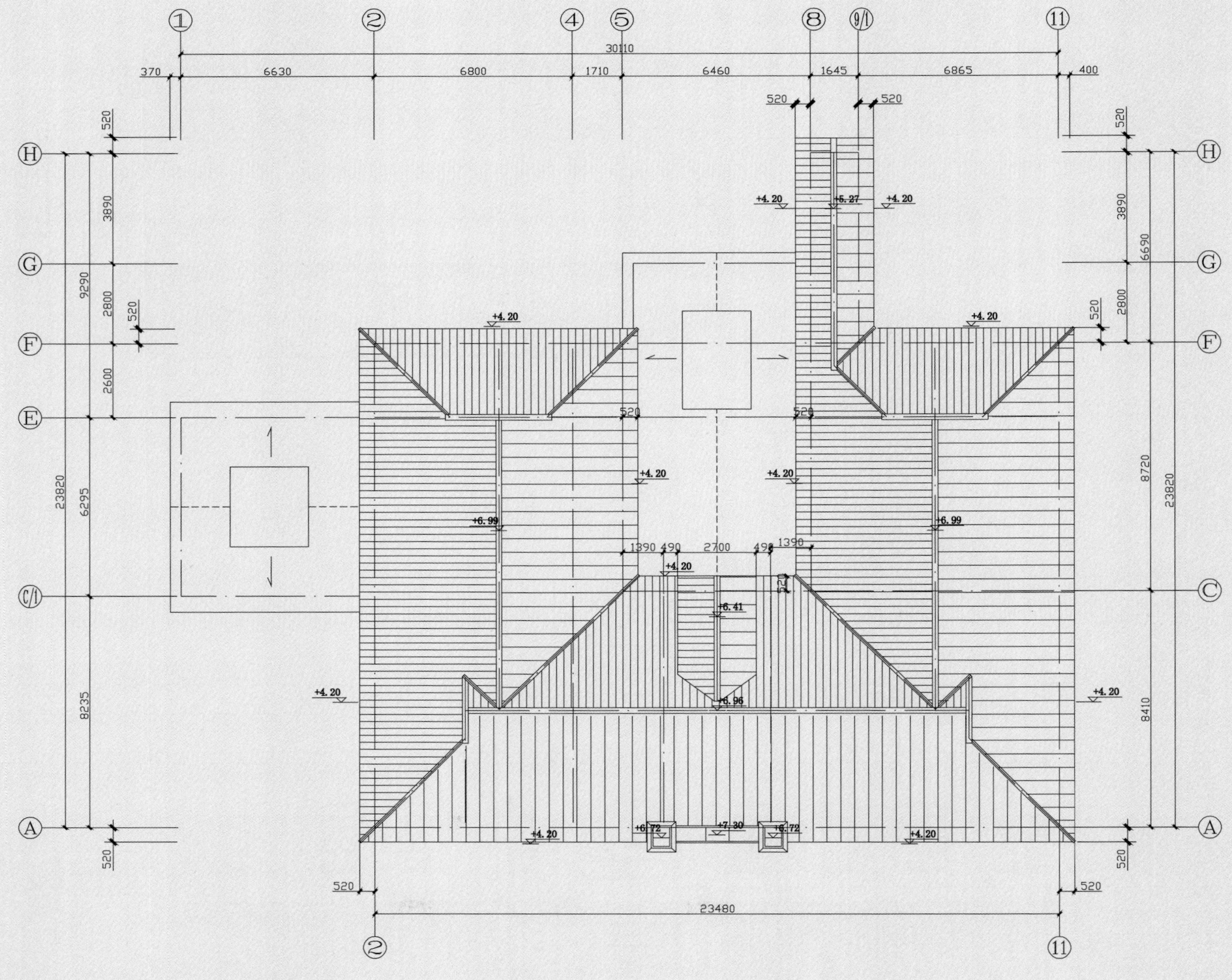

图D-2-2-7-3 大兴池屋顶平面图

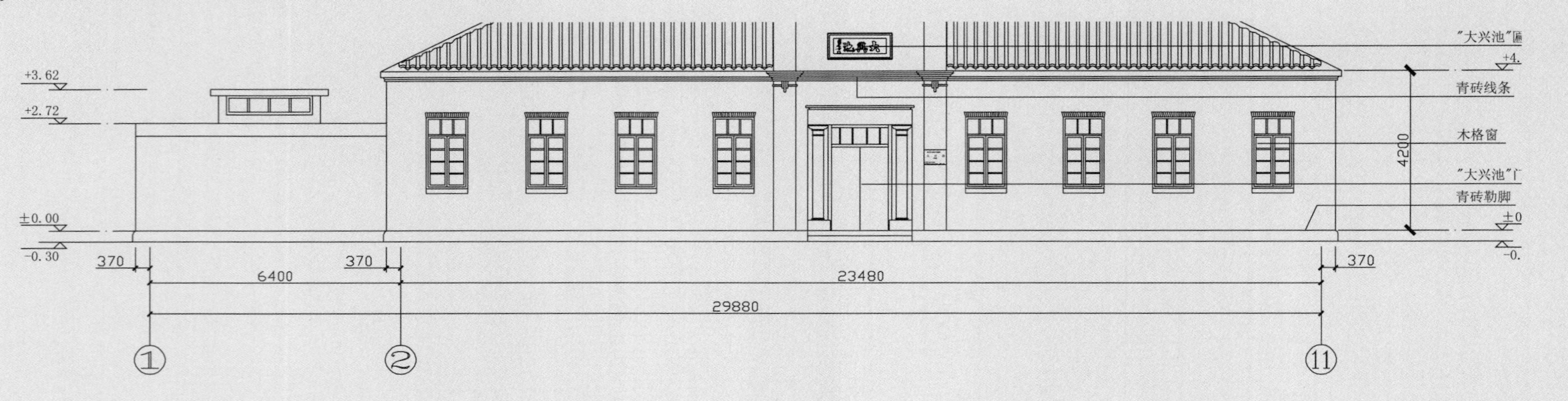

图D-2-2-7-4 大兴池东立面图

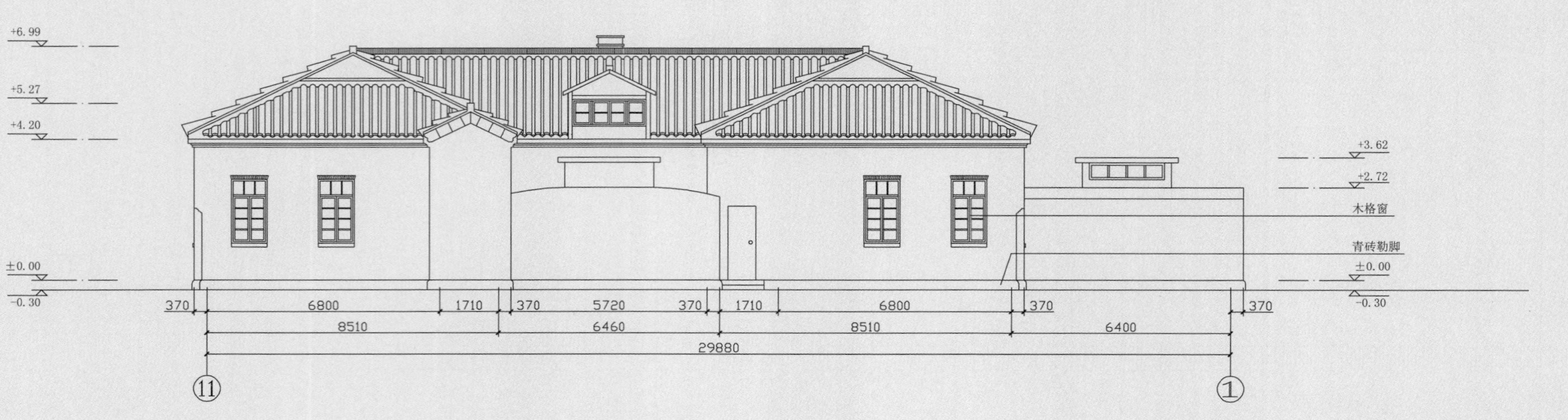

图D-2-2-7-5 大兴池西立面图

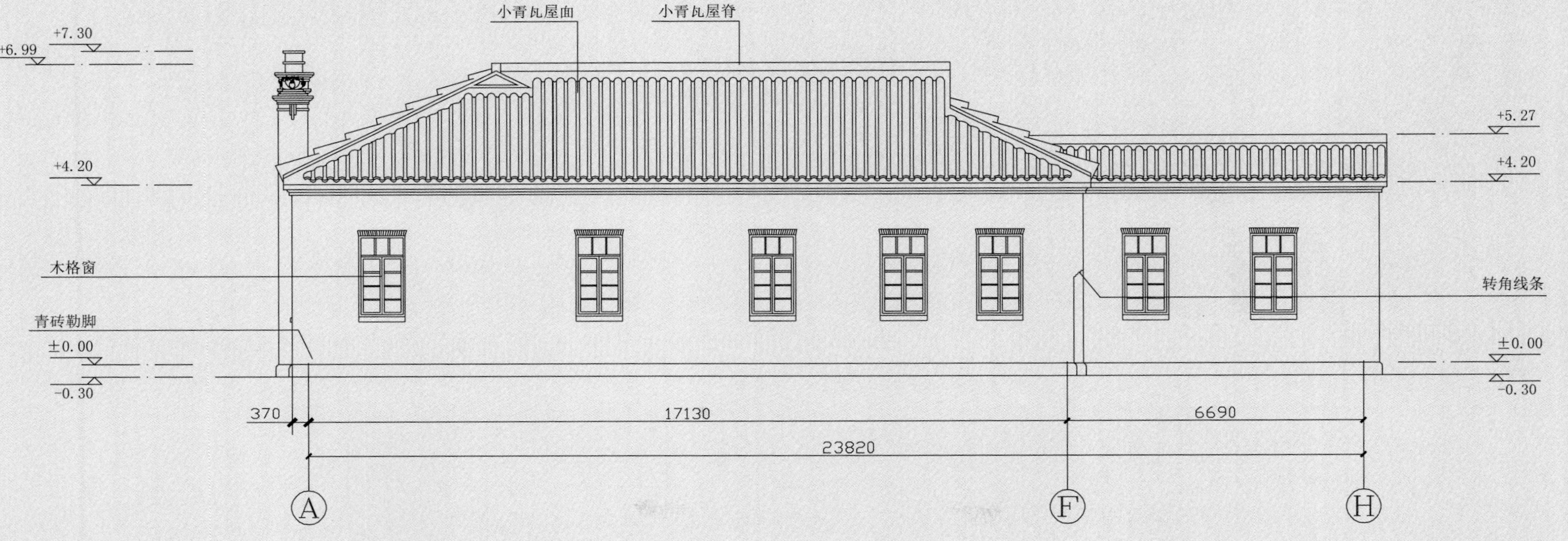

图D-2-2-7-6 大兴池北立面图

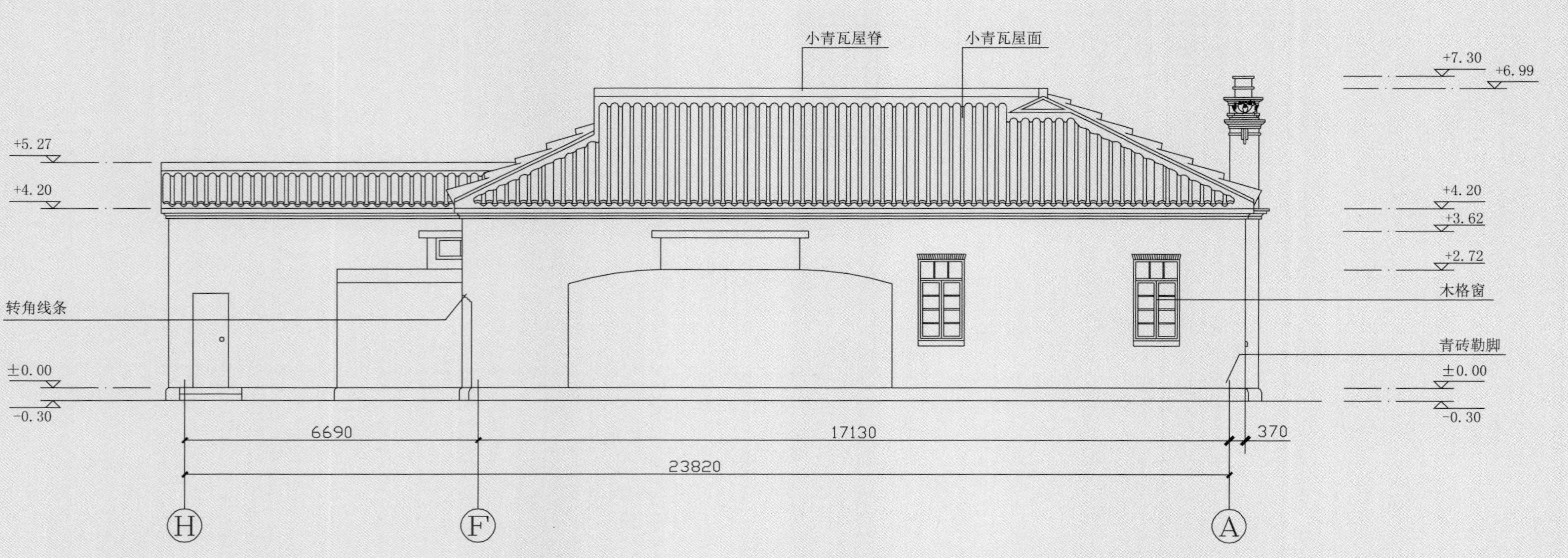

图D-2-2-7-7 大兴池南立面图

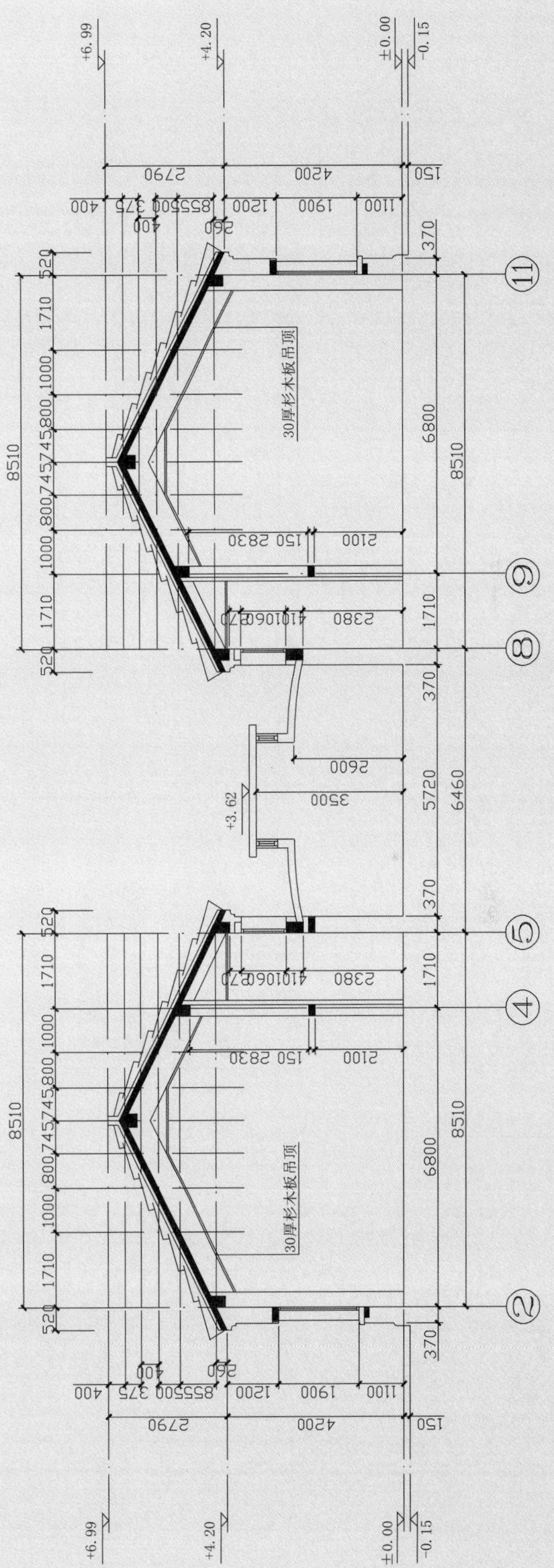

图D-2-2-7-8 大兴池剖面图

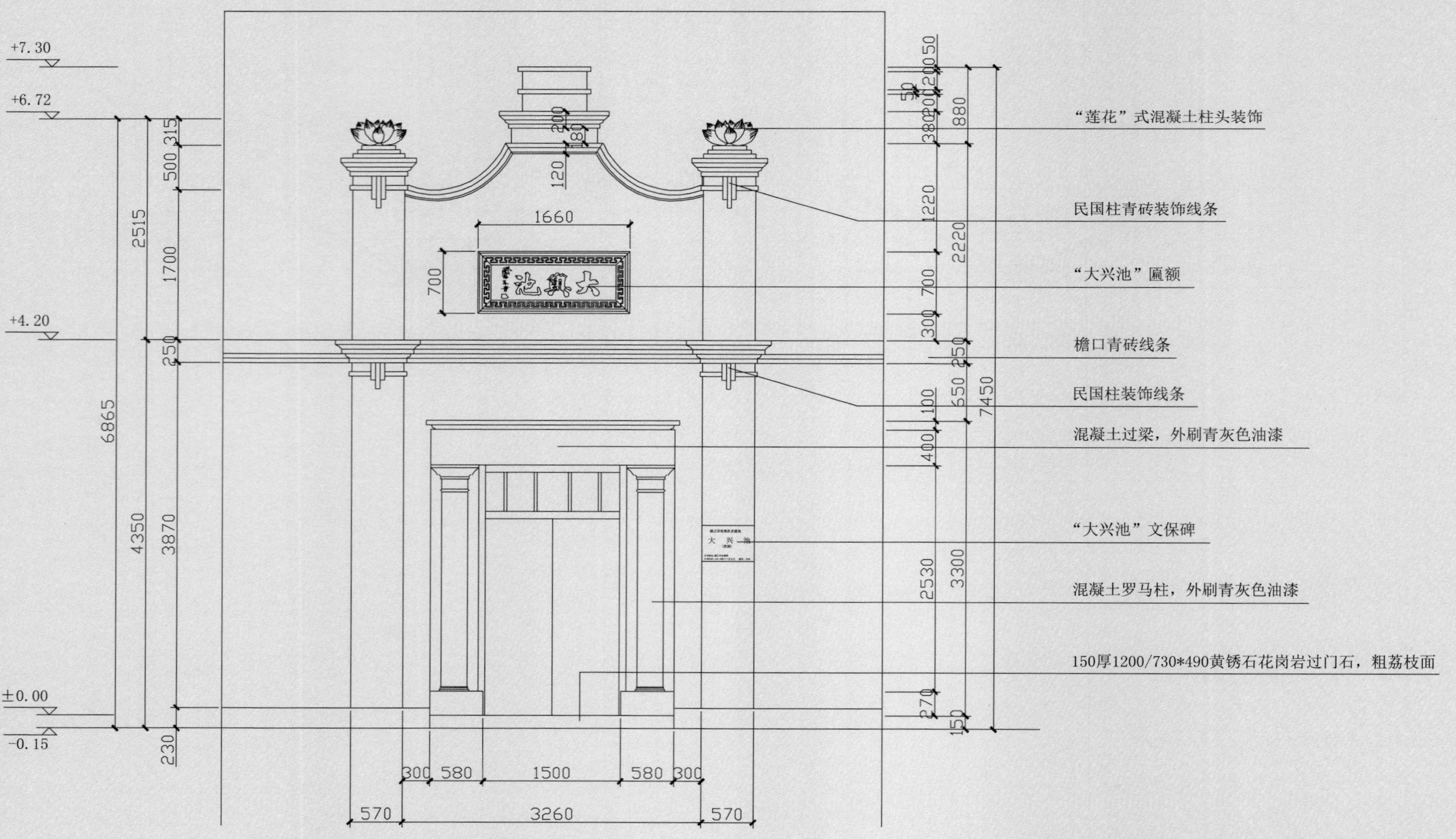
+7.30
+6.72
+4.20
±0.00
-0.15
6865
2515
4350
500
315
1700
250
3870
230
1660
700
120
200
180
"莲花"式混凝土柱头装饰
民国柱青砖装饰线条
"大兴池"匾额
檐口青砖线条
民国柱装饰线条
混凝土过梁，外刷青灰色油漆
"大兴池"文保碑
混凝土罗马柱，外刷青灰色油漆
150厚1200/730*490黄锈石花岗岩过门石，粗荔枝面
880
2220
250
650
3300
150
7450
1220
700
300
100
400
2530
270
300
580
1500
580
300
570
3260
570

图D-2-2-7-9 大兴池门头大样图

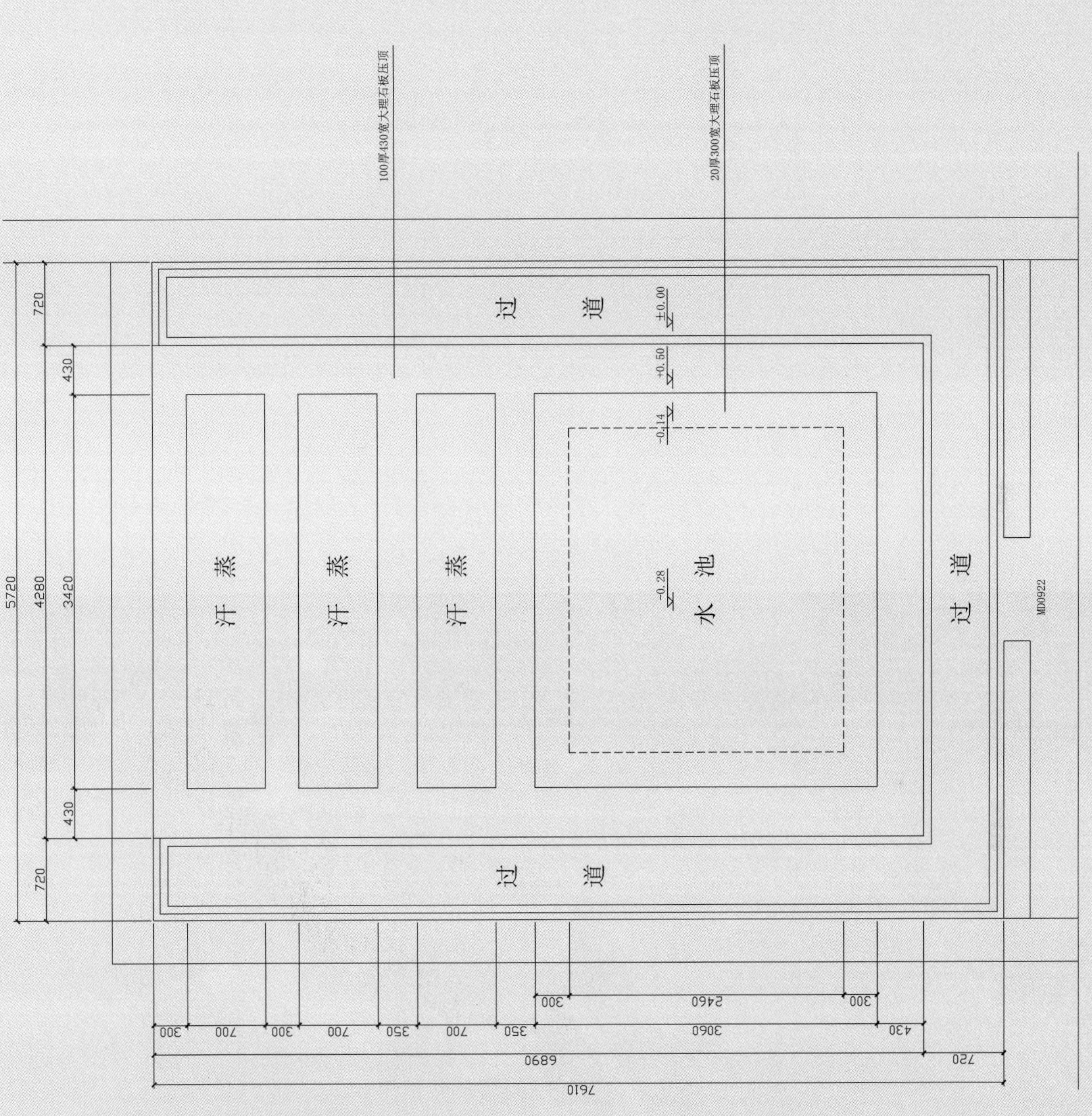

图D-2-2-7-10 大兴池男子沐浴区平面图

第三章
玉山、中华路西文保建筑

第一节 超岸寺

一．概况

1．建筑形态。超岸寺，位于玉山大码头东。该建筑坐东朝西，东西长75.2m，南面宽15.5m，北面宽41.5m，高14.92m，占地总面积1850.39m²，总建筑面积1778.88m²。1982年5月被公布为镇江市重点文物保护单位（图P-2-3-1-1）。

图P-2-3-1-1 超岸寺鸟瞰图

2. 历史沿革。超岸寺建于元朝，原名玉山报恩寺。明代弘治年间，镇江郡守王存忠主持重修玉山报恩寺。寺内有水府殿、观音殿、观澜亭，旁有藏经阁、钓鳌亭。明崇祯年间，兴化人李长科建玉山避风馆。超岸寺的名称为康熙所赐，意思为"超度众生，共登彼岸"。咸丰三年（1853年）超岸寺被太平军烧毁。光绪十七年（1891年），主持园光重修寺庙。经30余年恢复，建有大雄宝殿、观音殿、五观堂、水陆堂、宝鉴堂、妙心堂、云水堂、藏经楼、天王殿、山门牌楼、浮玉堂和望江楼等建筑。超岸寺位于水陆冲衢，为各方巡游僧众来往过宿极便之处，亦曾为金山寺下院，又开办过佛教学院，故在佛教丛林中享有盛名。

1949年后，超岸寺主持守培法师任镇江市第一任佛协会长、省市政协委员。20世纪五六十年代，寺庙成为工厂，后被镇江市物资局占为仓库；1991年6月，该

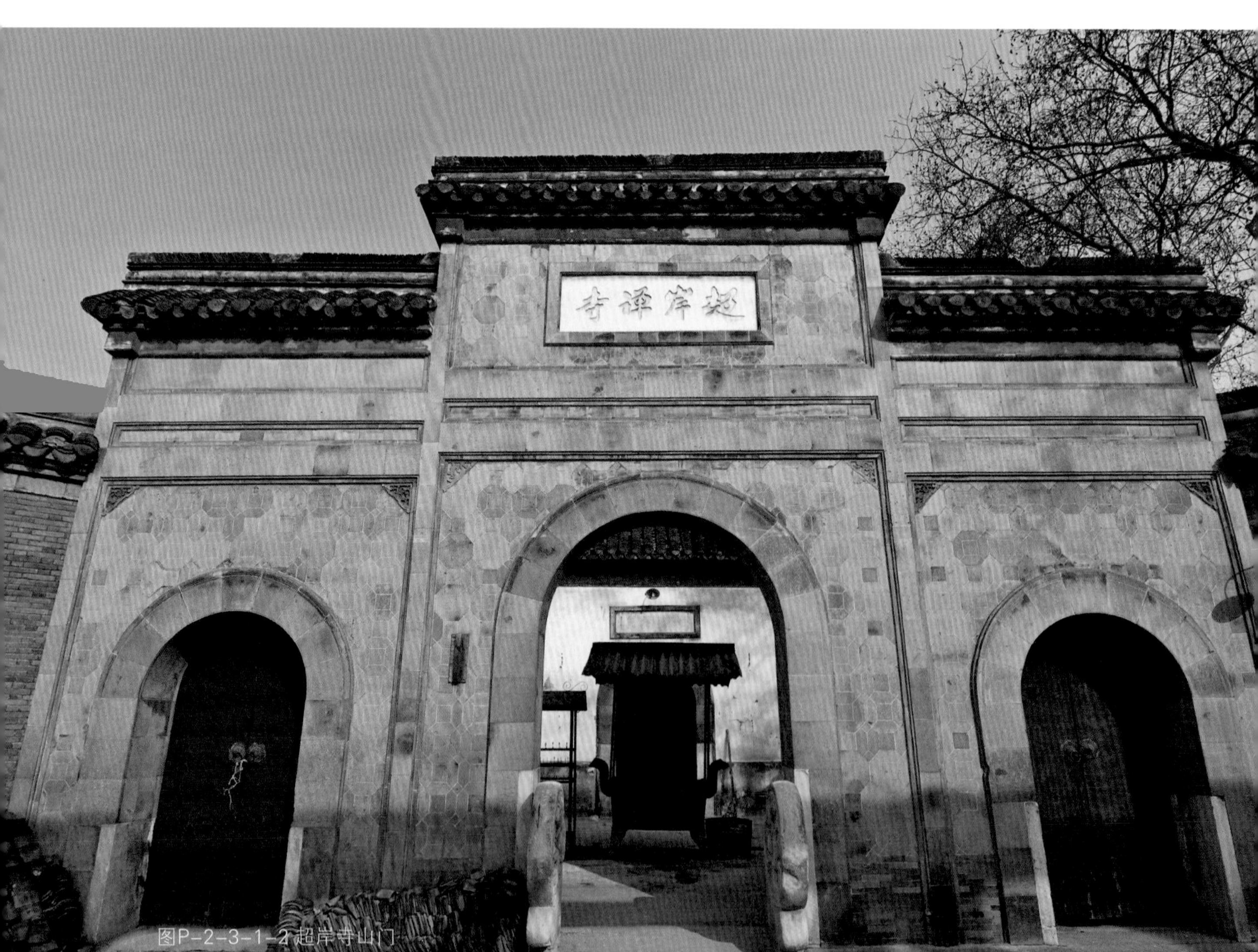

图P-2-3-1-2超岸寺山门

寺经过全面修缮后改为镇江革命博物馆；2006年退还给宗教局，由金山寺负责管理。金山寺僧在大殿内部重塑佛像，供人祭祀。

3．遗存状态。超岸寺建筑格局保存完整。超岸寺大门朝西，主体建筑三院三进。正门为超岸寺山门。山门为牌楼式三券拱券门墙，中门最大，门下有石鼓两只，为三狮盘球浮雕；座部为云水中鱼龙相嬉。另外，左右各有一小拱券门，额首均有花叶、凰鸟浮雕砖（图P–2–3–1–2）。

第一进为天王殿，建于宣统二年（1910年），面阔五间，硬山式。大门上白石横额刻有“大总持门”大字，上款刻“庚戌（1910年）吉旦”，下款刻“陆润庠书”（图P–2–3–1–3）。

第二进为大雄宝殿（图P–2–3–1–4），建于光绪十八年（1892年），面阔五

图P–2–3–1–3 超岸寺大总持门（高卫东 摄）

图P-2-3-1-4 超岸寺大雄宝殿（谢 戎 摄）

图P-2-3-1-5 超岸寺藏经楼（高卫东 摄）

图P-2-3-1-6 超岸寺内部

间，硬山式。其前沿有一并行相连的四架梁卷棚，上有月梁，浮雕人物、山水、花树，大殿前后檐下有斗拱，屋脊为磨砖浮雕的曲形卷叶纹。

第三进为藏经楼，建于宣统元年（1909年），面阔五间，左有木梯可上楼。楼上正面为一排花格槛窗，楼下前沿亦有四架梁卷棚，上有月梁，浮雕卷曲纹、人物山水等。天王殿与大殿之间为天井，天井北侧为配殿，面阔十间，硬山式，原为水陆堂、五观堂、客堂等，建于光绪三十一年（1905年）。其北沿墙外有走廊，有门通向天井，为另一组楼房和厢房，合计大小房间二十四间，建于光绪二十三年（1896年）（图P-2-3-1-5）。

图P-2-3-1-7 超岸寺内部花苑

超岸寺北侧为一院子，内有花苑及二层办公楼（图P-2-3-1-6、图P-2-3-1-7）。

二、主要修缮技术方案

该建筑1991年改为镇江市革命历史博物馆时曾进行过大修；2006年归还给宗教部门后，由金山寺管理。南部沿街拆除附属建筑，北部由西津渡公司复建避风馆。

三、建筑物修缮责任表

镇江市文化局（略）

四、施工图

如图D-2-3-1-1 ~ 图D-2-3-1-7所示。

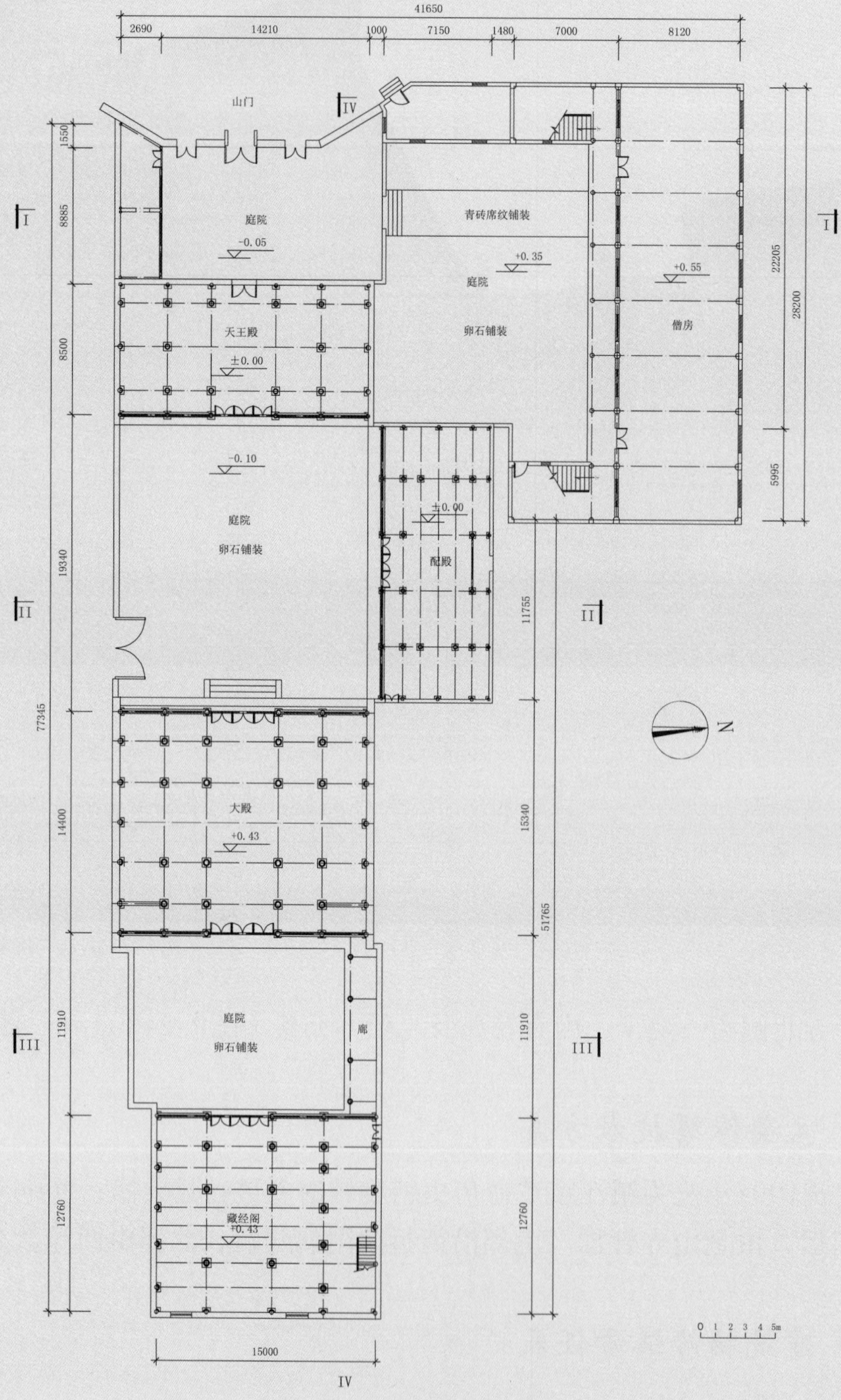

图D-2-3-1-1 超岸寺一层平面图

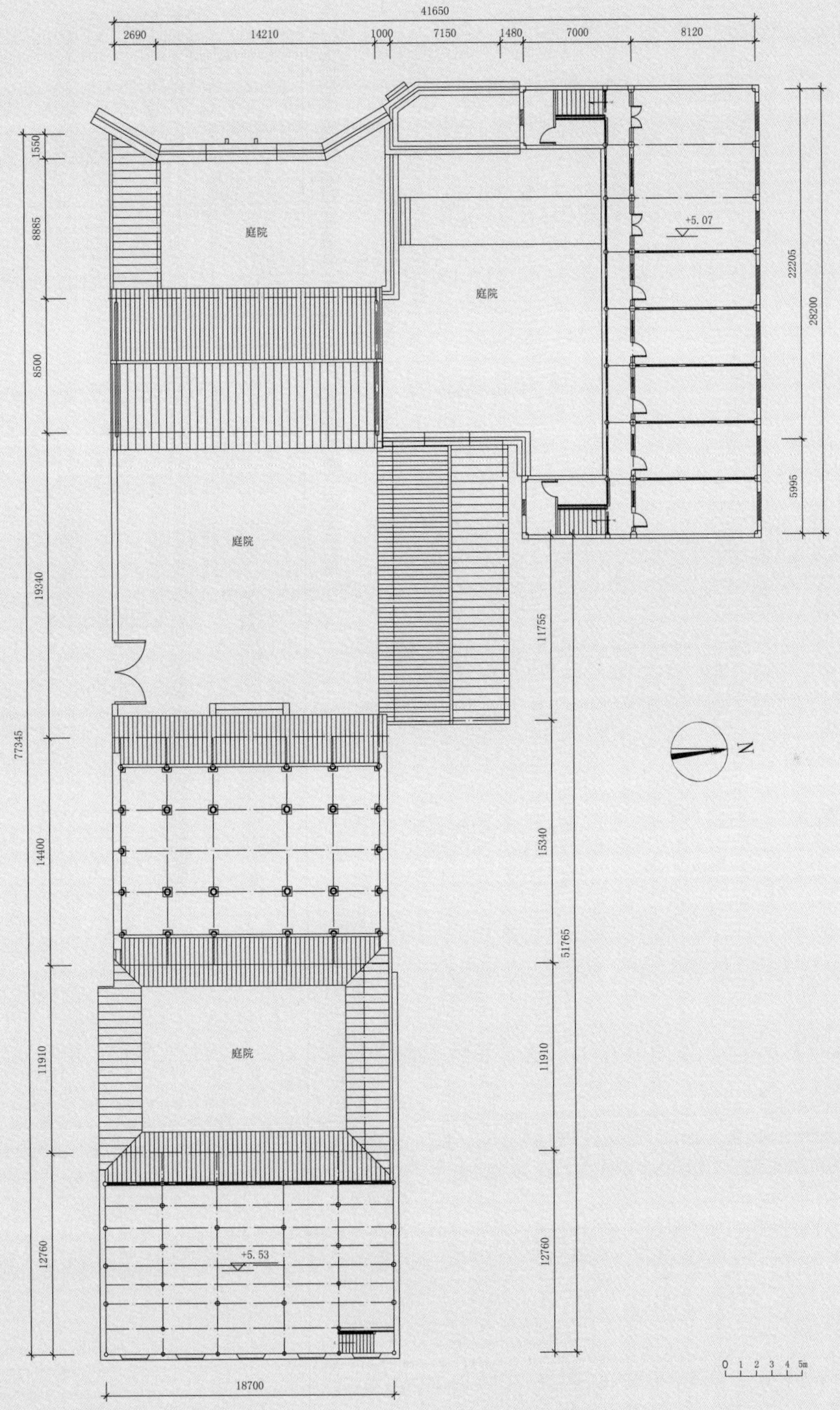

图D-2-3-1-2 超岸寺二层平面图

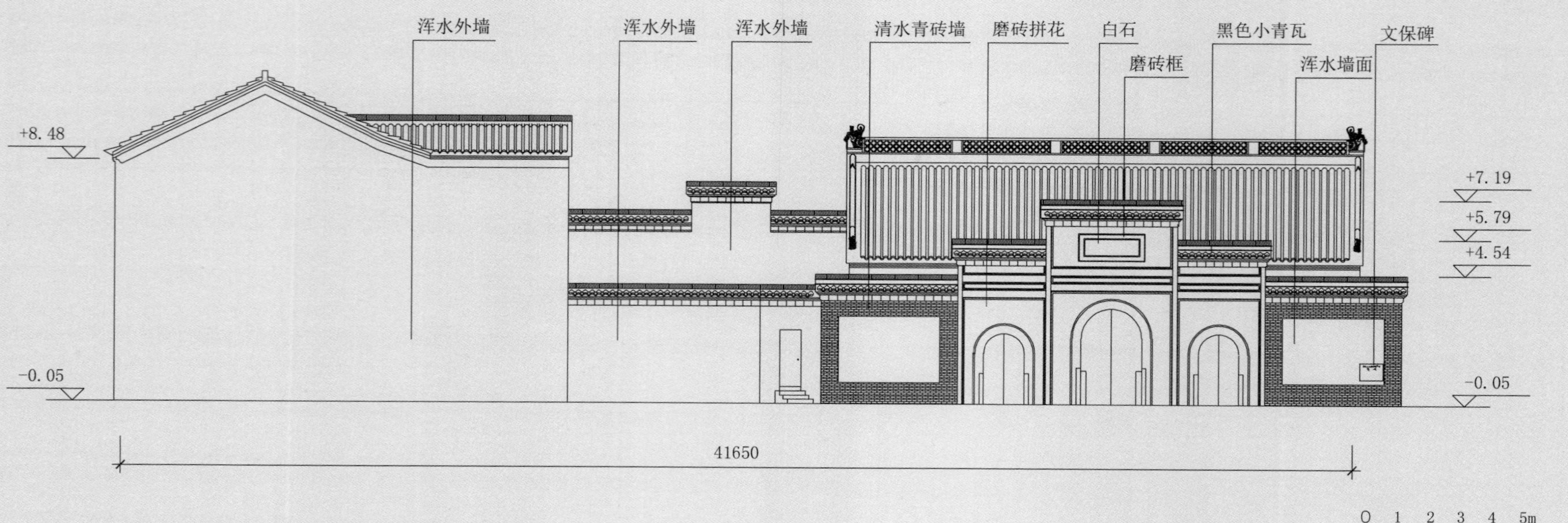

图D-2-3-1-3 超岸寺立面图

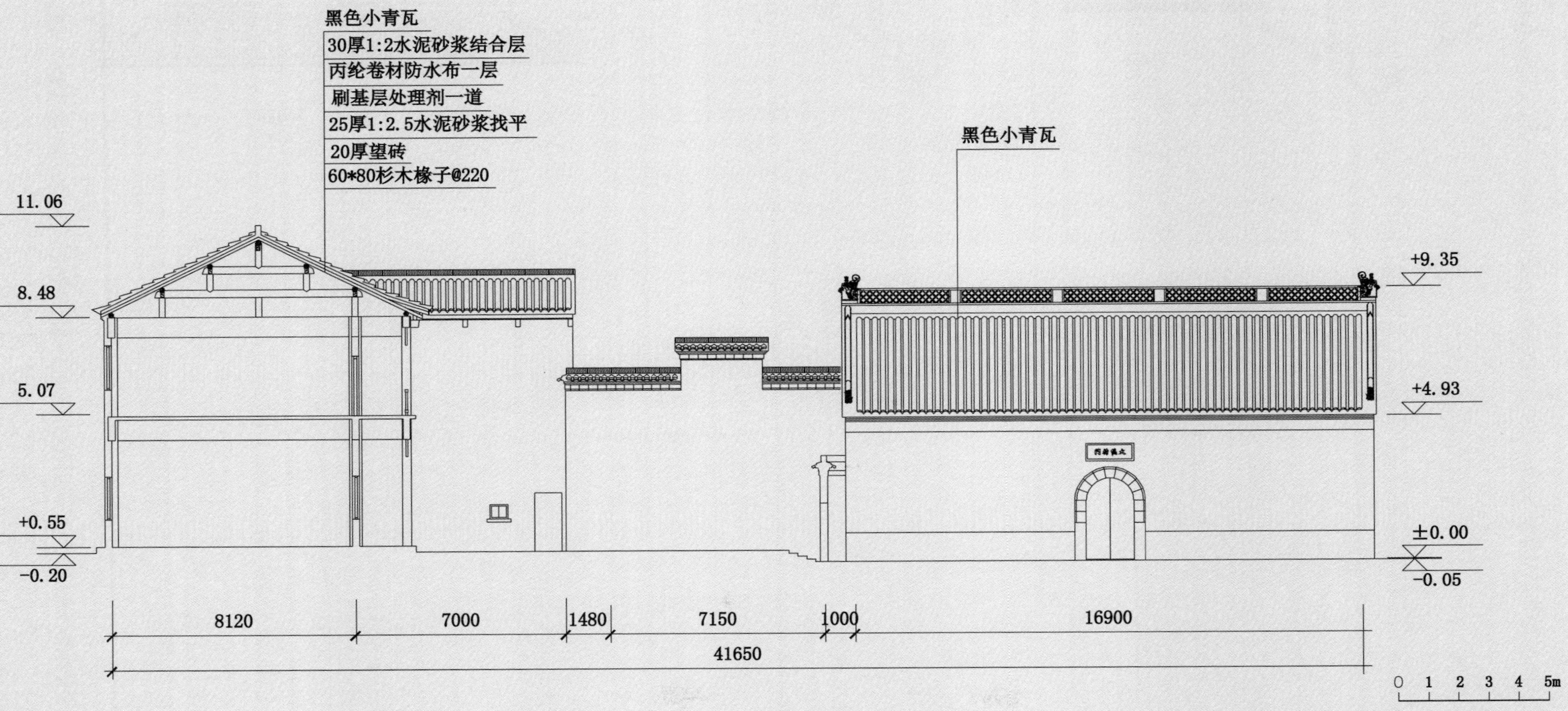

图D-2-3-1-4 超岸寺（大总持门）剖面图（1）

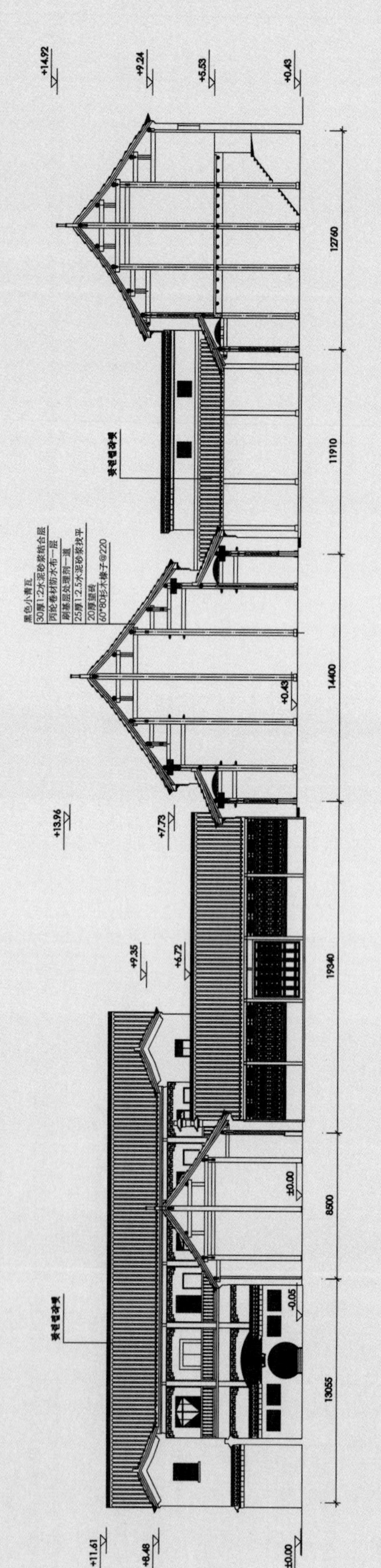

图D-2-3-1-5 超岸寺（藏经楼）剖面图（2）

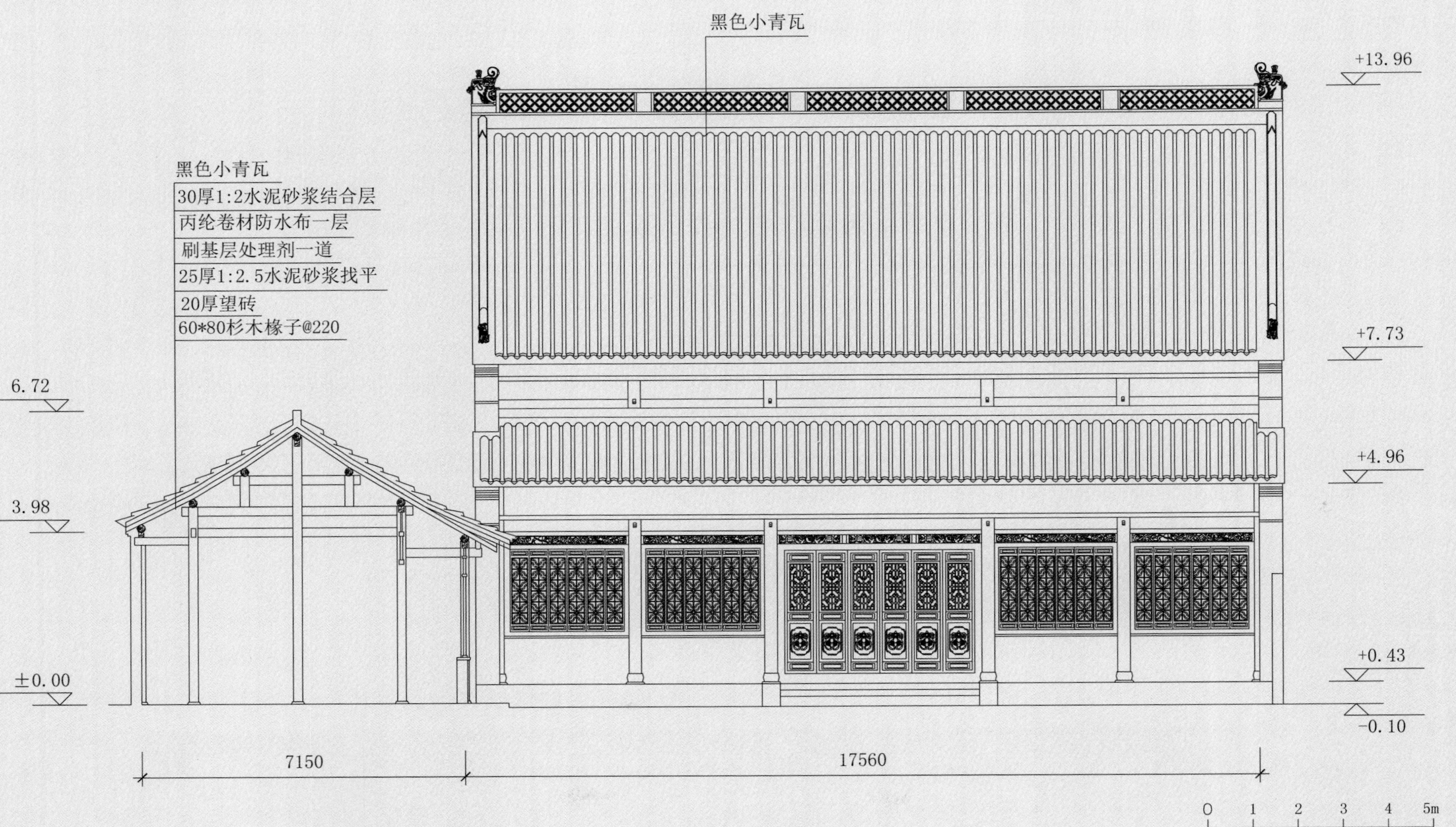

图D-2-3-1-6 超岸寺（大雄宝殿）剖面图（3）

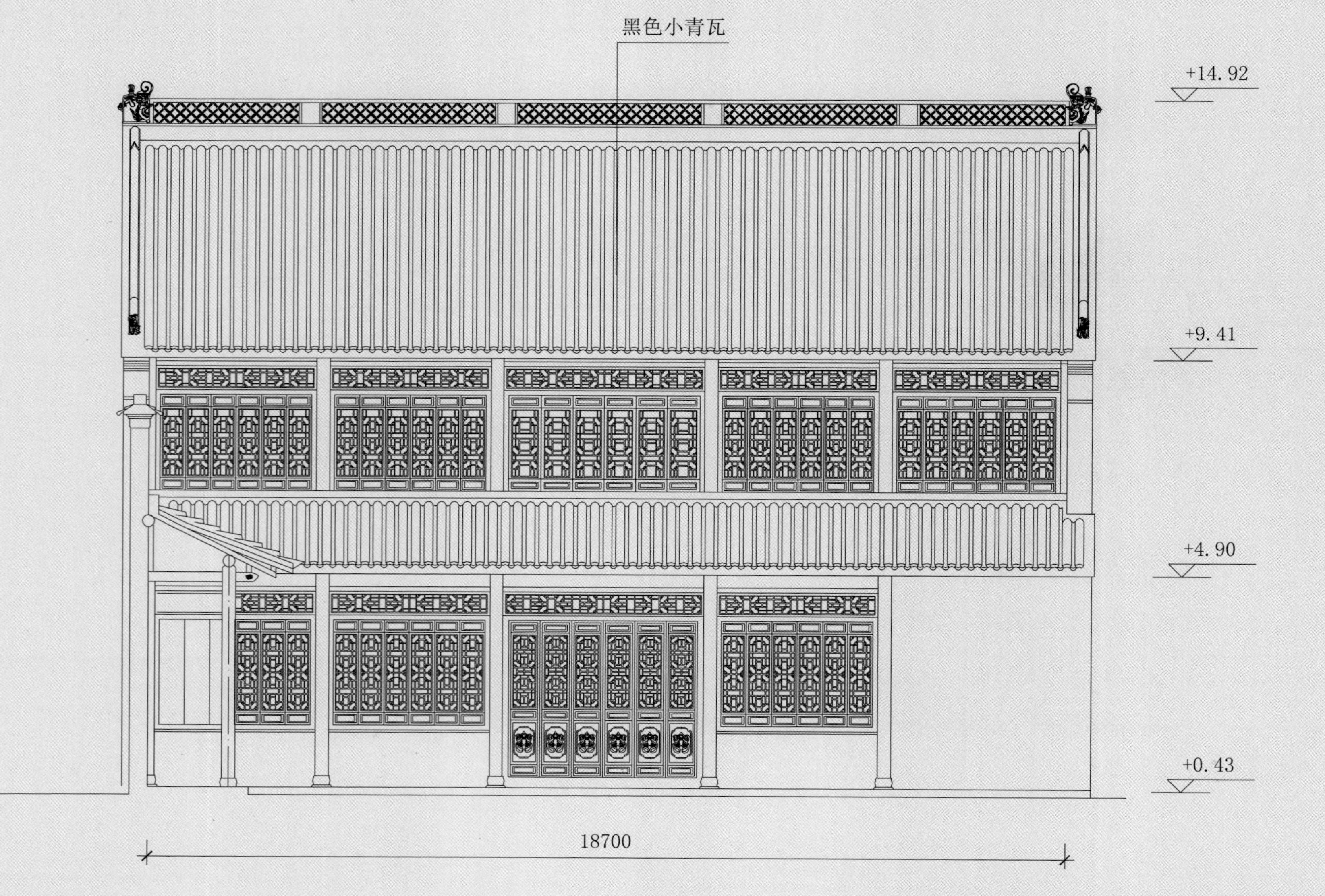

图D-2-3-1-7 超岸寺剖面图（4）

第二节 清代海关道台沈公馆

一、概况

1. 建筑形态。清代海关道台沈公馆（图P-2-3-2-1）该建筑坐北朝南，高10.16m，南北向宽37.62m，东西向宽19.7m，占地740m²，建筑面积1068m²。2004年公布为镇江市文物保护控制单位。

图P-2-3-2-1 迁建后沈道台府南立面

2. 历史沿革。道台府沈公馆是清代在镇江海关任职的沈姓道台私人住宅。原址位于镇江盆汤巷35号，20世纪50年代改为镇江市煤建公司会堂，后成为民居。2003年长江路拓宽改造北侧拆迁至人行道；2010年中华路街区老城改造时由镇江市城投集团收购，搬迁其中居民，移交西津渡文化旅游公司保护。由于原建筑破损严重，紧邻马路并影响人行道正常通行，经专家论证、主管部门批准，就近原样迁建于大西路存仁堂药店西端、工人电影院南侧，于2014年建成。

3. 遗存状态。该建筑为清代徽派建筑。二层、局部一层的古式楼房，整个建筑布局工整，空间开阔，内有大小不一的六处天井。楼房的两边各设了两个楼梯通向二楼。二楼东西向是一排房间，房间前设有过道，一排漂亮的木栏杆设立在过道的南面。屋面为传统的木构件屋架，山墙有木柱排山，四码落地，内柱下端设白石石鼓。木椽蝴蝶瓦（图P-2-3-2-2 ～ 图P-2-3-2-8）。

图P-2-3-2-2 原沈道台府旧貌（西立面）

图P-2-3-2-3 修缮前原清沈道台府外貌（西北立面）

图P-2-3-2-4 修缮前原清沈道台府外貌（1）

图P-2-3-2-5 修缮前原清沈道台府外貌（2）

图P-2-3-2-6 迁建后原清沈道台府东立面（谢戎摄）

图P-2-3-2-7 迁建后原清沈道台府西立面

图P-2-3-2-8 迁建后原清沈道台府北立面

二、主要修缮技术方案

2015年，西津渡公司对海关道台沈公馆进行了迁建、修缮，等级为重建。迁建前，委托镇江市地景园林规划设计有限公司进行原建筑遗存实地测绘，保存建筑信息；对迁建方案按原建筑式样提出建筑设计方案。西津渡公司邀请了文物、考古、古建等专家，对迁建方案进行评选、论证。同意迁建方案按原建筑结构形式和材料异地重建，增加抗震构造措施，并留出足够的控制地带。主要迁建内容为：按原样整体进行迁建，木构屋架，清水青砖墙、硬山结合观音兜。内部装饰采用传统建筑的特点，形制、风貌、大门、屏门、长窗、短窗、槛窗、窗棂花格、边窗线脚、楣板挂落、木雕花、栏杆、楼梯等木构架，全部完全保留原结构、原形状、原材料、原工艺和原风貌。局部增设卫生设施。

砖作：建筑为240/370砖墙，屋面望砖，门楣、窗楣、漏窗、青砖叠挑。

瓦作：小青瓦脊与小瓦屋面。

石作：青石窗台，白石柱础。

木作：大木作有梁柱、构架；小木作有栏杆、门窗、垫坊、渡板等。

油漆作：红棕色/栗壳色

1. 墙体

（1）当370砖墙两侧均为外墙时，采用青砖砌；当370砖墙墙体红砖与青砖咬合时，外侧墙面做清水青砖墙，内部做红砖墙并粉刷；当240墙体两侧为室内时，均用红砖砌并粉刷；如一侧为外墙时则室外用青砖、室内用红砖；门窗过梁处外墙面贴20mm青砖；贴面20mm厚水泥砂浆连接层。

（2）室内墙、柱面、门窗的阳角，在2m高处均做1:2水泥砂浆护角线，每侧宽度不小于50mm。

（3）外墙砖窗楣、砖叠挑保留原形式。

（4）厕所内墙、外墙均在室内地坪标高下60mm处做墙身防潮层。

2. 楼面

楼面为30mm后原杉木企口地板，梁与龙骨均为木质材料。

3. 屋面

(1)本工程屋面防水等级为Ⅲ级；防水层使用年限为10年。

(2)坡屋面有组织排水，檐沟收水，集中落水管落水。

(3)防水层上刮浆铺设小青瓦。

4. 建筑材料与构造要求

(1)进厅一、进厅二、进厅三屋架为举架式七架梁，进厅四、进厅五屋架为穿斗式七架梁，厢房为举架式三架梁。

(2)木作部分及建筑基础部分木料需作防火、防白蚁、防腐处理。材种为杉木，含水率小于16%（烘干工艺）。

(3)木构架装配连接为镇江传统民居做法，榫卯（结合木销）连接，榫卯结合，严密牢固，各暗销配齐全。

(4)外墙做钢筋混凝土构造柱。

三、建筑物修缮责任表

建设单位：镇江市西津渡文化旅游有限责任公司

项目负责人：杨恒网 王敏松 孙荣 黄裕

测绘、修缮设计单位：镇江市地景园林规划设计有限公司

测绘、修缮设计人员：许忠东（技术负责人） 王欢欢（项目负责人）

监理单位：镇江市建科工程管理有限公司

监理人员：施彩霞

施工单位：江苏现代园林建设工程有限公司

项目经理：王建龙

施工时间：2014.11.25 — 2015.2.26

四、施工图纸

如图D-2-3-2-1 ~ 图D-2-3-2-7所示。

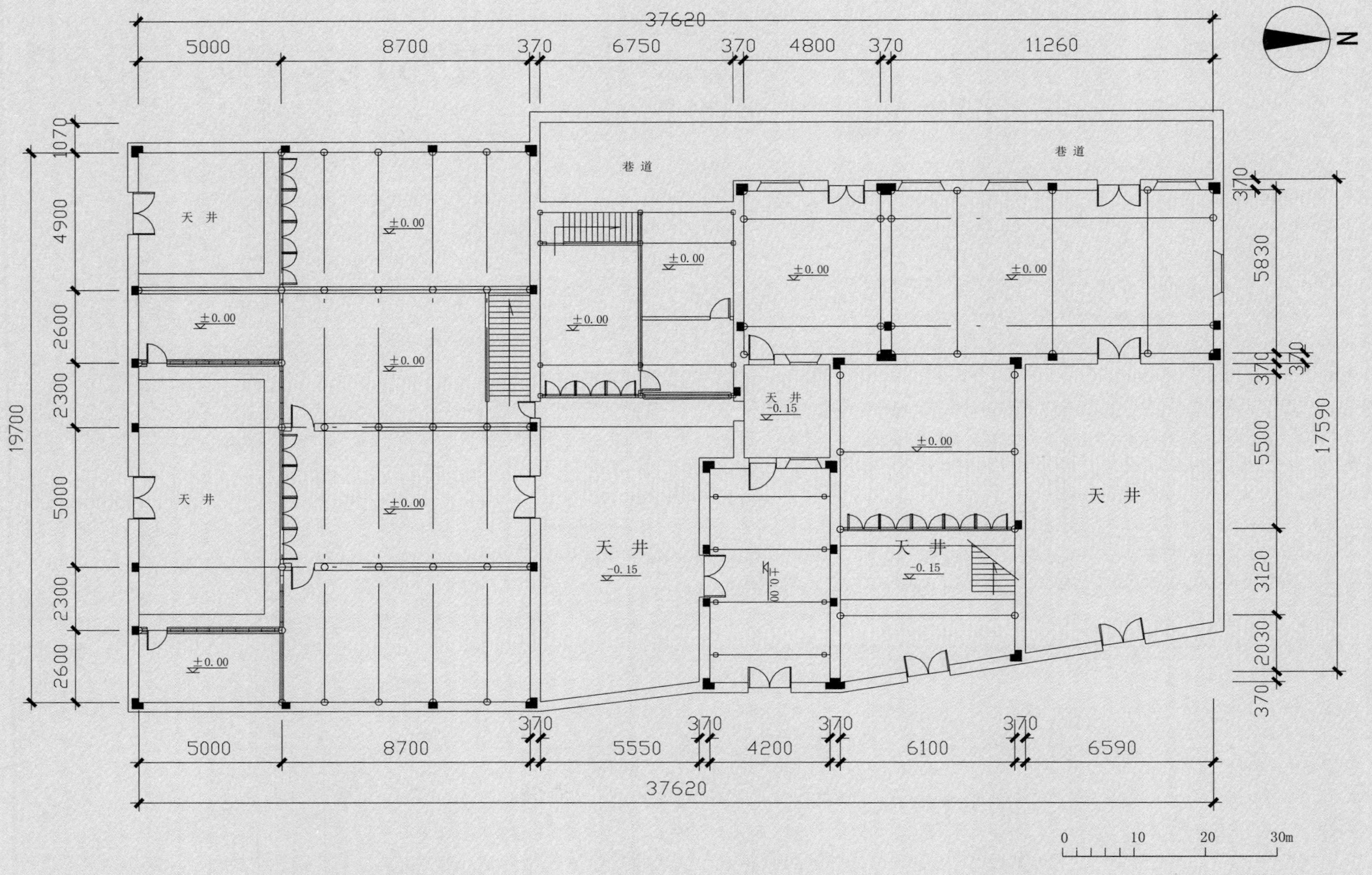

图D-2-3-2-1 沈道台府一层平面图

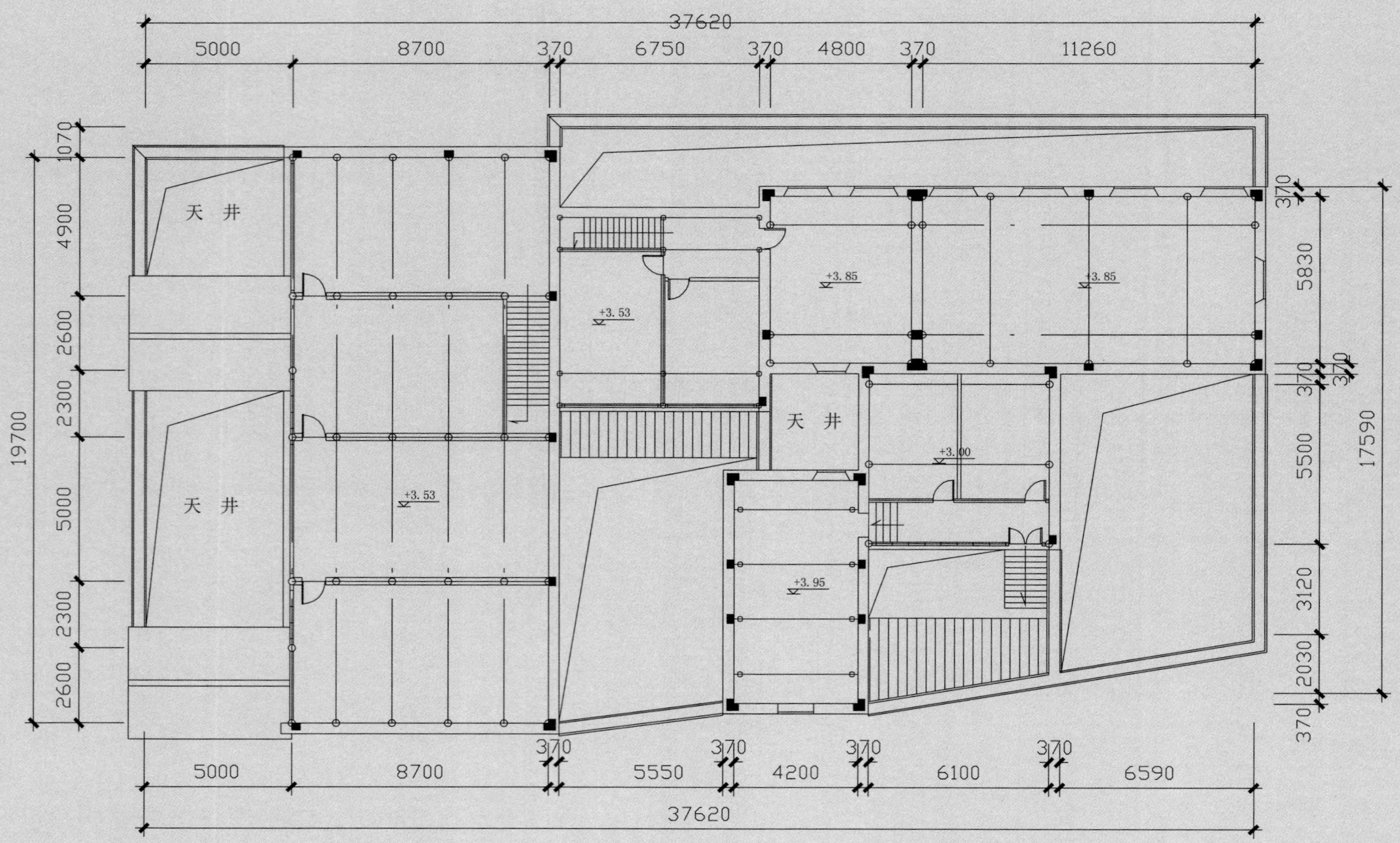

图D-2-3-2-2 沈道台府二层平面图

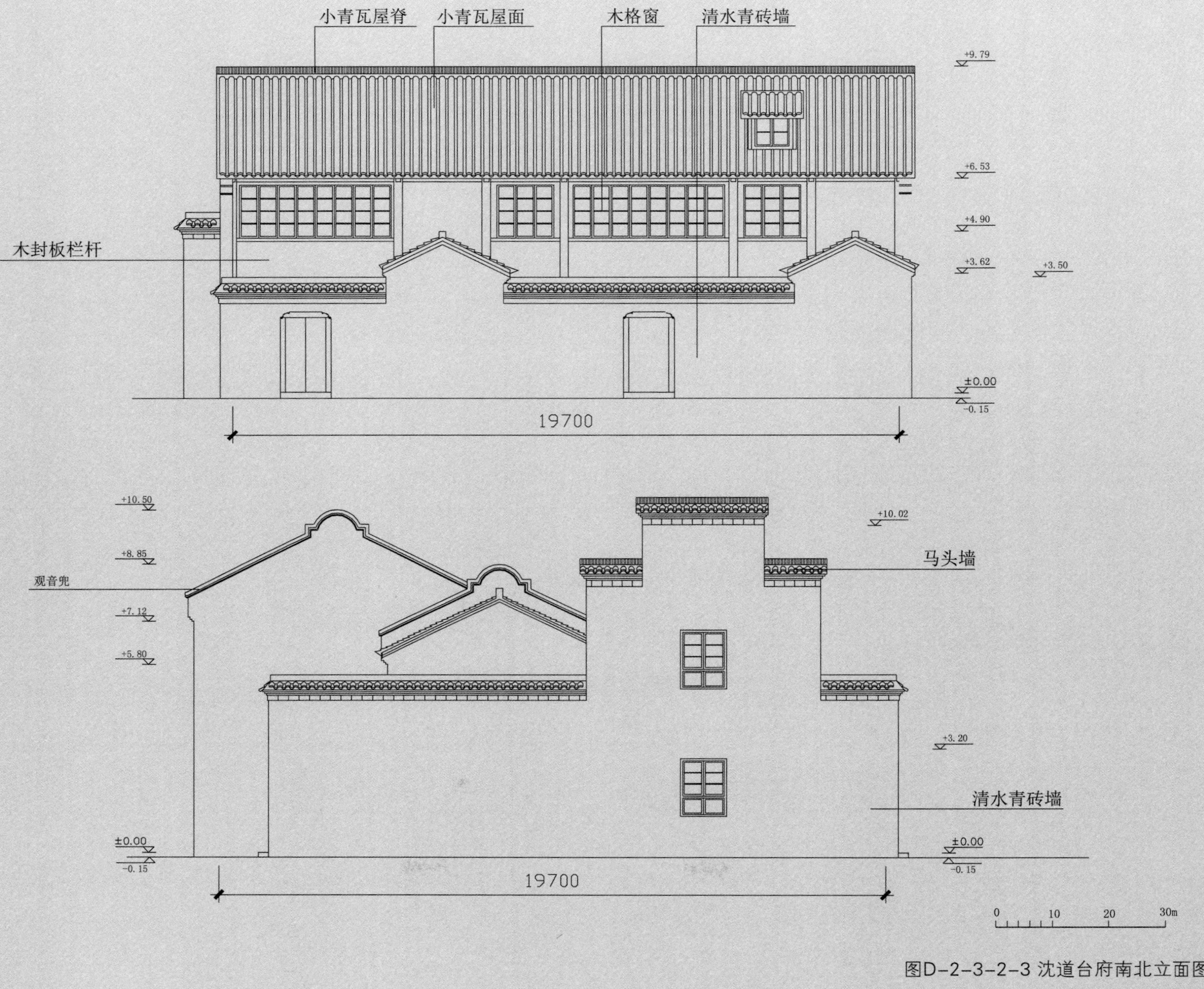

图D-2-3-2-3 沈道台府南北立面图

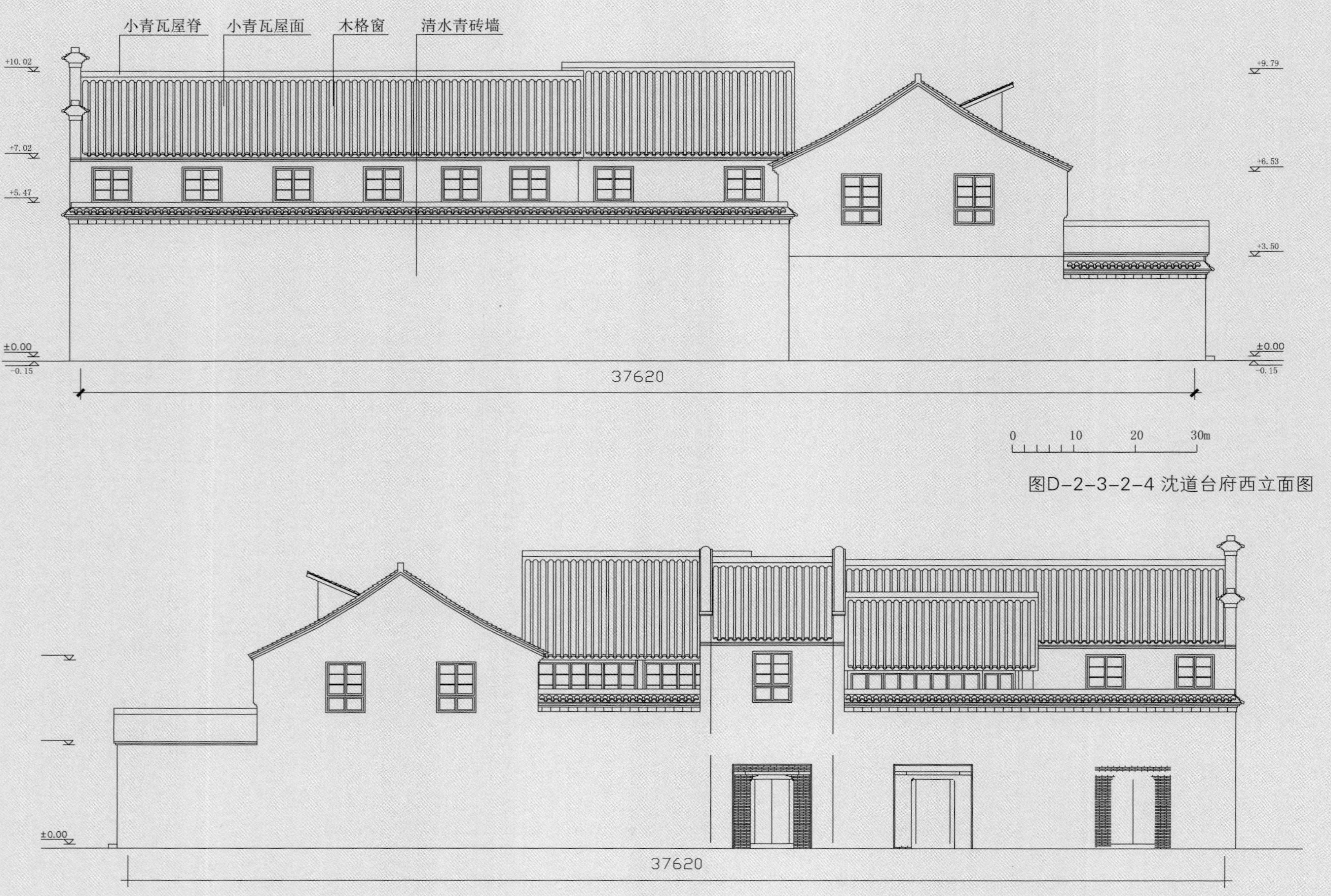

图D-2-3-2-4 沈道台府西立面图

图D-2-3-2-5 沈道台府西、东面图

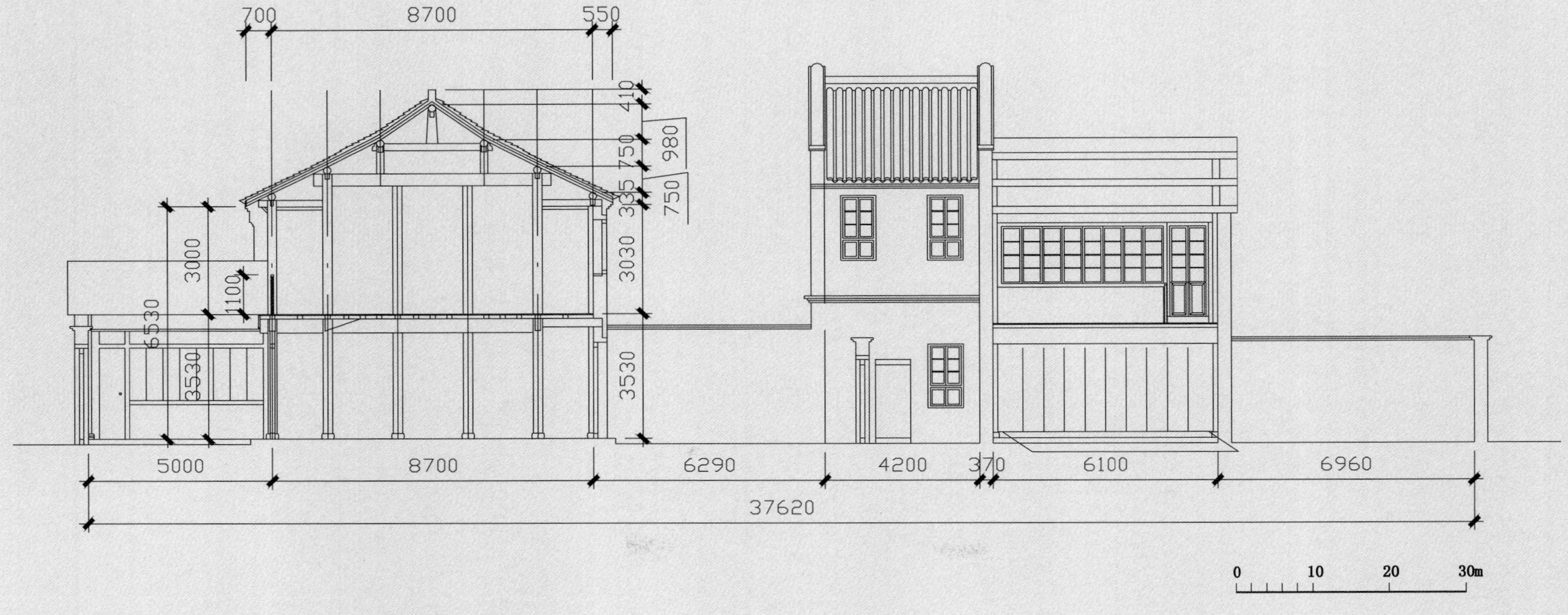

图D-2-3-2-6 沈道台府南剖面图

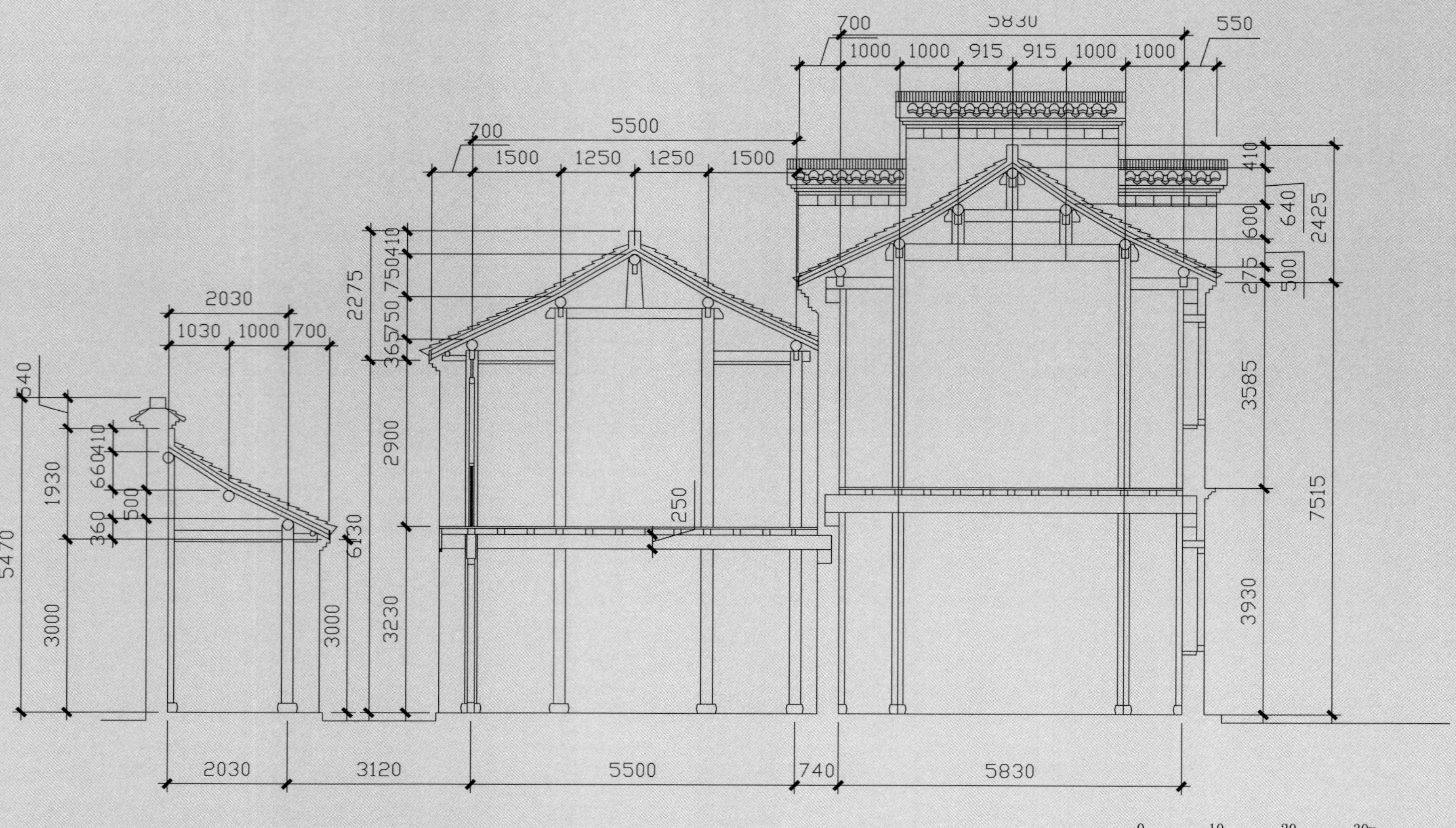

图P-2-3-2-7 迁建后原清沈道台府北立面

第三节 镇江自来水厂旧址

一、概况

1. 建筑形态。镇江自来水厂旧址位于长江路（原名洋浮桥小江边街）28号，又名江边水厂。有3栋建筑，1号楼为二次泵房，2号楼为办公楼，3号楼为沙漏池。总建筑面积616m^2，另设有地下储水池。2004年由市政府公布为市级文保单位；2019年，公布为江苏省文保单位（图P-2-3-3-1）。

图P-2-3-3-1 修缮后镇江自来水厂旧址（江滨水厂）

1号楼原是水厂二次泵房，该建筑南北向宽14.5m，东西向11.2m，高7.16m，占地162.4m^2。为一层歇山顶屋面的建筑，是相当于悬山下部四周加披的组合形式，有一条正脊、四条垂脊、四条戗脊，共九条脊，所以歇山顶又称“九脊殿”。山墙为悬山式，取其山尖以上的部分（包括山尖），再向四周伸出屋檐，就是歇山形式。歇山的两侧坡面也叫“撒头”，歇山的山尖部分称为“小红山”（图P-2-3-3-2）。

2号楼原是办公楼，高二层，一半为歇山屋面，另一半为庑殿式屋面。南北向10.1m，东西向4.95m，高7.05m，占地41.04m^2，建筑面积70.25m^2。楼梯为外部通道。

3号楼原是水厂沙滤池（图P-2-3-3-3），地下一层，地上高二层，局部三层

平顶建筑，南北向18m，东西向9.5m，高9m，占地171m^2，建筑面积385.84m^2。钢筋混凝土框架结构，清水青砖，北侧墙设楼梯，为外部通道。

2．历史沿革。清末民国初期，镇江城市居民主要饮用长江水、河水及井水。民国元年（1912年）镇江英租界内建自来水厂。民国十三年（1924年），镇江第一救火会自来水厂建成投产。民国十五年（1926年），成立镇江自来水股份有限公司。民国二十三年（1936年）为解决镇江百姓用水困难，原镇江自来水股份

图P-2-3-3-2 修缮后的镇江自来水厂旧址1号楼（右）和2号楼（左）

有限公司在临江处重建自来水厂，民国二十五年（1938年）正式投产。该厂占地11.36亩，建有平流沉淀池、清水池、进水间等。此时城市供水范围东到正东路，西到伯先路，管道总长70km，日供水量4800m^3，用户达1460户。

1949年5月，镇江市军官会派人进驻该厂。1953年，成立公私合营镇江自来水厂。1959年9月，在该厂新建平流隔板反应池。1966年，改名为镇江市自来水厂。在1966年至1975年期间，该处新建清水池一座、立式沉淀池一座（后改为加速澄

图P-2-3-3-3 修缮后的镇江自来水厂旧址3号楼及江滨水厂碑石和文保碑

清池）、脉冲池一座，并改钢结构滤池为混凝土普通快滤池。至此，江边水厂日供水能力达3万吨。1977年，改名为镇江市自来水公司。1979年以后，由于长江枯水期水质严重恶化，江边水厂每年被迫停产5～6个月，日供水能力降为2.5万吨。为改善镇江供水状况，镇江市于1976年、1978年、1985年在金山先后建立水厂一期、二期、三期工程，原江边老水厂也就完成了它的历史使命。2001年长江路拓宽改造二期工程中，镇江市城投集团收购了老自来水厂旧址并移交西津渡建设发展公司实施修缮保护。（图P-2-3-3-4～图P-2-3-3-7）。

图P-2-3-3-4 镇江自来水厂旧址（江滨水厂）

图P-2-3-3-5 修缮前的镇江自来水厂2号楼照片

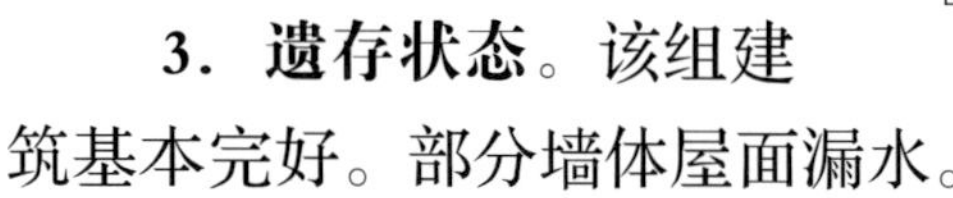

3．遗存状态。该组建筑基本完好。部分墙体屋面漏水。

二、主要修缮技术方案

2012年，由镇江市西津渡公司对镇江自来水厂旧址现有三栋建筑进行了维修，修缮等级为中修。维修前，委托镇江市地景园林规划设计有限公司实地测绘并制定了修缮方案，且邀请了文物、考古、建设等专家和行政主管部门负责人，对修缮方案进行评估、论证，同意按原样修复设计方案，增加抗震构造措施，拆除后期搭建的附属物，留出了足够的控制地带。主要修缮内容为：结构加固、立面整治、屋面防水及功能重布等。

图P-2-3-3-6 修缮中的镇江自来水厂2号楼

图P-2-3-3-7 修缮前的镇江自来水厂3号楼老照片

三、建筑物修缮责任表

建设单位：镇江市西津渡建设发展有限责任公司

项目负责人：陆江 杨恒网 王敏松 张颀科

测绘、修缮设计单位：镇江市地景园林规划设计有限公司

测绘、修缮设计人员：王欢欢 高宇

监理单位：镇江市建科工程监理有限公司

监理人员：刘晓瑞 肖镇

施工单位：镇江市锦华古典园林建筑有限公司

项目经理：高林华

施工时间：2010.3.1 — 2010.4.20

四、施工图纸

如图D-2-3-3-1 ~ 图D-2-3-3-13所示。

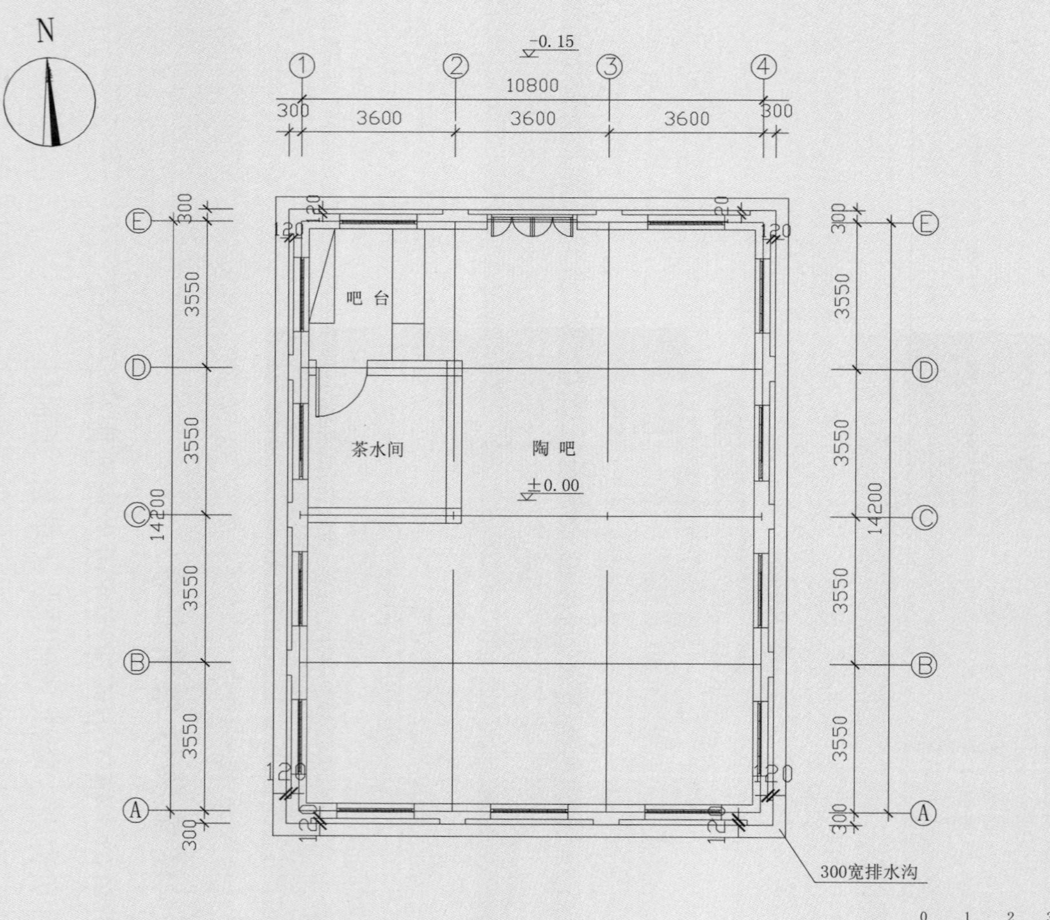

图D-2-3-3-1 镇江自来水厂1号楼平面图

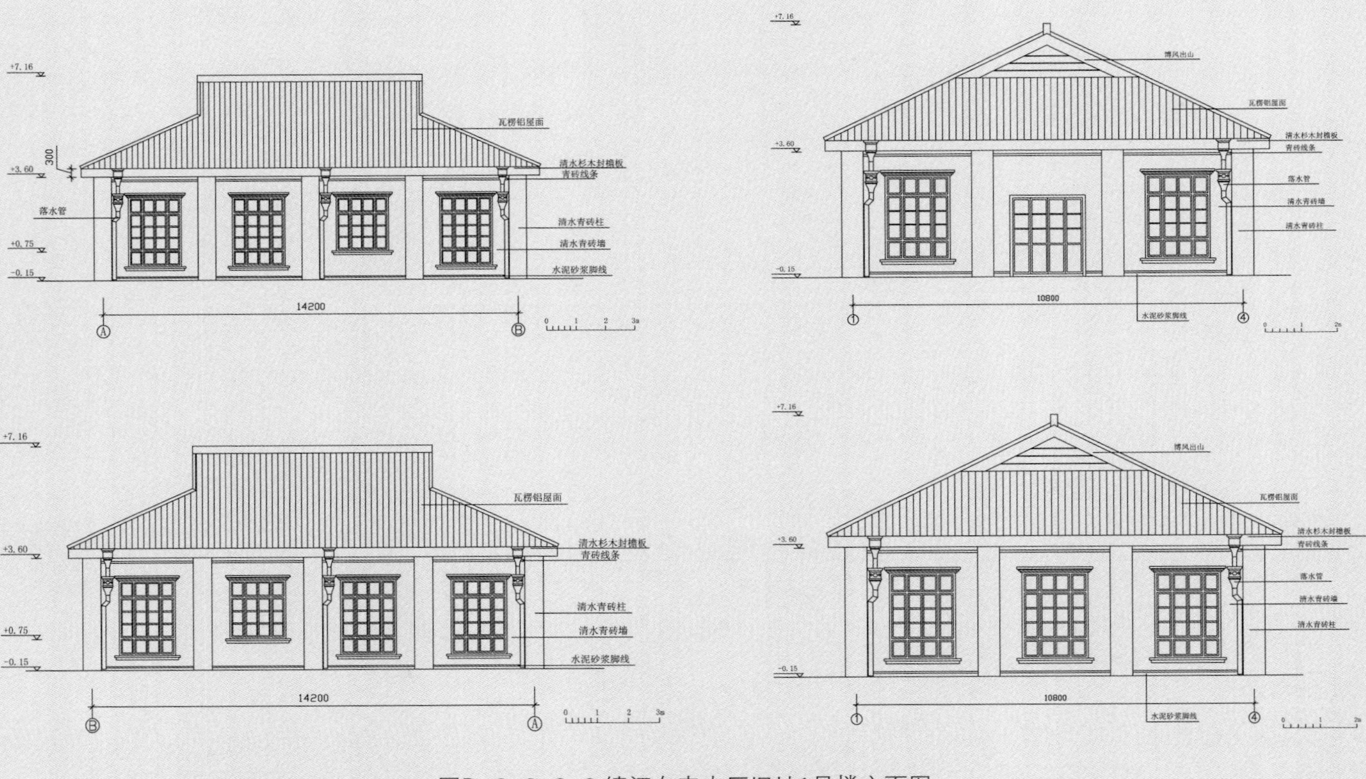

图D-2-3-3-2 镇江自来水厂旧址1号楼立面图

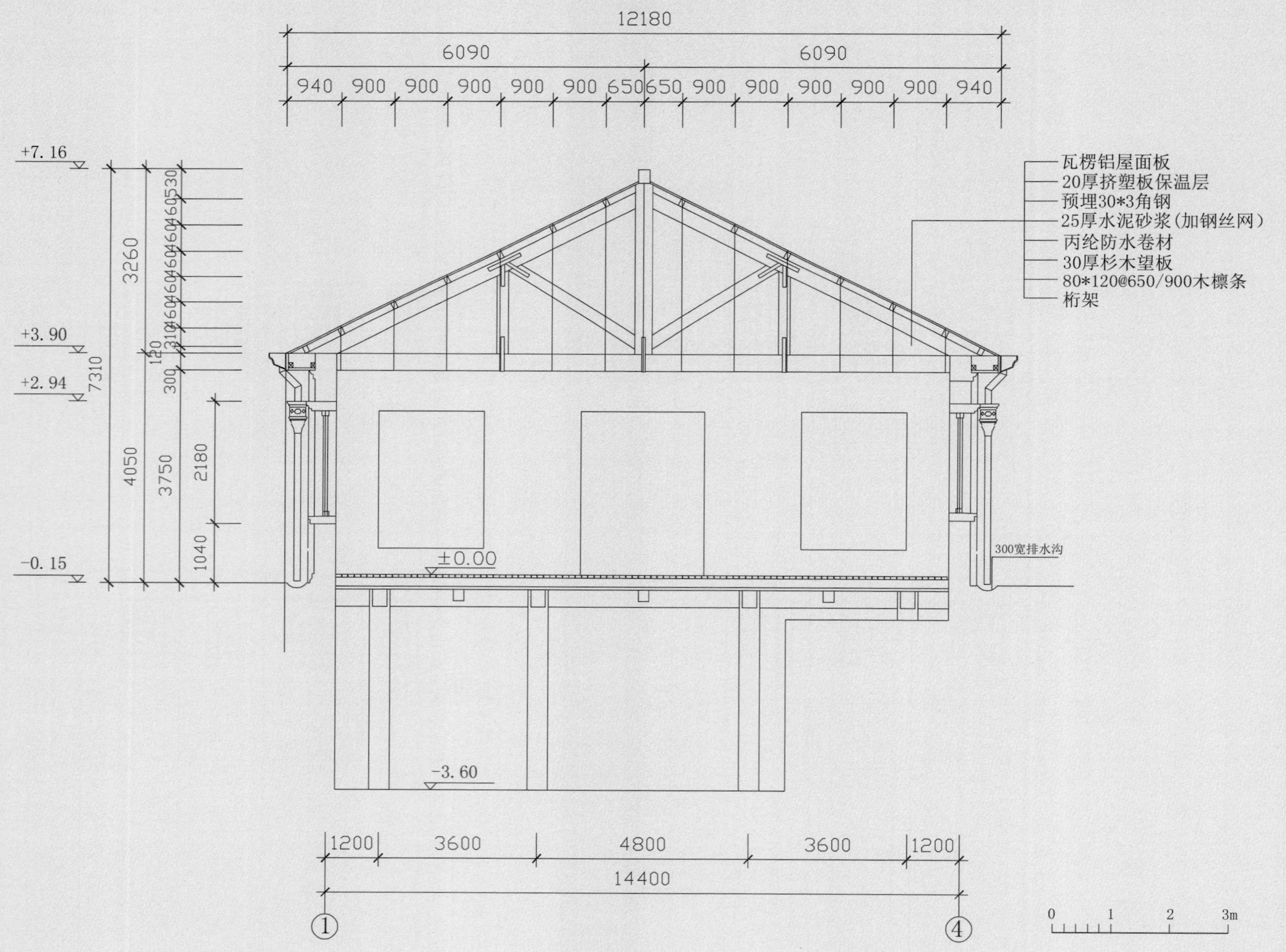

12180
6090
6090
940 900 900 900 900 900 650 650 900 900 900 900 900 940
瓦楞铝屋面板
20厚挤塑板保温层
预埋30*3角钢
25厚水泥砂浆（加钢丝网）
丙纶防水卷材
30厚杉木望板
80*120@650/900木檩条
桁架
+7.16
+3.90
+2.94
-0.15
7310
3260
4050
3750
2180
1040
300
120
±0.00
300宽排水沟
-3.60
1200
3600
4800
3600
1200
14400
0
1
2
3m

图D-2-3-3-3 镇江自来水厂旧址1号楼剖面图

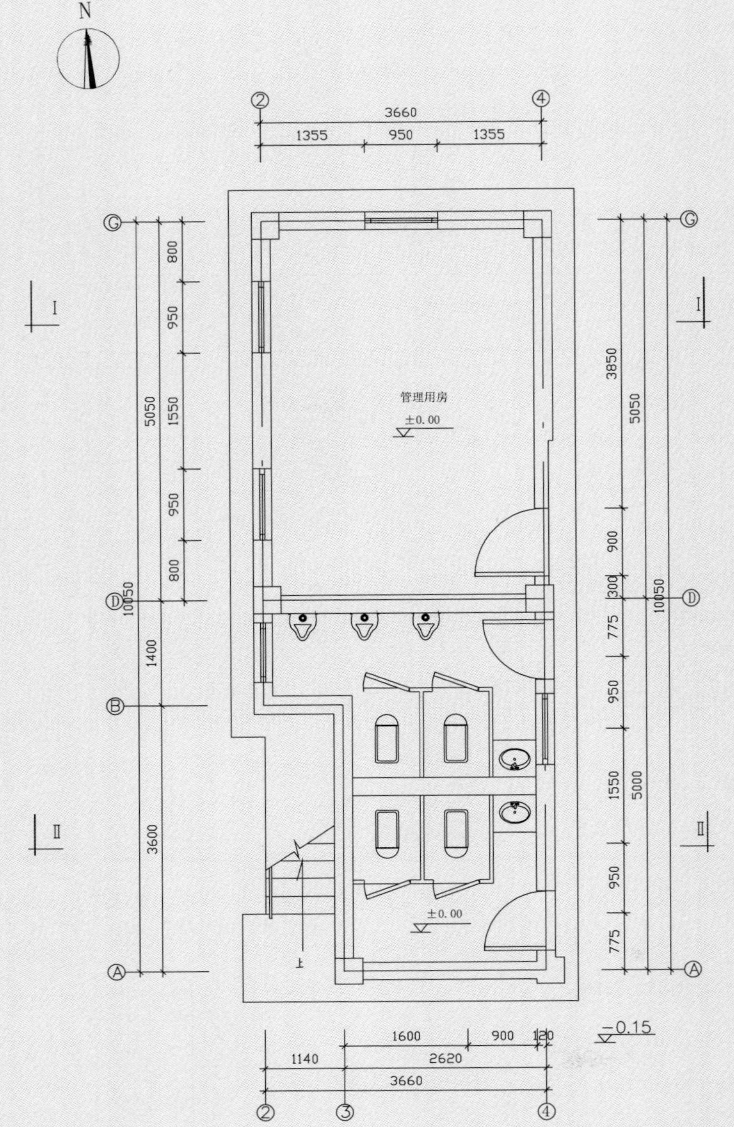

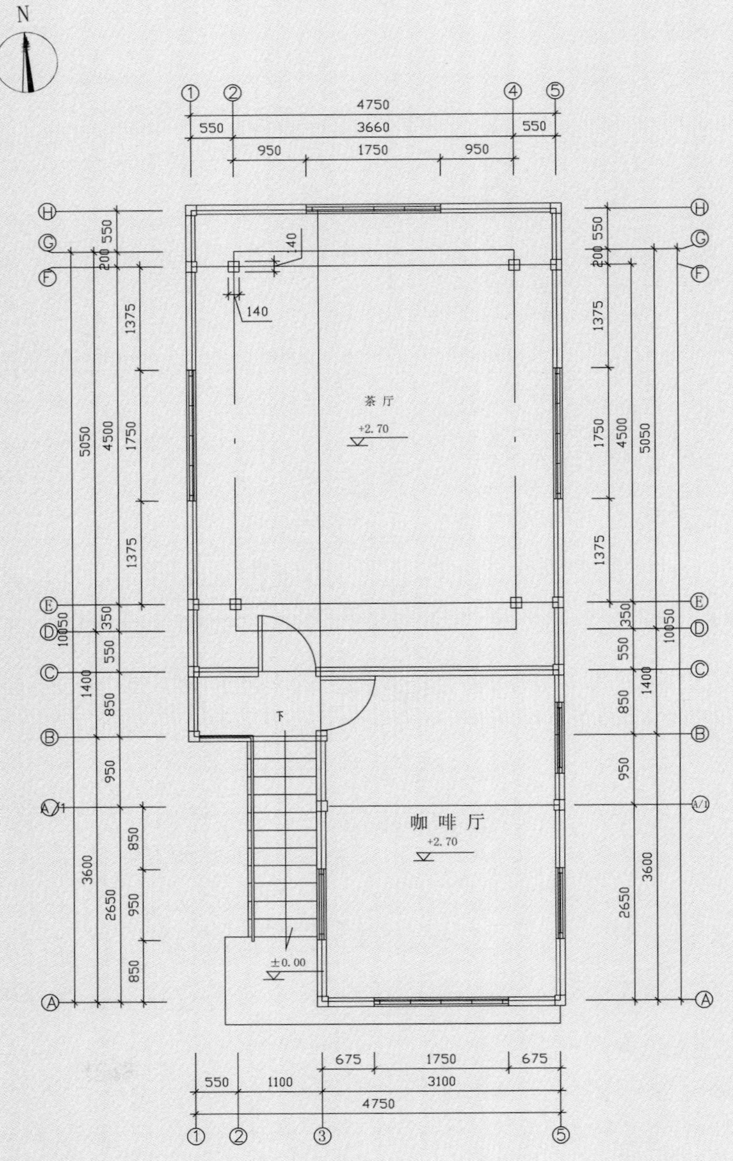

图D-2-3-3-4 镇江自来水厂旧址2号楼平面图

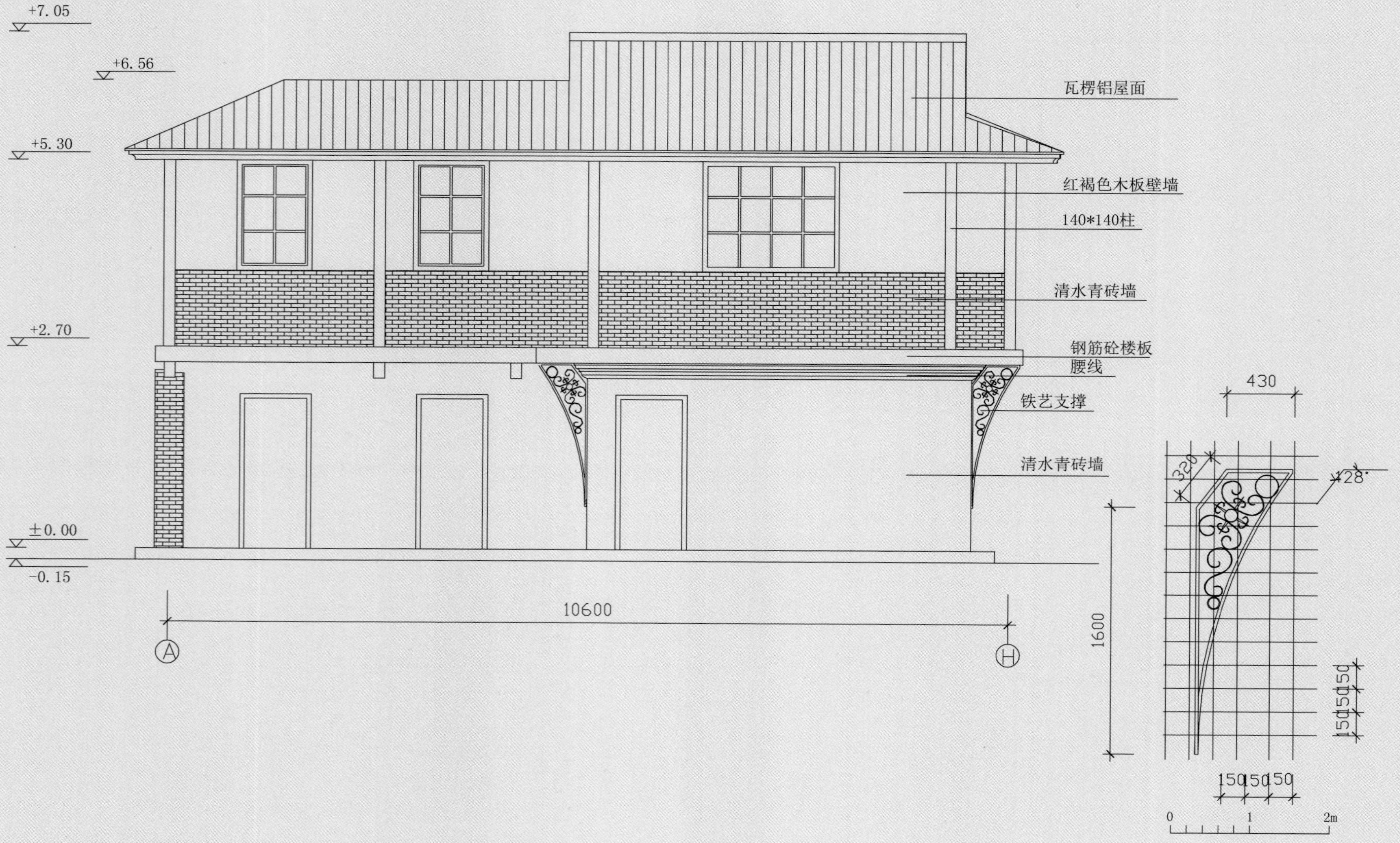

图D-2-3-3-5 镇江自来水厂旧址2号楼东立面图

图D-2-3-3-6 镇江自来水厂旧址2号楼西立面图

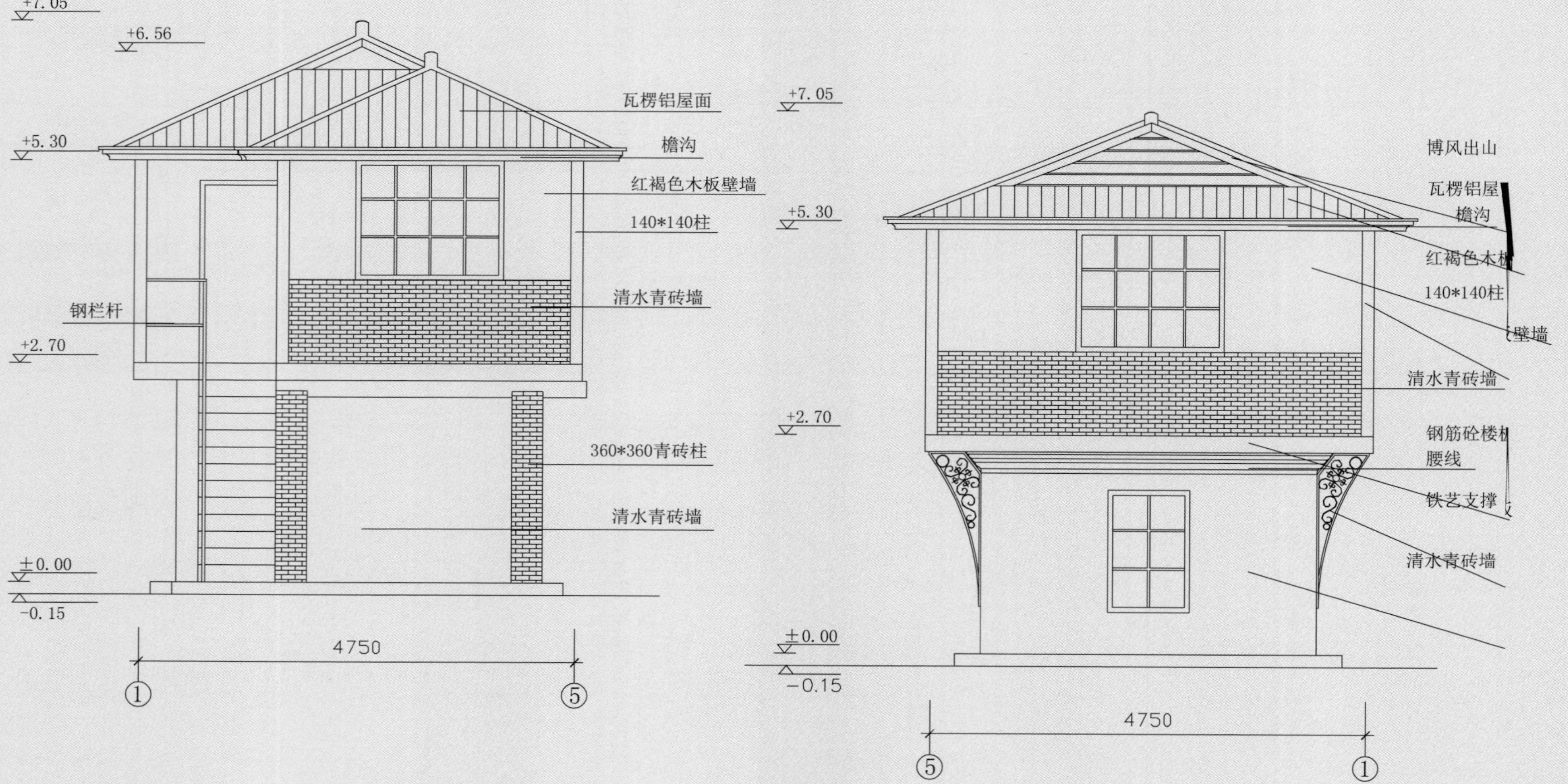

图D-2-3-3-7 镇江自来水厂旧址2号楼剖面图

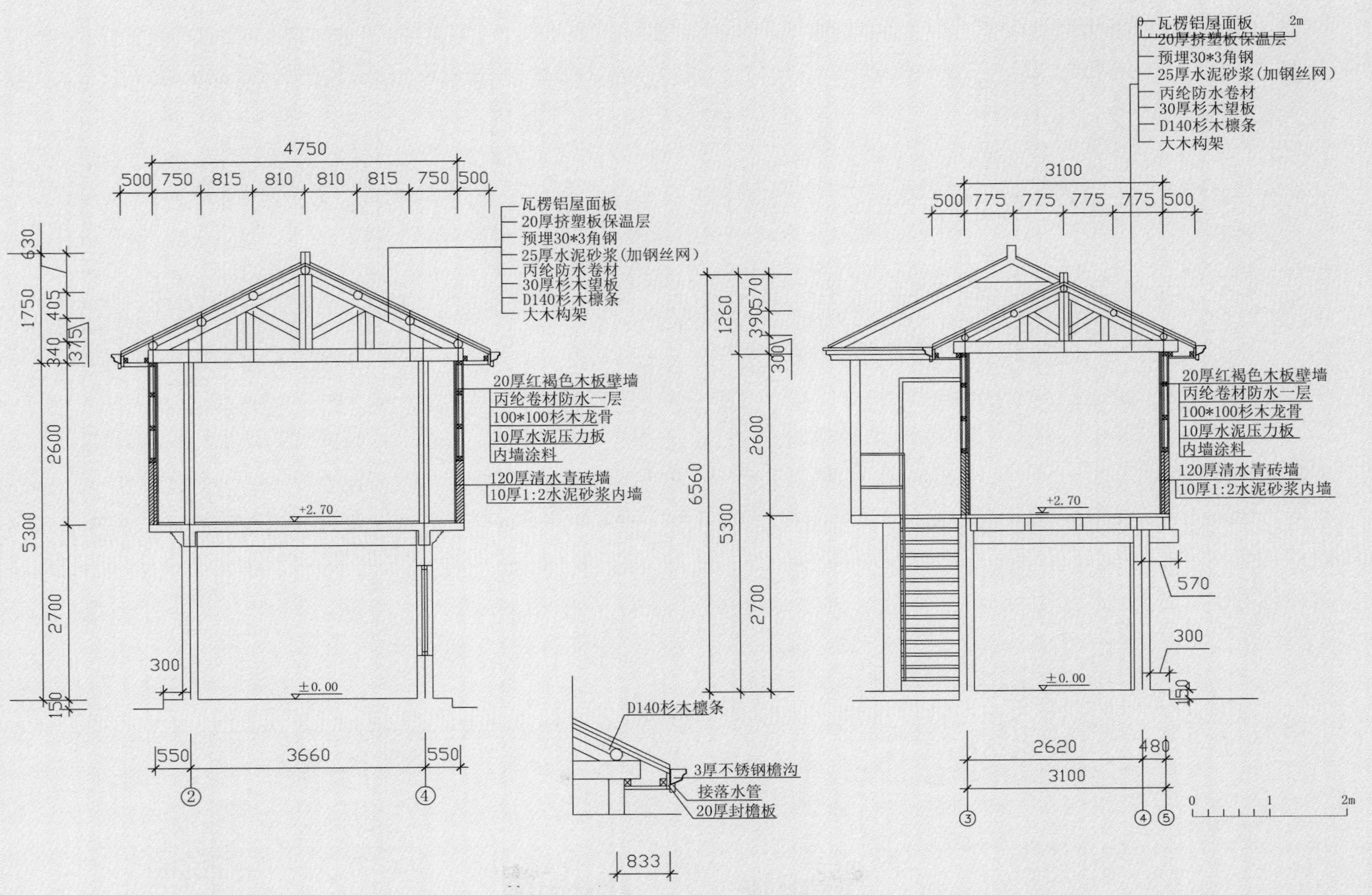

图D-2-3-3-8 镇江自来水厂旧址2号楼剖面图

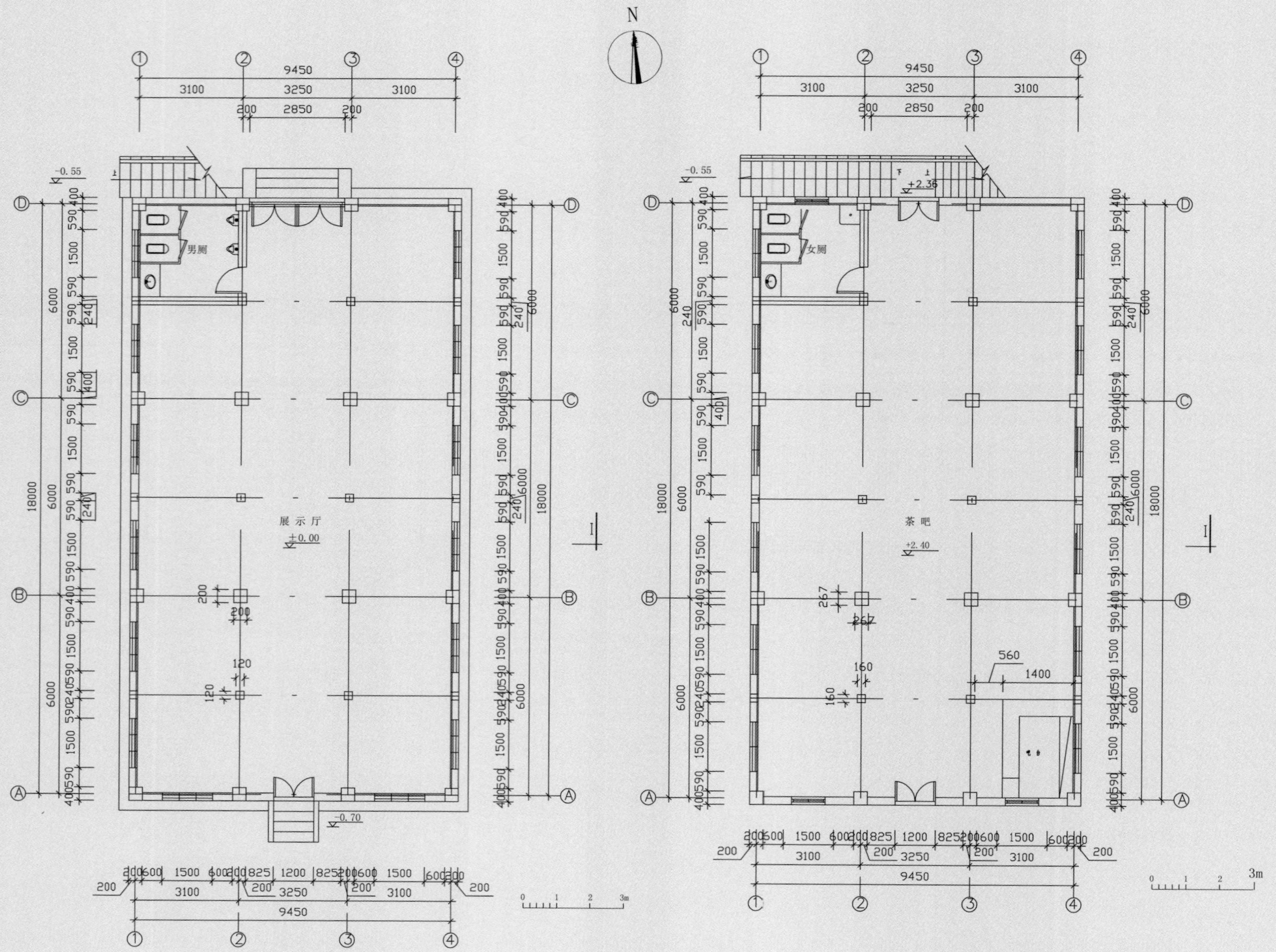

图D-2-3-3-9 镇江自来水厂旧址3号楼平面图

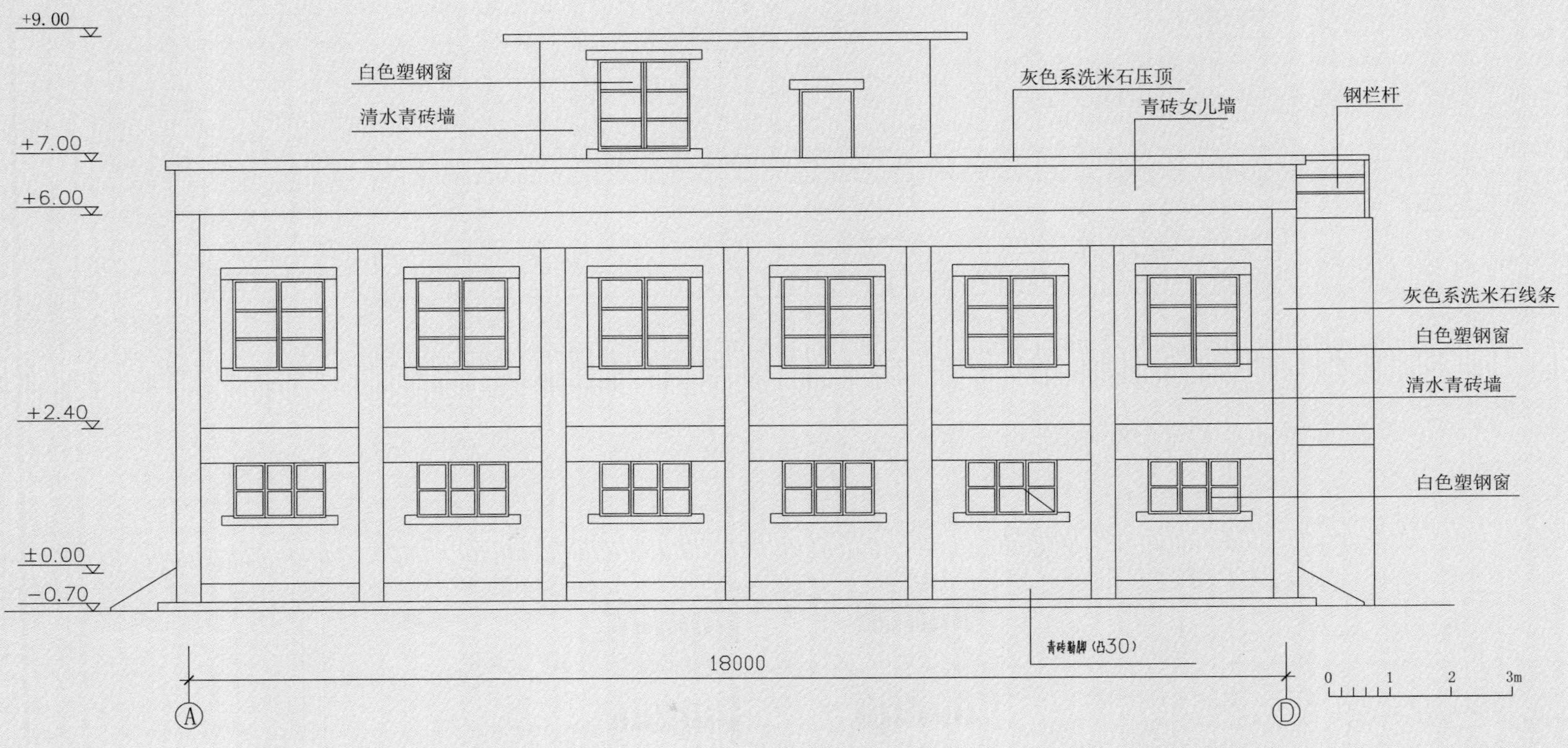

图D-2-3-3-10 镇江自来水厂旧址3号楼东立面图

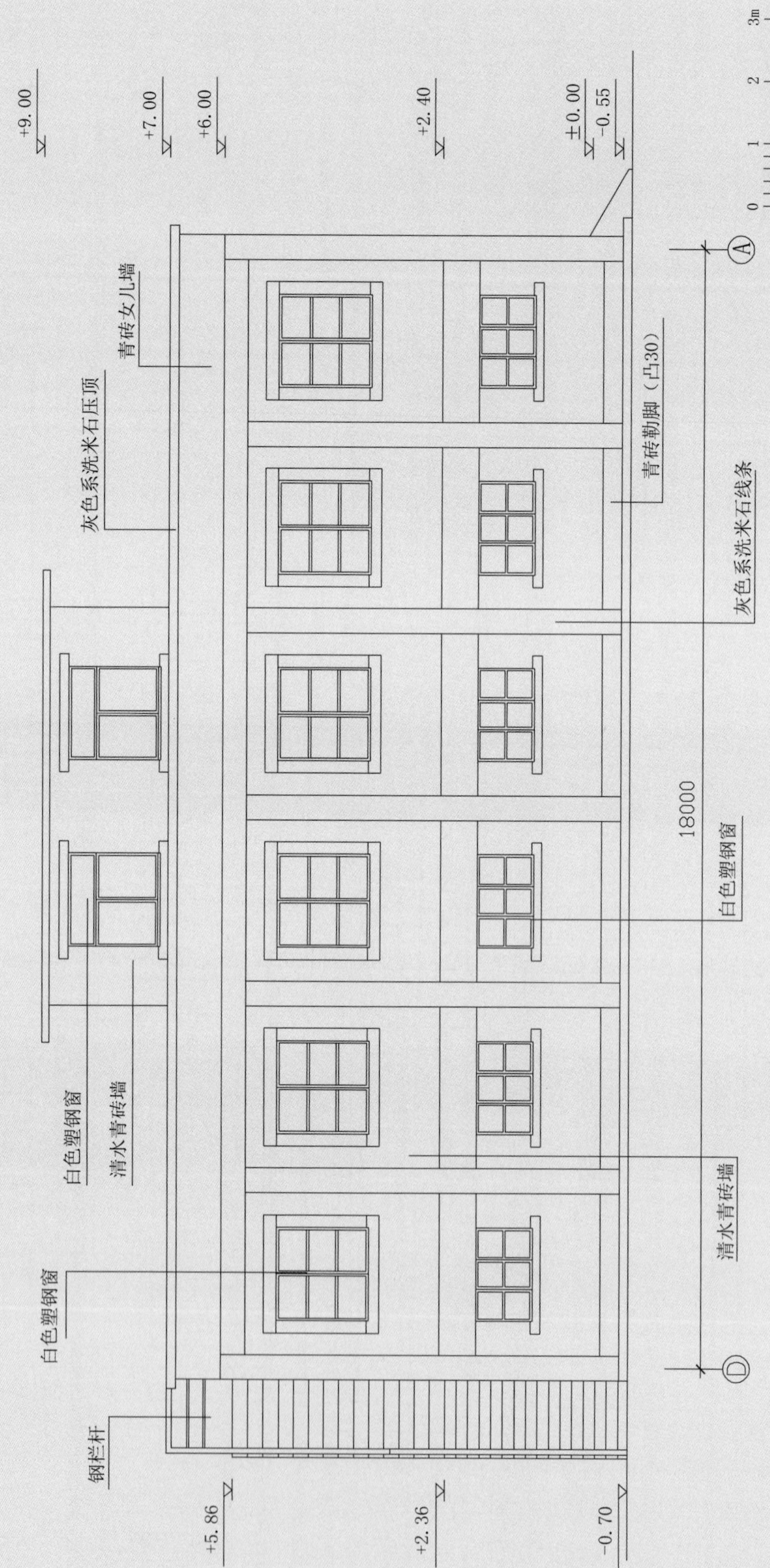

图D-2-3-3-11 镇江自来水厂旧址3号楼西立面图

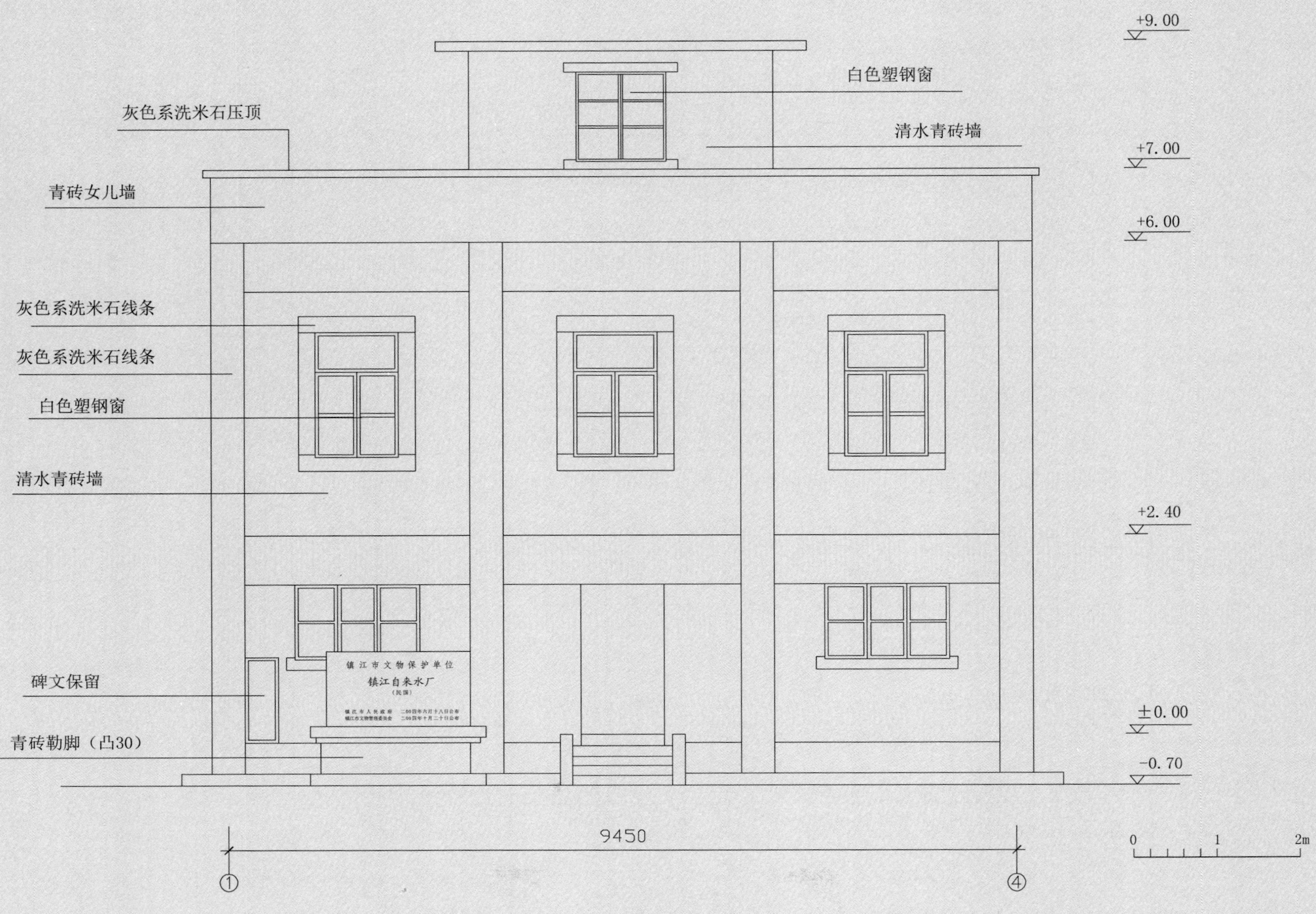

图D-2-3-3-12 镇江自来水厂旧址3号楼剖面图

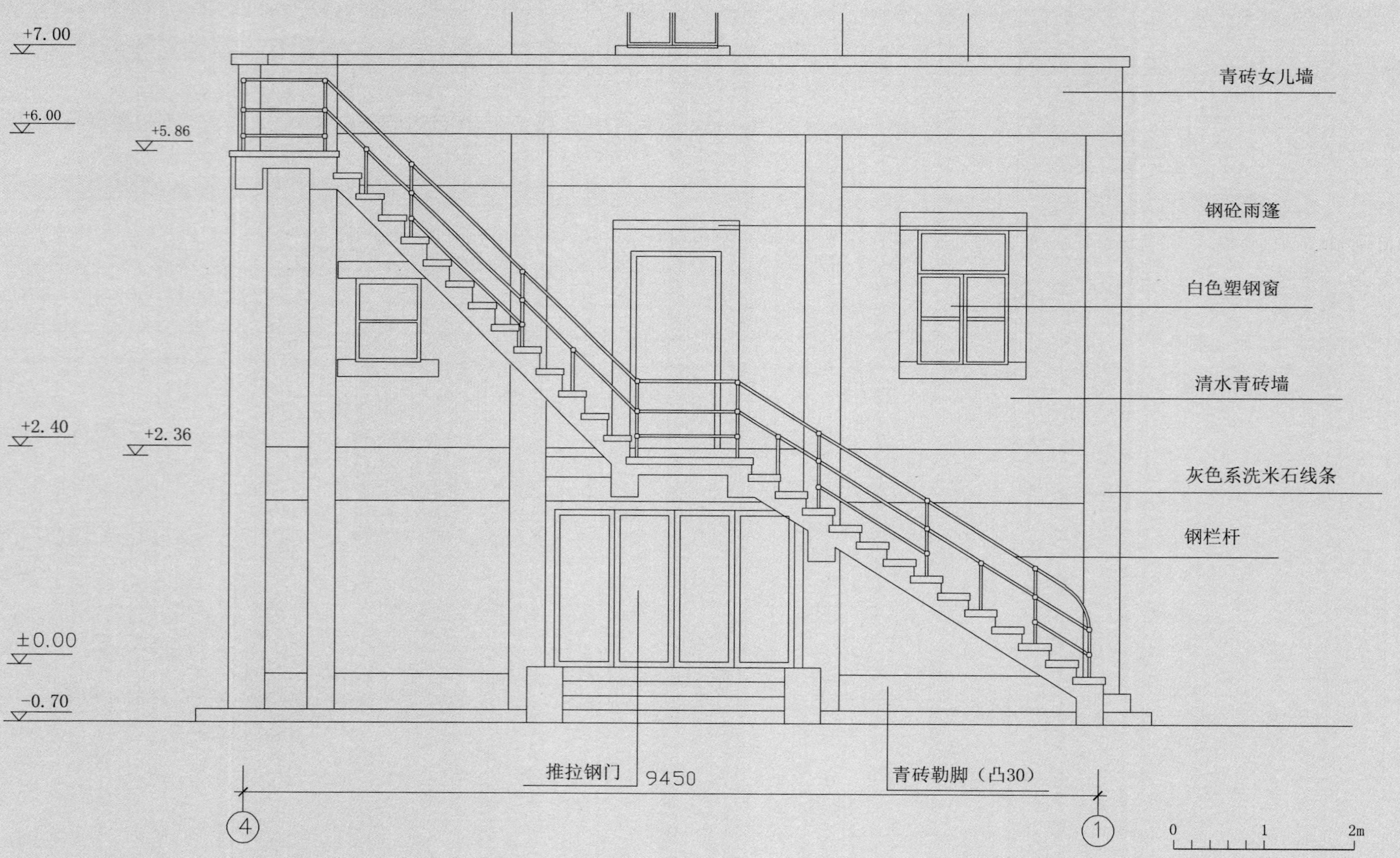

图D-2-3-3-13 镇江自来水厂旧址3号楼剖面图

第四章
重要历史建筑

第一节 朝阳楼旧址

一．概况

1. 建筑形态。朝阳楼旧址位于京畿路与伯先路交汇处，分新朝阳楼与老朝阳楼两栋（图P-2-4-1-1）。

图P-2-4-1-1 朝阳楼两栋建筑

图P-2-4-1-2新朝阳楼内部院落式天井（高卫东 摄）

新朝阳楼位于京畿路与伯先路交汇处，伯先路1号，现为镇江市润州区金山街道办事处办公楼。该建筑长12.38m、宽18.68m、高20.22m；占地面积231.26m²，建筑面积1450m²，共5层（层高分别为3.8m，4.2m，4.2m，4.2m，3.9m），围合院落式多层建筑，中间设置天井增加采光。（图P-2-4-1-2）。老朝阳楼位于新朝阳楼南侧，该建筑长16.64m，宽8.60m、高10.12m，共两层；占地面积143.11m²，建筑面积286m²。

2. 历史沿革。朝阳楼既是一座名楼，也是一处地名。据镇江市志记载：清末民国初，镇江以镇扬菜点为主。当时较大菜馆有30余家，以京江第一楼、天香楼、朝阳楼最为著名。朝阳楼后改为《新江苏日报》社。20世纪50年代，朝阳楼成为镇江市第二饮食服务公司的门店，其朝东的部分朝阳楼被拆，在原址建造了五层楼房（以下称新朝阳楼）。90年代镇江市第二饮食服务公司作为国有企业改制出让为私人所有。2010年西津渡公司实施搬迁修缮后，改为镇江市润州区京畿路街道办事处办公地点；同年，又收购了老朝阳楼，并进行了修缮。新老朝阳楼之间有个过道，系镇江百年老店“大兴池”的进出通道，老朝阳楼后面

图P-2-4-1-3 修缮前的新朝阳楼旧貌

为“大兴池”的旧址，现在也被按照“修旧如故”的原则进行了修缮。

3．遗存状态。老朝阳楼因年代久远，破损严重；新朝阳楼外貌与环境极不协调，结构存在安全隐患（图P–2–4–1–3）。

二、主要修缮技术方案

2013年，西津渡公司对该建筑进行了修缮。维修前，委托镇江市地景园林规划设计有限公司实地测量、摄影，保留建筑信息，制定修缮方案；邀请了文物、考古、建设等专家，对两楼修缮方案进行评估、论证。专家同意保留建筑外貌形状，保留原结构形式，增加抗震构造措施。

修缮等级老朝阳楼为落架大修。主要修缮内容为：落架重建、屋面防水、内部装饰及重整功能等。二层五开间，坡顶钢混框架结构，清水青砖墙，坡屋面。东立面一层仿木彩铝落地门，二层仿木彩铝满开窗，柱及楼层腰线表面水刷石装

图P–2–4–1–4 修缮后的老朝阳楼

饰。屋架为歇山式木结构，屋架用材为杉木，装配连接为镇江传统民居做法榫卯（结合木销）。一层中间正立面通门，上口有一匾额，长2.36m，宽0.55m，上书“朝阳楼”三个行楷大字（图P–2–4–1–4）。

建筑细部上，①砖作：地面铺青瓦色罗地砖，清水青砖墙，屋面望砖，青砖窗台，青砖线条；②瓦作：小青瓦屋面，小青瓦屋脊；③石作：阶沿石与柱础石；木作：大木作有梁柱、木桁条，小木作有少数门窗扇，垫坊等；④油作：刷溧壳色（红棕色）油漆。屋面为四坡并接顶，上铺瓦楞铝屋面，瓦楞铝屋脊，其形式为中西合璧式建筑。

新朝阳楼为中修。主要修缮内容为：结构加固、墙面修整、内部装饰和重整功能等。

新朝阳楼建筑为四层、局部五层框架结构，每层设楼梯二部，一、二、三、四层均为办公，五层局部办公，上人平屋面。东立面，仿木漆彩铝窗，外墙青砖贴面，窗楣窗台红砖。屋面女儿墙，红砖贴面拼衣，东面为主入口，四楼挂柱。北立面局部路面设挂柱，女儿墙红砖贴花、竖条仿木纹彩铝窗、青砖饰面。南立面装饰花样相同。

三、建筑物修缮责任表

建设单位：镇江市西津渡建设发展有限责任公司

项目负责人：孙荣 黄裕

测绘、设计修缮单位：镇江市地景园林规划设计有限公司

设计人员：王欢欢

监理单位：镇江建科工程监理有限公司

监理人员：刘晓瑞 景宝富

施工单位：镇江市揽秀文物古建筑修建有限公司

项目经理：贾银生

施工时间：2013.3.28 — 2013.6.25

四、施工图

如图D-2-4-1-1 ~ 图D-2-4-1-9所示。

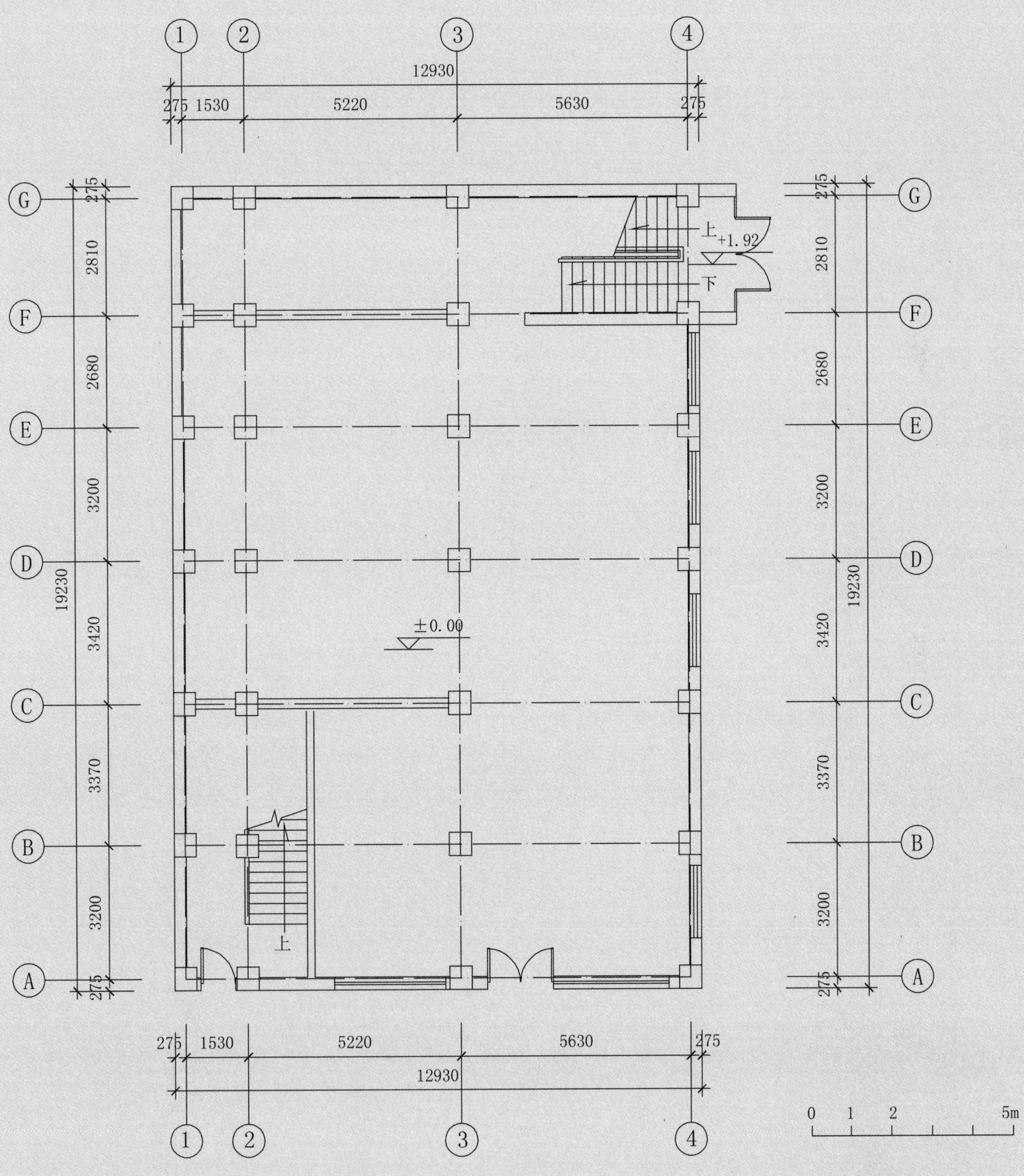

图D-2-4-1-1 新朝阳楼一层平面图

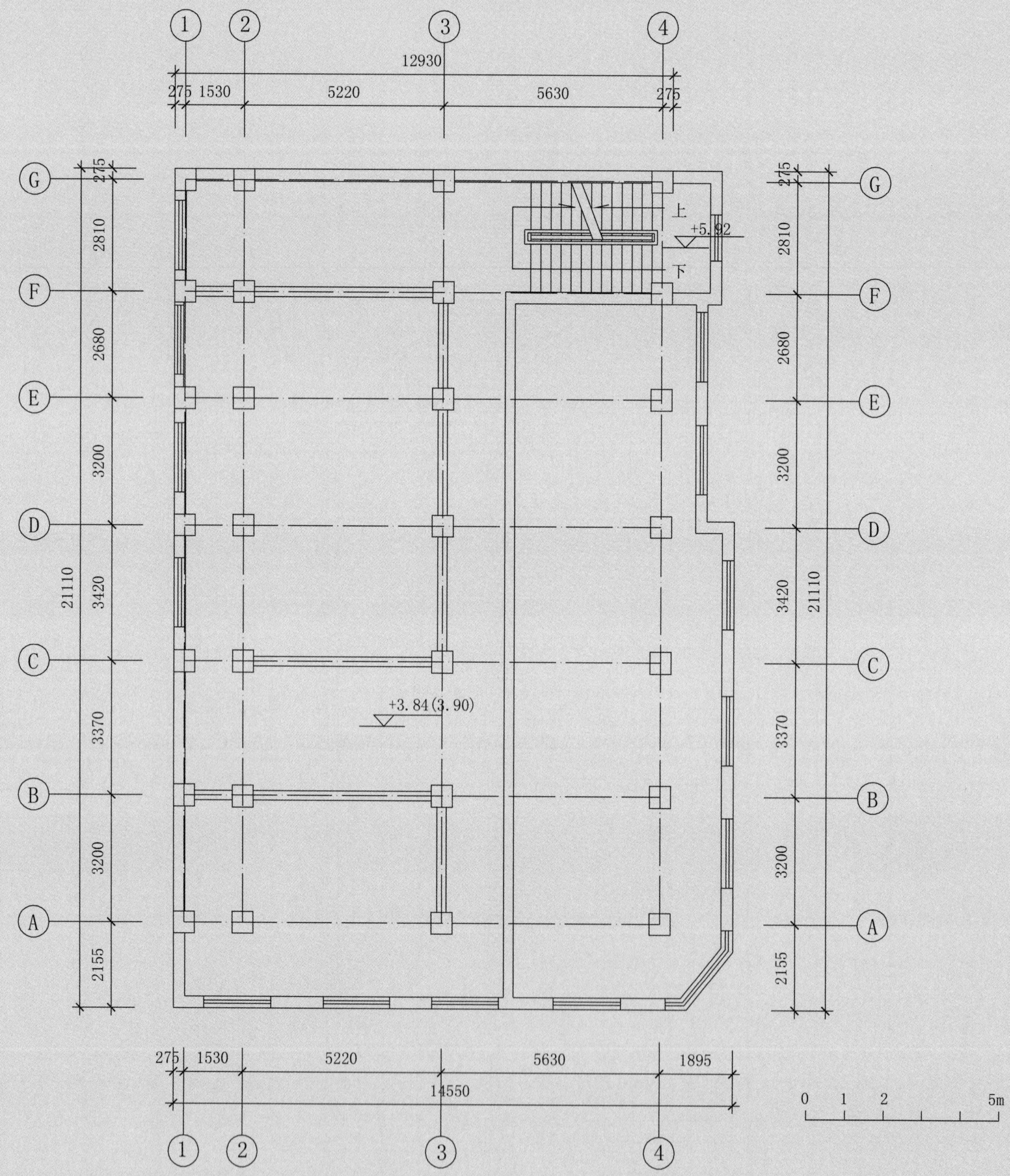

图D-2-4-1-2 新朝阳楼二层平面图

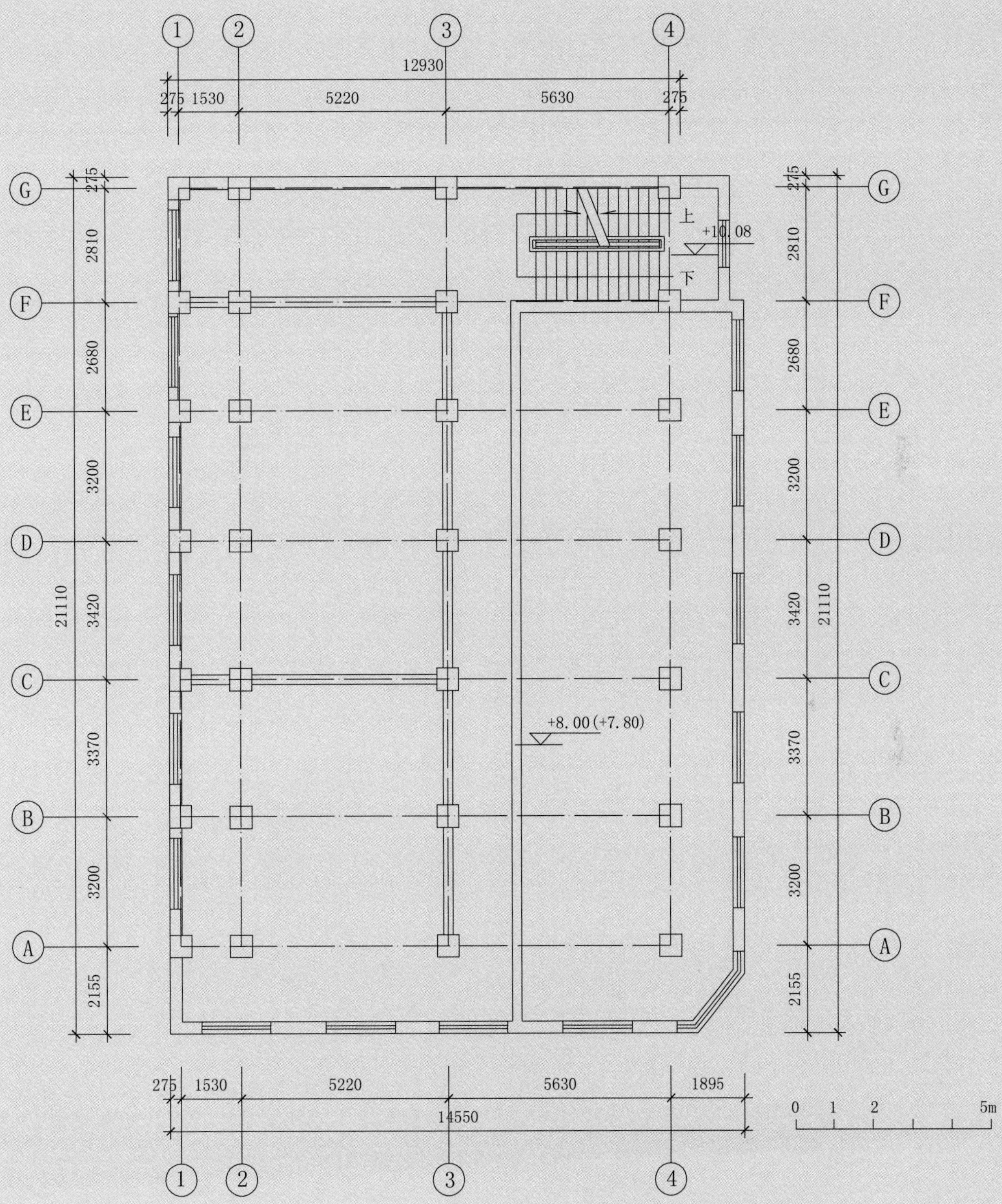

图D-2-4-1-3 新朝阳楼三层平面图

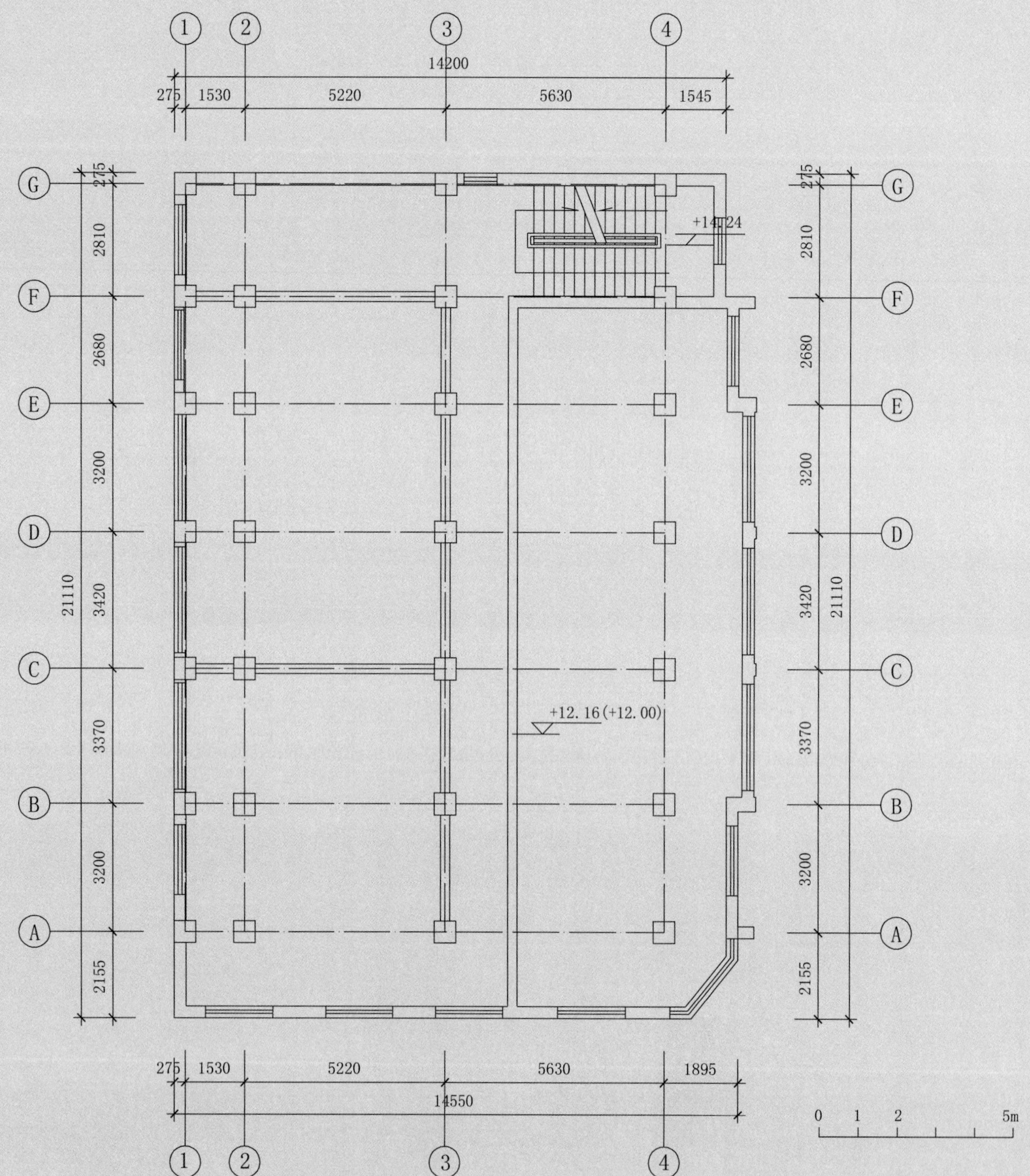

图D-2-4-1-4 新朝阳楼四层平面图

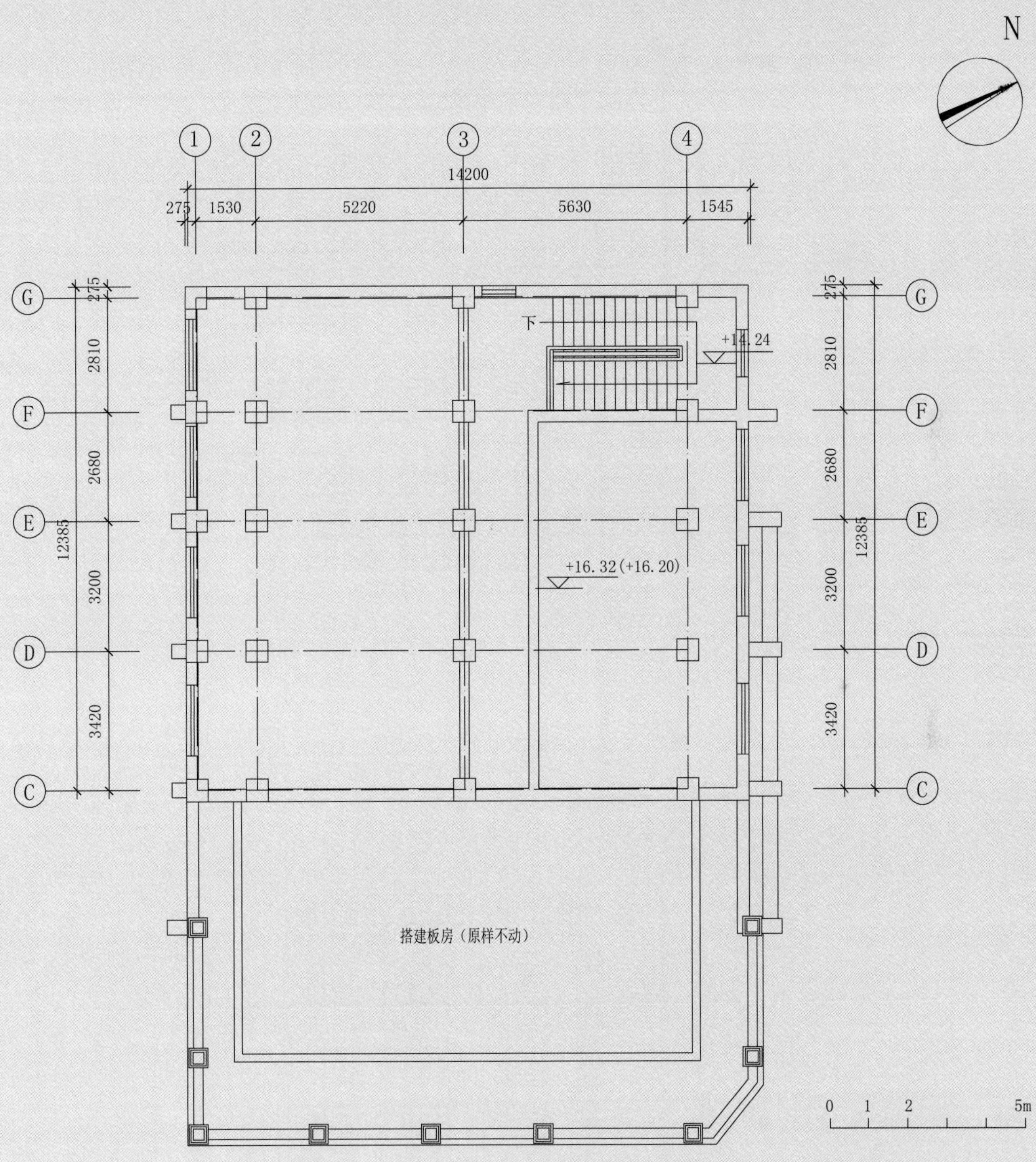

图D-2-4-1-5 新朝阳楼五层平面图

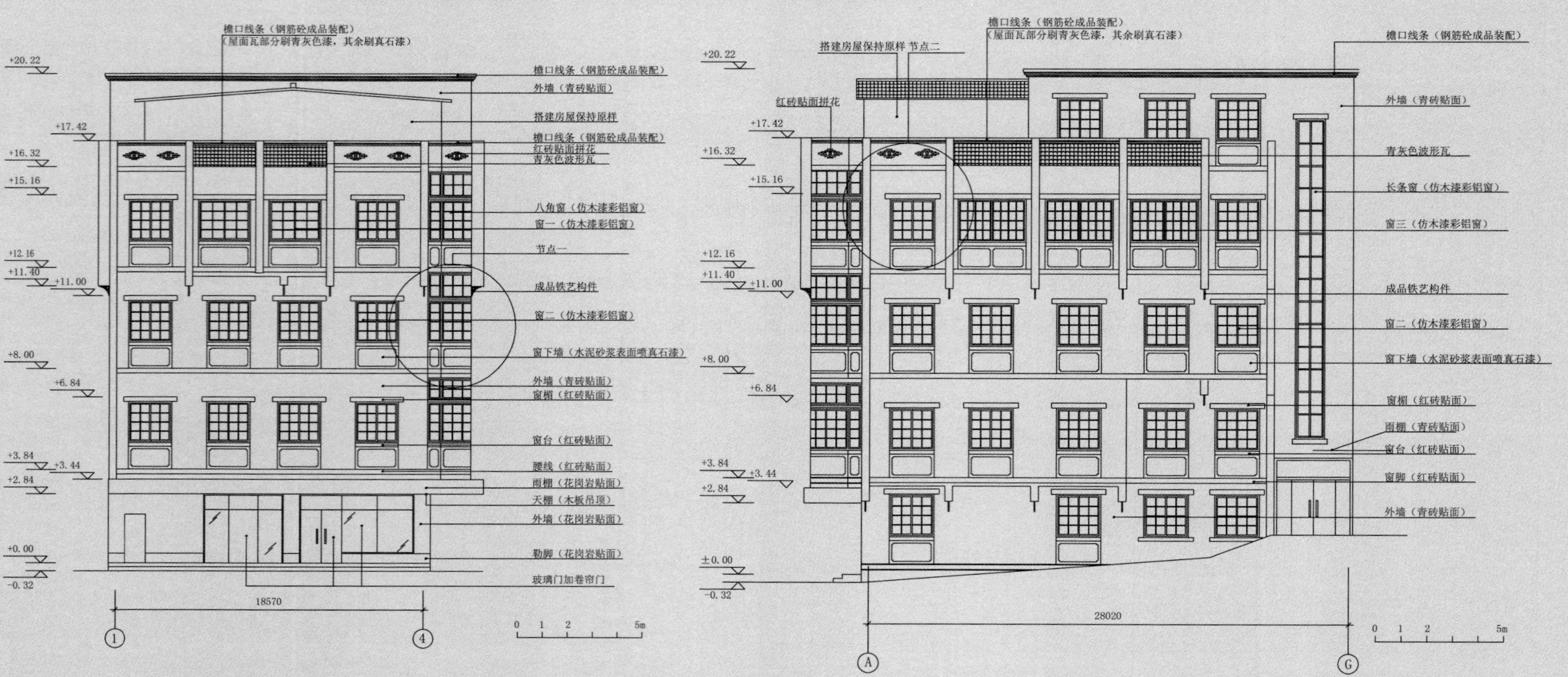

图D-2-4-1-6 新朝阳楼立面图

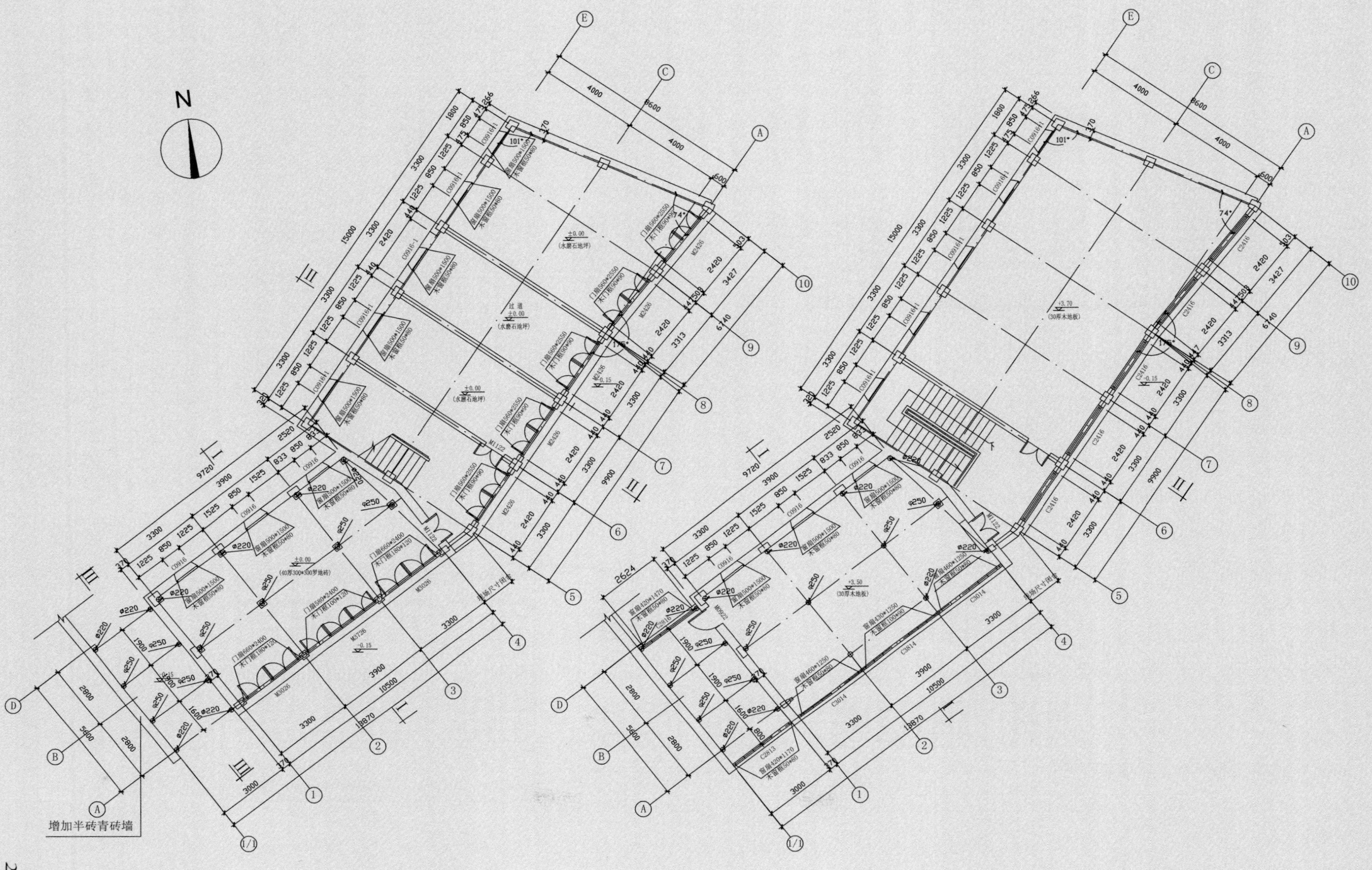

图D-2-4-1-7 老朝阳楼平面图

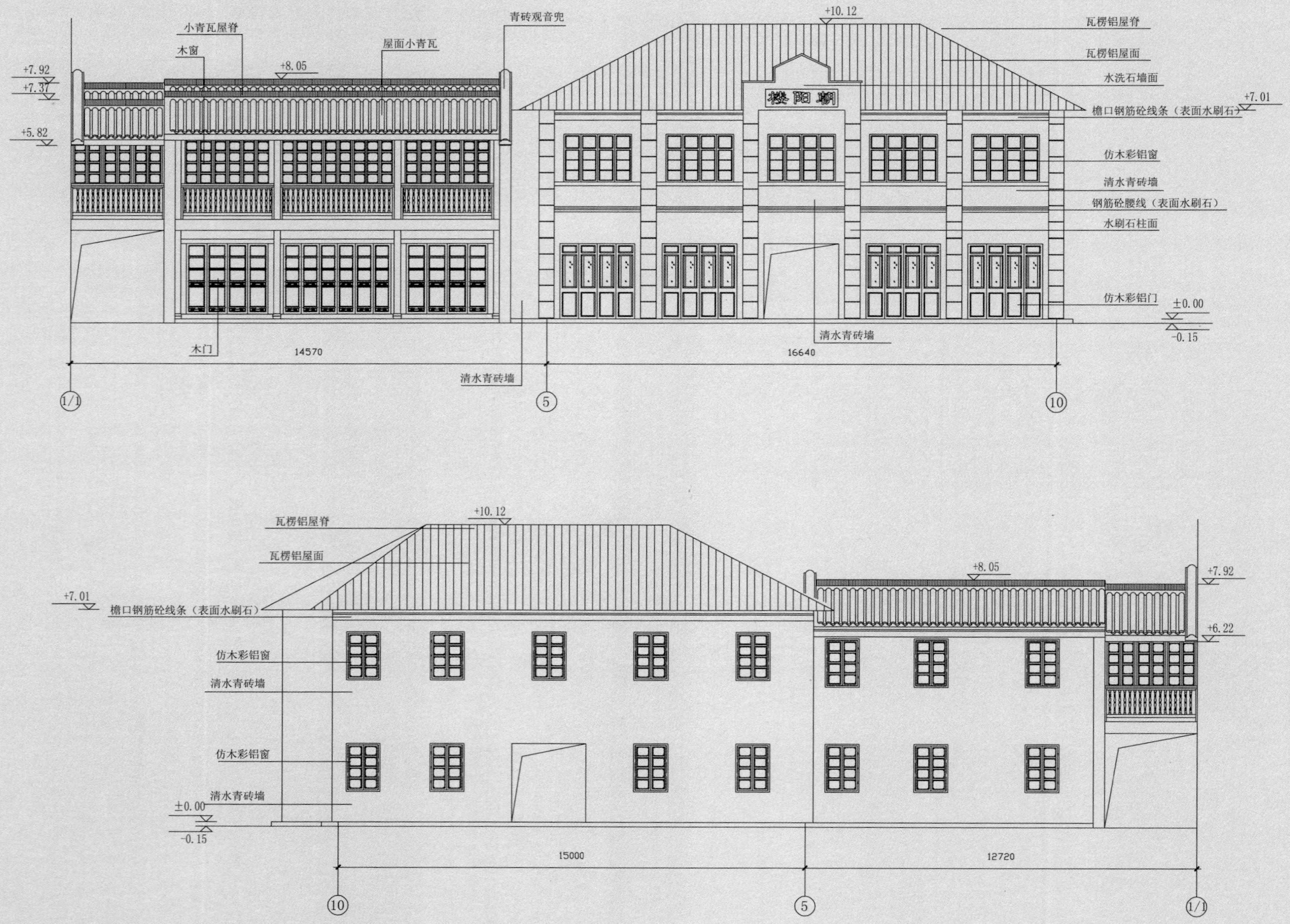

图D-2-4-1-8 老朝阳楼立面图

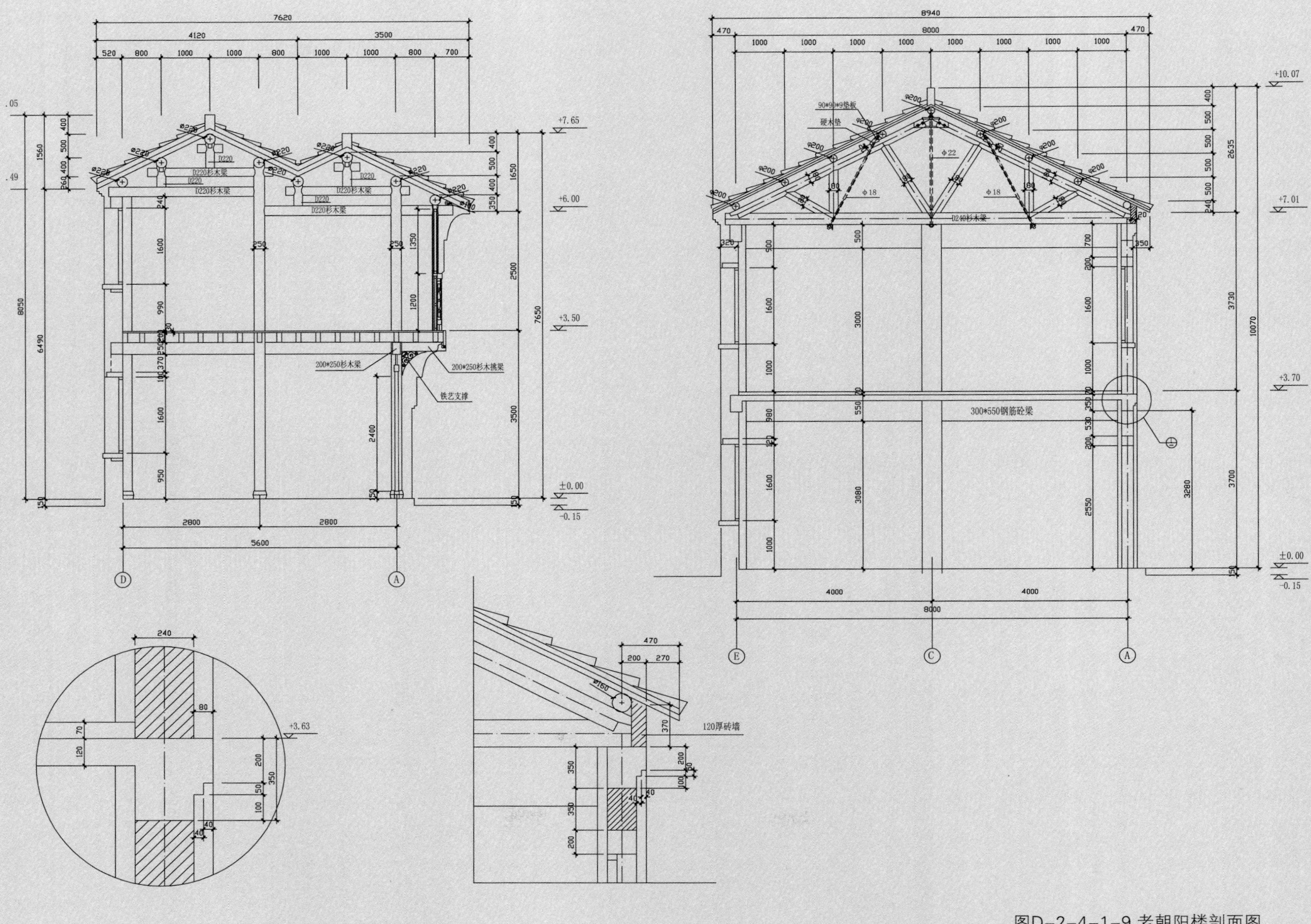

图D-2-4-1-9 老朝阳楼剖面图

图P-2-4-2-1 小码头街都天行宫（高卫东 摄）

第二节 都天行宫

一、概况

1. 建筑形态。都天行宫旧址位于西津渡小码头街95 ~ 99号（图P-2-4-2-1），该建筑结构为砖木结构，中式传统建筑风格。坐南朝北，北临小码头街，南靠云台山北坡。南北长20.3m、东西宽11.6m、高11.16m，占地面积235.48m²，建筑面积328.28m²。共两进，沿街一层，中间院子，后进两层为正堂（图P-2-4-2-2）。主厅为七架，屋面为传统两坡顶，小青瓦花脊、脊吻、宝顶和小青瓦屋面，

图P-2-4-2-2 修缮后的都天行宫旧址后进（高卫东 摄）

图P-2-4-2-3 都天行宫屋脊细节（高卫东 摄）

清水青砖墙大式硬山（图P-4-2-8-3），檐口青砖叠挑，窗圈拱。内墙为水泥砂浆粉刷，外墙为青砖清水墙，门窗为木质框玻璃门窗。

2．历史沿革。都天行宫是都天大会游行时，都天大帝暂时休息、供奉的地方。镇江都天庙在宝塔山下（图P-2-4-2-4）。据道光二十九年（1849年）赵彦称《三愿堂日记》记载，认为镇江都天大帝的原型是唐朝的张巡。“安史之乱”时张巡只是河南睢阳一个小吏，因敢于率领少数兵士和百姓奋起反抗叛军，得到当时大小官吏、百姓响应共同对敌，致使叛军不能顺利南下，黄淮以南地区百姓因以免遭战火。此后历朝历代皇家封赏，百姓纷纷立庙祭祀。清代诗人龚自珍路经镇江，巧遇都天庙会，慨然留下著名诗篇：

九州生气恃风雷，万马齐喑究可哀。

我劝天公重抖擞，不拘一格降人才。

也有专家考证，都天大帝在道教上则称之为“昱天医王”或“昱天大帝”。昱天医王是一书生，镇江人，精通医术，当镇江瘟疫时，他遍尝草药，寻找治病良方，造福百姓，所以后人为了纪念他，称他为都天大帝，并塑像祭祀。

明清以降，都天庙会盛行大江南北。远近闻名的镇江都天会，盛行近二百年，行会的日期每年定在农历四月十日至二十日之间，具体日期由抓阄决定。

镇江都天会由镇江各行业会馆共同举行，各业会馆（俗称会堂）都供奉各自的菩萨或祖师，并有堂名，行会时各业都要抬着各自神像游行（图P-2-4-2-5）。都天会行会前后，往往要热闹一个月左右，轰动镇江城乡及附近城镇，大江南北、运河沿岸的各色人等，纷纷来镇江看会。其中许多善男信女来烧香还愿；也有殷实富户专程看会消遣；不少商贾行客借机进行交易；更有跑码头的江湖各行为了赶集谋生，于是骤然人口密集。清末民国初，规模日盛，据当时约略估计，旅客群集高峰时可达20万人以上（图P-2-4-2-6）。由于民间迷信等原因，北伐后逐渐禁止，1949年后没有举行过都天会行会，仅存都天庙、都天行宫旧址，并用作民居。20世纪80年代改革开放以后，都天庙恢复了香火。2007年，西津渡公司搬迁了西津渡都天行宫内原居居民，并对其建筑进行精心修缮。2016年，为了挖掘都天文化内涵，研究明清时期镇江人民从对都天大帝的崇拜而衍生出一种文化现象，修缮后的都天行宫改作“都天历史文化展览馆”，介绍都天崇拜的祀奉、求护、祈福、巡游、庙会以及集会时丰富多彩的文娱活动和商业活动的历史和文化（图P-2-4-2-7）。

3．遗存状态。该建筑因年久失修等原因，西津渡都天行宫建筑日益破败，木架构大部锈蚀，门窗墙体破损风化，屋面墙体渗漏严重。沿街三间两厢，院落后

图P-2-4-2-4 镇江都天庙

图P-2-4-2-5 都天大帝塑像出游

图P-2-4-2-6 1949年前镇江都天庙会盛况

图P-2-4-2-7 周镐画《城南赛社》

图P-2-4-2-8 修缮前都天行宫旧址院落及后进（局部）

图P-2-4-2-9 修缮中的都天行宫旧址新作木屋架

部建筑面目全非。居民搬迁对建筑附属物拆除损毁较为严重（图P-2-4-2-8、图P-2-4-2-9）。

二、主要修缮技术方案

2010—2013年，西津渡公司对该建筑分两次进行了修缮，修缮等级为大修。维修前，委托镇江市地景园林规划设计有限公司实地测绘和摄影，制定了修缮方案。邀请了文物、考古、建设等专家，对修缮方案进行评估、论证，同意方案保留建筑外貌形状，保留原结构形式，增加抗震构造措施。主要修缮内容为：落架大修、结构加固、墙面修整、内部装饰和重整功能等。

2010年修复沿小码头三间两厢。主要修缮除原青砖清水门套外，全部落架大修，拆除搭建附属物后，并保留较为良好的斜坡式木构架，保留完好的石㮽板、石柱础、门档石。按原样式、原形制，原材料、原工艺修缮。

2013年按原有建筑推演设计重建后三间二层大式硬山殿堂式建筑。钢筋混凝土条基基础，传统大木构架、木楼梯、木楼楞、木擅条、椽子和木屋盖，增设防

图P-2-4-2-10 都天行宫展览

图P-2-4-2-11 都天行宫展览

水层，盖小青瓦屋面。黑色脊饰鱼龙吻，葫芦宝顶，黑色桶瓦垂脊，水磨大方砖，门窗清水半圆卷。外墙水泥浆240砖墙，设钢筋混凝土圈梁，构造柱，同步砌筑120清水青砖外墙。水磨大方砖室内地面，用旧青石铺设庭院踏步。现如今改作“都天行宫展览”，小码头街又有了一处传统文化的窗口（图P-2-4-2-10、图P-2-4-2-11）。

三、建筑物修缮责任表

建设单位：镇江市西津渡建设发展有限责任公司

项目负责人：邵浜 史美侬

测绘、设计修缮单位：镇江市地景园林规划设计有限公司

设计人员：骆雁

监理单位：镇江建科工程监理有限公司

监理人员：管培芝 景宝富

施工单位：镇江新润建筑安装工程有限公司

项目经理：经守友

施工时间：2012.3.20 — 2013.4.22

四、施工图

如图D-2-4-2-1 ~ 图D-2-4-2-5所示。

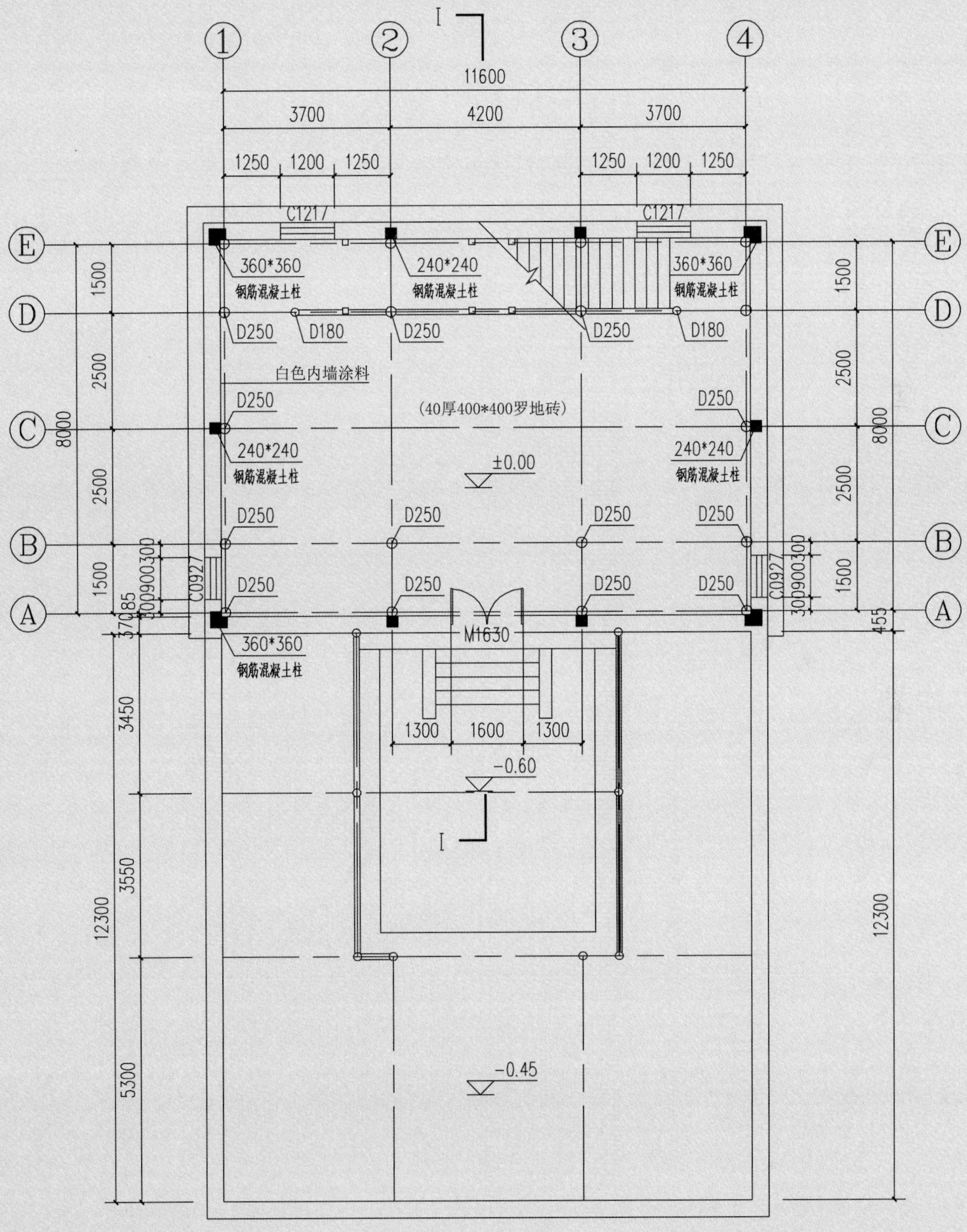

图D-2-4-2-1 都天行宫一层平面图

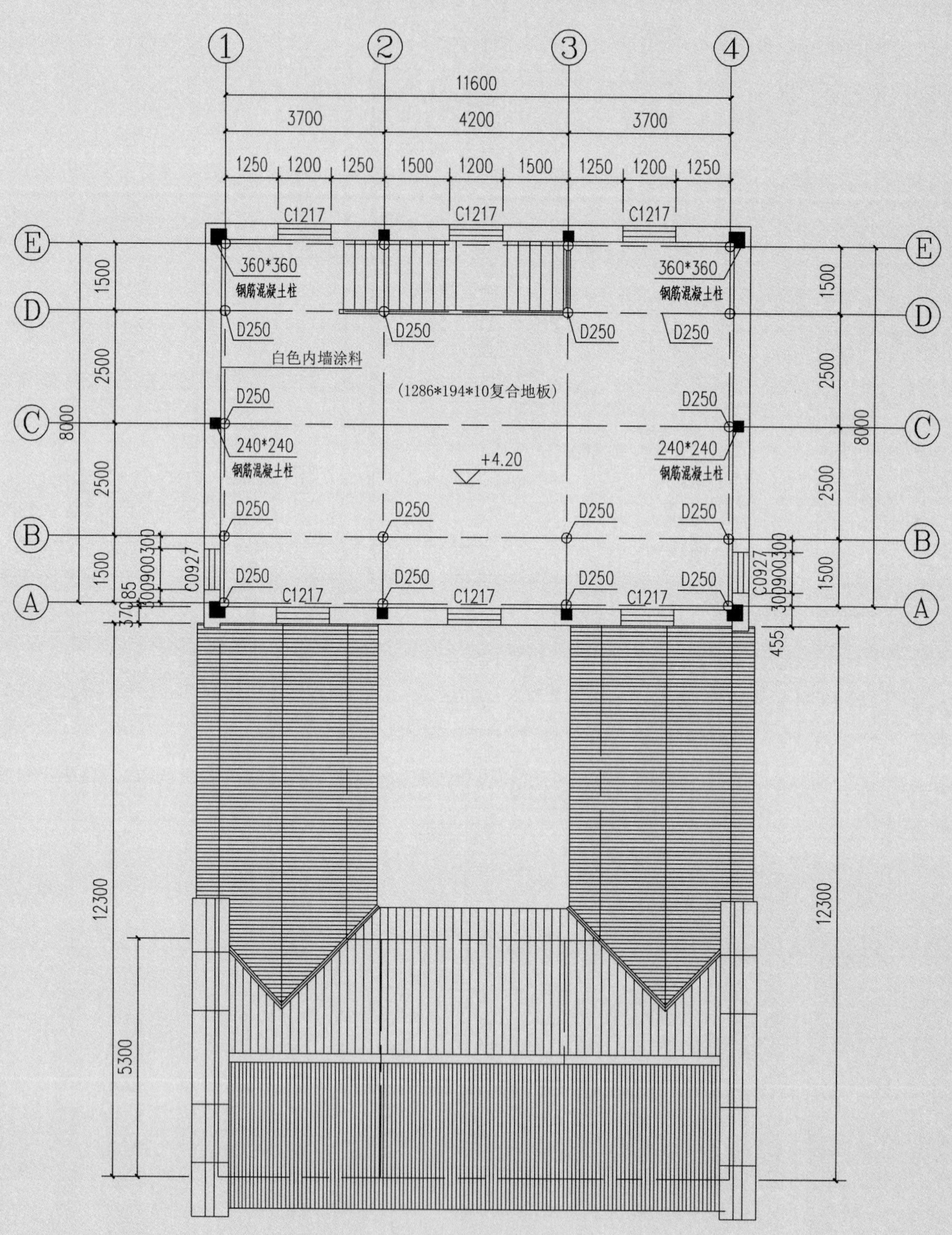

图D-2-4-2-2 都天行宫二层平面图

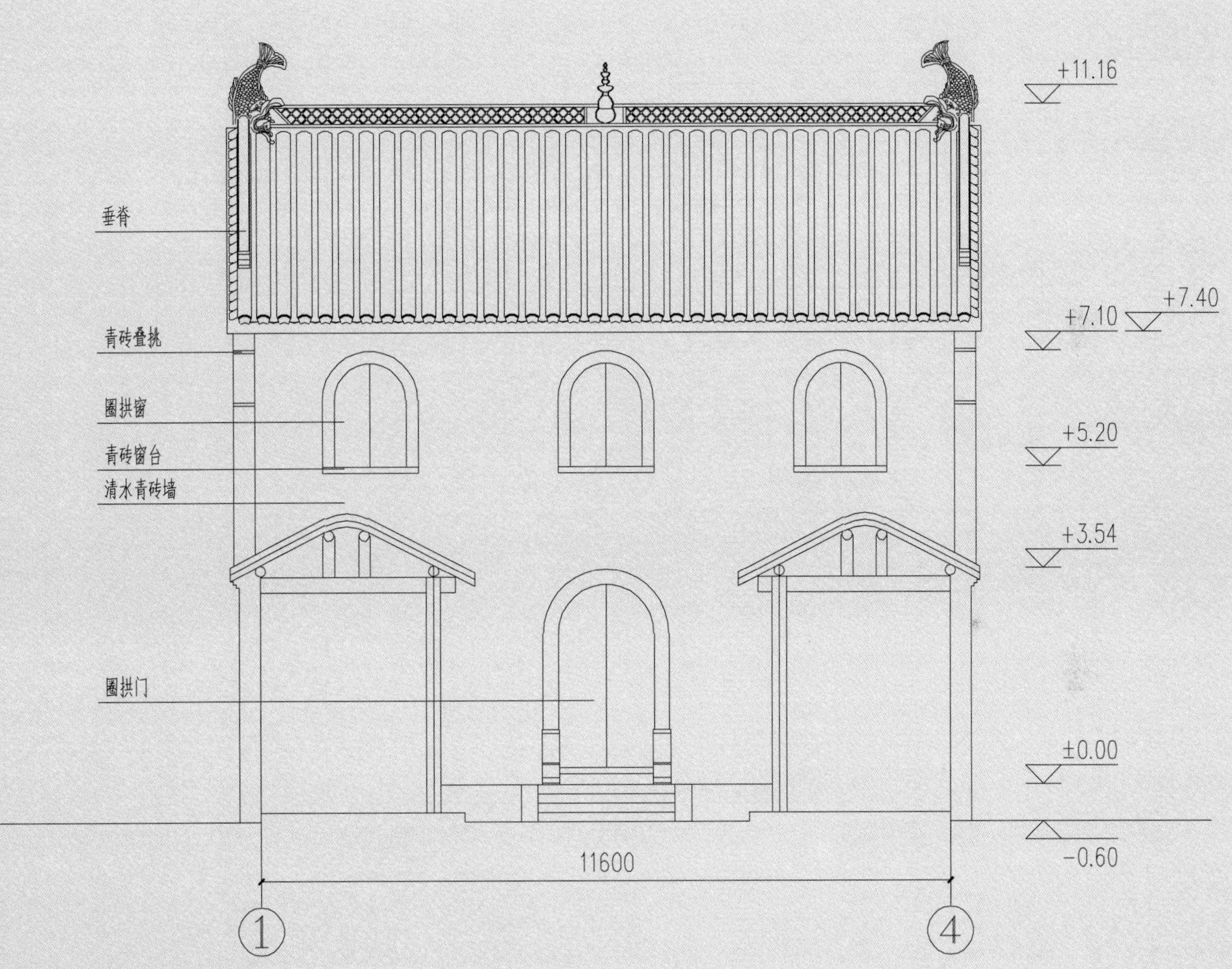

图D-2-4-2-3 都天行宫北立面图

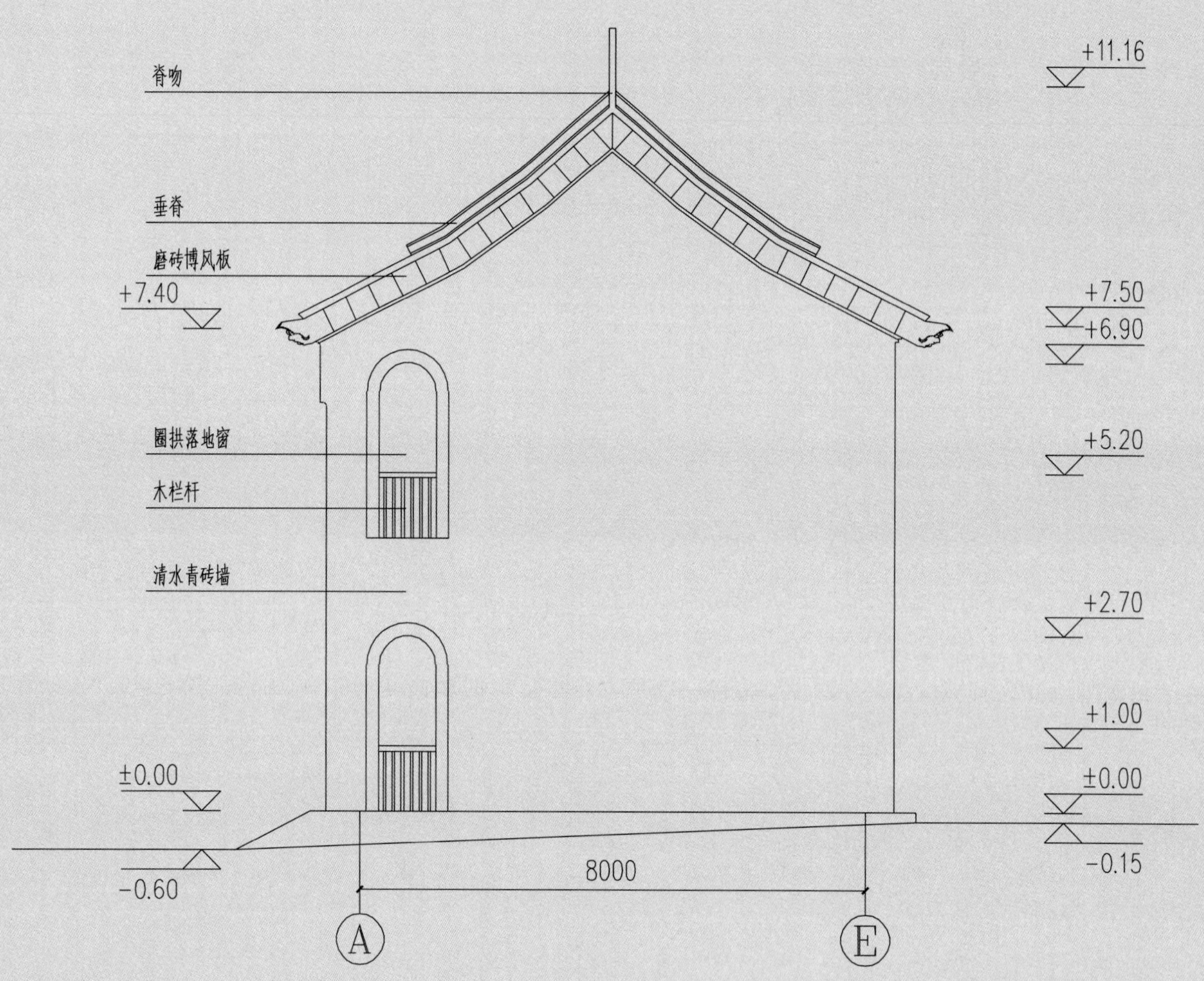

图D-2-4-2-4 都天行宫东立面图

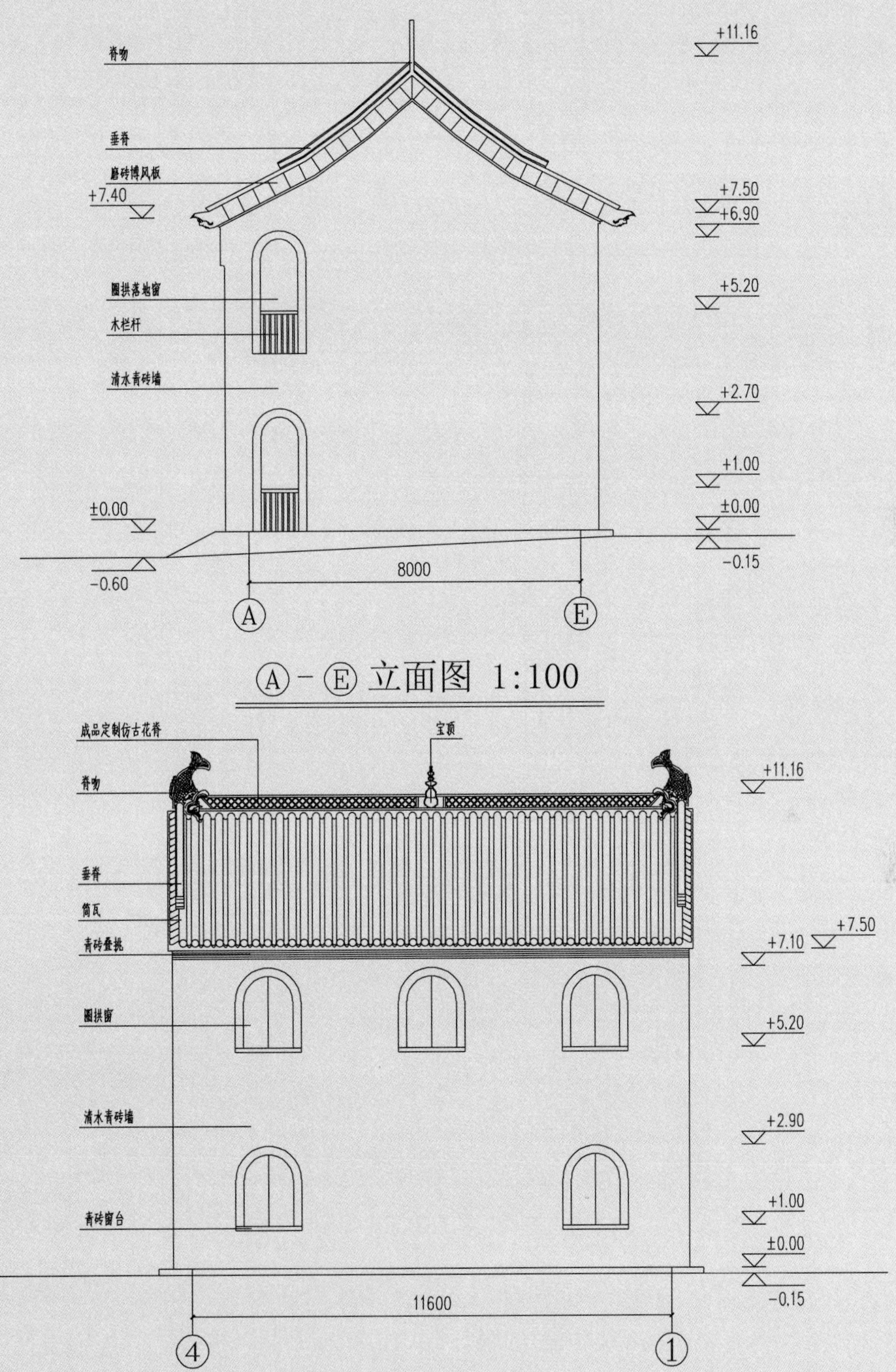

脊吻
垂脊
磨砖博风板
+7.40
圈拱落地窗
木栏杆
清水青砖墙
±0.00
-0.60
+11.16
+7.50
+6.90
+5.20
+2.70
+1.00
±0.00
-0.15
8000
A
E
Ⓐ-Ⓔ立面图 1:100
成品定制仿古花脊
宝顶
脊吻
垂脊
筒瓦
青砖叠挑
圈拱窗
清水青砖墙
青砖窗台
+11.16
+7.10
+7.50
+5.20
+2.90
+1.00
±0.00
-0.15
11600
4
1

图D-2-4-2-5 都天行宫南立面图

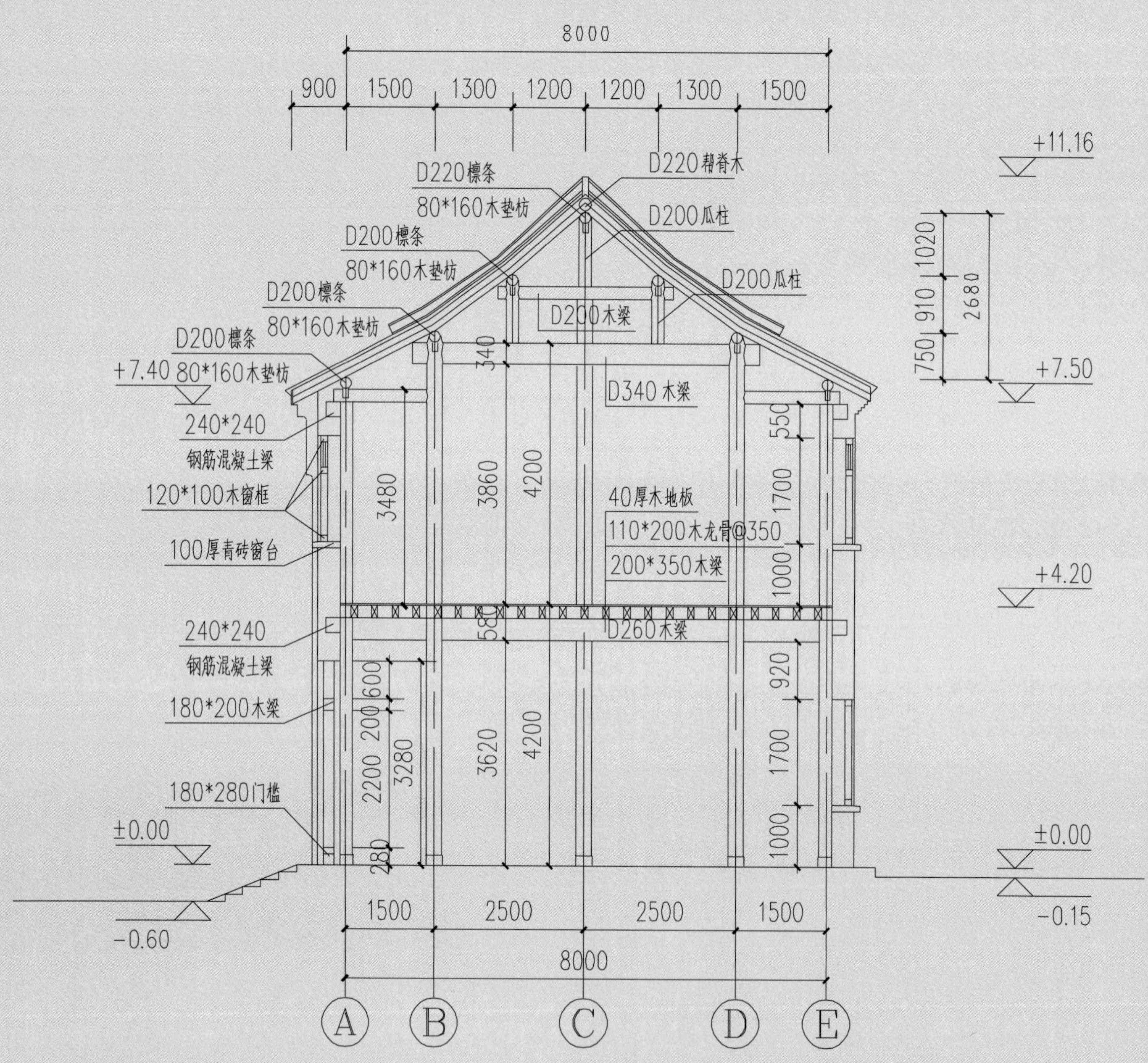

8000
900
1500
1300
1200
1200
1300
1500
D220檩条
80*160木垫枋
D220帮脊木
D200瓜柱
D200檩条
80*160木垫枋
D200瓜柱
D200檩条
80*160木垫枋
D200木梁
D200檩条
+7.40 80*160木垫枋
D340木梁
240*240
钢筋混凝土梁
120*100木窗框
100厚青砖窗台
40厚木地板
110*200木龙骨@350
200*350木梁
240*240
钢筋混凝土梁
D260木梁
180*200木梁
180*280门槛
±0.00
-0.60
+11.16
1020
910
750
2680
+7.50
+4.20
±0.00
-0.15
340
3480
3860
4200
550
1700
1000
580
600
200
2200
3280
280
3620
4200
920
1700
1000
1500
2500
2500
1500
8000
A
B
C
D
E

图D-2-4-2-6 都天行宫剖面图

附录

附录一

西津渡过街白塔的设计艺术与中国传统建筑设计文化

祝瑞洪　张峥嵘

宋理学家周敦熙《周子通书·文辞》说："文所以载道也，轮辕饰而人弗庸，涂饰也。况虚车乎？文辞，艺也；道德，实也。美则爱，爱则传也。"周敦熙说的是好文章可以更好地传承道德思想，其实也道破了文化传承的一般规律。而特定文化的传承，总是要以物质形态为载体，或书籍、或文饰、或器皿、或音乐绘画、或雕塑建筑等一切有形物体，因不同的文化而具有不同的表现形式和风格特征。就这个意义来看，传统建筑设计是将建筑形态赋予特定文化内涵（传承）的创造活动。先秦典籍《易传》曰:"形而上者谓之道,形而下者谓之器。"〔1〕器作为人类艺术创作的产物，是人类通过物化设计思维创造的一种文化载体,它以有形的、具象的物质形态,即以外在的材质、造型、纹饰来表达特定的文化意蕴或是文化传承，赋予"器"文化内涵和精神力量,来引发观察者的审美认知和精神共鸣，达到传承特定的思想文化观念、教化大众的目的。而于建筑设计而言，建筑就是放大了的"器"，大器；建筑设计创造的过程，则是赋"器"以"道"，以"器"载"道"。好的建筑特别是优秀传统建筑的设计创作更是如此。镇江西津渡的昭关石塔就是传统建筑设计文化传承的一个典型范例。

镇江西津渡历史街区的昭关石塔，是一座元代过街石塔（图一）。它位于小码头街最高处，为藏传佛教佛塔。该塔总高8.48m,4根石柱沿街道两侧正方形布置，凌空托起云台，将塔分为上下两部分，白塔尊踞其上，行人安步其下。这座石塔，是"该过街塔是由元武宗下令重修的金山寺般若院的一部分，主持者刘高是曾参与修建元大都白塔寺的工匠。大约完工于至大四年（1311年）"。〔2〕藏传佛教佛塔，在形制上分为白塔、金刚宝座塔、过街塔三类。而昭关石塔，集白塔和过街塔于一身，是我国目前唯一一座保存完好、年代最早的过街白塔；也是元代后期葛当觉顿式石塔的代表作品。温玉成先生评价其“西津渡过街石塔是我国现存唯一完整的、时代最早的过街塔，也是元代后期噶当觉顿式石塔的代表作品。该塔可能是皇帝派京师工匠刘高仿京师梵刹所造，所以其造型及工艺均是高水平的建筑典范，对于研究元代过街塔具有重要学术价值”。〔2〕罗哲文先生更

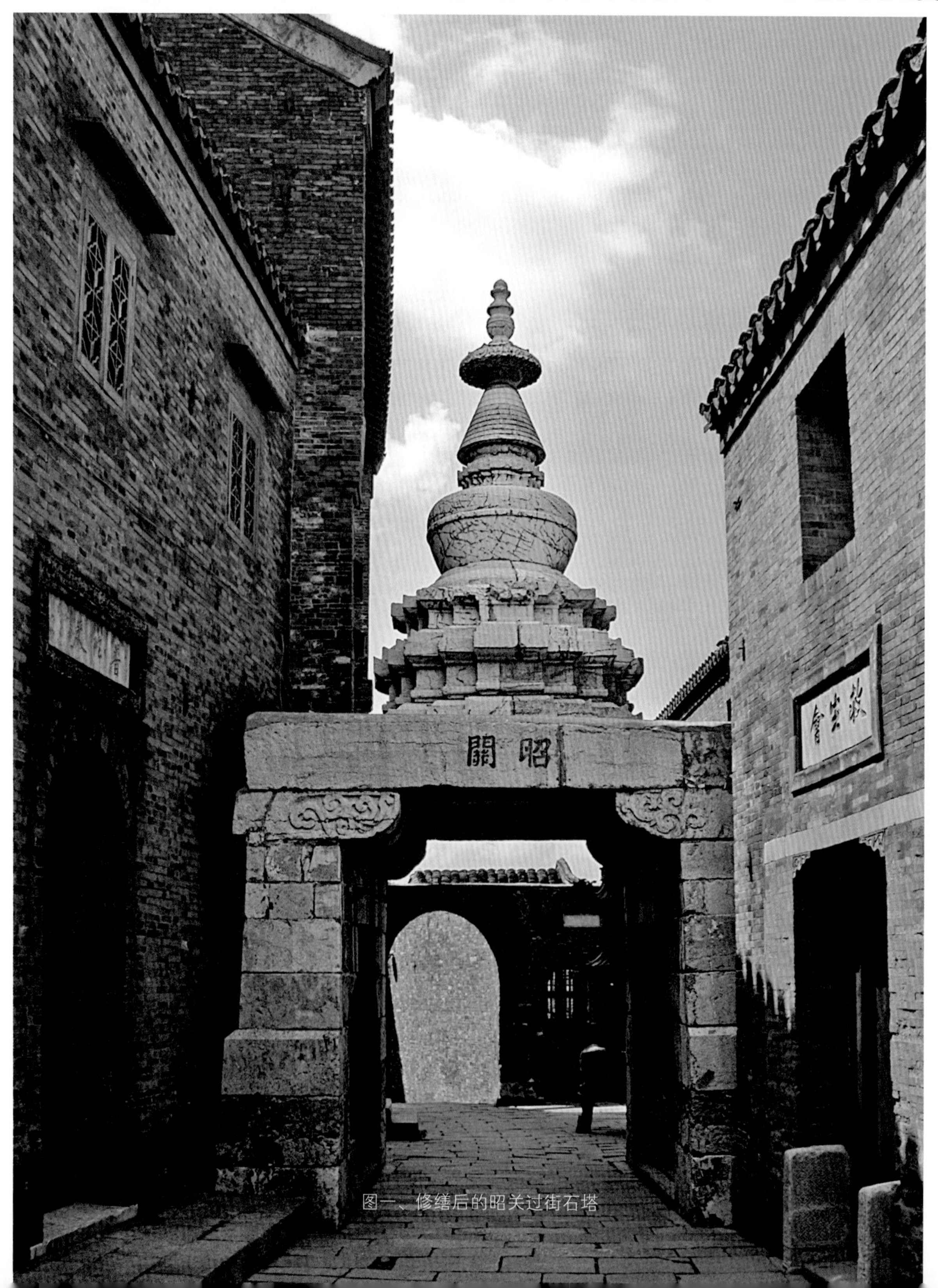

图一、修缮后的昭关过街石塔

认为，这种类型的佛塔，是佛教传播的一个重大创造性发展，把人们敬佛礼佛的行为提高到最方便的程度。〔3〕2006年该塔成为全国重点文保单位。

白塔的原型为尼泊尔“覆钵”佛塔，造型独特、富有神奇魅力，具有浓重的异国风味和深刻的宗教内涵。自元代传入我国后，就深受佛教徒喜爱而被广为修建，并成为中国古塔重要类型之一。

兴建过街塔起源于南印度。元大都（现今北京）之初建造过街塔，“是在元世祖忽必烈执政的年代（1260—1294）。念常《佛祖历代通载》引《（世祖）弘教集》说：‘外邦贡佛舍利。帝云：不独朕一人得福。乃于南城彰义门高建门塔，普令往来皆得顶戴’”。〔2〕“舍利”是梵文Saria的音译,原来是指释迦牟尼佛的遗骨,后世则泛指高僧逝世后火化所遗的骨骸。也就是说，过街白塔也称“门塔”，是佛舍利的包装建筑,它以独特的设计理念和形式、精湛的工艺以及富有文化内涵的纹饰向我们展示了我国传统建筑设计艺术的成就和魅力,传达了深厚、宏博的中国传统文化精神及宗教文化精神,也体现出中国传统建筑设计理念的审美价值取向。

1．过街白塔充分体现了中国传统设计文化中的器“以形载道”的设计理念

形者，型也。建筑物或器物造型，是中国传统建筑设计文化的精髓。在笔者看来,“器”只是“道”的物化形态,而“道”作为精神理念的灵魂,则常常通过物质“器”为载体来实现。所谓以形载道,就建筑物或器物而言，是指它的外部形式和结构造型，在决定特定的实际效用和使用功能的同时，蕴藏了象征性意义的精神文化。由于这种造型，建筑物或器物成为特殊的建筑物或器物，由一般的实用功能升华到精神化、艺术化的领域（艺术品）,从而具有精神感召力。正如我们进入皇宫，庄重和敬畏会油然而生一样，佛塔的造型，会让观察者顿生神圣、庄重、祥和、宁静、崇拜和敬畏之心。在佛教中，塔即是佛，通过工艺家设计造型，塔即以佛的化身、以佛的形象、佛的精神住所来影响、感染甚至主宰使用者或观察者,体现使用者或观察者的某种精神或地位，成为“大器”。正所谓道寓于器，器以形载道，一体无别。

传统建筑物或器物以形载道的设计理念在昭关过街石塔的造型设计上体现得淋漓尽致。至少有三个方面艺术特点的表现：

（1）整体造型法度严谨，塔基刚正、塔身圆融，方圆完美聚合一体、佛意皇命天神合一。西津渡过街白塔在我国藏传佛塔中属于袖珍型石塔。白塔总高

8.48m，是北京白塔寺（妙应寺）白塔（通高50.86m）高度的六分之一，占地面积仅16m^2 。白塔分为三级，塔基、塔身和塔刹。塔基（门洞）高3.89m。塔基的四根石柱由块石砌筑，柱顶设置雀替来增加石柱承重面，传授塔体重力；雀替上再铺设长条石形成塔体承重平台。平台上塔体（包括塔身和塔刹）高4.59m。塔体底部设置以方形石块错格叠砌构成棱状多层并向上收分的基座即亚字形须弥座，上置莲花座，莲花座雕饰莲瓣纹和轮纹。自塔基平台须弥座上的莲花座开始，各级形体大小按一定的法度有秩序地陈列，且每一级都是用整块石头刻制好直接安装叠砌上去的。覆钵，顾名思义，像一个倒置的石钵，由整块石料刻制而成，直径1.4 m，俗称“塔肚子”（它的中心雕凿成秘藏佛舍利或法器宝物的石室），形成一个优美的石瓶的腹部，端坐在莲花座之上。由于白塔塔身只有一层，塔刹的高度决定了塔的高度。因此塔刹与汉传佛教佛塔具有明显不同的特征：塔身之上，塔刹横向尺度大幅收束，纵向修长拔高，尖峰直指苍穹。相应的，建筑题材更加丰富，佛教色彩更加突出：它由小亚字形须弥座、小莲瓣纹莲花座（收小成瓶颈）、相轮、华盖和宝顶组成，均为整块石料刻制。相轮是圆锥形石台，上刻制13道圈纹，底部直径0.87m，俗称“十三天”，也称“塔脖子”。石制华盖（也称伞盖），直径0.76m。石伞盖上安装宝瓶形宝顶。自覆钵至伞盖的石雕构件，中间开有圆洞，由一根刹杆（高170cm直径15cm的柏木柱）贯穿其中。

喇嘛塔所用材料多数为石块砌筑且表面涂灰刷浆，通体皆白，人称为白塔。西津渡过街白塔的特别之处在于，无论是块石垒砌及铺设的塔基平台，还是整块石料雕刻而成的塔身覆钵、塔刹的相轮、伞盖、宝顶，都不用灰浆涂抹。白塔之白，是其选用的青白石料的自然色彩，经自然风化后形成的烟青白，气质端庄，给人以可敬可亲、可以寄托的慰藉。

整体上看，塔基四根石柱直立，粗壮厚重、稳稳地托举塔身，刚正俊健，给人以佛法无边、坚强可信的感受；塔身覆钵曲线庄重敦厚、雍容丰硕，塔刹相轮、伞盖和宝瓶等圆弧造型柔和俊秀、挺拔向上。塔身塔刹整体呈宝瓶状，“瓶”“平”谐音，象征平安和谐，更与西津渡行旅商贾祈求平安渡江的心理需求暗合。塔体端坐于刚正稳固的四方平台之上，色泽典雅圣洁、挺拔优雅、形神完美，庄严地矗立于天地之间，象征佛法的至高至伟、普照万方。

（2）过街塔与白塔合二为一，一体两用，妙成方便法门。藏传佛教在礼佛念经上有很多方便法门，如转动一次嘛呢轮即代表念诵此经一遍。而白塔设计成过街形式，也是其中之一。忽必烈敕令在元大都南城建彰义门过街白塔，是为了供奉舍利子，“令往来皆得顶戴”。这说明，过街白塔的建设目的，就是为了让来往行人方便礼佛。人们从过街塔下通行一次就相当于向佛进行了一次膜拜。西津渡的过街白塔,地处必经通衢要津之门，必须具备两个最基本实用功能，才能在现址建造：一是塔身内室必须可以盛装佛舍利和佛教法器或经文等借以传道；二是要便利行人通行渡江。因此，过街白塔的建筑设计形式便有了双重意义的器之用：它以白塔盛装和供奉佛舍利和佛法法器，又将塔座建造成门的形式。这样就既具有容纳、显现的实用功能，又具有通行便利的功能。这一设计使佛塔成为传法的方便法门，皇帝的敕命得以贯彻，百姓既感受到皇恩浩荡，又感受到佛法普照，佛塔的象征意义更是推进到念佛皈依的最高法门；佛塔和塔心室内存放的佛法用品，就成为具有佛教“传法”最高等级象征性的佛法礼器。塔即是佛。塔下街道是行旅商贾渡江往来必经之地，行旅商贾从塔下经过，就成了向佛礼拜的必备仪轨，可以方便地祈祷行旅平安、人生和顺。

（3）选址精当、开合有度，天作佛龛、不二梵境。建筑物的主体设计固然重要，选址更有讲究。传统建筑更加重视风水，一如今天我们重视周边环境。选址措置得当，则熠熠生辉；反之，则堰塞无趣、失理失礼。在元代，为达到弘扬喇嘛教的目的，佛塔选址常建于坡峰高台、关口要隘、渡口要津或都市大道上。喇嘛塔塔身只有单层，所以往往要抬高塔基、增高塔刹来增加塔的高度。西津渡是渡口要津，昭关石塔的选址，作为大器选大址，也是独具匠心。

西津渡过街白塔选址选在小码头街最高处。佛塔尊踞云台山腰，北临大江、西望渡口，鸟瞰街区，象征佛光普照。这里是通往西津渡渡口相对狭窄的山坡栈道，是行旅商贾渡江的唯一通道，行旅必经之路。因此塔基设计为门的形式，既可以增加塔的高度，又有利于行人通行和顶礼膜拜。最有意思的是，在西津渡，历史也是最好的设计师。西津渡白塔南侧观音洞的历史始于唐，观音洞的寺院建筑是宋代的事情。镇江晏公庙源于宋，但白塔北侧晏公庙的建设当不迟于明初。从白塔四面开门来看，疑建塔时晏公庙（如有）和观音洞建筑应该为较小规模，塔的南北门应该可以通行。至少从日本高僧雪舟的《大唐胜境图》可以看出，在江中遥望白塔，塔身清晰可见。后来观音洞、晏公庙（清康熙以后为救生会）相继扩建，堵住两门，始成今天格局。俯瞰白塔，南北建筑构成壁廊、东西券门自然成为框景。四面自成佛龛，一塔尊踞正中。这种历史形成的特定的空间结构达到了突出石塔神秘意境的目的，凸显密宗之密，密得神奇，仿佛自然天成；前后券门对行人也有引导和归化的效果，在时空上强化了人们对石塔感受的作用。

券门外白塔隐约可见，券门内别有洞天，一塔在前，豁然开朗。今天我们仰观宝塔，白色的塔身在斑驳的砖墙、湛蓝的天空映衬下，玲珑剔透、高雅圣洁、庄重安详，成为西津渡街区第一景观“白塔晴云”；更兼南侧观音洞之观音、北侧晏公庙之晏公陪侍，清代以后更增添救生会之红船“护法”，万宗归一、妙化自然，天成福地梵境。

2．过街石塔体现了中国传统设计文化中的器“以文载道”

文者，纹也。文以载道，于建筑而言，其造型结构是大纹，决定建筑物的具体功能、性质和文化特征；纹饰（包括装饰性文字）是小文，是强化和美化建筑物的功能、性质和文化意蕴的附属物。可以说，传统建筑纹饰，是传统建筑有别于现代建筑的重要特征之一。墨子说:“食必常饱,然后求美；衣必常暖,然后求丽；居必常安,然后求乐。为可长,行可久,先质而后文。”〔4〕人要在满足最基本的生存需求后才能去追求美丽、享受欢乐。墨子讲的，大约相当于西方马斯洛的“需求层次理论”。对于一座建筑来说,它存在的价值首先取决于其最基本的实用功能,然后才是装饰与美观。然而孔子认为:“质胜文则野,文胜质则史。文质彬彬,然后君子。”〔5〕质与文要相得益彰，两者不可偏废。而对于建筑物或器物的设计艺术来说,仅仅有质（实用功能）是不够的，是粗鄙低下的，是很难传承的。实用功能之上，造型是根本的“纹”，还必须要有纹饰。所谓雕梁画栋，才能进一步强化使建筑物或器物成为文化的载体并得以传承。今天我们称之为历史建筑或文物的器物，无一例外。这种和谐一致的“文质”观也体现在过街石塔建筑的形式与内容的统一上。

相对于传统建筑的雕梁画栋而言，昭关石塔有众多雕刻纹饰、精美刻字，宗教文化与书法、雕塑艺术融合，内涵十分丰富。昭关石塔的纹饰，有三类：

一类是直接作为建筑材料的石块上镌刻的纹饰。在装饰手法上,多采用适合纹样，以二方连续、四方连续或吉祥如意的图文等形式追求圆满、完整、对称、典雅和稳重的装饰美。塔基石柱上加强支撑作用的如意云纹雀替，如意云纹的外缘砍成多弧曲线，直接构成石材造型，这种仿木结构做法既补石材受力之短，又增加了石塔门廊造型的美观感受。直接由石块砌筑并向上收分形成的亚字形须弥座纹和莲花瓣纹饰雕刻的莲花座，大者承接覆钵，小者安放相轮，增强了佛塔的庄重吉祥观感。相轮上的十三道圈纹，直接象征密宗十三天。伞盖和宝瓶表面虽然已经风化，但是莲瓣花纹依然可见（图二）。特别之处在于，北京白塔寺白塔及大多数白塔的覆钵都采用直肩式（图三）。昭关石塔与此不同，它的覆钵较圆鼓，在中间部位水平阳雕一圈线条，形成覆钵肩部；以下弧线内收，曲度加大，白塔因此更显雍容大度、温润墩厚。

另一类作为宗教吉祥语或符号的镌刻花纹和文字。四根石柱的镌刻“南无大方广佛华严经”字样，下部托以双莲朵纹饰；云台南北两侧镌刻有梵文“ ॐ म णि प द ह ”（读作“唵嘛呢叭咪吽”），是佛教密宗的吉祥偈语，这些都是元代所刻制。两侧边款分别刻有“法轮常转”“佛日增辉”“河清海

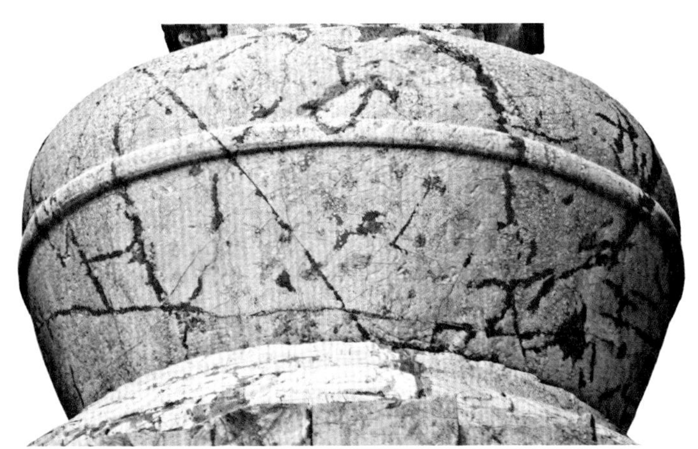

图二 西津渡昭关石塔圆鼓式覆钵图

图三 妙应寺白塔直肩式覆钵

晏”“天下太平”等吉祥语。两面石柱外侧刻有“当愿众生，共所瞻仰”的汉字。东面两石柱外侧刻有“当愿众生，受天人供”的汉字。

还有一类是记录文字。昭关石塔在明代经过修葺，现在我们看到的记录性文字大都是明代万历年间镌刻。石塔东西门额均有“昭关”刻字。右方与左方边款分别镌刻有修塔时的镇江知府、同知、通判、推官、经历、知事和丹徒知县、县丞、主簿、典史等人姓名。其后镌刻有“万历十年壬午十月重修”和募缘僧名等。塔名取名为昭关，也是继承了传统。其名称来历说法有三种：第一说，传说战国时期伍子胥过昭关即是现在的镇江西津渡之昭关。此说似已经被证伪。第二说，昭关之昭，是韦昭之昭。吴国文人韦昭曾作《伐乌林曲》记载：“伐乌林者，言魏武既破荆州，顺流东下，欲来争锋，孙权命周瑜逆击之，于乌林破走也。”周瑜班师回朝时，吴国在昭关迎接大军，或因以为名。第三说，考古专家温玉成曾撰文：“昭者，又有光明之义，或取此义亦未可知。据朱雷先生考证，此关应是明初始设的‘钞关’，即镇江府征税之关口。”〔2〕“昭关”，或取“钞关”谐音也未可知。不管如何，“昭关”其名，是明万历十年,镇江官府在修

图四 石塔塔心室中的观音曼陀罗

缮西津渡过街白塔时命名镌刻。佛塔的建造、修葺，都是功德。刻录的人名，也是明代的镇江、丹徒修葺白塔的地方官绅僧众（组织者、捐输者），以赞颂他们为佛教的传扬、为民众的福祉做出的贡献。

与过街白塔的造型和纹饰一起传承的，还有佛塔塔心室秘藏的宝物。这虽然不在建筑艺术之列，但作为重要附属物遗存，不得不提。西津渡过街白塔的秘藏，在明代大修时大概没有被发现。2000年，白塔组织大修时发现塔心室并请文物专家进行了探查。遗憾的是，塔心室没有发现藏有舍利子（的密函），但是发现了刹竿、2件铜瓦、2件锤鍱线刻铜板圆形曼陀罗。刹杆已如前述；铜瓦锈蚀严重，无法判明用途；两件曼陀罗，一为观音曼陀罗（依据菩萨像的宝冠及手持宝瓶,可推断为观世音菩萨），直径50.4cm，厚0.5cm，中心圆形直径22cm，内刻观世音菩萨像一尊，其外环绕相同式样的观世音菩萨8尊（图四）；一为黄财神曼陀罗，直径50.5cm，厚0.5cm，中心圆形直径22cm，内刻黄财神像一尊，其外环绕相同式样的黄财神8尊（图五）。两件曼陀罗均为“梵式”造像艺术风格。上述之观世音与黄财神像，虽然在藏传佛教中常见，但以二像为中心的圆形曼陀罗却很

图五 石塔塔心室中的黄财神曼陀罗

少见，弥足珍贵。其高超的佛像造型艺术，从另一个侧面反映了刘高“仿京刹梵相”的高超水平和过街白塔的建筑艺术传承的精髓。

3．过街白塔体现了中国传统设计文化中的器以“载道为体，传道为用”“体用合一”的设计理念

器以“形”“纹”载道，更是为了传道。西津渡昭关石塔门塔合一的造型，适宜通行又寓意平安；吉祥如意的纹饰，象征佛主的祝福，表达众生的心愿。就传道而言，过街白塔首先是拜佛礼佛的方便法门。从塔下经过一次，就相当于向佛礼拜了一次。某种意义上说，门塔处于来往渡口的唯一通道，门塔的这种实用的架构，不仅仅是塔即是佛的表现手法,也使门塔成为传播皇命的使者。皇帝造塔的目的，就是要让百姓分享佛舍利带来的佛法恩泽，安抚并护佑百姓。作为一个异族的统治者，没有比用宗教来稳定人心、抚慰百姓更好的办法了。当年忽必烈信奉佛教密宗，欣赏八思巴并尊崇八思巴为国师，是有长远战略眼光的举措：不仅有利于西藏的归并以及蒙藏的联盟，而且可以借助佛教精神来安抚百姓，从国土的统一走向人心的统一。而史料记载，之后忽必烈确实在处理重大事件时，听取八思巴的建议，尽量减少杀戮来缓解矛盾。佛教教义影响了皇帝，皇帝用以安抚百姓，这是常理，不一定是故意“欺骗”。这就能够理解，元代海山皇帝当年维护佛教，拆除十字寺，“仿京刹梵相”改造成般若禅院，并选择西津渡这一十字水道交汇处的渡口建造白塔的原因，不能仅仅用一场宗教斗争加以解释，更深刻的原因，是用什么意识形态来治理国家。元代虽然宗教信仰相对自由，但主流的宗教信仰，特别是汉族人主流的宗教信仰还是佛教。马薛里吉思在镇江虽然大力倡导也里可温教，但其抢夺佛教资产的行为当不为主流意识形态所容。归还佛教资产，借以推行皇家宗教信仰，一举两得。否则我们难以理解，以奉行禅宗教义的金山寺下院，如何会有密宗的“梵相”宝塔。西津渡地处吴楚要津、漕运咽喉，事关国运昌隆。这里建造白塔，影响巨大。来往渡口的百姓以行旅商贾为主，平安渡江是他们的第一目标。不管行旅商贾的主观意愿如何，都必须从塔下经过，才能实现旅行目的。因而客观上，从塔下经过一次，就是向佛礼拜一次，也意味着接受皇命的护佑一次。塔即是佛法，塔也是皇命。因此，过街白塔也就成为传达皇命的国家礼器。

在阶级社会里，建筑设计往往也是统治阶级思想意识的体现，是为之服务的工具。一方面在于通过佛舍利信仰的宗教功能来迎合帝王的宗教心理，因此，它备受统治者的信任，他们以此来换取所谓超自然之力对自己进行的保护与救助，

从而增强自信心和自我感。另一方面，它是为了驯化民众,告诫民众虔诚信佛才能脱离苦海，从而维护统治阶级的统治。同时，来往的过江旅客和许多信徒虔诚希望佛祖能保佑他们平安渡江，从而逢凶化吉，安享天年，达到心灵上的满足和安慰。于是，石塔便很自然地成为人与佛之间沟通的媒介，它不单是为了保存佛舍利而存在，也是为了说法、传道。因此，佛教通过石塔的物化形象使人们相信自己能得到佛的同情和帮助，能够平安渡江，能够逢凶化吉，从而成为佛的忠实信徒。

自古以来，在中国传统建筑设计中，人们通常运用各种赋有寓意的纹样对器物进行装饰，在美化建筑的同时，也是为了“载道、传道”。纹样的题材，多为消灾避邪、求吉祈福，大都具有强烈的象征色彩和浓厚的生活气息，表达了人们的一种美好愿望和情感。石塔作为佛教的“体现物和传声筒”，其塔身和云台四周上的纹饰不仅仅是为了观赏，更多地寄寓了佛教悲悯人生的宗教理想和百姓祈求平安幸福的良好愿望。过街石塔上所采用的纹饰图案不仅内容丰富，而且蕴含着极具特色的宗教文化内涵。如，以重叠坚实的十字形须弥座的刚正、连续环绕的莲花座的柔美这两种文饰来传达佛法的庄严和可敬可亲。塔体以宝瓶的形象寓意“平安”等诸种表现手法，以及传统题材的莲花、华盖等纹饰相融交叉地出现于石塔之上，构成一幅幅生动图画。然而，所有的纹饰都被染上了神秘的宗教色彩，无一不是佛教密宗内涵的深刻表现。寓意平安的造型、过街实用的架构；吉祥如意的纹饰、宗教图文的刻录，反映了人们祈求永恒幸福、长生不老、平安吉祥等主观意识和心理感受。石塔就是通过建筑装饰语言的外在形式将佛教密宗的内涵有效地传递给人们，人们在接收这些符号后，产生共鸣，形成信仰行为。

值得指出的是，过街白塔的设计建造是一时一地的事情，而它的维护和传承确是千秋万代的事情。

历史建筑传承的一个重要特点是，在不断的修缮甚至重建中传承。没有后人的修缮或重建，甚至就没有历史建筑。西津渡就是历史建筑再生的福地梵境。铁柱宫“六毁七建”，观音洞、救生会也数度毁建或大修，小山楼传承毁佚千年而再生，今天我们用15年时间修缮恢复的10多万m^{2}的民居、洋房和厂房，等等。而每一次修缮或重建都会留下那个时代的烙印，并延长历史建筑的生命周期、增强历史建筑的再生空间。中国过街白塔的命运也是这样。据《元史·顺帝纪》记载，除忽必烈时代建彰义门门塔外，元代皇帝还建有元大都南口（1339年或稍前）、卢沟桥（1354年）、居庸关（1342—1346年）等三座过街白塔。这四座过街石塔，因为没有之后的修建，如今大多湮灭，仅居庸关剩有平台旧址；后来明、清建的桂林、拉萨的过街白塔也已毁佚。西津渡过街白塔之所以能够幸存至今并成为唯一完整传承，只是因为明代万历年间镇江官绅对过街白塔进行的大修。瞻仰这座宝塔、凝视其上的刻录文字，令人油然起敬、备感其崇高；不仅佛教精神的传扬，更有那些修缮的组织者、捐输者、建设者的名字，让历史熠熠生辉。即使明代刻制其上、今天引起争议的“昭关”之名，对于宝塔的传承，也是功不可没。2000年过街白塔的大修，使白塔的文化传承，获得联合国教科文组织的认同和嘉奖。今天，过街白塔之所在，集西津渡700多年建筑文化精华，已经成为传统建筑荟萃之地。罗哲文先生当年欣然命笔的“中国古渡博物馆——西津渡”，已经成为影响到世界的文化传承！

建筑设计属于物质文化现象,是精神文化的物质载体。一个时代的文化氛围孕育那个时代的建筑设计。一个时期或地域的建筑,无论是它的造型还是纹饰等都能反映出那一时期或地域的文化面貌。所以,从某种意义上说，历史建筑的原生设计与传统文化的传承一直进行着对话和融合，从未停歇。

注释：

〔1〕苏勇点校.《易经》北京：北京大学出版社，1989.

〔2〕温玉成.《镇江市西津渡过街石塔考》上海：上海文艺出版社，2009.

〔3〕罗哲文.《西津论丛一·西津绝无仅有的古渡遗存》上海：上海文艺出版社，2009.

〔4〕北京大学哲学系美学教研室编.《中国美学史资料》北京：中华书局，1980.

〔5〕程昌明译注.《论语》太原：山西古籍出版社，1999.

附录二
京口救生会蒋氏七世年考

祝瑞洪　张峥嵘

清康熙四十一年（1702年），镇江蒋氏始创京口救生会，开中国和世界民间水上救生风气之先；蒋氏一门七代，前赴后继，历163年，在西津渡一带江面坚持水上救生活动，创中国和世界水上救生事业之最。这一慈业善举至大至伟，可歌可泣。但由于现存史料匮乏、零星散乱，且记述不全、甚至互相矛盾。蒋氏一族主持京口救生会事业的年谱资料，缺乏更加详尽的研究和表述，而且始终不能清晰确定创始人和主要承续历史，主要存疑在创立者是蒋元鼐还是蒋豫，以及是否七代人的确定。我和我的同事张峥嵘先生就此事进行了专题的考证和深入的讨论，参照了已有研究成果，对何人、何时起创办，何人、何时续接，是否七代、七代人的历史顺序，最后七世蒋宝何时结束，理出了一个大致线索，制定了一个相对清晰准确的年表，供研究者参阅，并祈教正。

1. 关于创始人及七世的历史记载

清康熙进士，丹徒县令冯咏在《京口救生会叙》中说："救生会，京口善士十五人，劝邑中输钱以救涉江覆舟者，肇自康熙四十二年……""余故序其名于左：蒋元鼐、朱用载、蒋尚忠、张迈先、林崧、袁鉁、吴国纪、左聃、毛鲲、钱于宣、何如椽、毛翥、朱之逊、蒋元进、赵宏谊，是为善士十有五人。"〔1〕

《嘉庆志》载："蒋豫，字介和，号松埜……城西银山有晏公庙，临大江，金焦环峙，风信不时，每患覆溺。族人创办救生会，为拯溺所，久寖废，豫集诸乐善者振兴之。"〔2〕

《光绪丹徒县志》记载："救生会，在京口昭关，奉水府晏公。起于康熙四十七年，其首善十五人姓氏，详具丹徒县冯咏叙内。自雍正以迄乾隆初年，系蒋豫与同志数人经理。"〔3〕又据《续丹徒县志》载："康熙四十一年，（前志作四十七年，误。救生会副董吴瑀庆觅得该会道光三年至同治元年禀稿全案，均作四十一年。考蒋礤道光十九年禀中言四十一年创办，四十七年局始落成。）蒋豫与同志十八人创办。（前志作十五人，亦误。蒋礤禀言亲友十八人。）自康熙至同治三年，蒋氏办理七世（乾隆六年，豫子宗海接办；六十年，宗海子秷接办；嘉庆十年，秷子延菖选拔入都，无暇兼接，乃托戚郭恒、郭琦代理；道光四年，琦、恒皆卒，归延菖子秷接办；咸丰二年，礤子宝接办；同治三年，宝卒。），未尝假手于人。”〔4〕

上述史志记载的文字，总体看线索清楚，人事关系大体明确。但是有两点存疑：一是究竟是谁、在何时创办了救生会？蒋元鼐等十五人还是蒋豫等十八人？康熙四十一、四十二还是四十七年？二是七代人按蒋豫起计算只有六代，即蒋豫、蒋宗海、蒋秷、蒋延菖、蒋礤、蒋宝，少一代。而这六代在时间上是连贯衔接的，不存在间隔。这缺的一代有没有？或者说史志错了，就是六代不是七代？如果有，那么又是谁呢？

2．关于创始人及创始时间的辨析

冯咏在《京口救生会叙》中说：“救生会，京口善士十五人劝邑中输钱以救涉江覆舟者，肇自康熙四十二年。”“余故序其名于左：蒋元鼐、朱用载、蒋尚忠、张迈先、林崧、袁鈔、吴国纪、左聃、毛鲲、钱于宣、何如椽、毛翥、朱之逊、蒋元进、赵宏谊，是为善士十有五人。”《续丹徒县志》载：“康熙四十一年，……蒋豫与同志十八人创办。”

究竟谁是首创？蒋元鼐还是蒋豫？考《嘉庆志》载：“族人创办救生会，为拯溺所，久寝废，豫集诸乐善者振兴之。”这句话有四层意思：一是创办救生会的是蒋氏族人；二是蒋豫是接替蒋氏族人创办的救生会；三是但当时的救生会“久寝废”，似乎蒋氏族人创办救生会以后，经营维持比较难以为继，几近中废，蒋豫起到了继承复兴的作用；四是“诸乐善者”按《续丹徒县志》记载是“亲友十八人”，这是蒋礤在禀稿中明确记载的。我们理解，这段记载说明救生会是蒋氏宗族家传的慈善事业。当他重振救生会时，应该是重新组织了（会董）即蒋豫及同志（亲友）十八人；也可能是在蒋元鼐等十五人创办救生会以后一个时期，至少在冯咏之后，蒋豫参加了救生会，他重组了救生会以便“集乐善者振兴之”。

为什么说蒋豫在冯咏写《京口救生会叙》之后才有可能参加救生工作？冯咏，康熙六十年同进士出身，史载其文章出众。“冯咏，字夔扬，江西金溪人。雍正二年，以庶吉士出宰丹徒。刚介廉洁，胥吏惮之，士民悦之。善政不可枚举……

卒后士民踊跃助丧，以余资建屋三楹，为桐村书院，立木主祀之”。[5] 雍正二年，他以庶吉士出宰丹徒，他还帮助镇江知府编刻《镇江府志》，为镇江史志编辑做了许多工作。他在《京口救生会叙》的创始人中没有提到蒋豫，但是还提到了两位蒋姓族人“蒋尚忠、蒋元进”。以冯咏的地位学识，编辑史志的经历，参与过救生会实际工作的事实，应该不是疏忽，而真相是蒋豫确实不是最初的创始人，而是后来的接班人，且可能在冯咏之后才进入救生会。史料不详的是，到底何时接办。或许期间有一个过渡期，即在蒋元鼐那一代执掌后期，蒋豫已经在救生会协助工作？这也是合理的猜测或推断。冯咏在《京口救生会叙》里有一段记叙，说明参与捐助创办的人数可能是变动的：“善士之卒者，立其位于楼西，偏祀之。” 十五位创办人，自创办之初到冯咏写《京口救生会叙》之时，其中肯定有去世者，冯咏当是知道或看到救生会祭祀的神位或牌位中，有已故创办者的名字。而为了救生会的事业，或又有一些善士加入捐助者行列。这样看，蒋豫（应该）是蒋元鼐的直系或蒋氏直系子孙。

此外《光绪丹徒县志》也记载，救生会“自雍正以迄乾隆初年，系蒋豫与同志数人经理”。

这样，从《嘉庆镇江志》、冯咏的《京口救生会叙》《光绪丹徒县志》的记载，都只能说明蒋元鼐是创办人，蒋豫是雍正以迄乾隆初年接办后复兴之人。创始人数“两说”（十五人或十八人）表述的应该是不同时期救生会团队的概念。“十五人说”是康熙年间创办团队的人数，“十八人说”是雍正年间复兴团队的人数。

据冯咏《京口救生会叙》记载，创办时间“肇自康熙四十二年，积白金若干，于京口观音阁为会”。但是，同治年间，“救生会副董吴瑀庆觅得道光三年至同治元年稟稿全案”，均作四十一年。又有“蒋礤道光十九年稟中言康熙四十一年创办，四十七年局始落成”的记载。这里的“局始成”，与《光绪丹徒县志》的“起于康熙四十七年”暗合。初始阶段的五、六年间，没有固定办公场所，后来买了晏公庙产，从观音阁搬到晏公庙，才有了正式“挂牌”经营的地方。比较起来，我们采信《续光绪县志》的提法，创办时间以康熙四十一年更加可靠一些。

3．关于“七世”的辨析

在解决了创始人和接班人，又确定两者之间的同姓本宗关系之后，就可以说明七世传承的来龙去脉。

《续光绪丹徒县志》说："自康熙至同治三年，蒋氏办理七世。乾隆六年，豫子宗海接办；六十年，宗海子秷接办；嘉庆十年，秷子延菖选拔入都，无暇兼接，乃托戚郭恒、郭琦代理；道光四年，琦、恒皆卒，归延菖子磏接办；咸丰二年，磏子宝接办；同治三年，宝卒。未尝假手于人。"从蒋豫起子承父业共六代人，时间上没有间隔，不可能也不应该漏记一位蒋氏后人。但蒋豫只是在雍正以迄乾隆初年才接办救生会，与"自康熙"起又不符。我们认为，《续丹徒县志》在创始人记载上的错误，导致它只能记述六代人，而找不到七代人。考虑到蒋豫是雍正以迄乾隆初年接族人创办的救生会，他是蒋氏后人，因此救生会创始人蒋元鼐等三位蒋氏先人才是蒋家主持救生会的第一代人，蒋豫是第二代人。这样才能恢复历史的真实，还原蒋氏七世经营救生会时间线索。

救生会的历史只是漫漫历史长河中的一瞬，志书的记述有所出入，模糊了蒋元鼐作为创办救生会第一人和作为蒋氏创办救生会第一代人的史实。只不过，蒋元鼐和蒋豫可能是也可能不是直系血亲关系。而自蒋豫起，就是子承父业了。无论如何，这都是一个历史的曼妙奇迹。

现在我们可以清晰地描述七代人的轨迹。

第一代人，蒋元鼐。自康熙四十一年（1702年）—雍正末年（1735年？）。康熙四十一年（1702年），蒋元鼐等十五人创办救生会。这一届一直执掌救生会到雍正二年（1723年）之后、末年（1735年）之前，历时22年以上，但是不超过34年。《光绪丹徒县志》说蒋豫"自雍正以迄乾隆初年"接办救生会，我们据此初步定为雍正末年。第一代人经营救生会时间长达33年，但是后期，即在雍正末年之前"久寝废"，已经难以为继。

第二代人，蒋豫。自雍正二年之后、末年之前—乾隆六年(1741年)。蒋豫与同志（亲友）十八人开始接手救生会工作。《嘉庆志》载，"族人创办救生会，为拯溺所，久寝废，豫集诸乐善者振兴之。"蒋豫作为蒋元鼐的直系或蒋氏旁系子孙，继承并光大了祖辈开创的救生会事业。第二代人管理救生会应该在6年以上。

第三代人，蒋宗海（1720－1796）。乾隆六年（1741年），蒋豫之子，年仅22岁的蒋宗海执掌救生会，历54年。乾隆十七年（1752年），33岁的蒋宗海考取皇太后60寿辰恩科进士，授内阁中书，入军机。但是他无意于官场，一心想着读书育人和水上慈善事业。37岁以丁忧归养，40岁正当年富力壮之时正式辞官。一方面他继续从事救生会工作，另一方面，也游学省内各地，著书立说、教书育人，成为当时京口文化界"四君子"之一。

第四代人，蒋秷（zhì）。自乾隆六十年（1795年）—嘉庆十年（1805年）。

乾隆六十年，蒋宗海之子蒋秷接办救生会，

第五代人，蒋延菖（chāng）。自嘉庆十年（1805年），蒋延菖接办救生会。但是，他升官了。于是，他委托其亲戚郭恒、郭琦代理。道光四年（1824年），两位代理去世。蒋延菖让他的儿子蒋磏接任。

第六代人，蒋磏（qiān）。自道光四年（1824年）—咸丰二年。

第七代人，蒋宝。自咸丰二年（1852年）— 同治三年（1864年）。咸丰年间，救生会在战火中烧毁。同治元年，蒋宝请求复会未成，而救生会所又被英国人强行迁作领事公馆临时办公。当时常镇道许道身命蒋宝领取洋人租金，蒋宝坚不应允，要求洋人在今后领馆建成后必须将会所归还救生会，仍然用于救生事业；并在昭关之西找了地方造了两间房屋作为救生会复会的办公场所。同治三年，蒋宝怀着复会无望的遗憾，撒手西去。蒋宝经营救生会13年。此后，救生会改由官派会董主事。

清同治三年（1864年），蒋氏一脉七代人的慈善事业划上一个带有惊叹号、问号和长长省略号的句号！

表一为蒋氏一族经理救生会年代一览表

代数	姓名	承接年代	经理时间	备注
一代	蒋元鼒	康熙四十一年（1702–1735？年）	33年	
二代	蒋豫	雍正末年（1735？–1741年）	6年	
三代	蒋宗海	乾隆六年（1741–1795年）	54年	
四代	蒋秷	乾隆六十年（1795–1805年）	10年	
五代	蒋延菖	嘉庆十年（1805–1824年）	19年	
六代	蒋磏	道光四年（1824–1852年）	28年	
七代	蒋宝	咸丰二年（1852–1864年）	12年	
合计	七代	同治三年（1864年）病故	163年	（含起始年）

自1702年至1864年，共计163年时间，蒋氏七代人经理京口救生会。而自蒋豫起六代人从雍正以迄乾隆初年（末年为1735年）至同治三年（1864年），前后共计130～135年。遗憾的是，吴瑀庆找到的救生会稾稿全篇，今天我们不得而知其在何处。但是以他后来的会董位置，可以知道这些资料在同治年间还是完整的，或许蒋宝时代救生会被英国人强占为领事馆办公室后，被英国人掠走或遗失。我们唯一的途径是查询英国原来驻镇江领事馆的历史资料，也许可以知道线索，只能等待将来的机会了。不过我想，再有更多的文字去叙述这期间救生会的慈行善业、艰辛苦涩和惊天地、泣鬼神的事迹，都是多余的。163年间，七代人前赴后继、一如当年，就是一个空前绝后的世界纪录！不，应该说是一丛世界慈善历史上永远绚丽绽放的奇葩。

附记：本文2015年在镇江市名城研究会年会发表后不久，作者有幸获得京口蒋氏救生会馆图卷电子版。原画为道光六年（1826年）镇江京江画派著名画家张夕庵应蒋礁之请所画，画卷前后附有39位当时镇江知名人士题跋。赏读发现其中相当一部分文字记录说到蒋礁乃是蒋豫之后第五代救生会经理，这也证明了我们研究结果是正确的：算上蒋元鼐创始一代，蒋礁以后蒋宝一代，蒋氏一门经理救生会，正好七代人。史志正误可以由此勘校。

注释：

〔1〕清冯夔飏重修，朱霖增纂《乾隆镇江府志》卷五十五《桐村艺文》，清乾隆十五年（1750年）增刻本，58-59页。

〔2〕清何绍章、冯寿镜修，吕耀斗纂《光绪丹徒县志》卷三十六《人物志·尚义》，清光绪五年（1879年）刻本，15页。

〔3〕清何绍章、冯寿镜修，吕耀斗纂《光绪丹徒县志》卷三十六《人物志·尚义》，清光绪五年（1879年）刻本，44-45页。

〔4〕民国张玉藻、翁有成修，高觐昌等纂《续丹徒县志》卷十四《人物志·附义举》，民国十九年（1930年）刻本，22-24页。

〔5〕清何绍章、冯寿镜修，吕耀斗纂《光绪丹徒县志》卷二十一《职官志·名宦》，清光绪五年（1879年）刻本，33-34页。

原载《镇江高专学报》2015年第3期第6页。

附录三
《京口广肇公所记》碑石考

张峥嵘

位于镇江伯先路92号的广肇公所为一座古典式的建筑，它坐东向西，房屋有10多间，占地面积近600m²。厅前南侧厢房中墙内嵌有“京江广肇公所记”石碑一方，记述了广肇公所的由来及重建始末。近来作者对该碑进行了校勘工作，欣赏了使人赏心悦目的文章和书法，得到美的享受。更令人振奋的是，这方被埋没了一百多年的石刻文字重见天日之后，可以在许多方面佐证史书的记载，补充史书的缺漏，纠正史书的谬误，帮助我们辩证广肇公所建造的源流，了解镇江行业会馆的演变，为研究历史上镇江工商会馆的一些疑难问题提供方便。现将从事这一工作中所得粗浅的感受摘录如后，借作“引玉”之用。

一

碑石，青石质地，通高55cm，通宽133cm，碑石外框系宽16cm的白石四边镶嵌，靠碑石部分有单阳线装饰。碑文呈黑色，铭文阴刻，行楷，直书，五十行，共七百五十三字。内容分三部分：第一部分为题目，一行计七个字；第二部分为正文，三十七行计六百二十一字；第三部分为附录，十二行计一百二十五字。字体分三种：标题与正文为大号字，2cm见方，计六百六十字；附录中值理名单与广肇公所地基组成为中号字，1.2cm见方，计七十一字；租赁范围与租金数额为小号字，1cm见方，计二十二字。其内容如下：

京江廣肇公所記

京江有廣肇公所，由來久矣。原居在運糧河之，稟兩府同人商斯土者，向以為會議之地，額之曰“公所”，明眾建也；系之曰：“廣肇”別郡屬也。問其經費所在，則歛取於進出口貨物，抽厘以佽助之，歲有贏餘，積而存之。有倡之者曰：今商業日盛，眾會日緐，此所幾曆春秋，丹青曼漶，且偏僻不近於市，湫隘不可以居，既有蓄貲，其遷之便，盍籌諸僉日善。於是改作之議決，而蔔地猶為定也。香山卓君翼堂好義急公，以其自置南馬路銀山坊稅地慨然售舊公所，並於其鄰價買唐氏房地，有所不足，復與留養堂永賃產地，合而廓之，而基以成。迺廪量，日力詳度費務，鳩工庀材，用蕆厥事，事告竣，為文以記之。夫泰西以商之國，有商必有會，會之在京城者官設之；其在各口岸者商自設之。遣公使駐領事以為保護，必使官與商聯其氣，商與商複聯其情。我朝商務振興，悉仿西法商部、商局，而外亦有商會之。會有董時，相提議劇談雄辯之輩，扼擘抵掌闢陳厥謀盍，合群智而智益廣，合群力而力益厚，此商界所以重公會也。若夫鄉黨鄰里之中，殷富者各本身資自竭其力，任其能命侶轂儔航海而齎遷異地，則自為公所，以聯群誼，嬰嬰旻旻，桑梓言恭，是亦議會中所宜有者。京江為萬商之淵，介於滬漢海舶之輸，運鷁如儵，如訴泂沿流絡繹不絕。鄉人久客於此，經商之道規畫悉周，而槩玃交齎之余，時復萃處一堂，互相咨度。雖舊廬猶在，因陋就簡，未可沒刱者之本意，然更諸爽塏拓而廣之，具足見後起者之溢美，前人刱而仍因，因而實刱且愈以徵同業之興，生舉息蒸蒸日上，何其隆也。夫豈謂堂榍轍翥棼撩布翼，徒羡其迢嶢，倜儻豐麗博敞，皓皓旰旰，以為壯雙雲爾哉是役也。卓君翼堂總其成，郭君文典贊之，覲領不辭，各盡義務，經營將兩載，動款逾萬金。經始於丙午年三月落成，于丁未年八月於是乎記。

總理：卓翼堂；協理：郭文典；董事：梁仲畏；值理：廣誠隆、德記、聯益堂、廣安祥、利記、李述溪、業安隆、永記、卓鑑秋、均昌泰、利和泰、邱偉臣、廣臨源、順昌泰。

光緒三十三年歲次丁未嘉平月 榖旦

一 價買卓維禮堂稅地六分半；一 價買唐次淮稅地八厘；一 永賃留養堂產地一段：議事廳至廚房即其地址，每月租洋三元肆角四季交付。

二

关于该碑石的价值有以下几点看法：

（一）碑石铭文真实记录了以卓翼堂为首的在镇江经商的广东籍人士重建京江广肇公所的情况

（1）碑文开头介绍了原址及广肇公所名称的缘由：“镇江的广肇公所历史悠久，原址在市运粮河畔，是在镇江经商的广州、肇庆两府的商人，作为开会议事的场所。匾额称之为‘公所’，表明是众人共建；冠以‘广肇’，是建造这座建筑商人的家乡广州、肇庆的简称。”

（2）以卓翼堂为首的在镇江经商的广东籍人士主持重建会所，介绍了会所地基组成及租金情况：“广东香山的卓翼堂是一位急公好义，热心公益事业的人，将自己购买的位于南马路银山坊的地皮，慷慨的出售给公所，并购买邻居唐氏的房屋地皮，这些加起来新会所的地皮还是不足，又与留养堂商量，租赁其产地，以上的地皮集合起来（新公所）的基地终于集成。”

（3）介绍了建造的艰难，建造、竣工与作记的时间：“卓翼堂总负责，使其建成，郭文典赞同并尽力帮助，虽然过程艰难，但（他们）毫不推辞，尽了最大义务。整个过程将经二年之久，整个费用达上万金额。该建筑于丙午年（1906年）三月落成，丁未年（1907年）八月作记。”不难发现，该碑准确地记载了广肇公所历经二年的施工，于1906年三月竣工。纠正了许多资料都认为镇江广肇公所为：“光绪卅三年（1907）由卓翼堂主持重建”的错误。

（二）碑文用较多的篇幅介绍了移建京江广肇公所的各种主客观原因

会馆出现在明末清初，清朝则是会馆兴盛昌隆的时期，民国时期也曾经设立过一些会馆。镇江目前保存完好的会馆大多是清代和民国留存下来的。

会馆的兴盛和科举制度有着密切的关系。每逢京师举行会试“春闱”，数以千计的举子涌入京师，于是出现了一些专为考试举子开办的“状元店”，但这类“状元店”租金昂贵，一般贫寒子弟难以负担，他们中不少人在赴京的路上省吃俭用，有的甚至被迫乞讨。于是，会馆便应运而生了。这类以接待举子考试为主的会馆有的就叫作“试馆”。

后来，科举制度废除，但仍有大批各地的中小官吏及其家属、在京商人及学生借会馆居住、集会，这些在京人员为联络乡谊、互相照顾同乡利益而设立馆舍，称为会馆。试馆经过这样的变革，后来就发展成同乡会性质的会馆了，并且在全国范围内兴起。另外，还有一些会馆属于行业的联谊场所，这类会馆被称作“行馆”，而镇江广肇公所属于“行馆”的性质。

近代的镇江是交通要道，便利的水运条件使这里客商云集、商贸繁荣。住在这里的居民来自全国各地，同乡会是他们最熟悉的组织，同乡是他们最亲切的关系，许多的会馆、公所纷纷建立，它们为同乡交流信息、寻找工作、排解纠纷、申诉冤屈、子女就学、看病就医和办理婚丧嫁娶之事，发挥着重要作用。在这碑石铭文中，作者用较多的篇幅介绍了移建京江广肇公所的各种主客观原因及内部和外部各种因素的影响。

1．内部因素影响

碑文叙述了建造新的广肇公所的两个直接原因和结论：第一，“究其建造公所的经费来源，则是在（这些商家）进出口货物中，以抽取厘金的形式收取。每年有了积余，积少成多”。说明了资金已有了保证。第二，“有倡导者说：现在商业兴旺，各种会所繁多，原有会所经历了很长时间，会所雕梁上的彩画颜色模糊不清，而且地址偏僻，不靠近繁华的商业闹市，低下狭小的建筑也不方便使用”。介绍了原有会址建筑年久老化，使用很不方便且地址偏僻。鉴于以上两个直接原因，加之“既然有了建造新会所的资金，各项条件也日渐完善。于是，议定将旧会所迁移，重建新会所”。从以上的介绍中我们可以推理：重建的广肇公所位于镇江南马路（后改为伯先路）银山坊，是当时镇江商业最繁华的地段之一。

2．外部因素影响

（1）受西方成立行商会所的影响：“西方通商的各个国家，有经商的必定有会所组织，总会设立在京城的是由各国政府设立。其在各个通商口岸的会所，由商人自己设立，政府派遣公使，进驻领事，保护各国经商侨民的利益，这样做的目的，是有利于各国政府与其经商侨民互相通气，商人与商人之间互通行情。”

（2）是我国商人行商的需要：“我们大清朝为了振兴商务，仿效西方各国设立商部、商局。而各个城市口岸设立商会，各商会有会董事，当时这些具有雄辩之才的人，大家聚集在一起，共谋经商大事，集合大家的智慧而智慧愈大，集合大家的力量而力量愈大。这是大家重视公会、兴建公会的原因。这些在异乡经商殷实富有的同乡好友，大家团结在一起，竭力维护自身利益，选取其中有能力的人，做同乡同辈中的首领。这些漂泊在外的同乡，虽人在外地，则建立同乡会所，以联系同乡的情谊和力量，这就是成立同乡公会，并受同乡人欢迎的原因。”

（3）介绍了镇江与西津渡当时的情况：“镇江是中外、南北客商汇集的码头，有通上海、汉口等地及海上交通，快速便利的交通条件，使沿长江的客商络绎不绝，长久客居此地经商的同乡人相聚在此，经商的信息和当地的行情，都能知晓并能得到周到的安排，经过了旅途繁忙和扰乱等各种遭遇的同乡人在闲暇之时，能够有一处互相咨询，落脚议事的地方。”

（三）碑文介绍了当时广肇公所的组织机构及该会所地基情况

第三部分为附录。包括广肇公所组织的名单、广肇公所地基面积数量、租赁地皮的范围及租金数量与缴纳时间：

“總理是卓翼堂，協理为郭文典，董事为梁仲畏，值理由十四位个人和商铺组成，它们是：廣誠隆、德記、聯益堂、廣安祥、利記、李述溪、業安隆、永記、卓鑑秋、均昌泰、利和泰、邱偉臣、廣臨源、順昌泰。 整个地基包括以下三部分：1. 购买卓維禮的地皮六分半；2. 购买唐次地皮八厘；3. 永久租賃留養堂的産地一段，范围从議事廳至廚房，每月租金大洋三元肆角，一年中分四次（季度）交付。”

从以上的叙述中我们可知，镇江广肇公所的组织是由总理、协理、董事与值理组成，特别是值理一职，除了三位人名外，其余十一位为各店铺的商号，这些可能都是具有一定经济实力和影响力的在镇江经商的广东客商。

（四）从碑文的简单介绍中我们可以了解公所的社会功能

碑文用较含蓄的春秋笔法叙述了重建京江广肇公所的必要性，使我们了解了清末民初镇江广肇公所的社会功能，综合各种因素，可以归纳为对内对外两大方面。对内而言：

（1）重要的意义在于以会所集众，增强同业乡人在异地的凝聚力。由于普遍存在着规模较小、实力较弱、社会地位低下、土客矛盾不断等因素，远涉他乡的广州、肇庆客商，具有较为强烈地团结协作需要。

（2）是为了加强内部制约。同一行业，既有对外协作共同谋利的一面，又有相互竞争各计私利的一面。近代在镇江经商的广东商人认识到商情涣散，铺面、行店利权各有所失。故有成立公会以“一其利”的必要。

（3）是由于从业商人心理慰藉的需要。在传统社会种种因素的综合影响下，工商业者常常会遭遇许多难以预料，同时凭一已之力也难以解决的困难和问题，因而普遍感觉到难以把握自己的命运，无奈之下，只得多多祈求同乡公会的作用。

除了对内的社会功能之外，建立高大华丽的同乡会所还有对外的意义。

（1）其首要的任务是获取社会认同。从传统农业社会中脱身出来的工商业者，有时要远涉异地他乡，他们在商业经营与日常生活中，往往都能感受到外乡人生存的压力，会遭到许多由于当地人的排斥与歧视而产生的困难。因此，获取当地社会的认同，在一定意义上成了异籍工商业者能够立足和谋生的首要前提。

（2）是为了争取行业的社会地位。传统社会中，从业工商者虽然具有了一定的经济实力，但社会地位相对低下，并不能从根本上改变其位居“四民”之末的

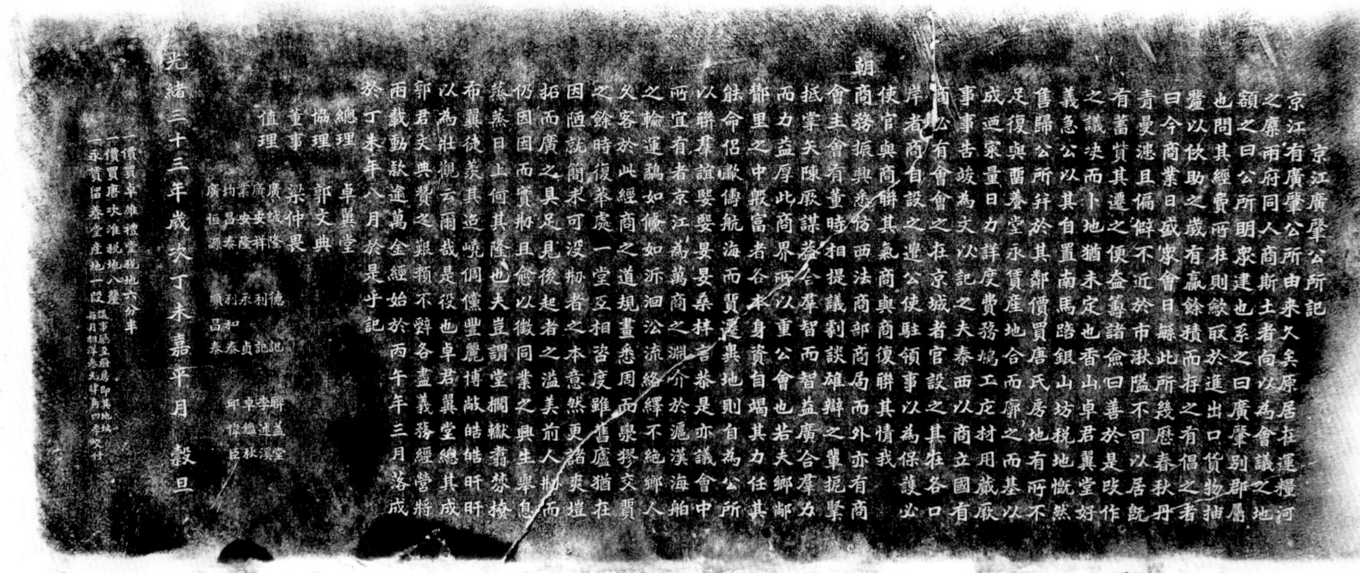

图一 京江广肇公所记碑拓片

状况。而旅居外地的客商感觉更是强烈，因此，以炫耀经济实力来争取社会地位的心态非常普遍。

如图一所示，《京江广肇公所碑记》是一方保存完好的记载镇江广肇公所历史的石碑，这方存世将近一百多年的碑刻，不仅文字流畅优美，书法字体浑厚圆润，而且对广肇公所迁移的内外、主客观原因进行了详细的论述，对新会所地基的组成情况，周边环境进行了描述，是研究镇江广肇公所历史渊源的又一物证，并对研究镇江近代会馆的发展、兴衰提供了重要的历史资料。

附录四
京口蒋氏救生会史料研究新发现新进展

祝瑞洪

内容提要：新发现《京江蒋氏宗谱》和《镇江丹徒县蒋氏族谱》记载了红船蒋氏是名门望族之后，其七代人血脉传承的世系年表和传记，对于研究红船蒋氏七代人的生平和救生业绩有着重要意义。特别是两谱所载《蒋理传》《蒋磏传》填补了红船蒋氏救生业绩研究的重大空白地带，红船救生七世传承的两个重要节点就是这两位家族经商奇才逆转颓势、重光祖业之时。新发现《蒋春农文集》《遗研斋集》及家谱所载《蒋春农传》对于研究蒋宗海（字春农）生平事迹和救生业绩具有重要意义。这些史料的发现和研究将极大地丰富和完善红船史料库，并有利于进一步形成更加完善的京口蒋氏救生会历史的研究成果。

关键词：京口、丹徒、蒋氏、救生会、红船、史料、研究、成果。

京口蒋氏救生红船研究，在2007年范然先生《西津渡》出版以后的十多年时间里，由于资料的缺乏，除了一些零碎的研究成果以外，几无进展。一些研究中的疑点一直困扰着我们：蒋氏家族从何而来，往何而去？救生会的蒋元鼐等蒋姓创始人和第二代复兴代表人蒋豫之间到底是什么关系？第一代、第二代传承中的关键节点是如何转接的？各代传承人在主持救生会期间的主要救生事迹是什么？这些疑点使我们不能释怀，犹感对救生会古人善举之不敬和无奈。有鉴于此，十年前我就发愿，一定要找到更多的历史资料来丰富蒋氏救生会研究的成果库，更好地利用蒋氏救生会研究的成果来启迪后人、激励后人为人类的普世价值做出贡献。功夫不负有心人，今年以来，随着一批红船蒋氏资料新发现，京口蒋氏救生会和救生活动历史研究取得新的突破，一些研究的空白地带得到填补，部分研究的关键疑点得到可靠的解释，可以在原有研究的基础上初步形成较为清晰完整、有血有肉的蒋氏红船救生历史发展线索。

1. 京口蒋氏救生会研究新发现的两部家谱和两本著作

今年初，我们重启救生会史料的寻访和重读工作。我们检索了多种版本的丹徒县志，并在国内外网站反复搜寻，取得三大发现。

1.1 发现记载红船蒋氏血脉传承的两本蒋氏家谱。

研究红船蒋氏，我们一直在寻找家谱，但一直难窥门径。六月中旬，我在偶然的机会知悉并加入文史爱好者微信群，该群有一批我市文史研究的专家和老师，他们掌握了大量的文史信息和研究资料，是一个我们可以在其中学习知识、汲取营养的群体集合。我们召集开了一个小型座谈会，同时在群里提出协助寻找红船蒋氏家谱的希望，很快得到回应。业已退休的马阿林先生给我提供了上海图书馆家谱网站和美国犹他家谱网站两个链接。同时，群友《京江晚报》的邱隆洪先生知悉后，也开始关注并在中国农村数据网站搜索红船蒋氏家谱。蒋姓是大姓，目前蒋姓人口大概占到总人口的千分之五。蒋氏家谱林林总总两千多种。我

图一、图二《京江蒋氏宗谱》

图三、图四《镇江丹徒县蒋氏族谱》

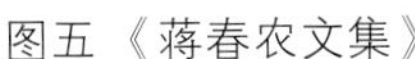

图五《蒋春农文集》

图六 《遗研斋集》

们集中在镇江、丹徒、京口和润州这几个地名开头的蒋氏家谱的搜索。结果喜出望外，邱先生在中国农村数据网、我在美国犹他家谱网先后发现《京江蒋氏宗谱》（图一、图二）（以下简称“京江谱”）和《镇江丹徒县蒋氏族谱》（图三、图四）（以下简称“丹徒谱”）与红船蒋氏密切相关。九月底，我们又在马阿林先生的帮助下寻访到第一代红船蒋氏的后人蒋祥泉先生，一下发现了两套《京江蒋氏宗谱》，为西津渡京口救生会找到了镇馆之宝！

咸丰元年（1853年）刊印的京江谱载有第一代十五位创始人中三位蒋姓创始人蒋元鼐、蒋尚忠、蒋元进的谱系位置和相互关系。更令人惊喜的是，京江谱载有的《蒋理传》，记载了蒋理在救生会善举中举足轻重的地位及其他与蒋宗海之间的传承关系。这个发现可能部分改变我们对红船蒋氏七代传承的看法（详见祝瑞洪《镇江师专学报》之《京口救生会蒋氏七世年考》2016年第3期）。

丹徒谱是民国七年（1918年）前后修撰，其中载有红船蒋氏第二代传承人蒋豫及其后代蒋宗海、蒋稑、蒋磏、蒋延菖和蒋宝之间的世系年表，进一步证明了他们之间的父子相承的关系。该谱记载的蒋春农传、蒋磏传对于研究两人生平及其对救生会的贡献也具有特别重要的意义。

通过对两谱的研读，可以基本弄清红船蒋氏的家族传承情况。

1.2 最新发现《蒋春农文集》和蒋春农《遗砚斋集》二卷。

蒋宗海（字春农）著有三种图书存世，《蒋春农文集》（图五）《遗研斋集》（图六）和《蒋舍人随笔》，均收录在《四库全书》中。但是一直没有办法

图七图七《蒋春农传》

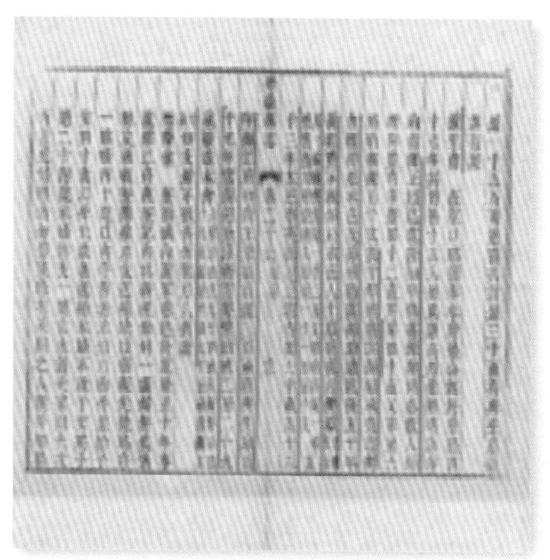
图八《丹徒县志》

检索《四库全书》。今年七月底，我们通过国学大师网站《四库全书》总目搜索，大海捞针一样地发现了《蒋春农文集》《遗研斋集》的影印本电子版。经过多方联系，终于如愿以偿并首次获得《蒋春农文集》和《遗研斋集》电子影印本，两书载有蒋宗海大量文稿诗稿和翁同龢所作序言及李保泰撰《蒋春农传》（图七），对于研究这位红船蒋氏第三代传人的生平、学识、个人经历和抱负具有极为重要的意义。文稿诗稿中还有大量可供研究的社会学、民俗学资料。

1.3 研读蒋氏家谱并重读《丹徒县志》（图八），进一步发现、明确并丰富了蒋理、蒋宗海、蒋礁等在救生会事业中的重要地位和重大贡献。

总之，这些史料的发现和研究，极大地丰富和完善了红船史料库，并有利于进一步形成更加完善的京口蒋氏救生会历史的研究成果。

2. 京口红船蒋氏是名门望族之后，红船救生七代人血脉相承

2.1 蒋氏九侯考："江南无二蒋，九子十封侯。"

丹徒县蒋氏族谱载《蒋氏九侯考》称："江南无二蒋，九子十封侯。"这是蒋姓祖先源流的一个悲壮的故事。蒋家最早的祖先在周朝分封于鲁，本姓姬。其第三子（一说二子）伯龄公封今河南期思，国号为蒋，故而后代以蒋为姓。至汉光武帝中兴时已历四十七世。江南蒋氏起源于东汉大将军四十七世祖蒋横（字承先），其曾祖父便是隐士蒋诩。

东汉初年，蒋横（图九）以军功起家，后跟随光武帝刘秀南征北战，尤其是在征讨赤眉立下大功，被封"浚遒侯"、任大将军（此节见于京江谱）。后匈奴

图九 四十七世祖汉逡遒侯蒋横造像

图十 四十八世祖𠙶亭侯蒋澄造像

作乱，蒋横应召封右将军领八千铁骑驻扎细柳营，屡立战功，司隶羌路嫉妒他的声名，诬陷他谋反。光武帝听闻后勃然大怒，不分青红皂白诛杀了蒋横（此节见于丹徒谱《蒋氏九侯考》）。他的九个儿子恐被灭族，逃亡江南，流落在江南九江、会稽、宜兴和丹徒一带。后因民谣四起，皇帝明察冤情，为其平反，为安抚九子均被封为侯爵，是谓“九子十封侯”。关于蒋横生平及封侯的记载，其他蒋氏家谱也都记录了类似的说法，细节略有不同。[1]

蒋横第九子蒋澄（图十）被封为𠙶（音ou，同“藕”）亭侯，居宜兴𠙶亭乡，即宜兴𠙶山。据蒋氏家谱载，𠙶亭侯澄公字少卿，婺州刺史，食邑二千石。居阳湖之西，地名𠙶亭山。为蒋姓湖西支，其子孙三百余人，有江南始祖之称。蒋澄生于西汉平帝元始五年乙丑岁（公元5年），卒于东汉明帝永平十八年乙亥岁（公元75年），寿71岁。生孟（昭）、休、通、政、元五子。

2.2 蒋氏迁润考：宋末避胡元迁润落籍，两谱始祖均在明代。

京江谱和丹徒谱均明确记载本姓传说出自宜兴亭侯，但因年代久远，始祖源流不可详考。

丹徒谱载《蒋氏九侯考》明确指出：“吾族本系𠙶亭侯后裔，（但）年湮代远，无从接续，固录封地以备考。”明崇祯十年（1637年），丹徒谱重建者蒋暹（蒋宗海高祖）在《京口蒋氏重建族谱序》中说：“宋恭帝时蒋玄祖苦胡元兵乱，籍族有通判润州者，遂尽族南渡再传……因占籍于润。”（图十二）丹徒谱载章学诚撰《蒋春农传》也说蒋氏“宋季有通判润州者遂占籍丹徒”。《蒋春农

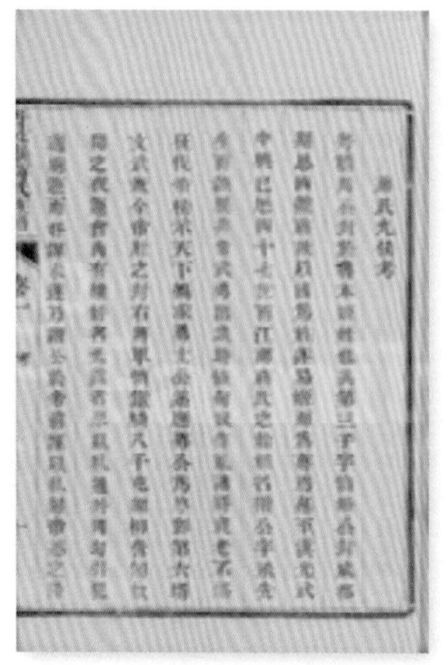
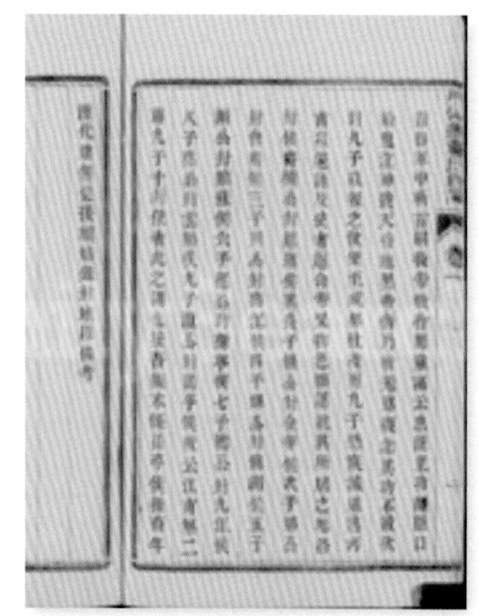

图十一《丹徒蒋氏族谱》载《蒋氏九侯考》影印件

文集》载李保泰撰《蒋春农传》也肯定了这一说法，并列举了高祖曾祖至其父蒋豫的传承。

道光年间，京江蒋氏后人、重修京江谱的二十二世孙蒋棻、蒋爱堂兄弟在《京口蒋氏宗谱前序》[道光十六年（1836年）]中写道："南渡之后，族徙江南，近代相传，望归阳羡。我十世祖自阳羡而迁建邺，十五世祖由建邺始迁润州，籍占四百年，系传十余世子孙。"（图十三）京江谱受姓始源部分明确记载："吾族自宜兴迁来，传为函亭侯（后）裔，然莫可考矣。"这与丹徒谱记载相同，两谱记述基本一致，且细节互补。宋恭帝赵显1274年8月登基，1276年2月宋亡被掳。因此，蒋氏迁润的时间当在1274—1276年之间，或在13世纪70年代。

从源流上看，望归阳羡的蒋氏有湖东支云阳侯一族和湖西支函亭侯一族。就修谱而论，湖东支云阳侯一族修谱的连续性未有涵盖京江谱蒋氏和丹徒谱蒋氏，也佐证京江谱蒋氏和丹徒谱蒋氏均不属于湖东支云阳侯。丹徒黄丝湾村蒋姓村民家所藏云阳侯一族的家谱，其宗族世系支派源流清晰连续，一直续修到现在的新谱。这明显与本文所及蒋氏分属不同支派。所以，京江谱蒋氏和丹徒谱蒋氏之望归阳羡，只能是属于河西支函亭侯一族。

但是，两谱修谱确定的始祖应该不是宋末恭帝时的迁润始祖，而是生于明代的始祖。按两谱记载，京江谱始祖蒋潤大约出生在1550—1570年，丹徒谱始祖蒋亨出生于1404年。

京江蒋氏由十五世始祖迁润，到蒋元进第十九世仅有五代人。由世系年表

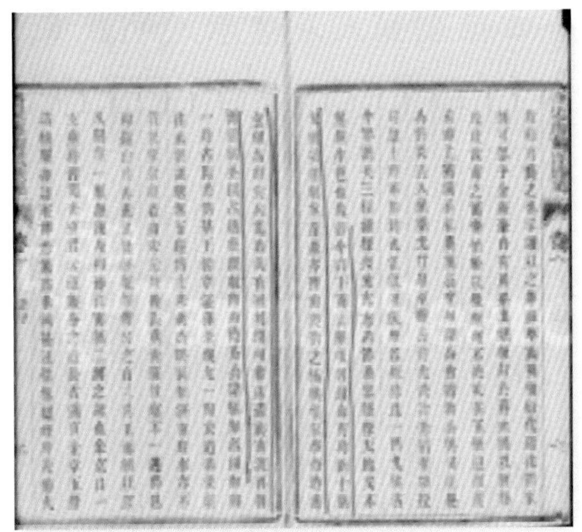

图十二 丹徒谱蒋暹《京口蒋氏重建族谱序》部分影印件

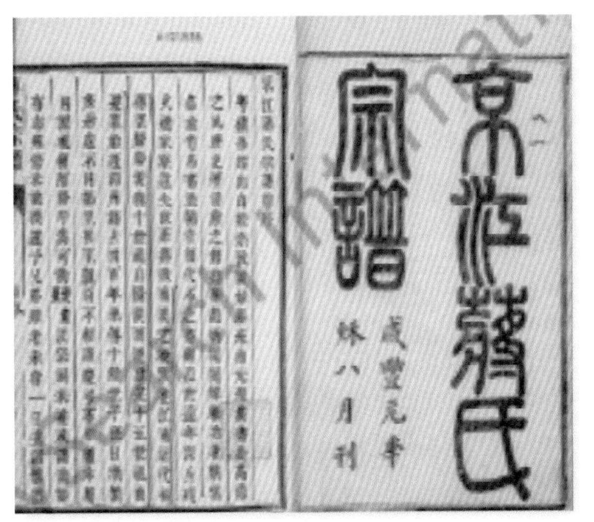

京江蔣氏宗譜

咸豐元年

八月刊

图十三（a） 京江谱《京江蒋氏宗谱前序》部分影印件

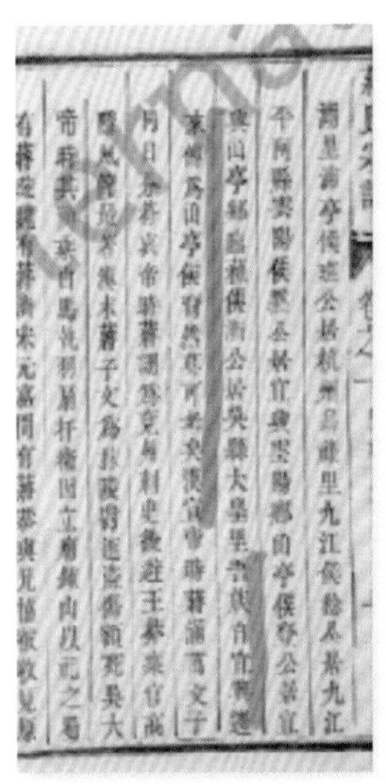

图十三（b） 京江谱受姓源始部分影印件

知，蒋元鼐、蒋尚忠生卒无考，第十九世蒋元进生于1671年。古代人结婚生子一般较早，差不多20年左右一代人，按长幼差别较大，一般会在20～30年间，平均25年左右。五代人在125年左右，也就是说，第十五世始祖应该出生在1550年代前后，即在明世宗嘉靖年间，与宋恭帝年代差距280年左右。

丹徒谱第六世蒋暹在重建家谱序中明确说该族宋恭帝时迁润，但其谱始祖蒋亨生于明永乐二年（1404年），卒于明成化十九年（1483年）。与宋恭帝年代差距130年左右。换言之，迁润之后，丹徒蒋氏至少有130年左右族谱无考，只能从找得到的始祖开始。

3. 京江谱：京口蒋氏救生会四位创始人及继承人明载家谱

3.1 《京江蒋氏宗谱》。道光十六年（1836年）由京江蒋氏二十二世孙蒋爱棠、蒋棻兄弟倡修，从蒋氏迁润之后的时点重建谱系，共分四卷：第一卷包括受姓原始、族训、族规、命名定派、祭仪、祖垅记事等；第二卷艺文，记载了祖先优秀的诗歌文章；第三卷世系；第四卷年表上、下。世系年表均从第十五世开始编修。

3.2 京江谱第十五世至十八世明确记载了京口蒋氏救生会馆第一代三位蒋姓创始人及继承人。

查谱知京口蒋氏救生会创始人世系如下：

迁润第十五世始祖为蒋潤，生二子，其长子蒋承文，孙蒋祯春（字靖宇）。

蒋祯春生五子，其长子蒋尚仁、五子蒋尚忠。

长子蒋尚仁生有九子，其第七子为蒋元鼐。

第五子蒋尚忠生有六子，其第六子为蒋元进；其第五子蒋元遴生有两子，其次子为蒋理。

蒋元鼐、蒋尚忠、蒋元进三人名讳出现在同一家谱中，可以初步确定他们就是冯詠《京口救生会叙》里记载的京口蒋氏救生会第一代创始人。然而，蒋姓族谱中同名重名者较为常见。《京江蒋氏宗谱》第二卷艺文卷载《蒋理传》记载了蒋理在救生会的活动及经他之手转交到蒋春农手上，这是关键证据，结合世系证明了救生会第一代蒋氏创始人是蒋氏第十八世孙蒋尚忠、第十九世孙蒋元鼐、蒋元进，其中蒋尚忠与蒋元进是父子关系、蒋尚忠与蒋元鼐是叔侄关系、蒋尚忠与蒋理是爷孙关系。蒋氏一家两门三代四人在创始初期，延绵坚持红船救生活动（图十四）。

京江谱年表载，深分第十八世蒋尚忠，字公赤，国学生，生卒失考。源分第十九世蒋元鼐，字君调号素菴，生卒失考。深分第十九世蒋元进，字又循，恩荣粟帛。例授登仕佐郎（注：九品，有官名无职事）。生于康熙辛亥年七月十五日，卒于乾隆癸酉年六月十六日（1671—1753年），享年83岁。1702年救生会创立时，蒋元进仅30岁。

深分第二十世蒋理，字鸣谦，号自牧。生于康熙丁亥年十月二十日，卒于乾隆癸未年十月初七日（1707—1763年）。太学生例授修职郎候选县丞（贡生，八品，散官官阶），葬于丹徒谏壁石墙头雩山（按：谱载详细方位图，祖垅记事专门有墓地讼事案稿详说始末）。

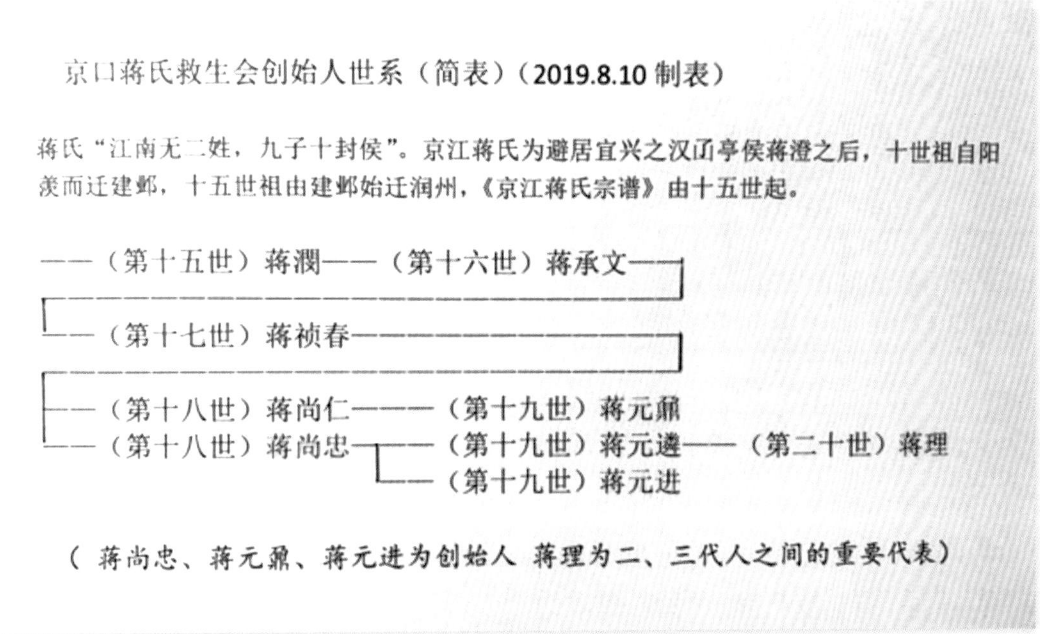

京口蒋氏救生会创始人世系（简表）（2019.8.10 制表）

蒋氏“江南无二姓，九子十封侯”。京江蒋氏为避居宜兴之汉函亭侯蒋澄之后，十世祖自阳羡而迁建邺，十五世祖由建邺始迁润州，《京江蒋氏宗谱》由十五世起。

——（第十五世）蒋润——（第十六世）蒋承文

——（第十七世）蒋祯春

——（第十八世）蒋尚仁——（第十九世）蒋元鼐

——（第十八世）蒋尚忠——（第十九世）蒋元遴——（第二十世）蒋理

——（第十九世）蒋元进

（ 蒋尚忠、蒋元鼐、蒋元进为创始人 蒋理为二、三代人之间的重要代表）

图十四 京口蒋氏救生会创始人（京江蒋氏）宗谱世系图（简表）

3.3 京江谱艺文卷载有《蒋理传》，揭秘第一代创始人后裔蒋理对救生会事业的重大贡献及其与第三代蒋宗海之间存在传承关系

《蒋理传》全文如下：

蒋理，字鸣谦，号自牧。生而简重寡言，读书无估，毕生过目即能默诵，日诵千言，师深契重之，以为飞黄腾达可跂待也。及长，文望益重，孝友称于乡。叔祖书升公生二子，长蔚华公、次即公。

蔚华公早游庠序，家业中落。公念两亲垂暮，遂从事于贾。吾家裕和堂祖业创于顺治四年，食指殷繁，日久凋敝。公独力撑挡以养以事将倾之业复蒸蔚以兴，公尝引君陈施于有政之义以自励。盖可窥其蕴蓄矣。

公乐善好施，桑梓每遭旱潦，哀鸿遍野，饿殍载道，公首倡捐，同志景从，经营董督，赖全活者不胜计。京口为吴会要冲，长江天堑，估帆上下、络绎旁午、迅风骇浪，颠簸漂溺在倏忽间。公与西津渡口设峨艑，十数名救生船卒遇风涛扬帆鼓棹，援手中流。复于蒜山高麓建立救生会所，俾司事者瞭望指挥，为计至周也。厥后族叔春农内翰踵而行之，一皆禀公之成法，故能垂永久而利无穷也。他若育婴留养恤嫠药局凡邑中诸善举，公必倡捐集事，创药王庙与城西以祀先医。置丰乐田三百亩以奉祭祀。此皆英之目击心识者也。

尝闻公曰：古人种德如耳鸣，可自知而不知于人也。审如是，则公之积德累仁，英之不得而知者又不知其几也，故谨述其所知者书而志之。

赞曰：易言积善之家必有余庆，书云作善降之百祥彼苍者天施报岂纤毫爽者。公积厚累深竟以处士终，声名不出里闬，几疑往训无徵矣？抑闻之不有于其身，必有于其子孙。然则天之所以报公者公固不必身食其报与。

乾隆二十四年岁次已卯春正月　日从子英顿首拜撰

《蒋理传》是由其从子蒋英撰写的。蒋英，字朴存（1736—1810年），生于乾隆元年，太学生。蒋尚忠的曾孙，蒋理的堂侄。古时称兄弟的儿子为从子。在此之前，从嘉庆丹徒志到光绪丹徒志都没有写到蒋理对救生会事业的贡献和与后来救生会传承的关系。京江谱《蒋理传》弥补了这一历史盲区，对于研究蒋氏救生会的历史非常重要。

《蒋理传》载，蒋理“简重寡言”“乐善好施”。早年“读书无估，毕生过目即能默诵，日诵千言，师深契重之。”因为哥哥教书坐馆而又两亲垂暮，蒋理为了家计弃读经商，否则凭借过目不忘之才，定可以求功名而“飞黄腾达可跂足待也”。他家的祖业“裕和堂”创立于顺治四年（1647年），但因“食指殷繁”，家中人口众多，开销太大，“日久凋敝”。蒋理一人独力挑起经商治家的重担，他应该是一个经商奇才，不久“将倾之业复蒸蔚以兴”。如图十五、图十六所示。

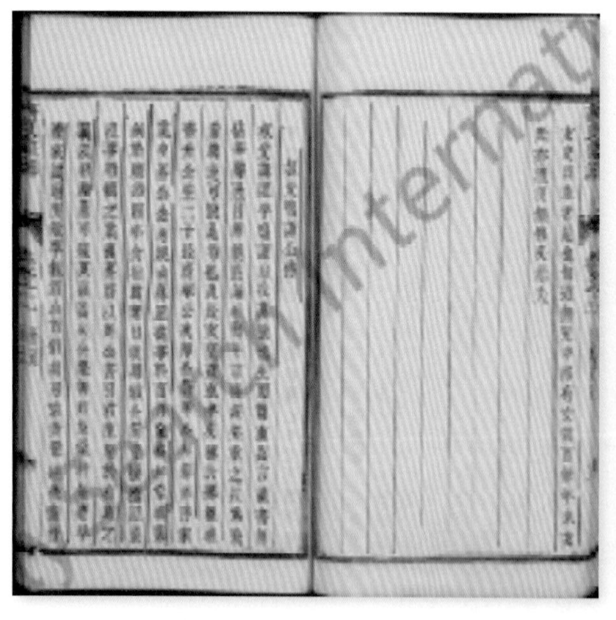

图十五《蒋理传》影印件之一

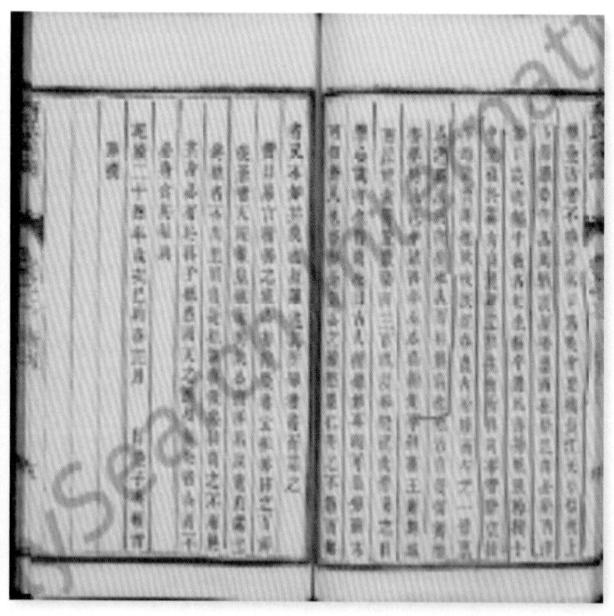

图十六《蒋理传》影印件之二

从《蒋理传》看，蒋理在当时的丹徒是一位大慈善家，慈善事业涉及几乎所有类别：

一是赈灾。每逢旱涝年景，“桑梓每遭旱潦，哀鸿遍野，饿殍载道，公首倡捐，同志景从，经营董督，赖全活者不胜计”。

二是从事救生事业。主要有两件事：设峨艑救生、建会所指挥。“公与西津渡口设峨艑，十数名救生船卒遇风涛扬帆鼓棹，援手中流。复于蒜山高麓建立救生会所，俾司事者瞭望指挥，为计至周也”。“厥后族叔春农内翰踵而行之，一皆禀公之成法，故能垂永久而利无穷也”。

三是牵头参与其他慈善事业。“凡邑中诸善举，公必倡捐集事”，如育婴留养、恤嫠药局等。

四是“创药王庙与城西以祀先医”，并“置丰乐田三百亩以奉祭祀”。蒋氏先辈中有当时著名的医生，开有医馆，估计创药王庙祭祀先医与此有关，此处不再赘述。

3.4 蒋理从事救生会工作并传继于蒋宗海，其人其事未曾见于以前的史料及其研究，这是红船研究的新发现。蒋理生于1707年，因此他肯定不是救生会创始人。只是在事业有成之后，继承父业，因此应属于第二代。从《蒋理传》记述看，他对救生会事业贡献巨大：置办救生船只、建造救生会所。而且救生会是由他之手传给蒋宗海，蒋宗海继承了他的事业并且一直遵循他制定的管理办法。《蒋理传》作者蒋英认为这些办法是完善有效的，也是蒋宗海能持久顺利管理好救生会的重要前提。在此之前，我们曾经认为红船蒋氏七世传承已经是一个定论，因为《嘉庆丹徒县志》（以下简称“嘉庆志”）、《光绪丹徒县志》《续丹徒县志》等史志资料特别清晰地记载了蒋豫振兴并传承给子孙的历史线索。《蒋理传》的发现，至少有三个问题需要回答：蒋理的救生业绩在救生会事业的历史中如何定位？为什么嘉庆志没有提及蒋理从事慈善事业包括救生会的业绩？志书所载蒋豫复兴救生会与蒋理重建之间有什么关系，蒋理当过会董吗？蒋理将救生会传给蒋宗海的原因是什么？

蒋英写道，“尝闻公曰：古人种德如耳鸣，可自知而不知于人也”。蒋理是一个生意人，崇尚实务不尚虚名；又是一个有文化的儒商，认为种德行善是一种自觉自愿的发自内心的行为，犹如耳鸣，自知而人不知为上善，这大概是他的救生活动包括其他善举鲜见于史志记载的主要原因之一。儒商善举，也是明末清初开明绅士的一个潮流。由于其有强大经济实力做后盾，一般其从事慈善事业规模大成就也大。许多人虽然本心不想出名，但是成为远近闻名、称道于世的善人还是乐享其成的。“公积厚累深竟以处士终，声名不出里闬”，如蒋理此等做善事不留名的高风亮节，实属罕见。《蒋理传》写于乾隆二十四年（1759年），蒋宗海从蒋理手中接手救生会是乾隆二十一年（1756）前后，蒋英应该是这个交接过程和蒋宗海管理救生会的知情人。因此，如果不是蒋英为蒋理撰传并在家谱中刊载，这位当时的慈善家、救生会的重要人物一定会湮没在历史长河中永久被人遗忘。而且，红船救生的历史也会因此有重大不为人知的残缺。

4．丹徒谱：京口蒋氏救生会传承人家谱解读

4.1 《丹徒蒋氏族谱》重建于明崇祯十年（1637）春。其迁润原因与京江谱叙述基本一致。主修族谱的蒋暹在《丹徒蒋氏重建族谱序》中写道，丹徒蒋氏一族分支最长远，本来遗有“金章玉册，诰轴玺书”，但后来毁于火灾。因此，汉以后至宋之前宗谱皆佚失不可考。蒋暹，为迁润之后六世孙，字孺英、一字茹炅（音gui，去声）。少时读书致仕不成，即转向古代星数诗画，闲来喝茶下棋，参与里中事务，自得其乐一辈子。晚年发起修谱，溯源循流。130年后，清乾隆三十年（1765年），第十世孙蒋宗鲁发起重修家谱，民国七年（1917年）第三次续修。这就是我们现在发现的《丹徒蒋氏族谱》。民国谱秉承原谱格局，共分四卷：第一卷序，记载前谱序言若干、凡例、蒋氏九侯考、家训和世系图；第二卷为年表；第三卷传记，记载族人中历史名人的20篇传记和列祖赞；第四卷为墓图、跋言、领谱录。该谱民国七年（1917年）夏印制。

4.2 丹徒谱世系解读：蒋豫及其子孙六代血亲传承绵延不绝。

丹徒蒋氏世系自迁润始祖蒋亨起，传二世蒋仁蒋信；蒋信生一子蒋铭；四世共六支，蒋铭之子蒋洁生有两子，次子蒋鳌为六世子蒋暹之父亲。至蒋暹第六世，丹徒蒋氏已经传有十九分支。蒋暹生一子蒋之琬，蒋之琬生三子；其二子蒋应凤生三子，蒋礁、蒋豫和蒋升为第九世。这位次子蒋豫，正是救生会的第二代传人。由蒋豫而下，经蒋宗海、蒋稆、蒋延菖、蒋礁到蒋宝第十四世，六代人血亲传承、绵延不绝，从而红船救生的义举在大江上下产生深远影响。如图十七所示。

红船蒋氏第二代自丹徒蒋氏第九世蒋豫起，兹分别摘录其年表如下：

第九世蒋豫，蒋应凤次子，字介和，号松埜，邑庠生。以子宗海秩。覃恩敕赠文林郎内阁中书加一级。清康熙八年己酉十月初一寅时生，乾隆二十一年丙子四月二十日寅时卒（1669—1756年），享年88岁。生一子宗海生四女长适笪邵期、次适谢帝文、三适丁仪著、四适程鞶？叔。

第十世蒋宗海，字星岩、号春农、又号冬民、晚号归求老人，郡廪生。乾隆

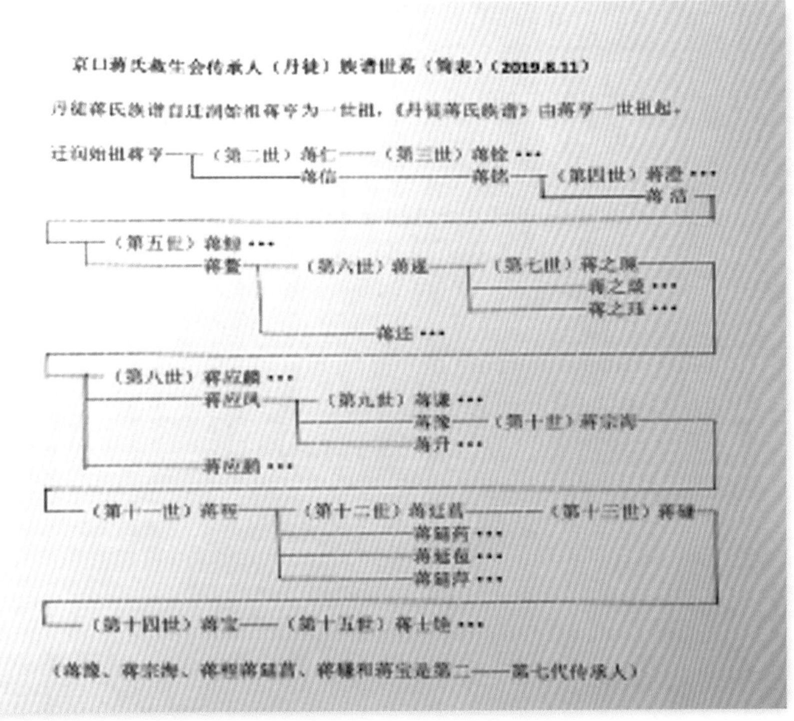

图十七 京口蒋氏救生会馆传承人（丹徒蒋氏）族谱世系图（简表）

十七年壬申恩科第三十六名举人，是年春乡秋会联捷第八十三名二甲进士，考补内阁中书内廷行走加一级奉敕汇校通鉴纪事本末。御赠沙葛香扇等件。敕赠文林郎。清康熙五十九年庚子九月二十一日巳时生，嘉庆元年丙辰九月初十日戌时卒，（1720 — 1796年）。享年七十有七。著有易义、易旁训并遗研斋诗文集待梓，县志儒林有传。生一子秬，生四女长适法莘侣、次适郭继林、三适卞云叔、四适何朴存。

第十一世蒋秬，字穫之、号稼云，太学生。以子延菖秩。敕赠修职郎赣榆县学教谕。清乾隆五年（1740年）庚申九月二十八日生。卒葬无考。生有四子六女，四子为延菖、延药、延苞、延萍，女略。

第十二世蒋延菖。字寿伯、号峒原，郡廪生。乾隆五十四年己酉科选拔贡生。诠授赣榆县学教谕敕受修职郎。清乾隆二十九年甲申十一月二十一日辰时生.（1764—？）卒无考。生两子一女，长子磏、次子磐，女适郭。

第十三世蒋磏，字近仁。光禄寺署正街即补刑部司狱。以子宝秩。诰封奉直大夫河南禹州知州。清乾隆五十六年辛亥十一月二十三日寅时生，同治五年丙寅

图十八

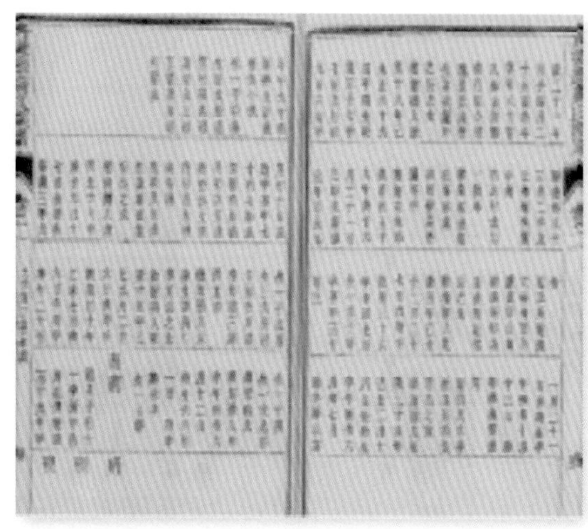

图十九

图二十

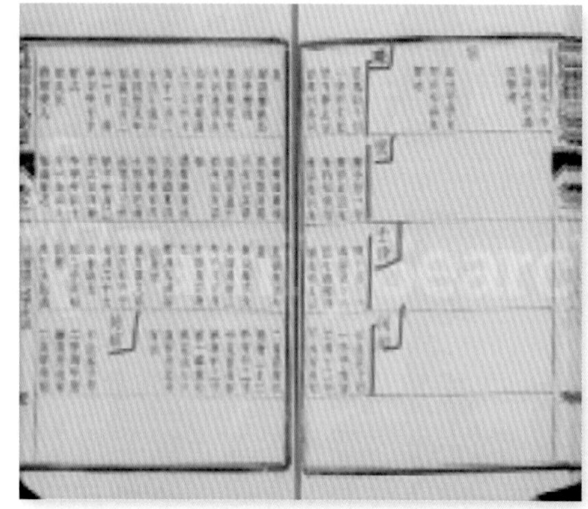

图二十一

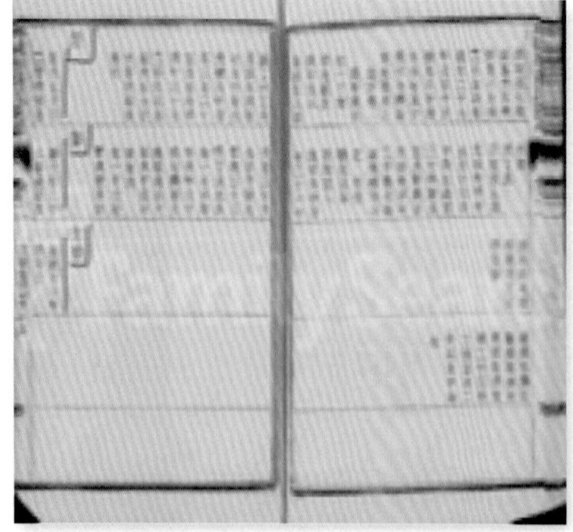

图二十二

九月二十一日卒（1791—1866年）。享年七十有六岁。

第十四世蒋宝，字研斋。由监生报捐知县，指省分发河南候补知县，补用开封府禹州知州，调署福建龙岩州知州，加五品衔，诰奉直大夫。清道光四年甲申七月十三日巳时生，同治三年甲子十月二十六日卒，（1824—1864年）。享年四十一岁。生一子士铨。蒋士铨，字善铭号少斋，由穆将军保举五品蓝翎补用知县，例授奉直大夫。清同治三年甲子正月十四日卯时生，卒（未记）（图十八～图二十二）。

从领谱录看，蒋宝之子蒋士铨居住在大西路玉带巷（今四牌楼道署街一带），其他领谱后裔散居在镇江扬州各地，应有迹可循。

4.3 丹徒蒋氏世系年表证明了从蒋豫起各代生卒年月涵盖其承续救生会的年代，与史志记载相吻合。嘉庆志载蒋豫接办救生会是雍正以迄乾隆初年，暂按雍正末年乾隆元年算为1735年，时年66岁，经营21年后，87岁时交由蒋宗海办理（详见下文5.3）。蒋宗海乾隆二十一年（1756）接办时37岁，经办40年，直到乾隆六十年（1795）75岁时才交给蒋桯。[2]蒋桯经营10年于嘉庆十年（1805年）66岁时交给蒋延菖；蒋延菖41岁接办，经营19年于道光四年（1824年）交给蒋礁。时蒋礁34岁，经营28年后于咸丰二年（1852年）62岁时传给蒋宝。蒋宝维持了12年。1864年，蒋宝去世后，京口蒋氏救生会交由政府接管办理。

5．两谱合读的推论：京口红船事业是蒋氏一姓两支前后相继七代十人倾力支撑的慈善伟业

5.1．“江南无二蒋，九子十封侯”。两谱大致证明了京江蒋氏和丹徒蒋氏源出一脉，都出自汉九江逡遒侯蒋横第九子蒋澄宜兴亙亭侯之后，并于宋恭帝时为避胡元，籍因族人通判润州迁润，入籍润州或丹徒。溯源寻流，两蒋是为一脉相承。以蒋理传继救生会给蒋宗海的记录看，撰稿人蒋英称蒋宗海为“族叔”，两蒋在丹徒及救生会历史上是互有联系而且是联系紧密的。

5.2 红船蒋氏第一代创始人当属京江蒋氏无疑。在第二代传承人蒋豫于雍正以迄、乾隆初年即1735年前后接办救生会时，第一代创始人除蒋元鼐、蒋尚忠生卒无考外，至少蒋元进（1671—1753年）还健在。

5.3 蒋理应该是第二代复兴救生会的最重要成员之一，也应该是当时救生会主要捐助人之一。按嘉庆志记载，蒋豫复兴救生会有同志“数人”，光绪志记载有同志18人，但惜无像第一代15人一样有具体名录。此“数人”或“18人”中蒋理是否在其内或应该在其内？是豫理及同志“合拯”还是豫先理后抑或有理无豫，

直接传承蒋宗海？家谱资料显示直接传承，但史志及其他史料均没有发现直接传承记录。蒋豫生于1669年，比蒋理年长38岁。1735年时蒋豫66岁，蒋理28岁。蒋豫牵头召集、蒋理是“同志”之一共同振兴救生会的可能性更大。但《蒋理传》记载蒋理是一个企业家又是慈善家，他作为一个救生会极为重要的出资人和经办人也一定是历史事实。

按《续丹徒县志》，蒋宗海于乾隆六年（1741年）接办救生会。但此说前志并无记载。实际上，是年蒋宗海才21岁，直到1752年他得中举人之前，无有功名，也无经商记录，应该没有能力独力支撑（按嘉庆志说法）救生会运营的，最多是名义上的少东家。而此时蒋理34岁，经商成功，年富力强，按《蒋理传》的说法，应该是救生会事务的实际掌控人。到1756年，蒋豫已经87岁高龄，而蒋理也已经50岁。时年蒋宗海37岁辞官回家服侍母病的同时，从蒋理手中接办救生会是合乎情理的。

在这里，《京江蒋氏宗谱》的公正性和重要性在于记录并肯定了蒋理对当时丹徒社会慈善事业的高度关注和杰出贡献。但是，家谱乃一家之谱，史志为一县之志；而且史志经过诸多政界学界和德高望重之作者审查编撰，就救生会的牵头召集或主要责任人的记载应该更加可靠，但是时间的认定似可商榷。蒋理比蒋宗海年长12岁，蒋宗海从蒋理手中接受救生会具体事务应该比较合理。蒋理1763年才去世，在蒋宗海接手救生会以后的七八年里，他应该也是发挥了作用的。蒋理的善举不见史志记载，而仅有家谱佐证其主要事迹，其原因不得而知，姑且认为是其个人意愿。但是，把蒋理作为在蒋豫带领下的第二代十八名同仁之一员，而且是主要骨干成员应该是合理可靠的。又，光绪志载蒋礁“禀言亲友十八人”，所以将蒋理纳入蒋豫第二代十八人亦是可信的。这样看，京江蒋氏第十八世、第十九世作为红船蒋氏第一代人主持救生会33年，第二十世蒋理参与救生会事业直到1756年。那么，从康熙四十一年（1702年）起算到蒋宗海接办的乾隆十七年（1756年），蒋尚忠、蒋元鼐一家两门三代四人从事救生会事业55年时间。

嘉庆志前后历30年而成。蒋宗海虽然是主要编修人之一，但该书没有完成他就去世了。后来续修者王文治、张明谦、张鋆均是当时地方显要，其素养人品公正公信。至于蒋宗海，更是邑人首请于邑宰贵公并公举他“秉其笔修废起坠、考核旧志、而详加厘正”。但他还是再三婉拒：“闻昔修志之例，每延他处士君子主之，邑之人不与焉，别嫌疑、绝请托也。”后来邑宰召集全县绅士耆旧公议共举，他才接受此任。载于该志的前序、后序皆重点阐述了修志之人德行修养对修志的公正性至关重要，南昌万廷兰还专门以第三方的立场为由于公正原因不便于正文列传的三位纂修蒋宗海、王文治、张明谦和出资人邹光国撰《四君传》载于书后。有鉴于此，嘉庆志也记述了蒋豫振兴救生会和蒋宗海承接救生会的主要事迹。但是，《蒋理传》写于乾隆二十四年（1759年），并已经载入京江谱，以蒋宗海地位声望和公信力，不应该看过京江谱或知道《蒋理传》而不著于史志。此外，蒋宗海接手救生会时也应该清楚地知道蒋理对救生会的主要业绩和贡献，是什么原因嘉庆志未及记载蒋理其人其事，极有可能是蒋理自己的真实意愿？这有待于进一步的史料发现和研究。后志因循前志，《蒋理传》其后湮没在家谱中，光绪志及其续志不载其传亦在情理之中。

5.4 丹徒谱无可争辩地证明了丹徒蒋氏自第九世蒋豫至第十四世蒋宝六代血脉传承的真实可靠性，这也是对光绪志记载蒋豫传承谱系的补证。如表一所示。

表一 蒋氏一族经理救生会年代与生卒年考对照一览表

代数	姓 名	承接年代	经理时间	生卒年考
一代 （京江蒋氏）	蒋元鼐 蒋尚忠 蒋元进	康熙四十一年起（1702—1735?年）	33年	失考 失考 1671—1753年
二代 （丹徒蒋氏，下同）	蒋 豫 蒋 理 （京江蒋氏）	雍正末年起（1735? —1756年） 蒋理（应）属于蒋豫十八人复兴救生会团队	21年	1669—1756年 1707—1763年
三代	蒋宗海	乾隆六年起依续丹徒县志（1735—1795）乾隆二十一年起依家谱（1756—1795年）	60年 40年	1720—1796年
四代	蒋 程	乾隆六十年起（1795—1805年）	10年	1740—? 1805年后
五代	蒋延菖	嘉庆十年起（1805—1824年）	19年	1764—? 1824年后
六代	蒋 磏	道光四年起（1824—1852年）	28年	1791—1866年
七代	蒋 宝	咸丰二年起（1852—1864年）	12年	1824—1864年
合计	七 代	同治三年（1864年）病故	163年	（含起始年）

6．两谱三部个人传记证明蒋氏家族是京口救生会的顶梁柱

6.1 两部蒋氏家谱载有多种蒋氏家族重要人物传记和礼赞，其中涉及红船蒋氏代表人物的有三种传记，即《蒋理传》（图十五、图十六）、《蒋春农传》（图七）和《蒋近仁传》。此外，近期我们还在丹徒志和《蒋春农文集》（参见图五）等其他文史资料中发现了另外几种版本的《蒋春农传》。

6.2 《蒋理传》证明蒋理是红船第二代传承人团队的中坚力量（略，见前文）。

6.3 蒋宗海传。此次发现《蒋春农传》共有六种（以下统称蒋春农传），其中丹徒谱载三种，一章学诚撰、一家谱辑录县志儒林传、一蒋蔚华撰。《蒋春农文

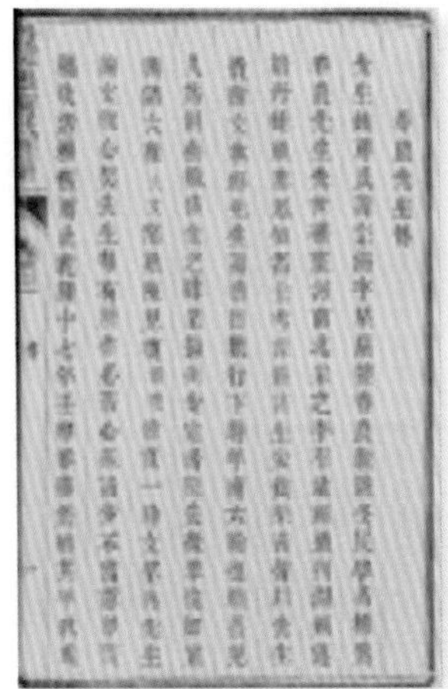
图二十三 章学诚撰《春农先生传》影印件之一

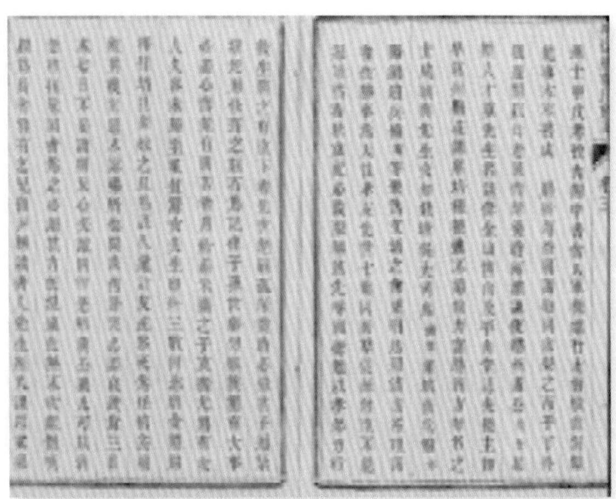
图二十四 章学诚撰《春农先生传》影印件之二

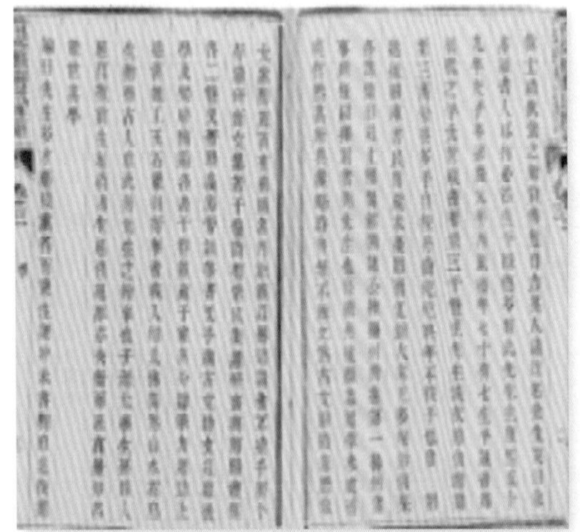
图二十五 章学诚撰《春农先生传》影印件之三

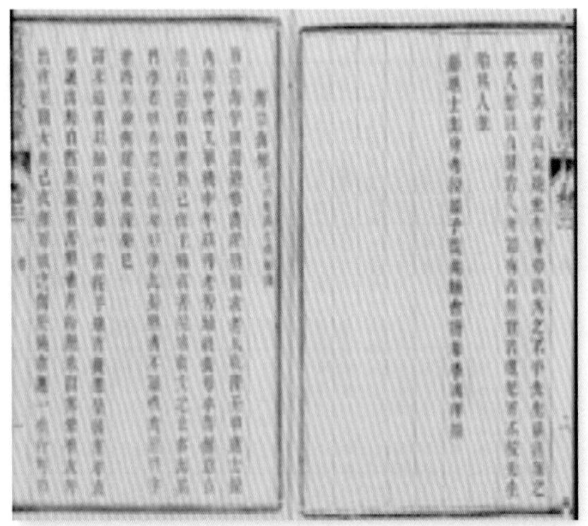
图二十六 章学诚撰《春农先生传》影印件之四

集》载李保泰撰一种，另嘉庆丹徒志载万廷兰《四君传》一种、儒林载一种。

6.3.1 蒋春农传六篇文字内容大同小异，详略不一。以丹徒谱载章学诚撰传和《蒋春农文集》李保泰撰传两传最为翔实，差不多同时成文，因为两传均为蒋延莒为刊刻《蒋春农文集》请作。章学诚（1738—1801年），字少岩，会稽（今绍兴）人。清代著名史学家、思想家。乾隆四十三年进士，遗有多种著作存世，著名的有《文史通义》《校雠通义》等，参与南北方志馆主修多种地方志。嘉庆丁巳年（1797年），曾校订《蒋春农文集》并将其分为四卷。他在《春农先生文集

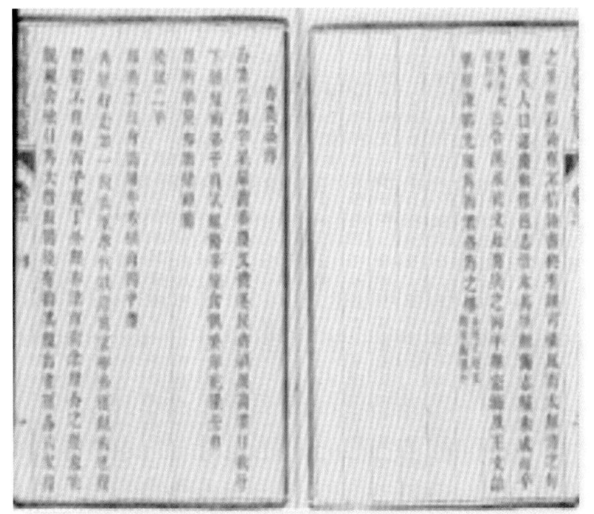
图二十七 家谱辑录的县志儒林传《春农公传》影印件之一

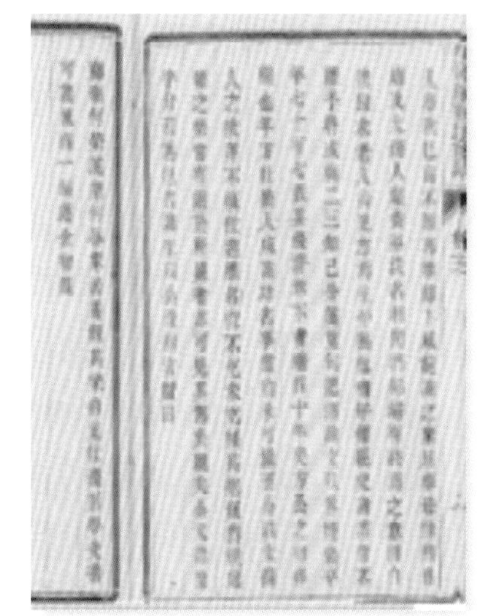
图二十八 家谱辑录的县志儒林传《春农公传》影印件之二

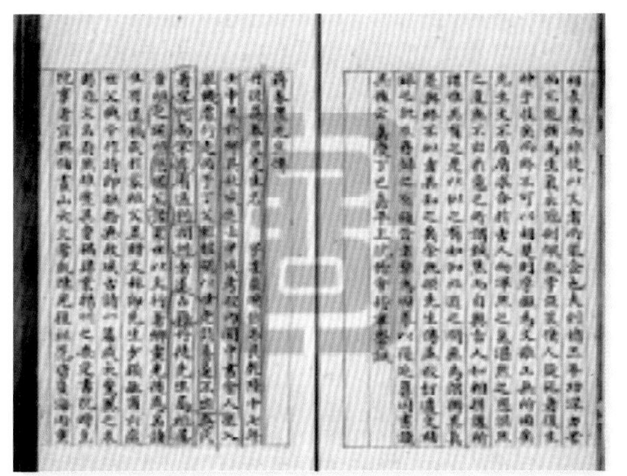
图二十九 李保泰撰《蒋春农先生传》影印件之一

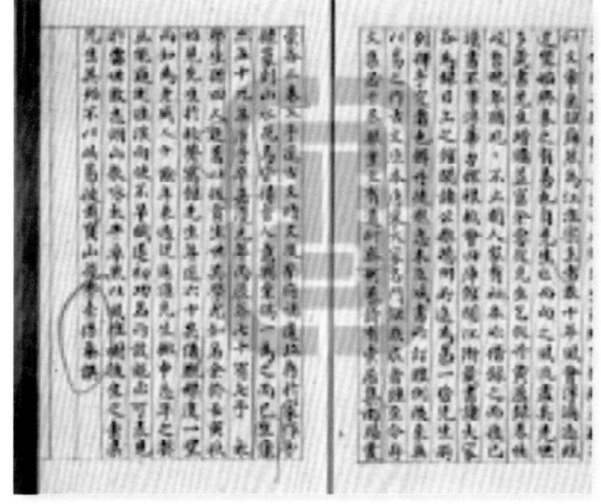
图二十九 李保泰撰《蒋春农先生传》影印件之二

书后》中说他撰写了春农先生的传记（图二十三 ~ 图二十六），但是并未见于文集。而《蒋春农文集》中刊登的是李保泰撰写的传记，以章学诚校雠《蒋春农文集》书稿而论，应该是看过李传。此次在家谱中发现的章传，与李传相比，内容大体一致，叙述次序稍有不同，李传对蒋春农宗族世系传承有简略记载，有些细节描述更为翔实。万廷兰撰写的载于《嘉庆丹徒县志》末的《四君传》中的《蒋宗海传》，主要内容与章传相同，而万廷兰与蒋春农同年同科同举。窃以为李传章传是诸种传记的源头，后有其他诸种。无论李传章传万传，都是应蒋延菖之邀撰写，而县志所载之传，其内容应是与章传略本而已。

6.3.2 蒋春农传对其生平事迹、学养德行做了高度评价。蒋春农少年时读书“目数行下”（章传语），六岁时作诗即能引经据典：“先生少颖敏，甫六岁世父戏令作诗即摭拾典故成古诗一篇，咸大惊异之，未弱冠文名蔚然（李传语）。”“乾隆十七年壬申春举于乡，其年秋成进士。甲戌考授内阁中书舍人军机处行走。会校录通鉴记事，本末书成。”得到皇帝嘉奖，得“赐沙葛香扇诸物”（章传语）。丙子年以母病请养回家，此后无意仕途。简言之，蒋宗海1752年33岁得中举人，1754年考授内阁中书舍人军机处行走，当官3年不到就于37岁即1756年辞官回乡先侍母病后服丁忧（按《续丹徒志》载，其实错了。家谱记载蒋豫去世于1756年，其母1772年才去世，所以应该是父病逝世后按清制丁忧），不再复出为官。辞官后先后“主如皋真州梅花讲席”，坐馆教书育人，一时名动四方。受聘修《三山志》《平山堂志》。帮助朝廷选编《四库全书》书目，晚年主修《嘉庆丹徒县志》未竟。“家虽贫，位虽未显，以文章气谊岿然为江淮宗主者，数十年风会淳漓迁变始终未之有易也（李传语）”。此外，各传都详述蒋宗海“天性孝友”，在家族中尊老爱幼、传讲祖德，在社会上也是急公好义、济贫救弱。及至蒋蔚华作《春农公传》，别有特色，着重在写其“笃亲”，重亲情不重官途的处世风格，“自号归求老人以见其志”，“惟经史之书常不释手，时或与二三知己分笺觅句、把酒论文，以为娱乐”，“悠游林下者垂四十年矣”，“视庭闱之乐常有逾于轩冕者亦可见其笃于亲也”。

6.3.3 蒋宗海救生会业绩仅载于丹徒县志。他的所有六篇传记，均未提及蒋宗海于蒋氏救生会的善行慈迹，此是一大疑惑。京江谱《蒋理传》中说蒋理将救生会传继于他，而丹徒谱各传及李传均未提及蒋春农对于救生会的贡献，其中家谱辑录嘉庆志《蒋宗海传》，也未有注意辑录救生会条目下蒋豫蒋宗海的救生会事迹，这未免使人遗憾。

《续丹徒县志》记载“乾隆六年，豫子宗海接办”救生会，应该有误。蒋宗海出生于1720年，乾隆六年是1741年，蒋宗海21岁，正在努力读书赶考，应该无暇主理救生会事务。嘉庆志载蒋宗海数十年“独立维持”救生会，似也不应该是他20岁左右未曾博取功名就能有的能力，此时应该是蒋理在救生会崭露头角的时候。光绪志说蒋宗海“中年以母老告归终养”，《墨林今话》说蒋宗海“年甫四十乞养归田”，这些都应该是可靠的。从家谱记载及其相关传记看，蒋宗海1756年（37岁）辞官侍母病以后才有可能接手救生会事宜，而此时已经是乾隆二十一年（1755年）左右。

从嘉庆志看，蒋宗海在接手救生会的40年间，作出了巨大贡献。

雍正以迄乾隆初年，救生会是由其父“蒋豫与数同志经理”，并在辛丰（今丹徒辛丰镇）置有少量田产及市房（我们据此推测丹徒蒋氏居住地应该在辛丰附近，但走访了黄丝湾蒋氏、雩山西蒋氏和辛丰沿街蒋氏，暂未能发现线索）。蒋宗海接手后，数十年间“绍承先志、独力维持”救生会的运营。乾隆五十年（1785年）后才开始改变救生会运营方式。四十年间，蒋宗海经营救生会的主要业绩如下：

一是在本邑和扬州两地劝募捐助。从乾隆二十一年（1755年）到五十年（1785年），在长达三十年的时间里，蒋宗海一人独力维持救生会运营。

二是创新并完善制度。实行执月负责制。“乾隆五十年后经费不敷，改由本邑人士募捐执月捞救”。这就是说，如果救生会的资产收益不够支出，由执月（轮值）人捐助（补齐不足）。继续执行奖励政策，凡捞救活人一名赏钱

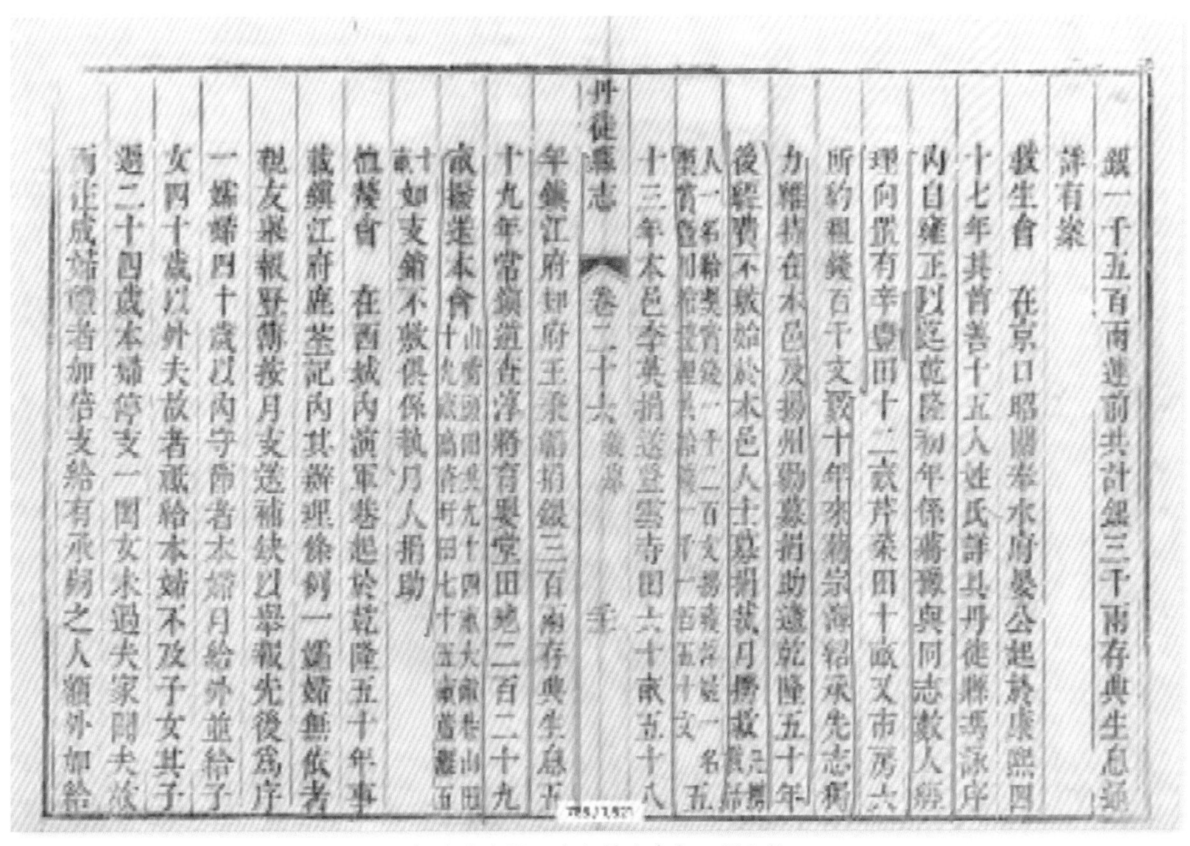

銀一千五百兩進前共計銀三千兩存典生息爲
詳有案
救生會　在京口昭關奉水府婁公起於康熙四
十七年共首善十五人姓氏詳其丹徒縣馮詠序
內自雍正以迄乾隆初年係蔣豫與同志數人經
理向置有辛豐田十二畝芹菜田十畝又市房六
所約租錢百千文數十年來蔣宗海紹承先志獨
力維持在本邑及揚州勸募捐助逮乾隆五十年
後經費不敷始於本邑人士募捐執月撈救[illegible]
[illegible]
十三年本邑李英捐送登雲寺田六十畝五十八

丹徒縣志　卷二十六　義舉

年鎮江府知府王秉韜捐銀三百兩存典生息五
十九年常鎮道佐淳將育嬰堂田地二百二十九
畝撥送本會[illegible]
十畝如支銷不敷俱係執月人捐助
恤嫠會　在西城內演軍巷起於乾隆五十年事
載鎮江府庭荃記內其辦理條例一孀婦無依者
親友察報覈實按月支送補缺以舉報先後爲序
一孀婦四十歲以內守節者本婦月給外並給子
女四十歲以外夫故者祇給本婦不及子女其子
選二十四歲本婦停支一圖女未過夫家聞夫故
有誌成婦禮者加倍支給有承嗣之人額外加給

图三十 嘉庆志卷二十六救生会条目影印件

一千二百文，捞获浮尸一名暨用棺抬埋共给钱一千一百五十文。

三是劝捐。乾隆五十三年（1788年）本邑李英捐送登云寺田六十亩，五十八年（1793年）镇江府知府王秉韬捐银三百两存典生息；五十九年（1794年）常镇道查淳将育婴堂田地二百三十八亩拨送救生会，其中山嘴田九十四亩，大敌巷山田十九亩，高姿圩田七十五亩，芦滩五十亩。这就是说，在蒋宗海晚年，他为救生会积累了一笔不小的财富。三项合计救生会有二百九十八亩田地，三百两白银。如图三十所示。

乾隆五十年（1785年）后的十年，蒋宗海应该是意识到老之将至，开始为救生会在他身后作长久筹谋。他通过劝捐可持续经营的资产，保证救生会有持续经营的财力；通过完善执月制度，以执月人自行捐助来弥补不足。这样，救生会事业在他身后就有能力、有足够的财力维持正常运营。此举此措，诚可谓鞠躬尽瘁、死而后已。

族叔近仁公傳

图三十一 丹徒谱《蒋近仁传》影印件之一

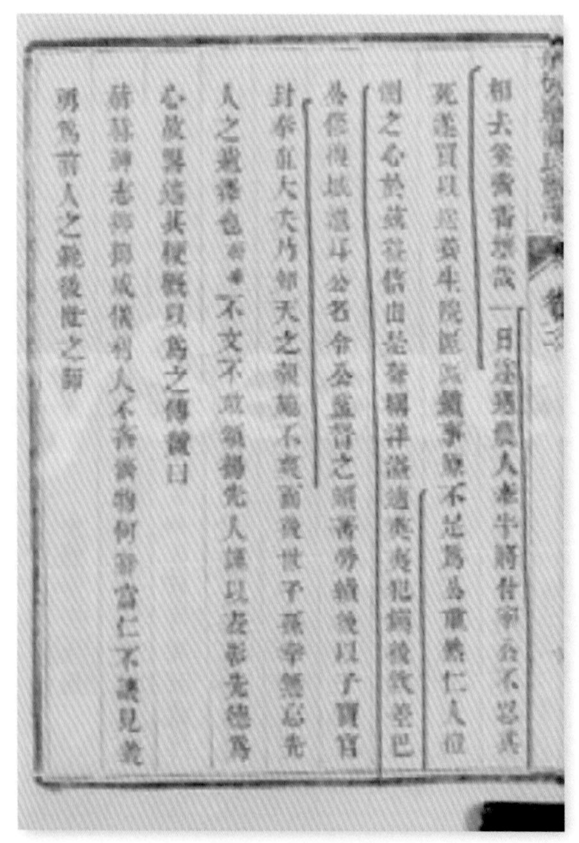

图三十二 丹徒谱《蒋近仁传》影印件之二

6.4 《蒋近仁传》揭示他是后期力挽救生会于既倾的关键传承人。

6.4.1 蒋礁，字近仁。族侄蒋蔚华[3]为之作传并载于家谱。《蒋近仁传》（图三十一、图三十二）说他“志行英迈、立言耿直”。幼年不得堂上欢，什么事情都是“诣力孤行，艰苦卓绝”，以“铁杵磨针之功”，慢慢“积铢累寸、稍获余利”，就开始做生意，“商贾于江淮间”。因而“遍历长江之险，见有遇风覆舟殒命者，时以救生为念”。“积资数年，独出巨款造船数艘，募长江健儿能识水性者董其役，逐年救活生命无算。迄今江边之有救生会皆公为之倡也”。蒋豫一门，自主理救生会以来，一直是依其社会公信力、号召力来募捐支持救生会事业。到蒋礁一代，可以用自己的财力经营救生会事业，这是他与他的先祖最大的不同。依之前笔者对蒋礁嘱张夕庵作《京口蒋氏救生会馆图》的研究，蒋礁大约是在1824年前后接手救生会，并对会馆进行了大修。此后他嘱作《京口蒋氏救生会馆图》并邀请社会贤达作序题跋，以资纪念自先祖开始的救生会事业。

6.4.2 郭氏兄弟代办救生会似可作为蒋豫会董委托蒋理代办的旁证。蒋近仁接办救生会之前，父亲蒋延菖选拔入都，其父委托其表兄弟郭琦、郭恒兄弟一起受托经管救生会。因此，蒋礁实际上是从郭琦、郭恒手中接任救生会会董的。1824年，蒋礁当时34岁，而立刚过、事业有成，正当意气风发之时。遂独力出资，造船修馆，继续先祖慈善之举。这种情况与蒋宗海从蒋理手中接管救生会非常相似，似可作为蒋豫会董救生会、蒋理协办或代办的旁证。同样，郭琦、郭恒代管救生会，并不影响其父蒋延菖会董救生会的事实。

6.4.3 蒋近仁的乐善义举得到当时政府官员赞赏并委以重任，荫及子孙。蒋蔚华写道：“适英夷犯镇，后钦差巴公修复城池，耳公名，令公监督之，颇具劳绩。后以子宝官封奉直大夫，乃知天志报施不爽，而后世子孙无忘先人之遗泽也。”乐于红船救生义举的蒋近仁社会公信力很高，得到当时官员的信任督修城池，参与政府工程，并做出成绩，得到善报：其子蒋宝得封奉直大夫。这虽是一个空衔，但也相当于一个有一定社会地位的荣誉称号。

注释：

[1] 关于蒋横生平，近读湖南株洲蒋氏宗亲会长蒋长楠网络文章，该文详细考证了蒋横生平，并于史志稽核，认为蒋横是兴兵征讨王莽政权后降于汉光武帝，汉光武帝忌讳他的功名借羌路之口实杀之，又借民谣平反以泄民怨。但赤眉将领并无蒋横，疑为与樊崇同一人，且均为建武三年被杀之。后世家谱对此事未能据实记录。本文只关注其后裔红船蒋氏之研究，故略探究之繁。

[2] 笔者在《京口救生会蒋氏七世年考》（原载《镇江高专学报》）一文中将说蒋宗海接办时间误为乾隆六年，一为读书不精不细，精细则可以确定乾隆六年之不可能；二是当时未有家谱传记等印证，不知救生会有蒋理。

[3] 这里的蒋蔚华与蒋理的哥哥蔚华是同名的两个人。

[4] 本文引用蒋氏家谱资料和《蒋春农文集》资料，均是引自网络影印本，读者无法直接查对出处。所以本文直接采用影印件形式作为文中附图，以便于查阅。

（本文引自《镇江市名城研究会论文集第21辑》2020年3月版，第69-76页。）

附录五

关于长江救生红船的源问题的新认识

——兼论京口救生之最

祝瑞洪

内容提要：笔者认为，有可靠的史料可以证明，中国水上救生活动最早始于北宋天圣年间在长江下游的金山、羊栏、大孤、小孤、左蠡、马当、长芦等七处险要江岸设置救生船救生，距今已经有近千年的历史。清乾隆三年官府首设红船于京口驿等八处用于救生；嘉庆阮元捐造红船济渡救生使红船之名传播大江南北，使之具有政治和道德的社会象征意义，成为嘉庆以后民间绅商参与救生事业、民间救生组织蓬勃兴起的代言。中国早期民间救生组织始于清初顺治到康熙年间两江地区的安徽桐庐老洲头生生会、和州针鱼嘴生生会、江西新建章江门外好生堂和江苏镇江京口救生会，犹以京口救生会持续250年，为时间最长、传承有序、成效最显，也是旧址保存最好的民间救生组织。

主题词:长江、救生红船、民间组织、起源、传承、旧址研究

20世纪80年代以来差不多40年的时间里，学界关于古代长江救生问题研究的深入，研究课题和成果也越来越丰富。笔者在近20年中一直关注并重视京口救生红船历史源流的研究，随着一些新的史料的发现和整理，对一直困扰着我们的一些关于长江救生的源问题，例如长江救生最早始于何时，红船何时被用于救生船并代言水上救生船，早期民间救生组织始于何时等形成了一些新的认识。

一、长江救生红船起源问题的研究背景

人类有水上活动，就伴随有水上救生。但是最早的救生活动多半是本能的、下意识的行为，道理不言自明。本文之水上救生，是指人类个体或组织对人命在水上遇到危险时有意识的、自觉的采取的救护行为。就长江流域而言，熊树明《长江上游航道史》认为，最早的长江救生船设置于“清康熙五年，为其时归州知州邱天英于归州吒滩设置救生红船”。①蓝勇是古代长江上游水上救生研究的著名学者。他认为：救生红船制应起于明代末年，长江上游最早的救生红船制应起于明代天启年间（1621—1627年）。其依据是同治《归州志》卷十载周昌期《修黄魔神庙记》：“(周昌期)乃捐俸造救生船二只，且建庙……本年五月有木筏行船先陷于漩，已救活二十余人，六月复有船陷漩中，一船五十余人尽行救活。”②周昌期知归州为天启四年（1624），他的《修黄魔神庙记》撰于明崇祯年间。

蓝勇进一步认为：

明天启年间可能从成都开始就有了救生红船，据天启《成都府志》记载，早在明代成都府递运所有十二只救生红船。

长江上游的救生红船制早在明代末年就兴起了，在中国水上灾害慈善救护史上有开创之功。③

范然在《中国古渡博物馆——西津渡》一书中镇江地方志书的记载认为，南宋镇江知府蔡洸在西津渡创设救生会，这就把京口救生船的开始时间，追溯到蔡洸任镇江知府的南宋乾道六年（1170）。⑥

南宋乾道年间，西津渡的“船舫小而多虞”，时值蔡洸以户部郎总领淮东军马钱粮的身份兼任镇江知府。他“置巨艘五，仍采昔人遗制，各植旌一，以利、涉、大、川、吉为识，其受有数、其发有序”。他还安排轻快的船只负责邮传，使得人、邮分船装载，从此西津渡“鲜有风涛之患”④。但是到《续丹徒志》和《丹徒县志摭余》则记载为，“救生会，在京口昭关，创自宋乾道年间，奉水府晏公”。“前志已载，按其名始宋乾道中，郡守蔡洸曾置船五”。《江苏省会辑要》记载，“京口救生会设昭关洞，创自宋乾道间”。⑤

但是蓝勇认为，长江中下游的救护制度可能也是受长江上游救生红船制的影响而出现的。以往传说镇江自唐代相承的江上“救生会”“红船”还有七代救生传人等。前者并不可信，后者所谓七代救生红船人也只应有100多年的历史。⑦

这样，蓝勇关于长江救生红船源于明代天启年间归州和成都等上游地区，长江下游救生是受上游救生红船制的影响而出现，就成为一种代表性的观点。

但是近年来，随着研究的深入和新的资料的发现，这一观点需要重新审视。

二、长江救生始于北宋，始于金山等七处下游险滩危矶

扬州隋救生寺可能与长江及运河救生有关。2003年，扬州市老城改造在洼子街救生寺遗址拆迁时，发现寺内东侧拱门上有一块石额，高44cm、宽209cm、厚14cm，材质为白矾石。石额上刻有“辛巳仲春 敕赐宝筏救生寺 住持广闻修建”字样，石额中部“筏”字上有“乾隆御笔”印鉴（图一）。辛巳仲春，为清乾隆二十六年（1761年）春。⑧

图一 “敕赐宝筏救生寺”石额，摄于扬州博物馆

乾隆《江都县续志》载：“救生教寺在县东五里第二港。隋大业四年建。宋治平间重建。明洪武间僧行观修。正统间僧道琳重修。国朝康熙五十三年僧尔康复搆葺之寺。”⑨有学者据此认为，建于隋代的救生寺可能与运河或长江救生活动有关，或许在隋代就有救生寺寺僧进行过救生活动。但是《民国江都县续志》记载：“阿（阿克当阿）修府志云古救生寺在四字街。乾隆二十七年赐名宝筏寺。是否即隋寺无考。咸丰后寺圮。宣统间住持僧中善始围墙修缮营建屋宇。今蚕桑试验场其址也。”⑩因此，确定救生寺是否是隋寺，是否隋时该寺就有救生活动，尽管需要进一步考证，但是亦不能轻易否定，毕竟寺僧道士救生在古代沿江沿湖的寺庙道观，例如镇江的金山、焦山、安徽和州生生庵、江西的好生堂等处，乃是一个普遍存在的现象。

笔者近读《宋会要辑稿·方域·一三·四方津渡》全稿，对于长江救生的发源，发现了一些新的证据，因此有一些新的认识。

1. 宋代君王始终关注渡口安全

保障行舟安全、减少水上覆溺的根本救助措施，是大船摆渡并实行限载限行，这也是宋代君王一直关注的重点。北宋时期偏重于北方黄淮之间的渡口管理，南宋时期由于北方沦陷，只能关注南方长江、钱塘江及两广的渡口管理。《四方津梁》有58条记录，记载了自宋太祖建隆元年（960年）至嘉定十四年（1211年）计252年之间皇帝对渡口建设和管理的各项制度和措施。主要包括官造

大船、限载限行、禁止私渡、创设官渡和实行义渡，派遣“都巡检”等官员管理监督渡口并实行轮岗考核制度、鼓励百姓对私渡及勒索钱财的恶行进行举报等项举措。例如：

太祖建隆元年（960）三月，诏：“沧、德、棣（原空，避讳字）、淄、齐、郓等州界有古黄河及原河、文河，因水潦置渡收筭，凡三十九处。及水涸为桥，亦筭行者，名曰干渡钱，宜并除之。”

（太宗）太平兴国二年（977）十二月，有司言：“准乾德二年诏书，有敢私渡江者及舟人尽寘于法。今江南平，旧禁未改，望如私渡黄河例论其罪。”从之。

（真宗）景德元年(1004)正月，诏开封及诸路转运司，部内津渡先蠲免课利者，并官设舟楫以济之。

（徽宗）大观（1109）三年正月二十九日，诏：“今后擅置私渡，不原赦降，并从杖一百。”

（高宗）绍兴五年（1135）闰二月十三日，尚书省言：“车驾驻跸临安，四方辐凑，钱塘江水阔流湍，全借牢固舟船往来济渡。近日添置渡船，往往怯薄，每遇济渡，篙梢乞觅钱物，以多寡先后放令上船，以致争夺，压过力胜；或遇风涛，每有覆溺。”诏令两浙转运司，限十日更行添置三百料舟船五只，专一济渡，不得别将他用。仍将见今板木怯薄渡船别行修换，务要牢实。及委官觉察篙梢等，不得乞觅钱物，如有违犯，重作行遣。

绍兴三十年（1160）十二月十四日，诏：“浙江西兴镇两处监渡官，系枢密院差到使臣，今后一年一替。如无沉溺人船，令转运司保明，申取朝廷指挥推赏。任满不切用心，装载舟重，致人命，依绍兴七年六月四日立定渡船三百料许载空手一百人、二百料六十人、一百料三十人、一百料已下递减、如有担杖比二人罪赏指挥施行。”

这些规定对于安全行舟、预防和减少覆溺其重要作用，从某种角度说，是长江行舟安全的根本措施。

2．长江救生始于北宋 始于金山等下游险滩危矶

渡江安全管理重要，但是大江行船，总难免意外，或遇大风大浪，或遇险滩暗礁，或遇横流急湍，一旦发生覆溺事件，还是需要有人有船实行救护。宋仁宗年代，经济繁荣，水运发达，就已经非常重视水上救生。天圣四年（1026年）皇帝直接下旨设置了救生船：

天圣四年四月，翰林学士夏竦言：“金山、羊栏、左里、大孤、小孤、马当、长芦口等处，皆津济艰险，风浪卒起，舟船立至倾覆，逐年沉溺人命不少。

乞于津渡险恶处官置小船十数只，差水手乘驾，专切救应。其诸路江河险恶处，亦乞勘会施行。”从之。(11)

宋仁宗天圣四年，翰林学士夏竦进言仁宗皇帝，在镇江金山、江宁长芦口、江西羊栏、左里、大孤、小孤及马当等七处长江险要地段设置小船用以救生。这是目前看到的长江设置救生船的最早的官方文件，标志着中国乃至世界水上救生活动之发端。

金山，即镇江金山，山势雄健俊美，矗立大江之中，有“砥柱中流”之名。而山下江中多焦岩，随潮水涨落而隐现，大者曰石簰，最是险要，常有船只触石簰而覆没。江水自西向东经过金山，在其下游东侧形成漩涡，船只误入其中，会被吸入翻没。因此古人称之为“龙窝”，其附近常常有覆溺事件发生。而其两对岸京口西津渡和瓜洲渡是南来北往的漕船及其商旅必经之渡江通道。早期关于“高僧降龙”封作金山护法珈蓝的传说“江流儿”的故事，可能是寺僧救生的一种借托；“水漫金山”的故事，看起来是法海阻碍人蛇恋引起的话本，实际上可以看作是长江大水灾中祈求佛法救生的一个侧影。

长芦口，不知其确切位置。宋代诗人刘敞、刘攽兄弟皆有诗《长芦口》⑨。

刘敞诗曰：

泱漭东流白，微茫远屿青。风飙万里浪，性命一浮萍。
飞鸟戢倦翼，潜蛟浮暗腥。由来限南北，天意亦冥冥。

刘攽诗曰：

涛翻鹭羽连天白，山叠屏风到海青。
客路浮生两如寄，万重波里一浮萍。

长芦口，因江滩沙洲长满芦苇而得名。刘敞、刘攽兄弟为江西省樟树人，同举仁宗庆历六年（1046年）进士。刘敞曾于1056年出知扬州（今江苏省扬州市）。从刘敞诗中用典“由来限南北”分析，其所指长江之长芦口，或许是指今南京市六合县长芦江口。

而马当、小孤，都在鄱阳湖入江口下游长江边；大孤是鄱阳湖中孤山，羊栏、左蠡则是沿岸渡口险滩。

马当（今马垱）是长江中最重要的要塞之一，地处江西彭泽县境内，北临长江，山形如马，故名马当。传闻唐王勃在此乘舟遇神风相助，一夜到达南昌。马当山与江中的小孤山遥相对峙，成犄角之势。此段江面狭窄，宽不及500m，水流湍急，形势险要，形成一夫当关、万夫莫开的天堑要隘。甚至到了民国时期，马当山依然是阻挡日军炮舰的重要炮台（图二）。唐陆龟蒙《马当山铭》认为，马当合山险水险为一体：

天下之险者，在山曰太行，在水曰吕梁，合二险而为一，吾又闻乎马当。彼之为险也，屹于大江之旁。怪石凭怒，跳波发狂。日黯风助，摧牙折樯。血和蛟涎，骨横鱼吭。幸而脱死，神魂飞扬。(13)

南宋王十朋亦有诗形容马当之江水之险犹如三峡滟滪堆：

“此地水如峡，有山名马当。犹疑是滟滪，更合戒舟航。(14)

宋晁补之当年从枞阳经马当山，想前去拜谒马当山前古遗迹，结果未能如愿，他在其诗《马当风涛中》吟咏说：“惭愧篙师戒马当。”(15) 所以马当渡口江面非常险恶，行船济渡危险非常。

小孤属舒州宿松县（今属安徽安庆市）长江中一孤山，今已连接北岸。大孤

图二 大孤山（上左）小孤山与澎浪矶（上右）、马当山炮台（下）（网络图片仅供参考）

在江西鄱阳湖中，遥对庐山（图二）；古代大孤、小孤二山如镇江金、焦二山一样矗立江中。苏东坡诗云：

山苍苍，水茫茫，大孤小孤江中央。

崖崩路绝猿鸟去，惟有乔木搀天长。

陆游《入蜀记》说：

过澎浪矶、小孤山，二山东西相望。小孤属舒州宿松县，有戍兵。凡江中独山，如金山、焦山、落星之类，皆名天下，然峭拔秀丽皆不可与小孤比。自数十里外望之，碧峰巉然孤起，上干云霄，已非它山可拟，愈近愈秀，冬夏晴雨，姿态万变，信造化之尤物也。但祠宇极于荒残，若稍饰以楼观亭榭，与江山相发挥，自当高出金山之上矣。

然而小孤山虽然峭拔秀丽，另一面也说明山险水急。王阳明《登小孤山》中有这样的诗句来形容小孤山江面的凶险：

峡风闪壁船难进，洪涛怒撞蛟龙关。

帆樯促缩不敢越，往往退次依前山。

《入蜀记》说，“大孤状类西梁，虽不可拟小姑之秀丽，然小孤之旁，颇有沙洲葭苇，大孤则四际渺弥皆大江，望之如浮水面，亦一奇也。”

鄱阳湖古代亦称扬澜湖或羊栏浦，可能是古星子县的扬澜汛或洋澜汛。今庐山市尚有洋澜村。考杜牧有诗《羊栏浦夜陪宴会》：

戈槛营中夜未央，雨沾云惹侍襄王。

球来香袖依稀暖，酒凸觥心泛滟光。

红弦高紧声声急，珠唱铺圆袅袅长。

自比诸生最无取，不知何处亦升堂？

从这首诗末句“不知何日亦升堂”推测，此诗应该是杜牧在江西做幕宾某日在羊栏浦晚宴陪侍襄王喝酒时所作。唐大和二年（828年）十月，杜甫随沈传师到江西观察使府做幕僚。他后来回忆说：“十年为幕府吏，每促束于簿书宴游间。”(12)

左里，亦称左蠡。在江西鄱阳湖西，旧属星子县，后属都昌。东晋末年刘裕出兵江西讨伐卢循，曾在此地大破卢循木栅守军，卢循数万五斗教徒在此阵亡。

从图二、图三，可以大致了解大孤山、小孤山和马当山三处江面的相对位置。

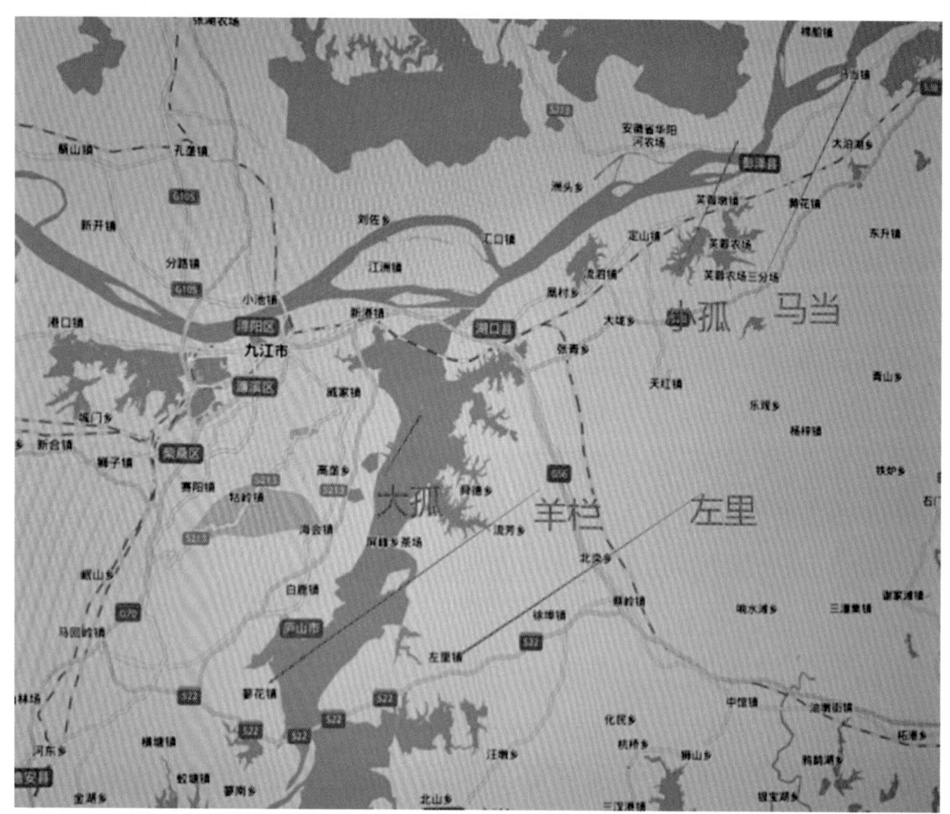

图三 北宋天圣年间江西大江及鄱阳湖五处设立救生船位置示意图

3．夏竦与仁宗

建言设置救生船的夏竦（985—1051年），江州德安人，即今江西九江德安县。少年时随父亲在通州狼山，因此十分熟悉从九江至通州的长江水路行舟的险恶。17岁时他曾作《渡口》诗一首，一时名动四方：

渡口人稀黯翠烟，登临犹喜夕阳天。
残云右倚维扬树，远水南回建邺船。
山引乱猿啼古寺，电驱甘雨过闲田。
季鹰死后无归客，江上鲈鱼不值钱。

他的父亲夏承皓战死沙场，朝廷抚恤让他当一个“三班差使”的小武官。后来他的诗才得到重视，宋真宗任命他为润州丹阳主簿。20岁时他应试贤良方正科，对策廷下，开始受到重用。天圣元年（1023年），宋仁宗即位，升夏竦为户部郎中，历知寿州（今安徽寿县）、安州（今湖北安陆市）、洪州（今江西南昌）。为政清明，体恤百姓，遇荒年开仓放粮、与疫病施药救治并惩治巫医。天圣三年（1025年），夏竦知制诰，为皇帝起草文稿，任景宁宫判官、判集贤院。仁宗命他奉使契丹。夏竦因为父死于契丹入侵，不愿拜见契丹国主，上表说：“父殁王事，身丁母忧。义不戴天，难下穹庐之拜；礼当枕块，忍闻夷乐之声。”坚辞不去。以此等经历，伴驾侍候皇帝身边，自然会出一些利国利民的好主意。

这七处需要设置救生船的地方，都是夏竦最熟悉的地方。年轻时随父游历；为官后主政一方，深知民瘼之切。夏竦认为，以上七处江险地段，需设置十多只小船予以救济，才能使渡江行舟遇险之人获得救助。而且他认为，还有许多类似江河险要地段，也需要推而广之，都应设置救生船。

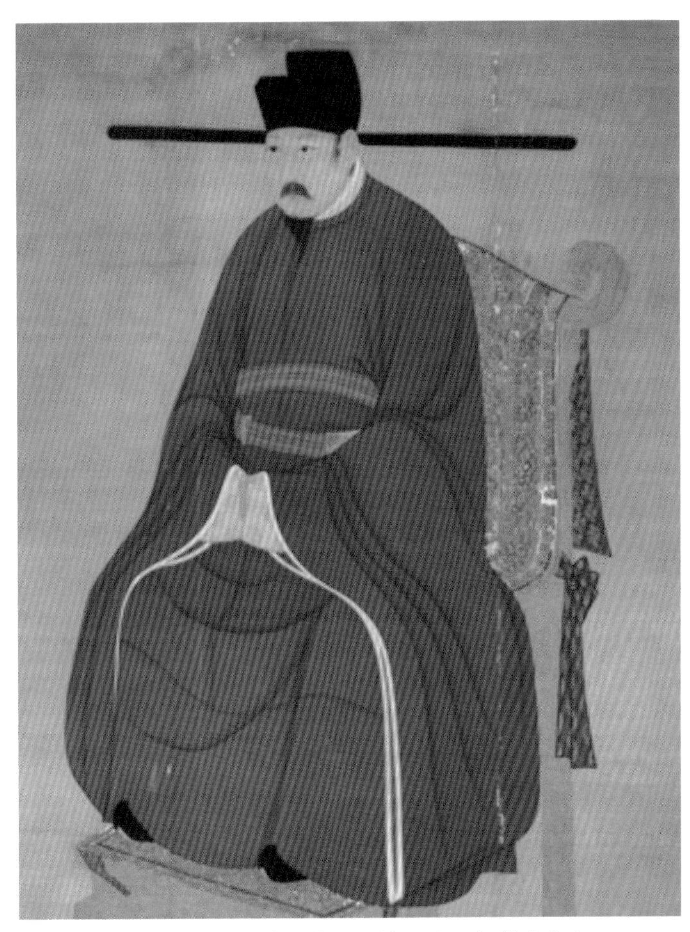

图四 宋仁宗赵祯画像（网络图片，仅供参考）

宋仁宗赵祯（1010—1063年），宋朝第四位皇帝，于13岁登基，在位四十二年，为宋朝在位时间最长的皇帝（图四）。天圣四年（1026年），赵祯17岁。所以增设救生船之议虽是夏竦意见占据主导地位，但年轻的皇帝仁宗之“仁”、之从善如流，还是可见一斑。仁宗时期北宋经济繁荣，科学技术和文化也得到了很大的发展。《宋史》称赞他：“为人君，止于仁。帝诚无愧焉。”史家将其统治时期概括为“仁宗盛治”。在公元1000年前后，宋代也是世界第一大国，仁宗增设救生船应该也是一种大国君王的担当。而千年之后，后人追溯华夏救生历史，还是要从仁宗这里起算源头。惜乎宋代战乱不息，后又为元所灭，地方历史资料严重缺失，不能知晓当年这些地方救生活动落实的翔实细节和历史过程，为水上救生的研究留下了永远的遗憾。

值得指出的是，宋代皇帝设置救生船的这七个地方，也是后来历朝历代安全行舟重点关注的地方。明末清初长江流域救生活动全面兴起之后，这些地方都是救生船生生不息的地方。例如金山及其京口瓜州两岸渡口的救生活动，从明末李长科西津渡设置避风馆救生船拯溺，徽商闵象南、程休如在金山、瓜州设置救生船救生；康熙年间江苏巡抚慕天颜、于准在京口设置救生船护漕救生；京口救生会创立之后代代相传二百五十年；江西彭泽小孤、大孤、马当、星子县羊栏（洋澜）、都昌县左蠡这五处险湾危矶，整个清代都是设置官办救生船，开展救生活动的重要地点。这些重要的救生活动及其连续性，也从另一个侧面佐证了这些地方救生活动发源于宋代说法的可靠性。

---

① 熊树明《长江上游航道史》82 页, 武汉出版社,1991年。转引自蓝勇《清代长江上游救生红船制初探》，《中国社会经济史》1995年第四期。

② 参见蓝勇《清代长江上游救生红船制初探》，《中国社会经济史研究》1995年第四期。

③ ⑦ 参阅蓝勇《清代长江上游救生红船制续考》，《中国社会经济史研究》2005年第三期。

④ 范然《西津渡——中国古渡博物馆》，上海文艺出版社，2007年3月。另参阅范然《镇江救生会始末》，《镇江高专学报》2002年第一期。

⑤ 参见《至顺镇江志》卷二，载《镇江文库》第一卷三四三页。

⑥ 《续丹徒县志》《丹徒县志摭余》和《江苏省会辑要》等三志所载救生会创始时间参见祝瑞洪主编《西津渡史料汇编》上第二七—二八页。上海古籍出版社 2012年8月。亦可查阅相关志书。

⑧ 参见南京博物院《大运河碑刻集》，第226页。译林出版社， 2019年5月。

⑨ 参见乾隆《江都县志》卷十七《寺观》第2页。

⑩ 参见民国《江都县续志》卷十二《寺观考》第5页。

(11) 参见刘琳等校注《宋会要辑稿》第16卷《方域・一三・四方津梁》第9535页。上海古籍出版社，2014年6月。

(12) 参见杜牧《樊川文集》卷十六，转引自缪钺《杜牧传》第28页，河北教育出版社，1999年1月。

(13)(14)(15) 参见康熙《彭泽县志》卷之一第4页，卷之十一第13、20页。

三、京口瓜州一水间 最早用红船救生

红船，在每个时代，有着不同的意味。宋代时是游船，明清是水驿船，惟清代江苏红船是救生船。清嘉道年间阮元推广之后，红船成为长江救生船的代言。从长江救生发源于北宋镇江金山及江西等地，到乾隆朝京口瓜洲一线官设红船救生来看，长江下游的救生船制有着自己独特的发展轨迹和辐射圈。

1. 宋代红船是游船

“红船”一词初见于宋人的诗词。苏轼诗词《瑞鹧鸪》有“城头月落尚啼乌，朱舰红船早满湖”；《与胡祠部游法华山》有“使君年老尚儿戏，绿棹红船舞澎湃”。仲殊《诉衷情》有“红船满湖歌吹，花外有高楼”。汪元量《百花潭》有“红船载酒环歌女，摇荡百花潭水秋”；《醉歌》有“涌金门外雨晴初，多少红船上下趋”。袁正真《长相思》有“小小红船西复东，相思无路通”。杨万里《端午独酌》有“子兰赤口禳何益，正则红船看不妨”；《后苦寒歌》“绝怜红船黄帽郎，绿蓑青篛牵牙樯”。但这些诗词中描写的红船，大都是饮酒作乐时情景，与后来的明清红船风马牛不相及。

2. 鄱阳湖的“红船”传说

江西鄱阳湖老爷庙附近湖面狭窄，风高浪急，经常有船只覆溺，据说是一处神秘的水域。相传当年明太祖朱元璋与陈友谅大战鄱阳湖时，有一次朱元璋败退湖边，湖水挡住去路，湖边破舟无舵难行。危急关头，忽有一只巨鼋游来衔船为舵，搭救朱元璋渡湖。朱元璋夺得天下后，不忘旧恩，封巨鼋为“元将军”，在湖边建“定江王庙”，百姓称为“老爷庙”。

后来有一位周善人，晚上做了一个梦，一觉醒来，便喜孜孜地告诉妻子，说是老爷庙里的定江王菩萨，要他在老爷庙里开设药店，解救那里经常翻船遇难的渔民。周善人精心配制了一种“济生水”，对落水不久的人灌下此水，就会起死回生，救治了不知多少穷苦渔民。有一次他救了一个老和尚，老和尚感激不尽，临别送他一双既结实又美观的草鞋，草鞋的鞋尖上缀了一对大红花球，老和尚对他说：“你穿上它，会福寿双全。”原来，老和尚是得道成仙的神人。有一天黄昏时分，周善人穿着这双草鞋和一个求诊的年轻人登上小船出诊。不料湖湾上空忽然升起一朵乌云，接着电闪雷鸣，湖上黑得伸手不见五指，一个小山似的浪头向小船扑来，小船被巨浪掀翻，两人落在汹涌的恶浪中挣扎。正在这危急时刻，周善人脚上的草鞋脱落下来，变成了两只崭新的大木船，鞋上的红花球放射着红光，把黑暗的鄱阳湖照得通亮，船身照得通体红色。那些被风浪迷航的船只一见红灯都欢呼着“红

船，红船”！他们和落水的周善人一样有如神助，很快得救上船。

后来，清朝的康熙皇帝经过鄱阳湖遇到了风险，红船前去救驾。皇帝对红船非常赞赏，赐封为“救生红船”。鄱阳湖上老爷庙水域的红船就这样一代一代地传留下来。

这个传说把红船与朱元璋遇难获救联系起来，是有缘由的：红船是朱元璋设置的一种官方水上交通船；而老爷庙附近的洋澜、渚溪自古以来一直就设有救生船。

3．明代红船是水驿船，不是救生船

《钦定四库全书·明会典》卷一百二十一《兵部十六·驿传三》记载：

凡递运所设置船只不等，如六百料者每只水夫十三名，五百料者每只水夫十二名，四百料者每只水夫十一名，三百料者每只水夫十名。其水夫皆于五石以下粮户里点差。

递运船只俱用红油刷饰。每船置牌一面，开写本船字号、料数及水夫姓名，樯柁篙橹篷索铁锚筏缆等项，一应浮动杂物数目，常川悬挂。务要牌不能离船，以凭点视。①

明天启《四川成都府志》记载，早在明代成都府递运所就有十二只红船，银两是每年的修缮费用：

递运所。大使菜薪银三十六两……水夫三百名，每名每年七两二钱，共二千一百六十两。

马船七只，每只四十两；红船十二只，每只十二两。共银每年四百二十四两。五年一插补，十年一大修。

木马水驿。站船八只，每只三两……②

这是明代关于红船性质和管理的记载。这里的红船，实际上是一种交通船，或者说是古代官设的客货两用运船。“用红油刷饰”船身，意味着船身呈现红色。在《明会典》和《四川成都府志》的记载中，没有发现明代的这种红船是救生船，或具有救生职能的记载。但是使用这种船有着严格的规定，大体上为官差而且官员有一定等级才能乘坐马船或红船，基本上一事一例，乘坐人数也有专门规定：

（正统）七年令巡按直隶御史奏刑名重事所差人许给驿驴红船，常事不许给；又如，凡南京进表官驰驿者许乘马船；等等。

凡前项应给驿船之人，系官者两人同载；非官者四人同载，共关文一纸；应给红船之人，系官者四人同载，非官者六人同载，共关文一纸。③

明《万历四川总志》卷二十对川省境内递运所马船、红船的有关水夫配置和值守做了详细规定。如成都递运所马船、红船的值守水夫、杠夫的人数分不同季节“一条鞭序薄轮拨”，规定总编制一百二十名水夫按四十人守船五日一换，并杜绝劳逸不均。嘉定州递运所也是照此办理，叙府、泸州二递运所照嘉定州例。“重庆、夔州二府乃众流之会。各滩汹险势难强同。相应每马象船量加长夫两名，红船一只量加长夫一名。”永宁、万县船只也有越过归州、夷陵洲直抵荆州往返的，要严加禁止，至“归州递运所即时交割径回。敢有包夫利贴越过新滩，即将驾船水夫通拏问责，令赔造新船”。这种跨境运输显然是一种非法逐利行为，但是跨省追究还是有困难。因此这些船只经过夔州时，“令夔州府置圆牌一面，内刻某字号，为红船临期填送某官，该府酌量往回程日，注定限期，给予驾船夫役，仍置簿填号，如限回销。敢有过限不赴销缴者，即追还月日工食银贮库”。④

因此，可以确定的是，明代川省设置的红船，包括成都递运所的十二只红船是邮驿交通船，肯定不是救生船，这是毫无疑义的。

明代川省也有个别官员自行捐造少量红船以满足地方交通需要。例如，同治

新造紅舟説　明　李光前

宜昌府志　卷之十四　藝文志下　哭

巖邑之苦於無紅舟者有三難縣治在江南行台在江北使節忽臨緩急弗濟其難一以小艇而提送巉險渡心其難二巴之距荆鄂千有餘里公事赴謁扁舟藐諫日越於秭歸之岐離心搖於黃陵之𣾰渦其難也三此三者在冬春猶可而在夏秋則長民者興嘆望洋稿景最弗堪已光前撫巴受事之初食旨弗遑逾年貿緡就緒乃捐金買梓易舊造紅舟一艘泊之江濱以備利涉可以免此三難矣但稽而令造舸多載之旋狸卸有紹者浴脊或乘而鬻之則惟有將代時詳報道府庶可永垂利賴乎或曰公疇德以乘輿濟人君子譏之子對

图四 同治《宜昌府志·新造红舟说》影印件

《宜昌府志》卷之十四《艺文说下》载明人李光前《新造红舟说》,记载他“捐金买梓易篁造红舟一舳,泊之江滨以备利涉”。⑤(图五)有学者认为这可能是救生船。初读此文题，也以为是明人李光前捐造救生红船，然细读之原文，应是捐造的交通船即客运船：

岩邑之苦于无红舟者有三难：县治在江南行台在江北，使节忽临，缓急匆济，其难一；以小艇而捷迓送巇险波心，其难二；巴之距荆鄂千有余里，公事赴谒扁舟荡漾，目眩于秭归之峻滩，心摇于黄陵之飞涛，其难也三。此三者在冬春犹可，而在夏秋则长民者兴嗟望洋，情景最弗堪。⑥

岩邑者，险要之城邑。李光前到远安为官，身居深山而峡江两隔，水路险阻且长，十分不便。因此他“食息弗遑”，饭食不香，睡觉不安，“逾年后解绳就绪，乃捐金买梓易篁造红舟一舳,泊之江滨以备利涉，可以免三难矣”。这说明，明代红船作为驿船，许多地方还是没有设置。李光前设此红船是为解决公事来往两岸之难题，不是为了救生。

4. 乾隆三年：江苏京口驿等八处首设红船救生

明代设置的这种水驿站船包括红船制度，在清康熙、乾隆年间还在沿用。康熙四十七年，长江上游(至少在夔州府以上)部分水险地区开始陆续裁撤水驿站船，改设马匹。乾隆元年起，部分水险地区又重设救生船，夔州府直接就称为“改设”救生船，如《夔州府志》记载：“救生船，从前原设站船，亦递文报。康熙四十七年裁。乾隆二年改设救生船。每只水手二名、桡夫四名，每名每日工食银二分，俱在地丁银内扣支。”⑦该志还详细记载了夔州府各县站船裁撤后改设救生船的情况。因此，长江上游的官办救生船是由官办驿站船转换而来。但是这些改设的救生船中是否还有红船，并未见史料记载。

清朝的官船，大体上有战船、粮船(含漕船)、水驿船、应差船、救生船、渡船(含浮梁船)六大类。⑧而据《钦定大清会典则例》卷一百三十五记载，只有安徽、江西、湖北、湖南四省水驿船中有红船之设；而这些省的救生船却不称为红船。而乾隆十五年复准全国救生船的名录中，只有江苏救生船被称为红船。

在水驿船项下记载的四省红船的数量和修造费用标准如下：

安徽水驿额设四十二船，乾隆二年议准三年小修、五年大修、十年拆造。同安驿红船一，小修工料银十有五两、大修三十两、拆造七十两；桨船一，小修工料银十两、大修二十两、拆造五十两。怀宁县红船十，小修工料银三两、大修六两、拆造十有五两……采石驿红船三，小修工料银十有五两、大修三十两、拆造七十两。橹港驿头号红船一，小修工料银二十两、大修四十两、拆造八十两；

二三四五号红船小修工料银十五两、大修三十两、拆造七十两；繁昌驿红船三，小修工料银十五两、大修三十两、拆造七十两。

江西水驿额设二百五十二船，乾隆元年议准三年小修、五年大修、十年拆造。省次二号坐船二，小修工料银八十二两九钱、大修一百五十七两三钱、拆造二百三十二两六钱；红马船六，大号红船七十六，小修工料银二十九两八钱、大修五十九两三钱、拆造一百十有八两三钱；次号红船三十九，小修工料银十有九两三钱、大修四十五两二钱、拆造八十九两七钱；又次号红船十有五，小修工料银十有四两九钱、大修三十四两六钱、拆造六十九两二钱。（以下赣州府、南安府亦设有红船）

湖北水驿额设五十船……头号红船一，小修工料银三十两、大修一百五十九两、拆造二百八十一两四钱；二号红船七，小修工料银二十五两、大修一百五十四九两钱、拆造二百七十一两四钱；三号红船四，小修工料银二十两、大修一百四十九两九钱、拆造二百六十六两四钱……

湖南水驿额设二十四船。雍正十三年议准头号红船二，三年小修工料银五十五两、五年大修九十两、十年拆造一百七十五两；二号红船六，小修工料银五十两、大修八十五两、拆造一百六十五两；三号红船四，小修工料银二十两、大修一百四十九两九钱、拆造二百六十六两四钱。⑨

在上述记载中，只有长江流域的水驿船称作红船，而浙江、广东、广西的水驿船均未称作红船。值得提出的是，在康熙年间裁撤上游水驿站船之后，此次乾隆朝水驿船项下，也未有提及上游川省的水驿船包括红船的设置情况的记载。而在全部额设救生船中，四川、湖南、湖北、江西、安徽等省救生船项下均没有将红船作为救生船的记载。只有一个特例，就是江苏救生船项下二十八只救生船分为三类，即渔船、船和红船。那么，江苏官设红船始于何时何地呢？

乾隆三年二月，两江总督那苏图奏请两江及全国大江大湖险危地段增设救生船，他在奏折中说："臣抵任后，即留心访察，（江苏、安徽）惟镇江、瓜州、江宁、和州等处，向来各官及商人等有捐设救生船只。"⑩ 换言之，乾隆三年初，江苏、安徽还没有真正意义上的官设救生船，更遑论救生红船。皇帝准奏后全国救生船总量增加到375只，其中江苏58只；乾隆十四年江苏巡抚雅尔哈善江苏及全国奏请调整裁撤、合理布局大江大湖救生船；乾隆十五年，朝廷复准各省救生船数设置总数为260多只，其中"江苏二十八船。丹徒县镇江口渔船六。大港、圌山船各一。京口驿红船一，江都县（瓜）洲渡江马头、查子港、新港口三处红船各一，深港红船二，三江营红船二，仪征县沙漫洲、旧江口红船各一。江宁府三山、西江船各一。上元县巴斗山船一。江阴县黄田港船一。靖江县澜港口船一。寳山县黄浦江口船二。山阳县老坝口船一。清河县县前、风神庙船各一”。(11)（图六）就是说，江苏官设救生船被裁撤30只，仅留28只。在这个名录中，唯有江苏京口驿，江都县瓜洲渡江码头、查子港、新港口、深港、三江营，仪征县沙漫洲、旧江口等8处10只救生船称为红船，江苏其余各处及其他各省皆称为救生船。因此可以推断，江苏京口驿等8处10只红船作为官设救生船，始于乾隆三年。值得指出的是，在康熙年间裁撤上游水驿站船之后，此次乾隆朝水驿船项下的记载，未有提及上游川省的水驿船包括红船的设置情况；而救生船项下记载的川省救生船的设置情况，亦未称之为红船。所以，以京口、瓜州为中心的周边8处10只红船是最早的救生红船。

民间救生船何时被称为红船的呢？明末清初《丹徒县志》记载的李长科创设西津渡避风馆救生船、魏叔子《善德记闻录》等文献记载的闵象南诸公创设的金山及瓜洲救生船、何絜《焦山慈航碑记》记载的焦山救生船、姜宸英《京口义渡

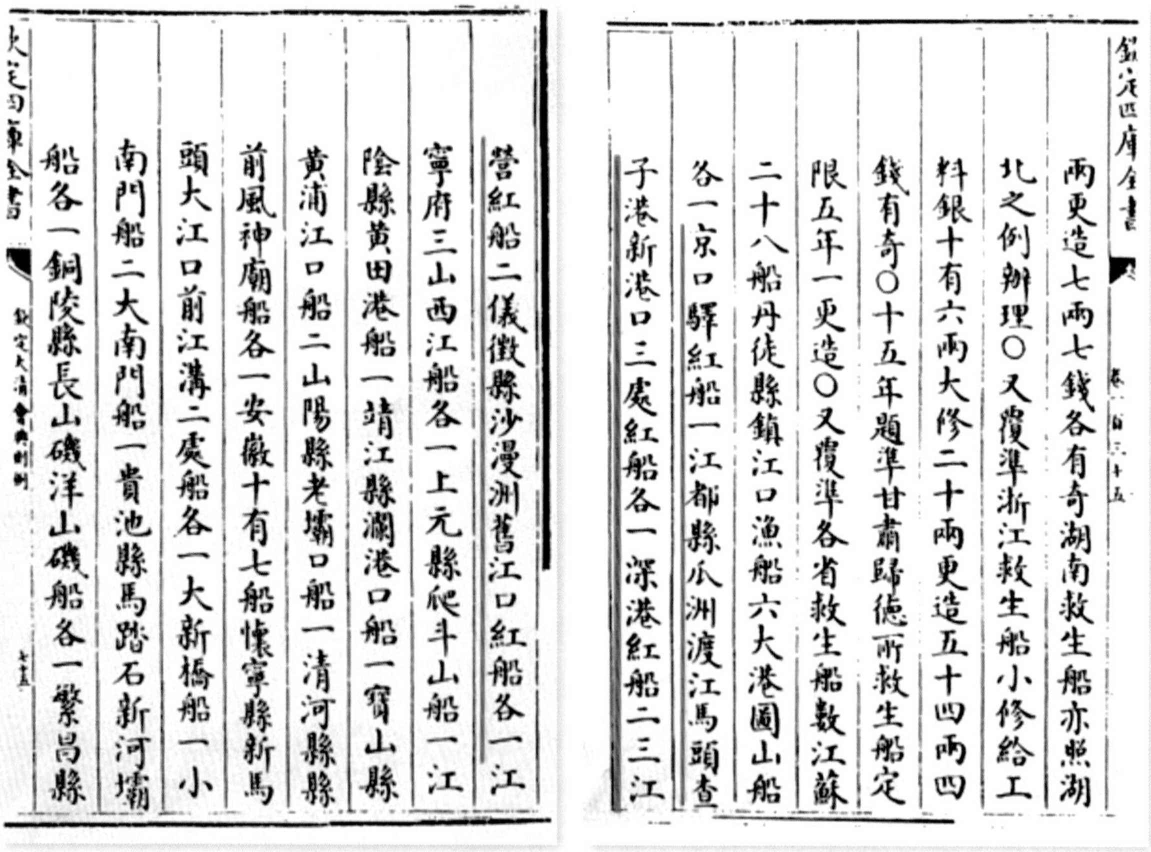

兩更造七兩七錢各有奇湖南救生船亦照湖北之例辦理○又覆準浙江救生船小修給工料銀十有六兩大修二十兩更造五十四兩四錢有奇○十五年題準甘肅歸德所救生船定限五年一更造○又覆準各省救生船數江蘇二十八船丹徒縣鎮江口漁船六大港圌山船各一京口驛紅船一江都縣瓜洲渡江馬頭查子港新港口三處紅船各一深港紅船二三江營紅船二儀徵縣沙漫洲舊江口紅船各一江寧府三山西江船各一上元縣爬斗山船一江陰縣黃田港船一靖江縣瀾港口船一寶山縣黃浦江口船二山陽縣老壩口船一清河縣縣前風神廟船各一安徽十有七船懷寧縣新馬頭大江口前江溝二處船各一大新橋船一小南門船二大南門船一貴池縣馬踏石新河壩船各一銅陵縣長山磯洋山磯船各一繁昌縣

图五 清《钦定大清会典则例》第一百三十五卷第75页影印件

赡产碑记》记载的某抚创设的京口、金山、瓜洲一线护漕救生船、冯咏《京口救生会叙》记载的京口救生会救生船等一系列地方志书和重要文献中的救生船，都没有称之为红船的提法。长江沿岸诸县乾隆朝及之前各志中也鲜见救生船被称为红船或救生红船。另据《清史稿·慕天颜传》记载：“（康熙）二十六年，授漕运总督，疏言：‘京口至瓜洲，漕船往来，风涛最险。请仿民间渡生船，官设十船，导引护防。’部议非例，不允。上曰：‘朕南巡见京口、瓜洲往来人众，备船过渡，有益于民。其如所请行。’”(12) 这似乎也可以佐证，至少在康熙朝至乾隆初年，民间救生船也还没有明确称之为红船。可能的起始点也应该是在乾隆三年之后，朝廷在京口、瓜洲周边直接将原来的驿站红船改设为救生船（这也可能是江苏水驿船中没有红船的原因），此后，京口救生船就开始被称作红船了。或者说，京口及周边地区民间救生船也就开始借助红船的样式，用红色油漆船身及其器具以“借助”官方的名义，履行其救生、护漕等各项职能，并在救生实践中逐渐成为约定俗成的称呼。

5. 阮元：两江两湖一统红船之名

红船作为救生船而名声远播，通行于长江流域，这与嘉庆年间清代重臣阮元创设红船济渡救生的义举有着密切的联系。嘉庆十九年（1813年）阮元任江西巡抚，他在南昌仿造瓜州红船作救生诸事之用，自己出行乘坐的官船，也是这种瓜州红船，快捷如马。为此他专门作诗一首记之：

用余家瓜洲红船为式，在南昌造船以为救生者诸事之用，瓜洲船乘风归去，三日至瓜洲矣。

南人使船如使马，大浪长风任挥洒。
红船送我过金山，如马之言殊不假。
我嫌豫章无快船，造船令似金山者。
鄱湖波浪万船停，惟有红船舵能把。
洪都三日到江都，如此飞帆马不如。(13)

豫章、洪都是南昌的别称。南方人出行以坐船为主要交通工具，而他在江西仿造之船以“余家瓜洲红船为式”，也或者“造船令似金山者”。这说明，南昌仿造之红船与瓜洲、金山红船是一样的。这种船行船速度很快，鄱阳湖的地方船只遇到风浪行不动，而红船借助风帆的作用仍然可以快行，“鄱湖波浪万船停，惟有红船舵能把”。这种红船“以为救生者诸事之用”，说明南昌红船主要是用来水上救生的。但是他也会用红船（瓜洲船）当作交通船，洪都到江都，顺风顺水，三天就到家了，比骑马都快捷。他在另一首红船诗《宗舫》并序记录了他在芜湖、江西等地推广红船的新事迹：

予旧造红船，取宗悫长风之义，名曰：宗舫，为金山上下济渡救生诸用，三面使风，最为稳速。十数年来使远行，竟往来湖北、江西诸地。而江西、芜湖等处亦仿造之，为救生之用，所救亦多。近年“宗舫 ”之外，又增三舟，予名其一曰“沧江虹”，一曰“木兰身”，梅叔名其一曰“曲江舫”。己卯冬，予由扬州乘此，七日即至滕王阁下，曾奏言此行之速。而上下江长官趋公，亦闻有乘此始能速达者。换舟赴岭，留题二诗：

金山飞棹本名红，我遣来回楚越中。
帆脚远行须把定，莫教孟浪愿长风。
满江晴雪几舟红，颇似唐人旧画中。
扬子桥头万里浪，滕王阁下一帆风。(14)

从阮元的这三首诗的诗序、诗句以及创作年代，大致可以推断阮元创设红船救生济渡的时间。嘉庆初年（1796年）阮元转任浙江学政，三年转任浙江巡抚，十年润六月，阮元父亲阮承信去世，阮元按制丁忧三年。⒂在这十多年间，甚至更早时期，京口瓜州是他出行的必经之要道。陆路坐轿骑马，水路行舟弄潮。阮元深知行舟之险，犹以长江为最；他也一定熟悉，京口、瓜洲、金山自乾隆以来就有官设红船救生。他的《宗舫》诗作于1819年，按其序中“十数年来使远行，竟往来湖北、江西诸地”之说，往前推算，他创设红船当在1805年后一二年间。而《宗舫》诗序中的“近年”是指1819年前一二年，即1817—1818年，阮元又第二次捐造了三艘红船“沧江虹”“木兰身”“曲江舫”用于救生济渡活动。他甚至将他乘坐自家瓜洲救生济渡的红船赴南昌之快捷情况报告给皇帝。

扬州学者巫晨先生研究成果揭示，阮元创设红船救生济渡当在嘉庆十年前后。其根据是，林书门随阮元赴任杭州，就职于阮元幕府。他有《邗江三百吟》存世，其卷二《大小义举》有一则《救生船》，其引子云：

渡扬子江最险，两淮另设一种大红船，用两道大篷索，遇有遭险之船，乘风破浪，飞赶护之。名曰救生船。近年阮伯元中丞亦仿此而行，留于江口，嘱族叔逵阳公查察其事。

序之后诗咏赞曰：

江舟欲覆低忽高，之生之死江心号。
红莲一朵双樯下，救难如代如来劳。

《邗江三百吟》初写于1805年，其时林书门随阮元丁忧回扬州，三年后即1808年书刻成行世。因此，阮元造红船救生义举当在1805年后丁忧在扬之时。(16)

直到乾隆时期，红船仍然是当时安徽、江西、两湖地区官员水路公干的官船。阮元义举对于红船救生事业的贡献在于，把安徽、江西、湖北等地仅作为交通船的红船功能进一步拓展，和江苏红船的救生船功能结合在一起，并进一步引起各地官方重视并强化推广这一救生体制。阮元之后，救生船开始被广泛称之为红船或救生红船，在两江两湖地区就成为一种约定俗成的提法，进而推广到上游，道光及咸丰战乱之后，救生红船的提法就常见之于官方文件和地方志书的记载了。

例如《光绪丹徒县志》卷三十六《人物志·尚义》记载：

嘉庆后，里人捐造红船多只，既便救生尤便义渡。(14)

这个记载，与扬州阮元在瓜洲南昌捐造红船义渡救生的时间大体上是一致的。自此以后，镇江志书上就将救生船直接记载为红船了。红船，也就逐渐成为长江救生船的代名词，出现在长江流域沿江沿湖地带众多地方志书中。

同治五年，郡守李仲良谕吴学堦总办南北救生会事宜，陆续置造大小红船九只。(15)

《丹徒县志摭余》卷九《尚义·附义举》记载：

适李学士承霖经理郡城善后……与诸义士极力维持，复造江船八艘，逐年所救生命孔多。(16)

《江苏省会辑要·社会·救济事业·关于救灾者》按李恩绶《丹徒县志摭余》说法，但将“八只江船”改为“八只红船”。(17)

《光绪丹徒县志》卷三十六《人物志·尚义》还记载：

焦山救生红船，道光间即有之。咸丰间寇扰江上，山下屯扎水营，排列战舰，此举停止。同治初复兴，由常镇道委员经理之，救济甚众。(18)

同时期的两湖地区特别是湖北宜昌地区的志书，也才开始有救生红船设置的记载。

《同治宜昌府志》记载：

救生红船。红石滩，旧设红船一只，水手六名。今增设红船六只，水手三十六名。又移城河红船两只于此，水甲一名，委派巡视弹压官一员，忠恕堂绅士一人。

为什么救生船后来要用“红船”之名？红船本是官船，乾隆初在镇江京口驿、瓜洲码头周边部分地被设置成救生船，这就是红船具有代表官府的意义。嘉庆年间经阮元等朝廷大员的推动，长江下游民间救生船借助红船的样式，或者说用红色油漆船身及其器具以借助官方的“LOGO”，履行其救生护漕等各项职能，能够获得政治正确的名义，并占据社会道义的制高点，可以更多更好地获得社会公信力，有利于民间救生组织获得更多社会各界的支持。这样，无论官办或民办救生船，都以红船之名实施救生活动，并逐渐成为约定俗成的称呼。例如嘉庆年间阮元的红船，实际上既是义渡、救生二用的红船，也是他自己的交通船，经他推广，经江西直至湖广，救生红船就走向了长江全流域。

6. 京口救生会：红船救生兼作官绅江上行舟

京口救生历史长达近千年，京口救生会救生历史长达二百五十年，但其救生船与红船的概念一直不清晰。救生船是否都是红船，还是就是红船？ 2018年，中国海关出版社出版发行了*CHINA.IMPERIAL MARITIME CUSTOMS.Ⅱ.——SPECIAL SERIES:NO.18. CHINESE LIFE——BOATS,ETC*（简称《中国救生船》）其中载有京口救生会和焦山救生局章程，简略记载了两会（局）救生船及其中红船的使用规定。

《京口救生会章程》有四条涉及红船：

一、会中巡船七只、红船二只……其红船二只分泊会前，以备官商借渡。不准装载货物，上至金陵下至江阴为止。不准驶入内河，沿途遇有失事不问装载何人一体驶救。

二、红船每船舵工水手用八名，巡船每船舵工水手用六名。巡船工食每船每月二十一千文；红船工食每船每月十五千文。其红船工食较巡船反少者，以红船凡官商借乘均有赏号以抵。

十四、会中船只每年岁修油艌一次，连添绳索家伙定章，红船不得过五十千，巡船不得过四十千，倘需大修先估计禀明再行开报。

十五、拆造红船一只，约钱八百余千。拆造巡船一只，约钱四百余千。若新造红船约钱一千数百千，新造巡船约钱六百余千。

《焦山救生会章程》第五条记载：救生红船止便于乘坐，因参用广艇丝网各船式改造，矮楼多桨。快船试用以来不但遇事较速于红船，且修艌亦省。(17)

《中国救生船》也有关于救生船和救生红船样式的记载：

镇江的（救生）船只有两种规格，大船，也叫作红船，大概有20吨的载量，价值$1200；小船（巡船），大概是10吨载量，价值$600。这些船都是由松木制造的（柏树），船型都是当地的样式。但是船线却在某种程度上看上去非常漂亮。每艘船都有两个带帆的桅杆，也有两个代替龙骨的背风板。锚和链都是由铁制成的中国样式，绞盘是硬木制成的，甲板房是为了在恶劣的天气有所庇护而做的，不到甲板的总长度的三分之一。这些船只，如果维护得好，据说可以使用18到20年。

根据这些记载，首先明确救生船不仅有红船，还有巡船、快船。而在乾隆朝关于救生船维修的奏折中，还有圌山黄快船的记载。参照阮元红船以及上述两章程描述，京口瓜洲民间救生红船的式样，参用广艇丝网船改造，船身漆为红色，设有两根桅杆和篷帆，并用两道大篷索挂帆以便可以扳戗，三面使风；船上设置较矮的船楼，并设置多人多支船桨提供动力，因此行驶既稳又速。例如京口救生会红船每船舵工水手用八名，比一般救生巡船多两名。新造红船约钱一千数百千文，拆造红船一只约钱八百余千文。这个造价是一般救生巡船的两倍左右。焦山救生会使用的快船行驶速度更快，维修费用亦更省。网络上搜索到张玉琪先生创作的丝网船船模（图七）如果油漆成红色，应该基本接近这种红船。

京口救生会的红船不仅用于救生，而且可以租借给官员商绅乘坐出行，然而只能在金陵之江阴段行驶，并且不准装货、不准离开大江进入内河。不过，行驶中如果遇有江难必须优先救捞。京口红船的舵工水手的工钱每月只有十五千文，而巡船水手二十一千文，因为官商借乘不仅要给租金，还会给舵工水手赏金，可以抵补与巡船水手的差距。京口救生会关于红船使用的这一规定，与一般救生船专司救生，不得出借他用的规定不同。这种情况当与阮元倡导有关，当时上下江官员很多人以此为榜样，形成乘坐红船出行为时尚快捷之风气。因此，京口救生

图六 国外明信片一：炮船和红船：扬子江上游的中国炮船和救生船 收藏 金存启

会亦是顺应潮流，在满足救生活动一般要求的情况下，出借红船不仅可以方便官绅出行，也可以获取地方官绅的支持和认同，方便更好地筹措救生经费，这也不失为一举两得之措施。

第二次鸦片战争之后，中国被迫开放港口，长江上除了列强炮舰之外，也有许多外国商船和旅行家，他们乘坐轮船，深入长江腹地，记录并拍摄的许多救生红船事迹和照片，使我们更直观地了解到上游红船的基本情况。遗憾的是，迄今为止还没有发现江苏救生船的有关照片。图八、图九是由金存启先生收藏的两张光绪年间（1875 — 1908年）境外发行的关于长江上游红船的明信片。

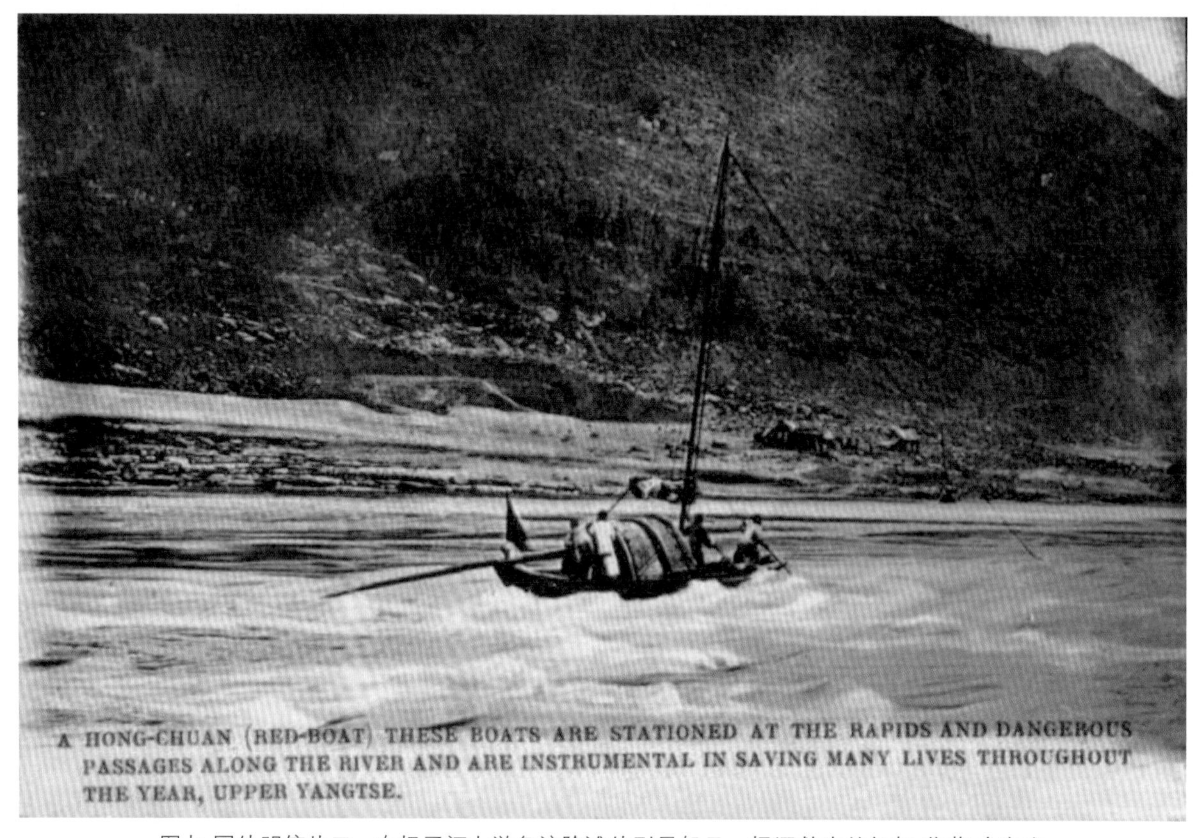

图七 国外明信片二：在扬子江上游急流险滩处引导船只、拯溺救生的红船 收藏 金存启

注① ③ 《钦定四库全书 · 明会典》卷一百二十一《兵部十六 · 驿传三》第1–2、31及以下各页。

注② 参见明天启《四川成都府志》卷之六第11页。

注④ 参见《万历四川总志》卷二十第8–33页。

注⑤ ⑥ 参见同治《宜昌府志》卷之十四《艺文说下》第四十八至四十九页。

注⑦ 参见《夔州府志》卷二十二 · 《站船改设救生船》第12页。

图八 张玉琪创作的瓜洲丝网船复原模型（网络图片 仅供参考）

注⑧ 参见《钦定大清会典》卷七十四《工部·都水清吏司·船政》。

注⑨ ⑾ 参见《钦定大清会典则例》卷一百三十五工部·都水清吏司《水驿船》、《救生船》。

注⑩ 乾隆三年二月两江总督那苏图《为沿江州县请设救生船只以济民生事奏折》，参见哈恩忠《乾隆朝整饬江河救生船档案》，载《历史档案》2013年第1期。

注⑿ 参见《清史稿·列传第六十五·慕天颜传》。又参见静宁县志办博文，2016年05月31日。

注⒀ ⒁ 转引自范然《中国古渡博物馆——西津渡》，第119页。

注⒂ 参见张鉴《阮元年谱》，中华书局，1995年1月。

注⒃ 林书门诗及相关研究，引自巫晨《阮元仪征事》，广陵书社，2015年9月。

注⒄ 参见《海关总署档案馆藏未刊中国旧海关出版物·杂项系列·第18辑·中国救生船》，第八十五—九十页，中国海关出版社，2018年1月。

四、民间救生组织

1. 桐城生生会创立最早、京口救生会历史最长

长江官办救生虽然始于宋代，但是其后相关有组织的救生活动见诸文字记载的是清康熙十五年，时任分巡道李会生、知州邱天英在归州“吒滩、石门、上八斗、下八斗船只每处觅水手六名,每遇覆溺,全活甚多。后又添红曳滩、新滩、黄平滩、咬岭滩四处, 水手工价照给”。①而在下游，从顺治到康熙年间，已有四家民办救生组织相继诞生。

2. 顺治七年（1660）：黄道咸首创桐城老洲头生生会

道光《桐城续修县志》记载：

桐邑东南滨江老洲头风涛汹涌。顺治七年（1650）有湖北进士黄道咸赴镇江任，过此遇风，惊其险捐金置产，并本地各姓捐产收息，造办救生船两只，利济行人，名曰生生会。向归六百丈巡检经理，岁久废坠。②

安庆府属桐城县，位于长江北岸，西汉时首立枞阳县，属庐江郡。隋改为同安县，唐再改为桐城县，1955年恢复汉时县名——枞阳。老洲头位于桐城东南大约160里，滨临大江，今天称之为老洲镇。这是一个巧遇，湖北进士黄道咸升任镇江知府，携带家眷乘船赴任，途中在安徽桐城老洲头江面遭遇风涛之险，获救后感恩当地百姓，于是牵头首创了老洲头“生生会”。他到任后看到西津渡避风馆、金山和对岸瓜洲的救生，一定是感慨颇深。

重要的是，黄道咸所创立的桐城生生会，是现在长江流域有据可查的最早的水上救生组织。一是因为生生会是由黄道咸倡捐、老洲头“本地各姓”捐产设立，是一个集体行为；二是有一定管理制度，所捐善产放典生息，以利长久；三是有专人管理，聘请了六百丈巡检专司管理。六百丈是老洲头的一个地名，《清一统志·安庆府一》载：“老洲在桐城县东一百六十里。西南去枞阳镇六十里，六百丈巡检司置于此。”③这个巡检司虽然是一个基层组织，但毕竟是官方委派，所以具有一定的官方色彩。而“岁久废坠”这个“岁久”是多少年，不太清楚，且“乾隆九年知县张开士立有禁碑”。可惜不知所禁何事，大约应该与救生摆渡有关。

嘉庆二十一年桐城东乡绅士周苑香、任思安、刘瑶、胡士镛、谢琼枝、吴聿骏等人呈明巡检张祥麟，请靳令追查田产二十余石，草场花息，每年绅士等亲往查理，托付近居之毕志仁、吴锡三等经营；修整船只，雇请水手以为救生捞死之用。绅士等复又捐买义山，殡葬流尸，续置田地新旧计五十余石及草场花息，每年约有数百金，仿照江宁救生局例酌定章程，用垂久远。④

嘉庆二十一年（1816年）老洲头绅士周苑香等重新倡捐，再度恢复老洲头大江救生活动。这里可以看出，当地巡检司的作用非同小可。历经五个朝代从顺治到康熙、雍正、乾隆，再到嘉庆，160多年之后，巡检张祥麟还能帮助当地绅士追索当年生生会善产去向，并讨要收益。只是后来的活动断了记载。

3. 康熙六年（1667）：和州绅士创立针鱼嘴生生会

清代皖江有影响的水上救生组织，还有安徽和州针鱼嘴“生生会”。和州设于北齐，古名历阳，后屡经变更，明洪武年间设直隶和州。民国改为和县，今属马鞍山市辖县，地域范围与古和州相当。

《直隶和州志》记载：

救生局在承流坊针鱼嘴地方，旧有生生庵。康熙六年（1667），郡民王章等捐建立生生会。恐有行舟覆溺，令主僧召集水手随时往救。后以庵圮遂废。⑤

捐建生生会的绅士，还有一位名叫赵士楷，是康熙年间廪生，在《直隶和州志》中载有其事迹：

赵士楷，字贞士。由廪贡授训导。士楷孝亲敬长，善交友、乐施予。倡造针鱼嘴红船、建忠义孝悌祠及节孝祠。⑥

此外，还有班枢捐产帮助生生会，以每年的田租作为修缮红船的经费：

班枢，字中桓，诸生。少孤。祖母唐史抚育成善士。枢事祖母以孝闻，性好善，捐田二十八邱助生生庵岁修救生船。⑦

从上述记载看，康熙六年（1667年）和县绅民王章、赵士楷、班枢等人于针鱼嘴生生庵创立了生生会，他们把日常救生活动的管理委托生生庵的僧人主持。一旦江中发生江难，就有主僧召集水手救捞。但是不久生生庵废圮，针鱼嘴生生会也停止了活动。直到乾隆四十六年，知州阿兴阿再次倡捐建立生生会馆才得以重振；五十二年知州宋思仁再次倡捐：

乾隆四十六年知州阿兴阿倡捐建立生生会馆，五十二年知州宋思仁复行整理倡劝捐输……局设立针鱼嘴高埠处所，瓦房二进各三间……置红船一只，招雇水手沿江拯溺，按日给发工食。每遇救生捞死，额外分别劳赏。⑧

阿兴阿捐设的生生会馆设在针鱼嘴高埠处，有二进各三间瓦房左右厢房各两间，后设女堂四间，合计有十四间房。而自宋思仁开始，生生会则陆续置买田产两处，一处在南门外二十三都石家坝十三亩五分一厘，一处在西十都孟家山口大许村七十五亩。五十八年吏目捐圩田在西十五都朱黄圩姚伯帅村五十亩。这些田租均作为生生会的救生经费。这期间生生会置买了一只红船，招雇水手巡江查看，随时救溺。如果有实际救捞功劳，论功行赏。捞获死尸则提供棺木埋葬义冢。后来由于水灾旱灾善产田地租息难收，会馆倾颓、红船损坏，只好临时外请雇船救生。直到道光年间，知州善贵捐修会馆，重造一只红船，救生活动才恢复正常。每年救生经费包括工食赏银、船只维护修缮，还是由附近绅士共同经理，并修订了条规，勒石公示。咸丰年间全毁。光绪十八年查出田产一百五十七亩八分，并入书院。之后虽经努力，再无复兴。

光绪二十五年（1899年），和州一名清军首领许如柏领了一只金陵救生局的红船于石跋河等处招收水手实施救溺。⑨但是石跋河码头是通向马鞍山的重要渡口，至今仍为渡江要道。石跋河距离针鱼嘴仅仅二十多里，沿江全是沙洲。但石跋河救生红船与原针鱼嘴生生会并无直接联系，而是由于码头渡江风险之急需，在金陵救生局的支持下设置。这也可以看出，嘉庆以后直到光绪年间，皖江救生活动从老洲头渡口码头到石跋河渡口码头，受金陵救生局影响较大，甚至得到金陵救生局的直接支持；而江宁甘福、伍光瑜等人创立的金陵救生组织，取名生生堂，也一定是受到了古代皖江救生组织“生生会”的启示。

4．康熙二十二年（1683）：章江门外客寓土著共建好生堂

新建县（今新建区）隶属南昌的千年古邑，东临赣江（即章江），北临鄱阳湖。乾隆《新建县志》记载：“自滕王阁而下为章江也。”⑩“豫章泽国也。汇赣、吉、抚、建之水而注诸章门，又巨浸也。浊浪排空、撼楼浴日，民病涉也。”(11) 章江汇上游赣州、吉州、抚州等地山水，至南昌江面宽阔至十余里，每每阴风怒号、浪如山倒。新建县章江是南北水运要道，舟航从章江经过，遇风涛容易溺人。百姓小船渡江、或商旅行舟，往往覆溺遭灾。因此江西南昌民间救生组织发育也比较早。新建知县邸兰标曾撰《好生堂碑记》，记载了自康熙经雍正再到乾隆年间好生堂救生的历史功德。

康熙初期就有好心人在章江地段设救生船只，请道士朱豫章“董其事”，负责救生船的管理，“居道人之室，曰救生堂”。至康熙二十二年（1683年），当地人与来此寓居或经商的人聚集在一起商议，成立了救生会，多所救济。但是时间一长，就坚持不下去了。雍正八年（1730年）有一位名为胡瀛的官员复兴了救生会。他召集徽州及秦晋诸君子相聚在一起公议此事：“救生以船于事不支，人情叵测。若彼渚溪、左蠡遇大风覆舟因以为利是，速溺者而死也。”(12) 这里透露了一个信息，就是雍正年间的救生活动也出现了诸如渚溪（属星子县）、左蠡（即左里，今属都昌县）地方救生故意溺杀落水之人而谋财害命的问题，因此他们认为用救生船不一定可靠。为防止此类悲剧发生，他们决定不设救生船，而是采取奖励措施，鼓励渔船和民间渡船救生，这样一定会有人在乎奖赏而勇于救生："悬立赏格，委之渔舟、野渡，庶有豸乎其格。救一人给银五钱，人倍银倍之，积而算其法，立簿书姓名。不得溷其事。备衣履、熟汤粥，出诸水中而无冻馁患。又施缆江畔，以挽上流，春涨时杳不危害。"于是他们请道人邓星垣主持救生堂，重新制订了奖赏标准，并对救活奖赏之人数登记造册。同时还为被救之人预备有衣服、汤粥，以免受寒凉。后来南昌熊尚书熊一潇(13) 易"救生会"之名为"好生堂"。这个办法行之有效，到邸兰标撰《好生堂碑记》已经坚持了二十年，时乾隆十五年（1750）。

好生堂设在章江门外江滨。但似乎此后好生堂的救生活动就没有被志书记载。此外，从乾隆三年起，江西官府也在南昌章江门外设有两只救生船，乾隆十四年长江救生船裁撤以后改设为渡船。

从根本上说，救溺是被动之策，造大船才是安全行舟的上策。古代新建县在章江设置官渡。乾隆《新建县志》卷之七《津梁》记载：

知县杨周宪捐资增置义渡，上其事于巡抚安公，蒙捐金为倡，诸监司共襄盛举置官船二、又修葺旧船五只，水手旧有工食，并严饬不许苛索民钱。

杨周宪特别为此撰《募置章江官渡记》详细记载此事于志书：

大中丞安公抚绥兹土，以西方宝筏作南国慈航，水上风行。已援十三郡之残黎于苦海而登之彼岸。乃章江一险，犹廑忧劳爰。俞西昌令之请，立捐廉俸命置义舟，创新者凡二，葺旧者凡五，又念为费不赀。呼邪！易举俾上厥事于监司各宪，冀同舟共济，用襄德意焉……是役也，虽一二轻舠而圣贤功业具焉。(14)

由是观之，章江官渡是募资设置，由新建县令及南昌府官员捐廉置义舟而开始的。古人是把造船义渡看作是与救生同义的，因此义渡船也称为慈航。为了防止翻溺，章江渡口规定要视船只大小实行限载，大船不过二十人，中船不过十五人，并在滕王阁下立石公示。后来江中涨沙，称之"新洲"，乾隆四十七年知府黄良栋在新洲筑堤，设东西两渡。正如前面所述，当时南昌、章江官渡船只的修缮维护费用似乎是和救生船的修缮一体管理，由南昌府向朝廷申报修缮资金。但乾隆朝以后就出现了问题，渡船因资金不足而开始收取渡钱，"有义渡之名，无义渡之实，旋兴旋废，民犹病涉"。(15) 道光年间巡抚韩文绮恢复旧制，重设义渡船二十只，以商绅捐款和盐务公项费用为日常工食及修缮费用。船只、水手、工食和修缮费用，一应完备，但还是做不到"祈求永久"，依旧是"日久废弛"。咸丰十年重振义渡，但是船只“中流遭风者势难猝救。迺于同治五年改造渡船六只，新添救生船两只，分舣两渡口，见危迅赴。今（按指同治）仍之”。(16) 从这个记载看，自同治五年起，新建县章江官办义渡就与救生合并在一起了。比较起来，九江彭泽县附近小孤、马当，鄱阳湖之大孤、羊栏、左蠡，自宋代就有官设救生船；清代康熙年间更有官设17只救生船，而民间救生组织确是一直没有发育起来。

老洲头生生会、针鱼嘴生生会与章江好生堂的创立时间都比闵象南等人在瓜洲、金山设置的救生船稍晚，但它采取了“生生会”的组织形式，这就不免要“高看一眼”，这是民间救生从自发到自觉的一个重要标志。

5. 康熙四十一年（1702）：京口救生会创立，民间救生组织进入成熟发展阶段

从顺治七年（1650）到清康熙四十一年（1702年），民间救生组织经过50多年的孕育，进入成熟期，这个标志就是京口救生会的创立。是年，京口蒋元鼒、朱用载、蒋尚忠、张迈先、林崧、袁鈖、吴国纪、左聃、毛鲲、钱于宣、何如椽、毛翥、朱之逊、蒋元进、赵宏谊等15位善士，面对长江天险、渡口江难，为了渡江行船的安全，在西津渡观音阁成立京口救生会，开始了他们水上救生的伟大征程（图十、图十一）。

二十多年后的雍正年间，丹徒县知县冯咏写下《京口救生会叙》，记录了京口救生会成立及其初期运行这样一件具有划时代意义的历史事件，全文如下：

救生会，京口善士十五人劝邑中输钱，以救涉江覆舟者，肇自康熙四十二年。积白金若干，于京口观音阁为会。

值江上大风舟覆，令小船咸出江争救，救活一人，给白金一两，资其行李而送

图九 位于西津渡小码头街的清代京口救生会馆

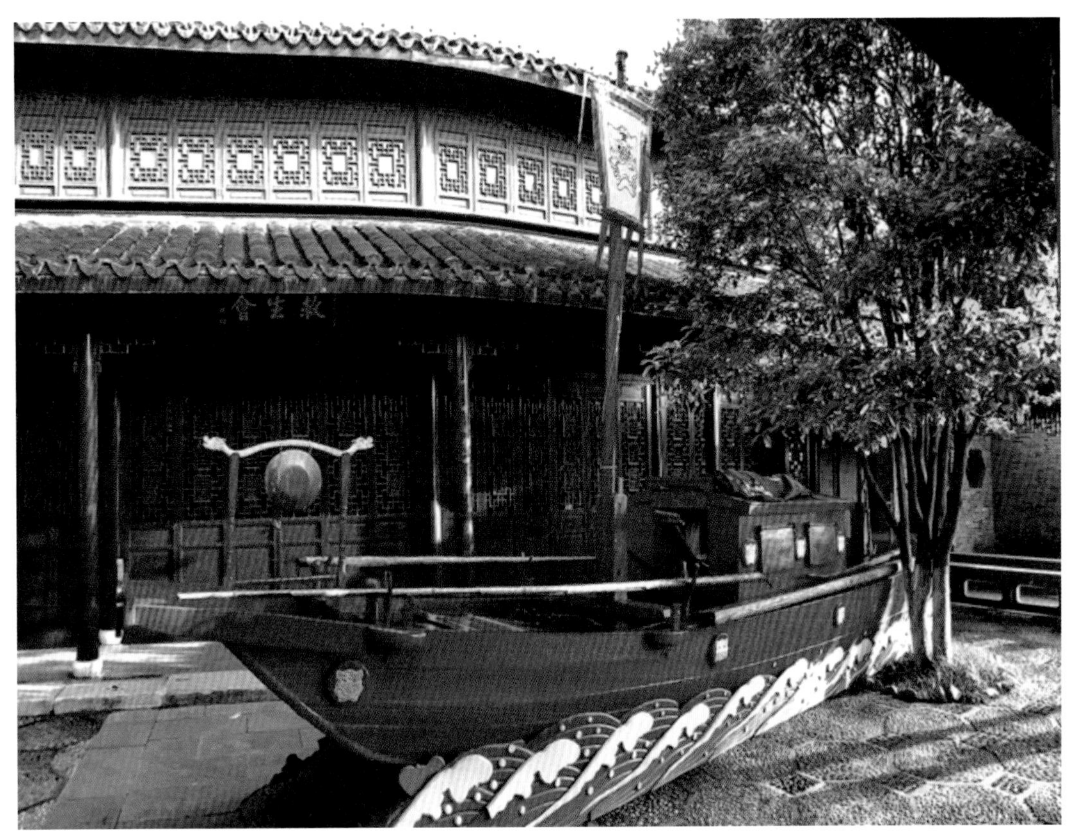

图十 清代京口救生会馆内庭院和红船模型

之；死者，置棺殓焉，葬之于簰湾义冢，人莫不义其举。

踰五年，慕义者益众，积金益多，始购昭关晏公庙之旧址，建堂三楹，新晏公像祀焉；堂后构楼，祀文昌神。于时又广救生之意。贫无以葬者，施之棺；字纸之废者，收而火之。择公正者为会首，以稽金钱之出入。每月朔，稽救生施棺之数；望日，计字纸所收多寡价值。善士之卒者，立其位于楼西，偏祀之，其立法之善如此。余来令丹徒，常于大风时亲督救生红船出江心，以防舟覆，顾红船为数无多，众小船周遭防护。一年以来，无有溺死者，赖救生会之力居多。

云前明袁了凡先生自叙行功过格：积功多，获福。儒家非之，谓孝父母与螺蚌放生同功，近于二氏之学。余谓儒者之与二氏同一，不忍人之心。计功过，则为二氏；存实心，则为儒者。善士既存心救生，行之久而不倦于以溥德泽而广圣化，共功不为小矣！余故序其名于左：蒋元鼐、朱用载、蒋尚忠、张迈先、林崧、袁鈐、吴国纪、左聃、毛鲲、钱于宣、何如椽、毛翥、朱之逊、蒋元进、赵宏谊，是为善士十有五人。(17)

冯咏（约1672—1731年），字夔扬，江西金溪县词源人，是清代康雍时期著名文学家、方志学家。擅长八股文，与兄冯湛、弟冯谦并称“金溪三冯”。康熙六十年（1721）与弟冯谦同榜进士，同选翰林庶吉士，雍正二年出宰丹徒。在任期间，曾经应邀帮助镇江知府朱霖编修《乾隆镇江府志》，其第五十五卷《桐村艺文》中记载了多篇冯咏在镇江的善政。此外，冯咏的诗也写得很好，留有《桐村诗》七卷（七集）存世，并以他游历、为官所在之地为名，如《江汉集》《日下集》《章江集》《南海集》等；在镇江丹徒期间所做的诗，则汇集为《京口集》。

这位冯咏不仅是文学家，还是个好官。他为人刚介廉洁，“胥吏惮之，士民悦之”。在丹徒期间善政不可枚举，如恤灾、修学，皇华驿馆、东西炮台之设，立义学、义仓、义冢等无不亲力亲为。河工之不便于民者，详请免役；育婴、救生之有益于民者，皆所创始。滨江坍田，奏请皇上减免百姓税赋二万二千七百余两。(18) 这些事迹，在《乾隆镇江志》卷五十五《桐村艺文》中均有冯咏撰写的文字，如《丹徒县义学记》《丹徒县义仓记》《丹徒县育婴堂记》《大沙义冢记》等篇目专题记载，(19) 但因得罪豪强被诬陷而罢官，寄居城隍庙之帝君书院，清苦俭约，困顿至死。丹徒民众踊跃助丧，并以余资建屋三楹，为桐村书院，刻立木像祭祀，或尊为城隍。(20)

冯咏对京口救生会最大的贡献，除了他亲自参加救生会的救生活动外，就数他撰写的这篇《京口救生会馆叙》了。他以前明袁了凡的“功过格”劝善思想为救生会善士义举提供思想基础，使救生会善行上升到时代高度，融入了明末清初中国慈善事业兴起的大潮流。

其文开宗明义就说，救生会是一个由京口十五位善士成立的民间救生组织，通过募集民间资金来救助涉江覆舟的遇难者。这样的义举深受当时商绅拥戴，愿意捐赠救生活动的人越来越多，仅仅五年多的时间，就初具规模并积累了比较多的银两。于是就购买西津渡昭关石塔北侧的晏公庙之旧址，建堂三楹作为救生会馆所在。为什么选在晏公庙这个位置重建救生会馆？因为这里是西津渡街临江的最高处，也是街道北侧突出江面的一块石崖，南面靠山，三面临江，视野开阔，一览无余，便于临江瞭望，及时发现并救助失事船只。后来张夕庵作《京口蒋氏救生会馆图》（图十二）并题图时就说：“西津银山麓，突出一阜，可以眺帆樯于天际，俯舟楫于江津，建栋宇为救生之馆，其形势接应，无有过于此者矣。”(21)

新的救生会馆重塑了晏公像，堂后又造楼祭祀文昌神。晏公是水神，明初因朝廷推崇而成为具有全国性影响的水神。晏公职司平定风浪，因而在东南沿海和江河湖泊沿岸地区信仰极为盛行。救生会祭祀晏公，也是祈求风平浪静，护佑江船行旅之意。同时救生会不仅救生捞死，负责溺死者的安葬，对于因贫困而死却无钱安葬的，救生会也布施棺材，助其下葬。祭祀文昌神大概同收集废纸焚化有关，尊重文化，弘扬文明之风气。

京口救生会蒋元鼐、蒋尚忠、蒋元进三位蒋姓创始人是一家人，也是救生会的主要骨干。经过数十年的经营，也有些力不从心。乾隆初年，另一支出自同一祖先的蒋姓后人蒋豫带领亲友重振救生会，而第一代创始人蒋尚忠之孙蒋理弃儒经商致富，为此次振兴提供了财力物力支持；同时详细研究各本《丹徒县志》，以及京江蒋氏家谱所载蒋理（鸣谦）传，发现蒋豫十八人团队中至少有十位绅商载于志书或家乘：蒋豫、蒋理、蒋宗海、蒋秹、严山、左志训、左志敏、郭家麟、袁秀溪、邹光国。乾隆六年（1741年）救生会交接到蒋豫之子、清代进士、中书舍人蒋宗海手中凡55年：其间蒋理襄助其经理至乾隆二十一年（1756年），之后蒋宗海独立支撑30年之1785年，最后十年实行董事执月制度，接受社会募捐和资助，为救生会的运营集聚了巨额善产：合计有各处田地三百二十亩，三百两白银和六间市房。在此期间，善士吴北海自筹资金管理救生会两年。蒋宗海之后薪火相传，其子蒋秹、其孙蒋延莒、曾孙蒋礁，分别为第四、第五、第六代会董。丹徒蒋氏家谱所载蒋礁（近仁）传详细记录了蒋近仁救生事迹。咸丰战乱之后，西津渡观音洞、救生会被强占为英国领事馆临时用房。第七代会董蒋宝拒领租金，力争恢复救生会不成，同治三年含恨去世。蒋氏经管京口救生会163年，这大概是世界上从事水上救生事业历史最长的一个家族。

此后，京口救生会会董实行民间推选、官府委派制。同治三年及四年（1864—1865年），两江总督曾国藩、李鸿章先后奏请皇帝批准，委托丁忧避乱在家的镇江状元李承霖负责战后镇江民间善堂的复兴，而重振救生会成为重中之重。他不负重托，全力厘清会产、广揽人才、募集资金、添造红船、完善制度、强化督查、推进与焦山救生局的合作，开辟了京口长江救生事业新篇章，直到他生命的终点。在他的主导下，同治五年（1866年），吴学堦总办京口救生会和瓜州救生会事宜，陆续置造大小红船九艘。南北救生会，应是指瓜州救生会隶属京口救生会管理。同治七年（1868年）四月吴学堦退董，吴绍信与赵鋆办理。同治十二年，王寯林与赵鋆办理。赵鋆退董后，赵金塘、李寿源先后继之；再继吴瑀庆。(24) 这位李寿源（1861—1929年）是李承霖的长孙。李寿源接替赵金塘、后又与吴瑀庆合作会董救生会，这可能是李承霖推荐的。李承霖1891年去世时李寿源已经30岁，“内举不避亲”，在此之前推荐自己的李寿源跟随赵金塘参与救生会管理，于情于理都是可能的。吴瑀庆是以镇江商会监察委员身份接任救生会正主任，因此是民国年间的事。关于吴瑀庆，是个法律系的高材生，与救生会也有一桩功劳非他莫属：《续丹徒县志》记载，“救生会副董吴瑀庆觅得该会道光三年

图十一 张崟《京口蒋氏救生会馆图》引首（上）及其救生会馆全图（中）局部（下）

图十二 京口三山图 清 张夕庵 纸本设色29.5×194.5厘米 现藏故宫博物馆

至同治元年禀稿全案”。(25) 正是这批“全案”资料，清晰地记载了蒋氏自蒋豫至蒋宝六代人传承救生会善举的关键证据。

京口救生会历来是民办民管、官助官督的体制。在蒋氏执掌时会董由家族传承。同治三年（1864年）直至光绪二十年（1894年）之间的三十年内，京口救生会会董在李承霖主持下由会中董事推举后报官府任命的。光绪年间李承霖又推荐焦山救生局董事陈任暘兼职为京口救生会稽察，定期检查并向道府汇报，以示公开公正处理救生会的各项事务，特别是财务；协调推进京口救生会与焦山救生局的分工合作。期间镇江知府田寿荪离任时建议另行官派委员接替陈任暘人稽察，遭到李承霖坚决反对，并直接上书常镇道沈幼丹阐述主张，坚持民间善业民办民管体制不变，稽察和会董事都要由救生会自行推举。由于李承霖力挺陈任暘，后者在镇江的善行善业一直持续到辛亥革命时他去世的那一年，终成善果。

李承霖借助自身的名望和两江总督的重托，在金陵木厘及本地各项厘金中为京口救生会争取到足够的经费，并“与诸义士极力维持，复造江船八艘”；“船长约五丈许，每船有船工七人”。这些船“专任巡江救险，打捞浮尸等工作。其巡江区域，起自三江口至龙窝为止。舡（应作‘江’）船各守一段：（1）三江口、（2）瓜州、（3）龙窝、（4）太古码头、（5）蒜山、（6）关前、（7）怡和码头。”(22) 并与焦山救生局协作，分段负责江上救生，“龙窝以下至大港，则为焦山救生会之巡守区域”。(23)

救生会复会后，在普仁堂公庄（疑为康熙年间于准租用渔船护漕救生时所设普生庄）办公。同治十三年（1874），常镇道李常华明确，英国领事馆建成搬迁后，原救生会馆及其土地归还救生会。(14) 光绪二年（1876），英国领事馆建成后，救生会又回到原址办公。从当时拍摄的照片看，归还的救生会旧址上是三栋数十间洋房（图十四）。但在1888年，京口救生会洋房遭火灾烧毁。

上海《申报》1888年8月28日报道：

京口失火。清光绪十四年七月二十一日“镇江西门外昭关救生公局原系洋房，计共数十间，向为耶领事公馆，十八日午后两点钟时，该局空楼上忽烈焰熊熊，火从窗隙射出。当经局董及司事知觉，火以冒穿屋顶。警锣随鸣，本坊水龙先至，竭力扑救，遂将仅隔一街之观音洞权为保护。少顷，洋龙各水龙共十余架及常镇道以次文武各官均至。始将迤西之义渡局咫尺之栖留所及附近民房力为保护。约烧两时之久，吴回氏方返驾。而救生局数十间瓦房尽成灰烬矣。”

英国人强占救生会后改建的洋房就这样毁于大火。而现在观音洞的救生会，门额上款“光绪乙未冬重建”，即在光绪二十一年乙未冬天，即1895年冬重建。而李

图十三 英国领事馆与救生会旧址 约拍摄于1876–1888年之间 收藏者 金存启

承霖已于1891年去世，新的救生会馆当在赵金塘或李寿源会董救生会时所复建。

李承霖恢复京口救生会以后，对原有的制度做了进一步修订完善。《中国救生船》收录了《京口救生会章程》共计有十五条，详细说明和规定了救生会的救生船只和船工的数量、救捞地段和责任、救生办法和奖励制度、管理和监督、财务规则及维修拆造预算等具体措施。(25)

光绪年间，京口救生会有救生船九艘，比之前多一艘；其中巡船七艘，每船舵工水手用六名；红船二艘，每船舵工水手用八名；共用舵工水手五十八名。会中除董事外，共有司事五人，管理银钱账目、捞救生人、掩埋浮尸、稽查借船及抄写禀册、经管田地、市房杂务。

红船和巡船有不同的用途。红船除了救生之外，还可以出借给官绅在江上出行，它实际上被赋予了一种社会时尚或者一种官场商场排场的功能。巡船主要用来巡查江面、实施救捞。京口救生会负责捞救地段，上至世叶洲，下至龙窝。巡船分派七个江口守溜，一派世叶洲头、一派瓜口（瓜州）下游、一派鬼脸城、一派鲇鱼套、一派蒜山、一派镇江关前、一派龙窝。调减原太古码头、怡和码头二处，增加鬼脸城、鲇鱼套两处，但江面总长不变。

明末清初，救生红船兴起以来，京口义渡与救生就是相辅相成。咸丰兵燹之后，京口至瓜州渡口乱象丛生，民船借摆渡谋财害命时有发生。浙江余姚客商魏昌寿长期在镇江做生意，他目睹乱象，深感不忍而生怜悯之心，发愿捐设义渡。同治十年，他召集寓镇同乡严宗廷、族侄魏铭，以及上虞经元善、归安沈春辉“义者五君子”共同商议，决定共同出资建造大号渡船，开设义渡，以利行人（图十五）。

不久，魏昌寿请辞会董以集中精力搞码头建设，并独力募捐建成普渡阁等一系列码头工程。而五业公推洋药行业董事于学源（百川）接替魏昌寿担任义渡局董事，总理义渡局大局；此后其侄于树滋、其子于树深（小川）相继被推举为局董，“于氏三杰”共济义渡近八十年，直至新中国成立。

民国十年（1921年）起，镇江商会陆小波、于小川等人一直担任救生、义渡两局的局董。抗战期间，陆、于筹措善款，董事何宇池受命于危难之时，艰苦卓绝，坚持义渡救生并举。抗战期间，义渡局仅有的五只义渡船为战争中的难民和

图十四 英国领事馆与救生会旧址 约拍摄于1876-1888年之间 收藏者 金存启

底层贫苦百姓免费乘坐提供了起码的援助。正是由于何宇池的坚守，旅沪镇江善士的支持，瓜镇义渡船才成为穷苦百姓南来北往的安全通道。义渡局的田滩资产在抗战中虽然没有收到多少租金，但是客观上也为苏北新四军坚持抗战提供了有力的支持。抗战胜利后，何宇池将战乱期间义渡救生的账目清清楚楚汇编成《镇江私立瓜镇义渡局自二十七年至三十五年九年收支报告书》向董事会报告，赤胆忠心、清白无悔，为义渡局、救生会服务直到新中国成立。(26) 1949年，京口救生会和焦山救生局合并，成立了新的董事会。京口焦山救生会（局）办事处对董事会和市政府直接负责。1950年，京口救生会和其他善堂一起移交给中华人民共和国政府管理，最终退出了历史舞台。自康熙四十一年（1702年）京口救生会成立，到1950年移交中华人民共和国镇江市政府，京口救生会蒋氏经管163年，镇江商绅经管86年，共历时249年，见义勇为、救生济世、生生不息！

附：京口救生会历代会董、董事名录

第一代：蒋元鼐等十五善士，康熙四十一年—雍正末年（1702—1735？）。

蒋元鼐、朱用载、蒋尚忠、张迈先、林崧、袁鈔、吴国纪、左聃、毛鲲、钱于宣、何如椽、毛翥、朱之逊、蒋元进、赵宏谊。

第二代：蒋豫等十八同志，雍正末年—乾隆六年（1735？—1741）。

已知十位：蒋豫、蒋理、蒋宗海、蒋秷、严山、左志训、左志敏、郭家麟、袁秀溪、邹光国。

第三代：蒋宗海，乾隆六年—六十年（1741—1795）会董55年。前15年有蒋理襄助，后30年独力支撑，最后10年轮流执月。其间有吴北海管理三年（乾隆五十一—五十四年）。

第四代：蒋秷，乾隆六十年—嘉庆十年（1795—1805）

第五代：蒋延菖，嘉庆十年—道光四年（1805—1824），委托郭琦、郭恒代管。

第六代：蒋磏，道光四年—咸丰二年（1824—1852）。

第七代：蒋宝，咸丰二年—同治三年（1852—1864）。

同治三年—光绪十七年（1852—1891）：

李承霖，镇江状元，实际掌控京口救生会近四十年。同治三年曾国藩、李鸿章奏留镇江恢复善业，救生会是其重点。

同治五年（1866）：吴学堦。郡守李仲良谕。

同治七年（1868）：吴绍信、赵 鋆。李郡守谕。

同治十年（1871）：陈任暘。京口救生会督察，焦山救生局局董。

同治十二年（1873）：王寯林、赵 鋆。郡守赵佑宸谕。

赵金塘、李寿源；

李寿源、吴瑀庆。

其中李寿源当在1890前—1925年后。

光绪二十二年：经办：李寿源(炳之)、柳立元、胡桐城、钱伯立。

民国十年：主任：吴季衡、孙寅谷

民国三十八年六月：董事长：张翼云。

张翼云（35）、冷御秋（35）、陆小波（20）、袁孝谷（35）、张詠韶（20）、滕儒清（20）、吴季衡（10）、徐国森（35）、杨方益（35）、戴泽衢（20）、柳文伟（35）、周道谦（35）、孙寅谷（16）。括号里是任职时间，按民国纪年。

主任：吴季衡，副主任：孙寅谷。

民国三十八年九月：董事长：张翼云。

张翼云、陆小波、张詠韶、于小川、

戴泽衢、柳文伟、周道谦、孙寅谷。

副主任：孙寅谷。

民国三十八年九月：京口救生会与焦山救生局合并后的董事会

董事名单：

张翼云、陆小波、于小川、戴泽衢、张詠韶、孙寅谷、柳文伟、任玉书、陈述初。

董事长：张翼云

总稽核：孙寅谷

主 任：陈述初

注① 《归州志》卷八。康熙十五年丙辰为1676年。

注② 参见道光《桐城续修县志》卷之三《附善举》，第14页。

注③ 参见《清一统志》第七十六卷《安庆府一》第21页。又：巡检司始于五代，盛于两宋，所设巡检司主要为州县所属捕盗官。在元代官署中，巡检司是品秩最低的一种。但因澎湖巡检司之设，以闻名通途，颇为世人所瞩目，而且在宋元明清巡检司系列中社区捕盗官属性最为典型。（据百度资料整理）

注④ 参见道光《桐城续修县志》卷之三《附善举》，第14页；卷之四，第4页。

注⑤ ⑧ ⑨ 参见道光《直隶和州志》卷四《舆地志・公署》第47页。

注⑥ 参见道光《直隶和州志》卷二十六《人物志・义行》第9、11页

注⑩ ⑿ 参见乾隆《新建县志》卷六十《艺文志・好生堂碑记》。

注⑾ ⒁ 参见乾隆《新建县志》卷之七《津梁・杨周宪募置章江上渡记》第20页。

注⒀ 熊一潇（1638—1706），字汉若，号蔚怀，江西南昌府东坛村人。康熙三年（1664）登甲辰科同进士第36名，两任工部尚书，在朝四十余年，卒赐祭葬。著有《浦云堂诗文集》。事迹入《清史稿》。

注⒂ 参见同治《南昌府志》卷四《津梁》第13页。

注(16) 同治《新建县志》卷二十六《津梁》第1页。

注(17) (19) 清冯夔扬重修、朱霖增纂《乾隆镇江志》卷五十五·《桐村艺文》，载《镇江文库》第四卷第683页、第656-674页广陵书社，2016年11月。

(20) 参阅李恩绶《丹徒县志摭余》卷十六《杂文·故丹徒县令冯夔飏小传》，载《镇江文库》第九卷第320页。

注(21) 转引自西津散人的网络文章《<京口蒋氏救生会馆图>图文考》，2016年10月24日。

注(22) (23) 参见《江苏省会辑要》社会·救济事业卷，第301页。

注(24) 以上京口救生会会董的更替任命情况，参阅《光绪丹徒县志》卷三十六《人物志》·尚义。第44—45页。《丹徒县志摭余》卷九《尚义·附义举》，64页.

注(25) 参见《海关总署档案馆藏未刊中国旧海关出版物》杂项系列第18辑《中国救生船》(《CHINESE LIFE-BOTS,ETC.》)，中国海关出版社，2016年，第85-88页。

注(26) 关于镇江商会代管京口救生会、瓜镇义渡局，陆小波、于小川等人担任董事，以及何宇池《镇江私立瓜镇义渡局自二十七年至三十五年九年收支报告书》，这些资料均是镇江市档案局馆藏资料。